Reisendes Wissen

Martin Harbusch
(Hrsg.)

Reisendes Wissen

Travelling Concepts als soziologische Kategorie

Springer VS

Hrsg.
Martin Harbusch
Philosophische Fakultät
Seminar für Sozialwissenschaften
Universität Siegen
Siegen, Deutschland

ISBN 978-3-658-45228-5 ISBN 978-3-658-45229-2 (eBook)
https://doi.org/10.1007/978-3-658-45229-2

Die Deutsche Nationalbibliothek verzeichnet diese Publikation in der Deutschen Nationalbibliografie; detaillierte bibliografische Daten sind im Internet über https://portal.dnb.de abrufbar.

Planung/Lektorat: Cori Antonia Mackrodt
Springer VS ist ein Imprint der eingetragenen Gesellschaft Springer Fachmedien Wiesbaden GmbH und ist ein Teil von Springer Nature.
Die Anschrift der Gesellschaft ist: Abraham-Lincoln-Str. 46, 65189 Wiesbaden, Germany

Mein besonderer Dank gilt Jo Reichertz, Angelika Poferl, Michael Dellwing, Bernd Dollinger, Max Kaufmann und Cori Antonia Mackrodt, die mir mit vielen Gedanken und Anregungen in guten Gesprächen sehr geholfen haben, diesen Band *auf den Weg* zu bringen.

Geleitwort – oder: Kann Wissen auch reisen?

Der vorliegende Band will unter dem Titel „Reisendes Wissen. *Travelling Concepts* als soziologische Kategorie" die „Reise von Wissen als soziologische Idee" behandeln, ausbauen, konturieren und weiterführen, was zweifelsohne ein hoch interessantes und verdienstvolles Unterfangen ist. Es bewegt sich damit nicht auf völlig unberührtem Neuland – gleich einer wissenschaftlichen *terra incognita* –, was zu erwarten unseriös und zu behaupten unhaltbar wäre. Dies schmälert das Vorhaben nicht, im Gegenteil. Avisiert ist eine Neuausrichtung der Perspektive in der sozialwissenschaftlichen Befassung mit Wissen, die vielversprechend ist.

Die Ausgangspunkte und das nutzbare Terrain sind vielfältig: Angcknüpft wird einerseits an die kulturwissenschaftliche Begrifflichkeit der *Travelling Concepts* in ihren verschiedenen Vorlagen und Linien; andererseits an soziologische Befassungen mit dem Thema des Reisens, der Fremde, der Kulturabhängigkeit, aber auch der zugrunde liegenden Kernfragen der Konstitution, Verteilung, Verwendung, Verbreitung und Veränderung von Wissen. Sie sind bereits bei den Klassikern des Fachs, in älteren und neueren Ansätzen der soziologischen (und interdisziplinären) Forschung über Wissenskulturen, in wissenssoziologischen Theorien und Methodologien sowie angrenzenden Gebieten qualitativer und interpretativer Sozialforschung zu finden – dies nicht verstreut, sondern eng in die konzeptionellen und epistemologischen Grundlagen soziologischer Gesellschaftsanalyse eingewoben, die die Konstruktionen eines Wissens ersten Grades (Alltagswissen, lebens- und sozialweltliches Wissen, Wissen in institutionell ausdifferenzierten Feldern) untersucht und damit zu Konstruktionen zweiten Grades (wissenschaftliches Wissen) gelangt. Die Wissenskulturforschung fächert dies wiederum weiter auf. Sie umfasst gegenständlich sowohl alltagsweltliches als auch wissenschaftliches Wissen und bietet insofern besonders attraktive, vielschichtige und nuancierte Möglichkeiten, der Frage nach dem Reisen von Wissen nachzugehen – ‚innerhalb‘ von Kulturen, ‚quer‘ zu Kulturen, ‚kulturübergreifend‘, ‚transkulturell‘ oder im Verzicht auf einen geschlossenen Kulturbegriff zugunsten offener, fluider Kulturkonzeptionen, wie sie in einer heute multiparadigmatisch aufgefächerten Allgemeinen Soziologie, der Kultur-, Wissens- und Raumsoziologie, der neueren Kulturanthropologie, der sozial- und kulturwissenschaftlichen Globalisierungs- und Transnationalisierungsforschung gefordert werden und verbreitet sind. Von ‚Container‘-Begriffen des Sozialen, des Kulturellen und des Wissens hat sich die Theoriebildung und Forschung (z. B. über Alltagswissen, Diskurse, Medien, Grenzüberschreitungen sowie deren Vermittlungen und Übersetzungen) seit längerem entfernt. Auf stilisierte Abgrenzungen von (tatsächlich oder nur vermeintlich) unterkomplexen Vorstellungen von Wissen, Kultur, Sozialität sowie die Behauptung ‚weißer Flecken‘ auf der Landkarte kann und soll(te) daher verzichtet werden. Viel wertvoller, viel kreativer, herausfordernder und gewinnbringender ist es, an Vorhandenes anzuschließen und dennoch weiter, nach vorn, zu denken, neue Möglichkeiten der Begriffsbildung zu erproben und auszureizen, Forschung anzuregen und durchzuführen, Problemstellungen zur Sprache zu bringen, theoretische und methodologische Horizonte zu öffnen und die Aufmerksamkeit auf empirisch beobachtbare Prozesse und Entwicklungen, Verschiebungen und Transformationen zu lenken, die so – vielleicht oder in der Tat – noch nicht oder zu wenig gesehen und bedacht worden sind.

Wissen – verstanden als objektivierter, institutionell mehr oder minder stabilisierter und legitimierter Sinn- oder Bedeutungszusammenhang, als ‚bloß‘ erfahrungsbasierte oder auch als abgeschattete, geheime, unterdrückte, nicht-legitime Auffassung dessen, was Wirklichkeit und wie Wirklichkeit beschaffen ist – ist nicht statisch und *per se* geschlossen, wenngleich es machtvoll eingehegt, isoliert oder diskreditiert werden kann. Wissen ist räumlich und zeitlich wandelbar, Wissen wandert, Wissen fließt. Kann Wissen auch reisen? Ja, sofern die Metapher nicht überstrapaziert und nicht mit einem allzu engen Bild der strategisch wohlgeplanten (staats-)bürgerlich zugebilligten und ökonomisch abgesicherten Bewegung von einem Ort zum anderen kurzgeschlossen wird. Die Frage nach der Reise von Wissen führt in geordnetes oder unwegsames Gelände, ins ‚Zentrum‘ – sofern man eines solches voraussetzen kann – oder an die Ränder, Brücken und Barrieren, zu Schauplätzen diverser Art, auf die Hauptverkehrswege oder Trampelpfade des Sozialen. Die Beiträge des Bandes regen zur Auseinandersetzung mit der Beweglichkeit von Wissen, deren Voraussetzungen, Erscheinungsformen, Eigenheiten und Folgen an. Sie bilden den Auftakt einer Diskussion, die – das wäre sehr zu hoffen – konstruktiv und kreativ weitergeführt werden wird.

April 2024 Angelika Poferl

Inhaltsverzeichnis

Herausgeber- und Autorenverzeichnis

Über den Herausgeber

Martin Harbusch, Dr. phil., lehrt und forscht als akademischer Oberrat am Seminar für Sozialwissenschaften der Philosophischen Fakultät an der Universität in Siegen. Seine Arbeitsschwerpunkte liegen in den Bereichen Wissenssoziologie, Sozialkonstruktivismus, Symbolischer Interaktionismus, Soziologie der Psychiatrie und qualitative Sozialforschung. martin.harbusch@uni-siegen.de

Autorenverzeichnis

Michael Dellwing, PD Dr. rer. pol., spielt und erforscht Brettspiele in Bogotá mit einem blauen Waschbären und lehrt qualitative Sozialforschung an der Leuphana-Universität Lüneburg. Für weitere Beschreibungen verweist er auf jenen Waschbären. dellwing@uni-kassel.de

Bernd Dollinger, Dr. phil., ist Professor für Erziehungswissenschaft mit Schwerpunkt Sozialpädagogik an der Universität Siegen, Fakultät 2. Forschungsschwerpunkte sind Jugendkriminalität, Folgen sozialer Hilfen, Kriminalpolitik, Theorie und Geschichte des Umgangs mit sozialen Problemen. bernd.dollinger@uni-siegen.de.

Marie Marleen Heppner, M.A., forscht aktuell im Projekt „Synthetische Planung – Digitale Mediatisierung von kollaborativer Kommunikationsarbeit und Veränderung von Planungswissen (SynPlan)" an der Fakultät für Soziologie an der Universität Bielefeld. Forschungsschwerpunkte: Wissenssoziologie, qualitative Sozialforschung. marie.heppner@uni-bielefeld.de

Max Kaufmann, M.A., ist wissenschaftlicher Mitarbeiter am Lehrgebiet für Organisationssoziologie und qualitative Methoden an der FernUniversität in Hagen. Seine Arbeitsschwerpunkte liegen in der interpretativen Sozial- und Organisationsforschung, dem Kommunikativen Konstruktivismus und den qualitativen und interpretativen Methoden. max.kaufmann@fernuni-hagen.de

Stephanie Kernich, Dr. phil., lehrt am Soziologischen Institut der Philosophischen Fakultät der Universität Zürich. Ihre Lehr- und Forschungsschwerpunkte liegen in den Bereichen Kultursoziologie, insbesondere Architektur- und Designsoziologie, Neue Phänomenologie und qualitative Methoden in den Sozialwissenschaften, u. a. Grounded Theory Methodologie. stephanie.kernich@uzh.ch

Christine Leuenberger, *Dr. sc. soc.,* lehrt und forscht am Department of Science & Technology Studies, Cornell University. Ihre Arbeitsschwerpunkte liegen in den Bereichen Wissen-und-wissenschaftsssoziologie und qualitativer Sozialforschung. Ihre gegenwaertigen Forschungsprojekte befassen sich mit der Politik der kartographischen Konstruktion von Israel/Palestina, Migrationstudien, und Grenz- und Friedensforschung. cal22@cornell.edu

Debora Niermann, Dr. phil., ist PostDoc Researcher in der Abteilung Bildungswissenschaftliche Forschung an der Pädagogischen Hochschule Zürich (CH), Co-Projektleitung des qualitativen Methodenportals QUASUS an der Pädagogischen Hochschule Freiburg sowie Mitherausgeberin der Beltz Juventa-Buchreihe „Qualitativ Forschen – Aktuelle Ansätze“. Ihre Arbeitsschwerpunkte liegen in der pädiatrischen *Palliative Care, Hospice Care, Global Urban Health,* US-amerikanischer Ethnografie sowie textueller Performanz in der qualitativen Sozialforschung. debora.niermann@phzh.ch

Pao Nowodworski, M.Ed., lehrt und forscht am Lehrstuhl für Allgemeine Soziologie (Lehrstuhlinhaberin: Prof. Dr. Angelika Poferl) der TU Dortmund. Seine Arbeitsschwerpunkte liegen in den Bereichen Wissenssoziologie, Ethnographie und Randgebiete des Sozialen. pao.nowodworski@tu-dortmund.de

Sung-Joon Park, Dr. phil., forscht am Bernhard-Nocht-Institut für Tropenmedizin in Hamburg. Er leitet die Forschungsgruppe Medizinanthropologie. Seine Arbeitsschwerpunkte liegen in den Bereichen Medizinethnologie, politische

Anthropologie und Wissenschafts- und Technikforschung; Seine Forschung befasst sich mit zoonotischen Krankheiten, Pandemien, planetarische Gesundheit, postkoloniale Geschichte der Medizin mit dem regionalen Fokus Zentral- und Ostafrika. sung.park@bnitm.de

René Pingel-Rathke, M.A., studierte Soziologie an der Universität Kassel und arbeitete in seiner Studienzeit als Hilfskraft in diversen Forschungsprojekten. Als Tutor ist er zudem in der Lehre beschäftigt. Seine Studieninteressen und Arbeitsschwerpunkte liegen in der Organisations- und Verwaltungssoziologie, der Soziologie der Psychiatrie und der qualitativen Sozialforschung. r.pingel-rathke@posteo.de

Holger Schmidt Dr. phil, ist akademischer Rat am Institut für Sozialpädagogik der Universität in Siegen. Seine Arbeitsschwerpunkte liegen in den Bereichen Soziologie sozialer Probleme und soziale Kontrolle, Kriminalitätsforschung, soziale Differenzierungen und Ungleichheiten, Biographie- und Narrationsforschung, interpretative Sozialforschung, Strafvollzug, Theorien der Sozialpädagogik. Holger.Schmidt@uni-siegen.de

Daniel Stein, Dr. phil., ist Professor für Nordamerikanische Literatur- und Kulturwissenschaft an der Philosophischen Fakultät der Universität in Siegen. Forschungsschwerpunkte umfassen Populärkultur, Kriminalliteratur, Grafische Literatur und Comics, US-amerikanische Musik, Afroamerikanische Kultur. stein@anglistik.uni-siegen.de

Anne-Kathrin Will, Dr. phil., ist Sozial- und Kulturanthropologin und vertritt derzeit eine Professur für Sozialpädagogik mit dem Schwerpunkt Diversity Education an der Carl von Ossietzky Universität Oldenburg. Sie bewegt sich thematisch in der kritischen Migrationsforschung und den Science and Technology Studies. anne-kathrin.will@hu-berlin.de

Elif Yıldızlı, Dr. phil., lehrt und forscht am Institut für Soziologie an der Universität in Münster. Ihre Arbeitsschwerpunkte liegen in den Bereichen Alevitische Studien, Religions- und Familiensoziologie, Soziologie Theorie (insb. Multiple Differenzierung/Übersetzungstheorie) Organisationssoziologie, qualitative Sozialforschung (insb. Makroanalytische Tiefenhermeneutik). yildizlielif@gmail.com

Einleitung

Die Tektonik des Sozialen

Die Reise von Wissen als soziologische Idee

Martin Harbusch

Reise ist ein Begriff, der eine gewisse Offenheit gegenüber dem Anderen, eine lustvolle, aktive Hinwendung zum Neuen, eine gewollte Irritation in der Fremde und damit auch einen Wunsch nach Reflexion und Infragestellung des Eigenen impliziert. Reisen beinhalten Momente der Überraschung, sind Inspiration und Desillusion gleichermaßen und bieten mit der räumlichen Trennung von Gewohntem auch einen neuen Blick auf die Welt selbst; auf die Kontingenzen sozialen Sinns, die Brüchigkeit sozialer Ordnung und die Relativität der eigenen Perspektive. So sind Reisende immer auch interessierte Fremde, die jedoch in ihrer fehlenden Einbindung (Simmel 2016) und ihrem analytischen Abstand in einer besonderen Beziehung zu den bereisten Orten stehen und diesen bisweilen nähertreten, als es lokale Akteure und Akteurinnen zu tun vermögen.

Von einer *Reise des Wissens* zu sprechen erscheint begrifflich erst einmal attraktiv. Denn die *Reise* impliziert die Möglichkeit, uns im Licht des Anderen selbst neu zu entdecken, vor dem Hintergrund einer horizonterweiternden Irritation andere Auslegungs- und Handlungsmöglichkeiten der nur vermeintlich bekannten Welt zu erfahren und damit eine Lesart von Wirklichkeit zu entwickeln, die die bisherige hinterfragen, erweitern, erschüttern kann. Damit zusammenhängend können Reisen jedoch auch mit Unbestimmtheiten, Risiken und Gefahren einhergehen, da neue Entdeckungen und Erlebnisse mit unabsehbaren Folgen und Konsequenzen daherkommen können. Im Zauber der Fremde scheint das Gefühl der eigenen Ohnmacht nah, wenn paradigmatische Grundlagen individueller

M. Harbusch (✉)
Fakultät 1/ Seminar für Sozialwissenschaften, Universität Siegen, Siegen, Deutschland
E-Mail: martin.harbusch@uni-siegen.de

M. Harbusch (Hrsg.), *Reisendes Wissen*,
https://doi.org/10.1007/978-3-658-45229-2_1

Deutung situational ins Wanken geraten, wenn eingespielte Handlungsmuster für eine erfolgreiche Bewältigung der Situation verfehlt wirken oder wenn eine Übereinkunft mit dem Gegenüber nicht oder nur sehr begrenzt möglich erscheint. Reisen sind Ereignisse, die wir unternehmen und von denen wir aber immer auch unternommen werden (Steinbeck 1993, S. 8). Dem Wissen auf Reisen und den Akteuren und Akteurinnen, die mit diesem Wissen in Kontakt kommen, geht es nicht anders.

Die Kulturwissenschaft hat die Metapher der Reise, die an dieser Stelle vielleicht selbst nur bedingt eine Metapher ist, im Begriff *Travelling Concepts* bereits auf Wissen ausgedehnt (vgl. etwa Bal 2002; Neumann und Nünning 2012; Said 1983; Lammert und Sarkowsky 2010). Sie bespricht über die Idee *Travelling Concepts* auf unterschiedliche Weise den lokalen Umgang mit fremdem, eintreffendem Wissen und erkennt damit das Verhältnis von Wissen und Ort als analytischen Ausgangspunkt. *Travelling Concepts* thematisieren für einen spezifischen lokalen Kontext zunächst unbekannte, unbestimmte, undurchschaubare Konzepte, welche aus der diskursiven Fremde stammend Einzug in die Deutungsmuster, Logiken und Sprachspiele einer sozialen Situation halten; ein Zusammenhang, in dem sich Handelnde in der Konfrontation mit neuem, *eingereistem* Wissen – ebenso wie auf einer wirklichen Reise – in einer Situation paradigmatischer Unsicherheit aber auch in einer Situation neuer inhaltlicher Bezugs- und Thematisierungsmöglichkeiten wiederfinden.

Auch in der Soziologie ist die *Reise* als Möglichkeit der (Selbst-)Thematisierung ein klassischer theoretischer Bezugspunkt und eine Metapher seit ihren ersten Stunden (vgl. etwa Simmel 2016; Schütz 1972; Park 1928). Und auch hier verweist sie auf die Abhängigkeit der sozialen Konstruktion von Sinn von einem spezifischen Ort. Disziplinäre, nationale, generationale, regionale oder institutionelle Wissensordnungen etwa wären Zusammenhänge, in denen sich Wissen in eingespielten Konzepten und Ausdrucksweisen formuliert, dessen Gebrauch Zugehörigkeiten markiert (Becker 2014) und damit gleichzeitig Grenzen zu anderen (Wissens-)Kulturen (Poferl und Keller 2018a, b; Knorr-Cetina 2002) und Denkkollektiven (Fleck 2019) aufrechterhält. Diese oder andere *heimatliche* Gruppen begrifflich zu verlassen, sich in einen interdisziplinären, internationalen, intergenerationalen, interregionalen oder interinstitutionellen Austausch zu begeben, wären soziologische Kontexte, in denen es um eine *Reise von Wissen* geht. Denn Wissen ist auch in der Soziologie abhängig von lokalen Ordnungen und eingebettet in einen Kontext, aus dem heraus es erst als Wissen verstanden werden kann. Und die sozialen Akteure und Akteurinnen, die dieses Wissen handelnd immer wieder neu als Wissen hervorbringen und verfestigen und sich im Spiegel dieses Wissens auch als Akteure und Akteurinnen selbst immer wieder neu mit entwerfen, stehen in einer Tradition lokaler Bedeutungsstrukturen, aus denen heraus sie ihr Wissen auch erst als Wissen markieren können. In diesem Sinne ist der kulturwissenschaftliche Begriff *Travelling Concepts* auch soziologisch ebenso naheliegend wie interessant und trifft mit der Soziologie auf ein Feld, welches dem der Kulturwissenschaften auf unterschiedliche Weise (epistemo-)logisch sehr nahesteht.

Reisendes Wissen in der Soziologie

Reisen in andere Welten und das Fremde in der eigenen Gesellschaft sind seit den ersten Stunden der Soziologie als zentrale Gegenstände schon allein als Kontrastfolie zur sozialen Konstruktion des Eigenen relevant. Dabei ist nicht nur der Akt der *Reise* selbst als Möglichkeit der (Selbst-)Erkenntnis tief im Denken der Soziologie verwurzelt, sondern auch die Idee einer Bewegung von Wissen kommt disziplinär zur Sprache. Auch wenn der Begriff *Reisendes Wissen* – oder eine ähnliche Kategorie – bisher nicht explizit aufkommt, so kann er doch an implizite, wie explizite Selbstverständlichkeiten des Faches anschließen, die innerhalb der Soziologie zuweilen derart grundlegend sind, dass sie beinahe banal wirken müssen.

Besonders ausdrücklich finden sich Ideen der *Reise* explizit in den Theorien und Methoden der qualitativen Sozialforschung, die sich konzeptionell sehr nah an den Sprachspielen der Kulturwissenschaften entlangbewegt. Am eindrücklichsten entwirft die Ethnographie auf ihrem ethnologischen Fundament das Bild einer Kulturabhängigkeit und Traditionalität von Wissen (Kohl 2009) und imaginiert auf diese Weise eine Idee von Forschung als *Reise* in fremde Welten (vgl. auch Niemeyer in diesem Band) oder als „Befremdung der eigenen Kultur" (Hirschauer und Amann 1997). Im Gegensatz zu den Kulturwissenschaften oder zur Ethnologie wird die Fremde in der Soziologie in der Tradition der Chicago School (Dellwing und Prus 2012) als ein Raum innerhalb der eigenen Gesellschaft verstanden (Hitzler 1999), dem die Forschenden *reisend* auf die Spur kommen wollen.

Ab den 1980er Jahren entstehen Forschungen, die sich mit den Formen der Verhandlung wissenschaftlichen oder institutionellen Wissens auf der einen und deren lebensweltlichen Verwendung auf der anderen Seite beschäftigen und damit jeweils eine thematisch sehr spezifische *Reise von Wissen* im Blick haben. Die soziologische Verwendungsforschung (Beck und Bonß 1989) fragt nach der Transformation soziologischen Wissens in seiner Konfrontation mit den Wissensordnungen des Alltages und fokussiert damit auf einen Gang fachspezifischen Wissens in die kontextuelle Fremde. Demgegenüber bemerkt etwa der

Neoinstitutionalismus die Verschränkung diverser organisationaler und lebensweltlicher Wissenskontexte und die beidseitig begehbaren Pfade zwischen diesen Ordnungen. Gesellschaftliche Konzepte diffundieren hinein in Organisationen und entfalten dort Wirksamkeit, während institutionelle Deutungen gleichzeitig in die Gesellschaft zurückschwingen (vgl. Senge 2011; Senge und Hellmann 2006). Um eine historische Dimension der *Reise* geht es Jacke (Jacke et al. 2015), der sich für Wissen als Kulturschutt interessiert, das je nach zeitgenössischem Selbstverständnis und Interesse zuweilen deponiert wird, um zu einem späteren Zeitpunkt politisch interessiert wieder recycelt zu einer Wiederverwendung geführt zu werden. Susan Leigh Star (2010; Leigh Star und Griesemer 1989) beschäftigt sich auch mit Bezug auf Callons *Sociology of Translation* (Callon 1984) mit *Boundary Objects;* konzeptionelle oder materielle Objekte also, „which [...] inhabit several intersecting social worlds [...] and satisfy the informational requirements of each of them" (1989, S. 393). Als mehrseitig erreichbare Grenzobjekte verstanden zielt Leigh Star symbolisch interaktionistisch mit *Boundary Objects* auf die Rekonstruktion unterschiedlicher kontextuell abhängiger Bedeutungszuschreibungen von Objekten. Auf diese Weise *reisen* die Objekte zwar nicht von einer in eine andere soziale Welt und Übersetzungsleistungen sind nicht notwendig. Stattdessen sind sie jedoch in allen Welten gleichzeitig präsent und gehören auf unterschiedliche Weise zum eingespielten Repertoire verschiedener wissenskultureller Kontexte. Als Grenzobjekte haben sie dabei eine zentrale Bedeutung für die soziale Kohärenz der Wissenskulturen und damit für die Imagination einer gemeinsamen sozialen Wirklichkeit.

Implizit finden sich soziologische Anschlussmöglichkeiten für die kulturwissenschaftliche Idee der *Travelling Concepts* aber auch überall dort, wo der konzeptionelle Zugriff auf die gesellschaftliche Konstruktion von Wirklichkeit an Ordnungen des Lokalen orientiert stattfindet. Gemeint sind epistemologisch-kontextualistische Konzepte (vgl. Detel 2009, S. 194 f.) wie etwa Wissenskulturen (Poferl und Keller 2018a, b; Knorr-Cetina 2002; Fried und Stolleis 2009), Lebenswelten (Schütz 1974; Schütz und Luckmann 2017; Honer 1993), Subkulturen (Schwendter 1971), soziale Systeme (Luhmann 2021), soziale Felder (Bourdieu 1996) und/oder Sinngemeinschaften (Schmidt-Lux et al. 2016); differenzorientierte Kategorien also, die Erkenntnisse über die soziale Ordnung der Gesellschaft aus einer Konzeptionalisierung des Unterschieds gewinnen (vgl. Hillebrandt 2001, S. 47 f.). Gemeinsam ist all diesen Ideen der Fokus auf einen sozialen Kontext, an dem Wissen entlang der Handlungen eingebetteter sozialer Akteure und Akteurinnen als Wissen (re-)produziert und verteidigt wird (vgl. etwa Poferl und Keller 2018a, b; Knorr-Cetina 2002; Hitzler und Eisewicht 2016) und – weiter noch – an dem es epistemologisch als Wissen überhaupt erst aufkommen und verhandelt werden kann (Reichertz 2007; Detel 2009). Epistemologisch-kontextualistische Konzepte ziehen eine gedankliche Linie von Handlungen von Menschen zu einem sozialen Ort mit rahmenden Grenzen (Simmel 2016). Dabei geht es im sozialkonstruktivistisch orientierten Verständnis von Wissenskultur nicht nur um lokale Wissensordnungen und deren Bedeutung für individuelle Praktiken, sondern besonders auch um „mehr oder weniger deutlich voneinander abgrenzbare Arten und Weisen der diskursiven und praktischen Hervorbringung, Bewertung und Vermittlung von spezifischem […] Wissen" (Poferl und Keller 2018a, S. 31). Jedes Feld bringt mit eigenen Wissensordnungen typische „Maschinerien der Wissenserzeugung" (Knorr-Cetina 2002, S. 13) hervor und entwirft als Gewebe aus technischen, sozialen und symbolischen Elementen in Selbstreferentialität einen systemimmanenten Code.

Dass *Reisendes Wissen* – oder eine ähnliche Kategorie – in diesen begrifflichen Kontexten bisher nicht systematisch aufkam, um wissenskulturelle Dynamiken theoretisch wie empirisch umfassender abzubilden, ist bemerkenswert. Denn besonders vor dem Hintergrund einer sich zusehends vernetzenden Welt mit ihren sich zusehends internationalisiert verstehenden Individuen erscheint der disziplinäre Blick auf soziale Mikrokosmen (des Wissens), wenn auch aus forschungslogischen Gründen verständlich, so doch aus einem gewissen alltäglichen empirisch-evidenten Weltverständnis heraus eher etwas altmodisch und zuweilen gar paradox. Wenn etwa *erstens* in handlungstheoretischen Ansätzen die soziale Welt als beständig überkomplex, plurivers oder multiperspektivisch (etwa Hitzler 1999) besprochen wird und sich demgegenüber die diese Welt analysierende (qualitative) Sozialforschung (Keller et al.2013, S. 11) bei der Rekonstruktion immer kleinerer diskursiver Orte wiederfindet, geraten gerade die Orte der Überlappungen des Sozialen und der Überräumlichkeiten sozialer Gebilde (Simmel 2016, S. 698 f.) theoretisch wie empirisch in vielen Forschungskontexten aus dem Blick. Die Multi-Sited-Ethnography (Marcus 1995), die die Grenzen der untersuchten Phänomene einer sich globalisierenden Welt nicht länger im Lokalen wähnt, tritt diesem Problem entgegen, kann aber in ihrem Verhältnis von Wissen und Ort durchaus auch als ambivalent gelesen werden (vgl. Jaeger und Nieswand 2022, S. 478). Denn sie akzentuiert in ihrem „Aufruf zu Neubeginn und Reise […] Mobilität und Grenzüberschreitung, bleibt aber gleichzeitig mit dem Verweis auf site (Englisch für Platz, Lage, Standort) dem Räumlichen verhaftet" (a.a.O.). Bis heute wird die soziale Welt in vielen Kontexten der Sozialforschung als ein Konglomerat idealtypisch zu denkender, unvermittelt nebeneinanderstehender Einzelkontexte thematisiert, mit deren Analyse – auch wenn dem oftmals zu Grunde liegenden Diskursbegriff eine gewisse Beweglichkeit (Schacht 2021, S. 44) innewohnt – die Annahme eines fluiden Wesens sozialer Wirklichkeit empirisch kaum umgesetzt werden kann. Zudem blenden Thematisierungen in dieser relativistischen Perspektive das Miteinander (der Wissenskulturen) als wesentlichen Aspekt des sozialen Zusammenlebens aus. Detel sieht den Relativismus, der dem Konzept der Wissenskultur innewohnt, als Gefahr (Detel 2009, S. 209) für die Kategorie. Denn neben dem impliziten konzeptionellen Zweifel an wissenskulturellen Verständnismöglichkeiten des Anderen stellt sich die Frage, welche Möglichkeiten eines gemeinsamen transkulturellen Gespräches überhaupt denkbar erscheinen, oder wie wir uns außerhalb von Wissenskulturen – in einem transkulturellen Raum – miteinander verhalten. „Das Andersartige, das Fremde lässt sich angemessen verstehen nur auf der Grundlage weitgehender Übereinstimmung. Die Alternative ist nicht das Mißverstehen, sondern der Zusammenbruch des Verstehens" (a.a.O.). Epistemologisch-kontextualistische Konzepte verpassen es in diesem Sinne in ihrer Konzentration auf die Spezifik der Kontexte die Gemeinsamkeiten und die Arten der Verflechtung dieser Kontexte herauszustellen.

Zweitens werden damit zusammenhängend die feldinternen Akteure und Akteurinnen als Forschungssubjekte zumeist als Vertreter eines einzelnen Feldes idealisiert und in ihrer Einbettung in diverse soziale Kontexte nicht ernst genug genommen. Ihr Austausch mit „heterogenen zum Teil antagonistischen, sozial mehr oder weniger stimmig vor-organisierten Sinnkonglomeraten" (Hitzler 1999, S. 478) und dessen Folgen für die situationalen Verhandlungen (auch) entlang wissenskulturell übergreifender Inhalte bleibt auf diese Weise aus. Die Weitergabe von Wissen durch die situationalen Praktiken sozialer Akteure und Akteurinnen als automatisch und einheitlich zu begreifen, erscheint daher fraglich. Selbst Akteure und Akteurinnen desselben Feldes reden und handeln – reproduzieren – unterschiedlich (vgl. Fleck 2019, S. 58). Auf welche Weise sich Wissenskulturen situational reproduzieren, dynamisch (miteinander) weiterentwickeln und auch grenzüberschreitend ausweiten, kommt als eigenständiger Gegenstand in der Debatte auf diese Weise bisher nicht ausreichend zur Sprache. Veränderungen und Innovationen in Wissenskulturen werden als durch Zufall (vgl. Müller und Eßer 2012, S. 14) oder Kreativität (a.a.O., S. 17) beeinflusst, als quasi automatische Folge der Beweglichkeit von Kulturen allgemein (Knorr-Cetina 2002, S. 336; Kohl 2009, S. 171), als Prozess des Lernens und Anpassens entlang äußerer Begebenheiten (Stolleis 2009, S. 58 f.) oder ohnehin erst als in retrospektiven Interpretationen als Innovation sichtbar (Mareis 2012, S. 62) thematisiert. Dies alles sind Figuren, die eine Bedeutung von Innovation und Bewegung als vermeintliches Gegenstück zur Tradition für den Begriff der Wissenskultur abstrakt betonen, ohne den Praktiken begrifflicher Innovation – z. B. der *Reise von Wissen* – genauer nachzugehen.

Drittens erscheint damit zusammenhängend auch die Tatsache, dass die Idee *Reisendes Wissen* – oder eine ähnliche Kategorie – in der wissenssoziologischen Diskussion noch nicht umfassender aufkam, besonders mit dem Blick auf den Alltag insgesamt und die hiesigen Formen des Umgangs mit Wissen erstaunlich. Denn dieser zeichnet sich doch auf der einen Seite dadurch aus, dass jede Situation aus Perspektiven diverser Akteure und Akteurinnen emergiert, die wiederum Teilnehmende ganz unterschiedlicher und auch multipler, und so unterschiedlich überlappender und sich berührender Denkkollektive (vgl. Fleck 2019, S. 61) sind. Auf der anderen Seite zeigt sich ganz praktisch, dass der Umgang mit fremdem, für die Verwendenden nicht komplett durchschaubarem Wissen doch zu den normalen Praktiken kommunikativer Alltagsbewältigung gehört. Theoretische Ungenauigkeiten, paradigmatische Überlappungen, selbstbewusst vorgetragene Halbwahrheiten und/oder konzeptionelle Hemdsärmeligkeiten erscheinen im Alltag nicht als Respektlosigkeit oder gar als Bruch mit verwendeten Wissensordnungen; im Gegenteil. Dies sind gängige Wege, sich den diskursiven Verstrickungen der sozialen Welt situational zu stellen, sich mit beständig überkomplexen Inhalten lebensnah auseinanderzusetzen und diese für die Logik der jeweiligen Situation anschlussfähig zu machen. „Ob Erkenntnisse vom individuellen Standpunkte Wahrheit oder Irrtum, ob sie richtig oder mißverstanden scheinen, sie wandern innerhalb der Gemeinschaft, werden geschliffen, umgeformt, verstärkt oder abgeschwächt, beeinflussen andere Erkenntnisse, Begriffsbildungen, Auffassungen und Denkgewohnheiten" (Fleck 2019, S. 58). Die Frage nach den Grenzen von spezifischem Wissen und deren Übertretung stellt sich lebensweltlich nicht; oder zumindest in einer anderen Form. Dass *Reisendes Wissen* in diesem Band als wissenssoziologisches Phänomen besprochen wird, sagt daher vielleicht mehr über akademische Ordnungsbemühungen als über eine Exotik des Gegenstandes.

Auch wenn die Kulturwissenschaften, die Literaturwissenschaft und die Philosophie sich im Gegensatz zur Soziologie kategorisch abstrakter positionieren können, bieten sie mit der Idee *Travelling Concepts* doch Wege an, auf denen auch die Soziologie in all diesen Zusammenhängen voranschreiten kann.

Reisendes Wissen in den Kulturwissenschaften

Im Unterschied zur handlungstheoretisch ausgerichteten Soziologie, bei der *Reisendes Wissen* eher als eine Metapher zu verstehen ist (vgl. auch Kaufmann in diesem Band), die die komplexen Handlungen wissenskulturell eingebetteter Akteure und Akteurinnen in Kontexten des symbolischen Kulturkontakts meint, liegt der Begriff der *Reise* in den Kulturwissenschaften zunächst deutlicher auf der Hand. Denn sein Ausgangspunkt geht hier auf eine tatsächliche Reise hinein in andere Kulturen oder aus anderen Kulturen heraus zurück (Czarniawska und Sevón 2005; Neumann und Nünning 2012); ein Prozess, dem innerweltliche Erkenntnis ebenso folgen wie disziplinäre Selbstreflexion. Der Fokus von *Travelling Concepts* liegt in dieser Debatte auf länderspezifischen Herkunfts-, Reise-, und Ankunftskontexten und/oder der Kommunikation unterschiedlicher Disziplinen miteinander. *Travelling Concepts* durchbrechen die kulturellen Grenzen des jeweiligen Landes (auch Rottenburg 2005) oder Feldes und finden eine neue Heimat in der Fremde, die dann mit der Aufnahme dieser Konzepte an vielen Orten plötzlich gar nicht mehr so fremd erscheint. Vor dem Hintergrund der Idee strukturübergreifender Zusammenhänge und Dynamiken problematisieren die Autoren und Autorinnen, in welchen kleinen Praktiken des Alltags welche Inhalte in welchen Kontexten aufkommen, welche Akteure und Akteurinnen an der Produktion und der Verwendung spezifischen Wissens auf welche Arten beteiligt sind, wie und warum Konzepte in neue Kontexte hineinreisen, wie sich deren Formen und Inhalte auf ihrer *Reise* ändern und aktiv geändert werden oder, wie sich die Situationen und Ihre Menschen im Spiegel neu aufkommender Kategorien wandeln.

Um dem Chaos der Welt entgegenzutreten – so die erkenntnistheoretische Ausgangslage Bals (2002) – braucht es konzeptionelle Möglichkeiten, über diese Welt reden zu können. Dieses Reden um abstrakte Konzepte herum zu gruppieren, erscheint dabei notwendig wie irritierend gleichermaßen. Notwendig erscheint es, indem Konzepte als Werkzeuge intersubjektiven Wissens (Bal 2002, S. 22 f.) Rahmen zur Verfügung stellen, innerhalb derer soziale Interaktion in akademischen wie lebensweltlichen Ordnungen überhaupt erst stattfinden kann (Blumer 1931). "Concepts are first and foremost intellectual tools, which determine how members of the academic community conceive of themes, approach objects and define the relevant questions to be addressed" (Neumann und Nünning 2012: 3). Irritierend erscheint es jedoch immer auch, indem es implizit Sicherheiten des Weltzugriffs suggeriert, bzw. positivistisch von der abstrakten Richtigkeit gesetzter Rahmen ausgeht, ohne dessen lokale Bezüge, Konstruktionen und Verhandlungen mitzukommunizieren. Konzepte „raise the underlying issues of instrumentalism, realism, nominalism, and the possibility of interaction between the analyst and the object“ (Bal 2002, S. 29). Weder sind abstrakte Konzepte noch konkrete Objekte bloße Abbildungen, noch entstehen sie im luftleeren Raum. Sie sind immer schon Praktiken, da sie sich im Prozess des Anschauens und Redens entlang feldspezifischer Regeln und Strukturen als Konzepte und Objekte konstituieren (auch Rottenburg 2005, S. 264); sie entstehen also aus einem spezifischen Diskurs heraus. Ihnen liegt – als „miniature theories“ (Bal 2002, S. 22) – die paradigmatische Logik der jeweiligen Kultur zugrunde, aus der sie entstammen und die sie in die einzelnen Situationen ihrer Anwendung mit hineintragen. Wesentlich für Konzepte ist daher nicht nur, dass sich in ihnen immer eine Beziehung zwischen Subjekt und Objekt ausdrückt und ihnen ein paradigmatischer Bezug zu ihrem Herkunftskontext innewohnt, sondern damit zusammenhängend auch die Kontextualität ihrer Bedeutung, die sie immer mit sich mitführen (müssen), zugleich aber im Sinne eines alltäglichen naiven Objektivismus auch verstecken (müssen). Daher sind Konzepte grundsätzlich beweglich wirken aber paradoxerweise immer torpide. Sie überwinden kulturelle und nationale Grenzen, reisen zwischen wissenschaftlichen Akteuren und Akteurinnen und Disziplinen, zwischen wissenschaftlichen Disziplinen und sekundären Professionen der Verwendung (Beck und Bonß 1989), zwischen wissenschaftlichen und alltagsweltlichen Welten und/oder zwischen historischen Epochen (Said 1983); „they always travel both in space and time, continually altering their shape as they traverse distance from one [...] context to another." (Neumann und Nünning 2012, S. 5). Auf diese Weise sind Konzepte immer *Travelling Concepts* und Zeuge ihrer Zeit und ihrer Herkunft. Ihren jeweiligen Spuren konzeptionell wie empirisch nachzugehen und den Formen ihrer Einbettung und situationalen Verwendungen vor dem Hintergrund ihres Herkunftskontexts analytisch zu folgen, ist die Chance und Herausforderung dieses Begriffs in den Kulturwissenschaften.

Dies alles ist ein weites Feld. Es berührt diverse Fragestellungen und Forschungsperspektiven und stellt bereits auf den ersten Blick am Schnittpunkt von Theorie und Praxis der Wissensproduktion diverse Annahmen und Selbstverständlichkeiten in Frage; Perspektiven, die auch in der Soziologie ihren Platz haben.

So stellt der Begriff zunächst einmal (1.) die machttheoretische Frage nach der lokalen (Re-)Produktion von Legitimität. Wissen innerhalb einer Situation, einer Disziplin, einer Institution, einer kulturellen und historischen Konstellation muss situational von Akteuren und Akteurinnen als legitimes Wissen gerahmt und anerkannt werden. „Travel processes are implicated in the interaction between knowledge and power. The question of whether or how concepts travel is therefore not only an 'academic issue' [...]; rather their mobility is bound up with social and political concerns" (Neumann und Nünning 2012, S. 8). Diese Frage wird besonders beim Ankommen putativ fremder Wissensordnungen offensichtlich, also überall dort, wo entschieden werden muss, welche eigenen und welche fremden Konzepte zur Deutung der Situation herangezogen werden sollen, dürfen, müssen. Gleichzeitig stellt sich damit implizit die Frage nach einer Hierarchie disziplinärer Vokabulare im sozialen Raum zueinander – nach der vermeintlichen Überlegenheit bestimmter Deutungsmuster in einem sozialen Kontext gegenüber anderen – und nach den kommunikativen Strategien, Chancen,

Schwierigkeiten und Konsequenzen, diese Deutungen machtvoll zu einer Anwendung zu bringen. Welche Kontexte sind für die Verwendung welcher Formen von Wissen angebracht? Wer entscheidet darüber? Welche Arten der Verwendung müssen situativ gezeigt, welche Formen konzeptueller Einpassung und begrifflicher Transformationen gemacht werden, um Wissen für die jeweilige Situation legitim und anschlussfähig zu machen? Welche Leistungen sind möglich und nötig, um eingespielte konzeptionelle Rahmen zu verlassen und begrifflich neue Wege zu gehen? Was sind die formal wie inhaltlich legitimen Praktiken disziplinärer/organisationaler Innovation und/oder Zusammenarbeit? Woher kommen neuartige Ideen zur Beschreibung des Alten und welche Implikationen bringen sie mit? Dies sind exemplarisch zu verstehende Fragen nach der Macht von Definitionsakteuren und Definitionsakteurinnen und ihren rhetorischen Strategien ebenso wie Fragen nach legitimierten Kommunikations- und Funktionsweisen in sozialen Feldern, die sich mit Blick auf *Travelling Concepts* und dessen Verwendung stellen.

Damit zusammenhängend stellt *Travelling Concepts* (2.) die Frage nach den genauen Formen der Grenzen des Eigenen und des Anderen; Formen, die auch immer wieder neu lokal (re-)produziert werden (müssen). Gemeint sind etwa Rahmen des Wissens innerhalb nationaler Grenzen, historischer Kontexte, institutioneller Ordnungen, akademischer Konzepte, lebensweltlicher Logiken und letztlich auch innerhalb der einfachen alltäglichen Pluralität von Gesellschaft. Diese Ordnungen müssen situativ dargestellt und verhandelt werden auch, um spezifisches Wissen als Wissen erkenntlich werden zu lassen und auch, um das jeweilige Feld als eigenes Feld situativ aufzubauen und aufrechtzuerhalten. Welcher Wissenskorpus ist für ein spezifisches Feld charakteristisch, welche Praktiken der Darstellung gebräuchlich und wie unterscheidet sich ein Kontext des Wissens von einem anderen? Unter welchen Bedingungen und (wissenskulturellen) Wechselwirkungen sind paradigmatische Annahmen des Feldes entstanden, tradiert und/oder modifiziert worden? Wie finden Prozesse der Ausdifferenzierung sozialer Felder statt? Wie und wo kommt es zu neuen Abspaltungen, Konkurrenzen, Neugründungen, Verbindungen? Dies sind exemplarisch zu verstehende Fragen, die nach der lokalen Konstitution des Eigenen und des Anderen und den Mitteln der Errichtung und Verteidigung feldspezifischer Grenzen anerkannten Wissens fragen.

Weiterhin beleuchtet *Travelling Concepts* (3.) konkrete Praktiken der kreativen Aufnahme, Übersetzung und Transformation des Wissens, welches sich auf dem Weg von einem Kontext in einen anderen befindet. Die Kategorie reflektiert fluide, interessierte, eklektizistische, pragmatische, kreative Handlungen lokaler professioneller wie privater Akteure und Akteurinnen, die aus ankommenden bisher abstrakten und fremden Konzepten konkrete und eigene Wirklichkeiten machen. Situativ angewandte Wissensordnungen sind – so die Implikation – situational, divers und beständig ineinanderfließend. Inspirationen aus und an der Fremde, Übernahmen erfolgsversprechender Ideen aus disziplinären Nachbarschaften und/oder Akte der Übersetzung externer Ideen in die Logik des eigenen Paradigmas sind normale Tätigkeit von Menschen im Allgemeinen und von Wissenschaftlern und Wissenschaftlerinnen im Besonderen, besonders auch in einer sich zusehends internationalisierenden und medial vernetzten Welt (Bal 2002; Bachmann-Medick 2012). Wie gehen Professionelle situativ mit (fachfremdem) Vokabular um? Wie werden wissenschaftliche Ergebnisse in der Alltagswelt reproduziert und zu einer lebensweltlichen Anwendung geführt? Wie, warum und zu welchem Zweck beziehen sich wissenschaftlich ausgebildete Praktiker in ihren institutionell eingebetteten Alltagsinterventionen auf welches wissenschaftliche Fachvokabular? Wie werden abstrakte, akademisch hergestellte Ideen re-interpretiert und kontextual „kleingearbeitet" (Beck und Bonß 1989, S. 9), um für lebensweltliche Logiken anschlussfähig zu sein? Wie finden sie auf diese Weise Einzug in die Lebenswelt und welche Konsequenzen haben sie etwa für die (Selbst-)Thematisierungen der Menschen, die sich und ihre Welt im Lichte dieser Kategorien beschreiben (müssen)? Diese oder ähnliche Fragen beschäftigen sich mit konkreten Praktiken der Auf- und Übernahme und/oder der situationalen Übersetzung und Transformation von Wissen und dessen Bedeutung im Prozess der aktiven Herstellung lokaler Ordnung.

Schließlich ist (4.) der Blick auf *Travelling Concepts* der Blick auf ganz konkrete Konzepte *auf ihrer Reise* und auf die formalen und inhaltlichen Wandlungen, die diese währenddessen erfahren. Wie haben sich Konzepte über Jahre ihrer Anwendung verändert? Welche Unterschiede gibt es zwischen der Verwendung in ihrem Herkunfts- und im Ankunftskontext? Welche unterschiedlichen Verwendungsweisen einer spezifischen Idee sind theoretisch wie empirisch auffindbar? Diese oder ähnliche exemplarisch zu verstehende Fragen fokussieren konkrete Inhalte der untersuchten Konzepte und weniger die Strukturen und Praktiken, die sich um sie herum bilden bzw. in denen sie gebildet werden.

Insgesamt beleuchtet *Travelling Concepts* so in den Kulturwissenschaften die Dynamiken der Verwendung von Wissen vor dem Hintergrund seiner Herkunft und seines Weges, seiner Aneignung und Einbindung, seiner Kontextualisierung und Enthebung. Auf diese Weise steht nicht nur das Wissen selbst, sondern auch die Orte, vor denen es als relevantes Wissen erst angezeigt werden kann ebenso wie die Akteuren und Akteurinnen, die es situational zur Anwendung bringen, zur Diskussion.

Reisendes Wissen als soziologische Kategorie

Die Idee der Ver*ort*ung des Wissens – eine Geografie des Sozialen (vgl. etwa Knorr-Cetina 2002, S. 14; König 2017, S. 9 f.) – ist eine eingespielte Perspektive in der Soziologie. Dem Begriff *Reisendes Wissen* geht es demgegenüber eher um eine Tektonik des Sozialen, indem er mit der Reise auch den inneren wie äußeren, geodynamischen Verschiebungen sozialer Orte des Wissens, dem Aufeinandertreffen wissenskultureller Kontinentalplatten und den aus diesen Bewegungen entstehenden großen wie kleinen Brüchen, Zersplitterungen, Überschneidungen, Verwerfungen, Aufschichtungen, Grabenbildungen, Neubildungen, Diffusionen nachgeht. Dabei sind es – auch in diesem Band – zumeist sehr konkrete Wissensformationen und kleinformatige Analysen, die mit *Reisendes Wissen* besprochen werden; ein Gegenstand, für den die Metapher der *Tektonik* vielleicht auch etwas groß angelegt wirken kann. Angelehnt an Ideen der *Geographie des Sozialen* oder *Wissenskulturen* können mit diesem Bild jedoch zwei zentrale Punkte visualisiert werden, die die Stärke des Begriffs *Reisendes Wissen* gegenüber anderen Konzepten verdeutlichen. Zunächst verweist die Idee einer Tektonik darauf, dass *Reisendes Wissen* auch weiterhin auf die Idee einer Ortsabhängigkeit von Wissen rekurriert und auch rekurrieren muss, ohne diese Orte jedoch als isoliert, unbeweglich, nebeneinanderstehend zu begreifen. Stattdessen sind sie beweglich, in Form und Struktur voneinander abhängig und an vielen Stellen (des Alltags) auch gleichzeitig und ineinander liegend. Damit zusammenhängend kommt mit diesem Bild darüber hinaus in den Blick, dass die soziale Welt mehr ist als nur die Summe ihrer einzelnen Teile. Sie ist geprägt von der Vielschichtigkeit der Perspektiven, von Relationen und Verstrickungen und ist im Begriff *Reisendes Wissen* als eine Komposition aus Beziehungen beschreibbar, deren Rekonstruktion weniger auf eine detaillierte, putativ realistische Gesamtschau sozialer *Orte* und Strukturen abzielt, sondern im (räumlichen und zeitlichen) Verhältnis der Komponenten zueinander zentrale Zusammenhänge der sozialen Welt erkennt. Der Begriff richtet seinen Blick besonders auf die sozialen Praktiken und Vorgänge an den Grenzen und gibt der Bedeutung eines gedanklichen Raumes *Zwischen den Wissenskulturen* einen eigenen Stellenwert. Im Glauben an die (akademische) Illusion sozialer Entität überschneiden sich mit *Reisendes Wissen* die Blickwinkel und es zeigen sich gegensätzliche Wissenskomplexe fragmentiert, gleichzeitig und ineinander gefächert, ohne den Bezug zur Idee einer epistemischen Wissenskultur aufgeben zu müssen oder zu können: So verstanden könnte *Reisendes Wissen* auch – um eine weitere Metapher zu bemühen – als eine Art *Soziologischer Kubismus* verstanden werden. Felder und ihr Wissen sind keine abstrakte Größe, die man isoliert und putativ realistisch ohne den Bezug zum Anderen her- und darstellen kann.

„Wissen ruht eben auf keinem Fundament; das Getriebe der Ideen und Wahrheiten erhält sich nur durch fortwährende Bewegung und Wechselwirkung“ (Fleck 2019, S. 70).

Zu diesem Zweck folgt die Kategorie den kulturwissenschaftlichen Überlegungen zu *Travelling Concepts*, um sie für bestehende (wissens-)soziologische Perspektiven zu einer Anwendung zu bringen. Als Metapher gemeint bespricht sie dabei entweder die Handlungen sozialer Akteure und Akteurinnen, die mit wissenskulturell eingespielten technischen, sozialen und symbolischen Elementen (Knorr-Cetina 2002) soziale Situationen gestalten (müssen), dabei aber auf fremde Wissenselemente stoßen, zu denen sie sich verhalten wollen oder sollen. Dies wäre sowohl als akzidentelles Ereignis, als Innovationsanforderung aber auch als spontane und kreative eigene Hervorbringung denkbar. *Reisendes Wissen* kann aber auch die Reise sozialer Akteure und Akteurinnen selbst meinen, die sich mit eingespielten Arten der Wissensreproduktion plötzlich – gewollt oder ungewollt – an Orten der wissenskulturellen Fremde wiederfinden. Es geht der Kategorie damit auch um die Formen der (gewollten oder ungewollten) Herstellung wissenskultureller Kohärenz nach innen wie nach außen.

„Eine der vornehmsten Aufgaben vergleichender Erkenntnistheorie wäre zu forschen, wie Auffassungen [...] von einem Denkstil zum anderen kreisen [...]. Erst durch solches Vergleichen und Erforschen der Zusammenhänge gewinnen wir das Verständnis für unsere Epoche“ (Fleck 2019, S. 41).

Kommen, Gehen und Bleiben: Drei Perspektiven für eine soziologische *Reiseliteratur.*

Für die handlungstheoretische Soziologie, die an sozialen Praktiken orientiert bemerken muss, dass die *Reise von Wissen* niemals abstrakt in einem luftleeren Raum stattfindet, öffnet sich an dieser Stelle ein weites Feld. Denn Wissen ist weder ohne einen spezifischen Kontext als Wissen ersichtlich, noch reist es von sich aus. Stattdessen sind es die Handlungen sozialer Akteure und Akteurinnen, die Wissen als Wissen in Situationen hineintragen und damit gleichzeitig die Kontexte selbst, sich selbst als Akteure und Akteurinnen dieser Kontexte und auch die lokalen Ideen (einer *Reise*) von Wissen mitproduzieren. Einem handlungstheoretischen Ansatz von *Reisendem Wissen* muss es zentral um die Thematisierung der Praktiken situationaler Wissenserzeugung gehen, die in einer aktiven Hinwendung zur konzeptionellen Fremde aufkommen und damit gleichzeitig nur aus ihrer Einbettung aus einem konkreten Kontext heraus thematisiert und verstanden werden können.

Bestehende soziologische Literatur zeigt diverse Thematisierungen solcher Reisebewegungen (s. o.). Ein nicht unbeachtlicher Teil dieser Literatur nimmt die Reise wörtlich und betont die Bedeutung einer Reise von Akteuren und

Akteurinnen und ihrem Wissen für Prozesse lokaler Wissenserzeugung. Andere sehen die *Reise von Wissen* zu den fremden Anderen als abstrakteren, eher erkenntnistheoretischen Prozess, der eingelagert ist in die Möglichkeit der Konstitution des Eigenen. Wieder andere sehen eine *Reise von Wissen* als einen jeder einzelnen Situation zugehörigen Prozess der sozialen Aushandlung lokaler Bedeutung, zu der man strenggenommen noch nicht einmal seinen Sessel verlassen muss. So unterschiedlich diese Thematisierungen *soziologischer Reiseliteratur* erscheinen, gleichen sie sich doch im Glauben an die konzeptionelle *Reise* als wichtigen Zusammenhang für das Verständnis sozialer Situationen und (Wissens-)Kulturen und damit auch insgesamt für die Konstruktion sozialer Wirklichkeit.

Beim Blick in bestehende Ansätze fällt auf, dass Prozesse der *Reise von Wissen* aus wechselnden theoretischen Bezugspunkten heraus unterschiedlich thematisiert werden. Verschiedene Aspekte finden dabei Beachtung, die im Folgenden im Hinblick auf die *Richtung der Reise* und den Blickwinkel der zugehörigen Akteure und Akteurinnen zusammengefasst und geordnet werden sollen. Die im Folgenden angesprochenen Prozesse des *Kommens*, des *Gehens* und des *Bleibens* von Akteuren und Akteurinnen und ihrem Wissen sind dabei als idealtypisierender Vorschlag zu lesen, soziologische Blickrichtungen auf einschlägige Praktiken des Umgangs mit Wissen zu lenken. Bei genauerem Hinsehen fällt nämlich auf, dass die Zuschreibung *Kommen, Gehen* und *Bleiben* ebenso abhängig ist vom Standpunkt der Betrachtung (vgl. Fleck 2019, S. 44) wie von der Blickrichtung der Reisenden selbst. In diesem Sinne werden *Kommen, Gehen* und *Bleiben* weniger als getrennt voneinander bestehende und einzeln aufkommenden Ordnungen verständlich, sondern vielmehr auch als unterschiedliche Aspekte des gleichen Vorgangs, die die analytischen Chancen des Begriffs *Reisendes Wissen* zur Sprache bringen. Während die ersten beiden Kategorien *Kommen* und *Gehen* von Wissen *Reisendes Wissen* aus der Perspektive einer spezifischen Wissenskultur heraus verstehen, auf deren kategorischer Bühne Wissen *Kommen* und *Gehen* kann, nimmt die dritte Kategorie *Bleiben* Bezug zu einer lebensweltlicheren Verwendung. Hier ist Wissen vielschichtiger und multiperspektivischer vor allem aber situationaler geprägt eingebunden und folgt weniger der paradigmatisch einheitlichen Verwendungen von Wissen in Wissenskulturen. Stattdessen ver*bleibt* es trotz beständiger Bewegung in der jeweiligen Situation und wird *örtlich* verhandelt, ohne einem spezifischen wissenskulturellen Kontext zu folgen. Mit dieser dritten Form der *Reise von Wissen – Bleiben –* geht auch implizit der Vorschlag einher, die Rolle der Akteure und Akteurinnen und deren Logiken und Praktiken des Alltags bei der Rekonstruktion auch von Wissenskulturen ernster zu nehmen und auch die situationale Notwendigkeit einer *Reise von Wissen* für eine multiperspektivische soziale Welt anzuerkennen. Auch wenn die Dreiteilung *Kommen*, *Gehen* und *Bleiben* vielleicht etwas hemdsärmelig erscheinen mag, geht es im Folgenden darum, den soziologischen Diskurs an bestehende kulturwissenschaftliche Annahmen anzuschließen, in eine erste handlungstheoretische Ordnung zu überführen und Wege aufzuzeigen, auf denen zukünftige Forschung konzeptionell wie empirisch voranschreiten kann.

Kommen von fremden Akteuren und Akteurinnen und ihrem Wissen thematisiert *Reise* aus der Blickrichtung der Bereisten und ist für eine Wissenskultur zunächst als Irritation bemerkbar. Dabei avanciert fremdes Wissen für die Aufnahmegesellschaft – ebenso faszinierend wie bedrohlich – zur Möglichkeit außergewöhnlicher (Selbst-)Erkenntnis, indem es mit seinem *Kommen* eingespielte Perspektiven und Wissensordnungen zur Disposition stellt (vgl. Simmel 2016; Park 1928; Schütz 1972). Denn sein Anderssein schafft das lokale Bewusstsein von Einigkeit nach innen auf der einen, und das Verständnis der Kontingenz lokaler Wissensordnungen auf der anderen Seite (vgl. Stichweh 2010, S. 18) und imaginiert sich damit als eine Synthese aus Nähe und Ferne (vgl. Simmel 2016, S. 764), die unterschiedlich verortete Akteure und Akteurinnen und deren Wissensordnungen miteinander in eine Beziehung setzt. Dabei ist fremdes Wissen nur in einem Zusammenhangwissen – als begrifflicher Gegensatz einer Fixiertheit – als fremd verstehbar und ist damit immer schon ein „Element der Gruppe selbst" (Simmel 2016, S. 765), die sich durch sie neu thematisieren und ausdifferenzieren kann (vgl. Jung 2016, S. 45).

(An-)Kommendes reisendes Wissen stellt die Frage nach Konstitutions-, Abgrenzungs-, Transformations-, Innovations-, Rechtfertigungs- und/oder Verteidigungspraktiken von und in Wissenskulturen. Um Wissenskulturen als selbstreferentielle Maschinerien der Wissenserzeugung (Knorr-Cetina 2002, S. 13) zu verstehen sind innersystemische Logiken der Separation (a.a.O., S. 12) ein zentraler Ankerpunkt systemischer Selbsterhaltung. Der Blick auf *Reisendes Wissen* als *kommendes Wissen* bringt an dieser Stelle besonders auch die Praktiken rund um systemische Irritationen zur Sprache. Weniger die Regelmäßigkeit einer gut laufenden Maschinerie als vielmehr der Umgang mit dem *Sand im Getriebe* ebenso wie diverse Praktiken der Wartung, der Erhaltung oder des Umbaus eines nicht im luftleeren Raum produzierenden Getriebes können mit der Kategorie *Reisendes Wissen* an dieser Stelle besprochen werden. Beispiele für diese Form *Reisenden Wissens* finden sich in diesem Band exemplarisch in den Texten von Martin Harbusch und René Pingel-Rathke, Bernd Dollinger, Holger Schmidt und Daniel Stein, Anne-Kathrin Will, Sung-Joon Park und Michael Dellwing; Texte, die Reiseprozesse theoretisch und empirisch aus der Perspektive eines Ankunftskontextes heraus thematisieren.

Gehen von Akteuren und Akteurinnen und ihrem Wissen thematisiert *Reise* aus der Blickrichtung der Reisenden, die sich aus ihren spezifischen Wissenskulturen heraus aktiv neue soziale Kontexte zu erschließen suchen und/oder ihre alten, bekannten Rahmen verlassen. *Reisendes Wissen* zeigt sich in der Bewegung des *Gehens* als Erweiterung des eigenen konzeptionellen Rahmens, als Invasion in einen fremden sozialen Kontext und damit zusammenhängend auch als machtvollen Aneignung fremder wissenskultureller Inhalte. Aus der Blickrichtung der Reisenden fokussiert der Begriff auf die Praktiken der Gewinnung, der Entwicklung, der Annexion neuen Wissens und neuer Kontexte für die eigene (Wissens-) Kultur. Gleichzeitig stellt *Reisendes Wissen* in der Blickrichtung des *Gehens* die Frage nach den Motivationen und Strategien für die Neuformulierung des Alten und damit nach den Gründen für dessen putativen Anachronismus. Reisen ist gegenüber dem *kommenden* Fremden in der Figur des *Gehenden* weder Zufall noch Schicksal, sondern ein selbstgewählter Akt, der sich aus den Interessen sozialer Akteure und Akteurinnen oder den Logiken spezifischer Felder und deren Strukturen heraus ergibt. Mit dem Begriff *Reisendes Wissen* lässt sich in dieser Figur der aktive und strategische Umgang mit kontaktierten fremden Wissensordnungen reflektieren, deren Inhalte zur Erweiterung oder Erneuerung eigener Prozesse der Wissenserzeugung aktiviert werden sollen. So geht es in diesem Zuschnitt des Begriffes *erstens* um die Ausrichtungen und Strategien lokaler Akteure und Akteurinnen von Wissenskulturen und deren Positionierung zum Begriffsangebot disziplinärer Nachbarn. Damit zusammenhängend impliziert er *zweitens* die Frage nach den strukturellen Logiken, Unterschieden und Gemeinsamkeiten der durch die Reise in Beziehung tretenden Kontexte. Wissenskulturen geraten weniger in ihrer Typik, sondern vielmehr in ihrer Relationalität und Prozesshaftigkeit in den Blick (Poferl und Keller 2018, S. 27) und erscheinen so deutlicher als durch Bewegungen im Inneren der Kulturen konstituierte Zusammenhänge, die sich jeweils in einer dynamischen Beziehung mit der Außenwelt befinden. *Drittens* impliziert die Reise aus der Blickrichtung des Reisenden damit zusammenhängend auch die Notwendigkeit der Transformation vorgefundener Inhalte. Fundstücke in der Fremde müssen vor der Kulisse bestehender lokaler Strukturen und Inhalte „zugerichtet“ (Bergmann et al. 2014, S. 28) werden, um anschlussfähig zu sein. Die Demontage des Vorgefundenen und deren Rückkopplung an bestehende Diskurse ist eine aktive Übersetzungsleistung, die vielleicht mehr über die Funktionsweisen des Eigenen im Spiegel des Fremden sagen kann als über dieses Fremde selbst. Und *viertens* beleuchten Prozesse des *Gehens* von Akteuren und Akteurinnen und ihrem Wissen die machttheoretische Frage nach den öffentlichen Produktionsweisen von Legitimität im Kampf diverser wissenskultureller Deutungsangebote. Welche Bedeutungen wissenskulturelle Ordnungen auf welche Weise in sozialen Kontexten erlangen, die wissenskulturell als uneindeutige Kontexte zu verstehen sind – wie etwa der politische Diskurs, die mediale Berichterstattung oder das nachbarschaftliche Gespräch am Gartenzaun – sind Fragen, die auf eine wissenskulturelle Konkurrenz im öffentlichen Raum hindeutet. Gleichermaßen sind dies Fragen, die auf die wissenskulturelle Bedeutung eines *Außerhalb* der Wissenskulturen und damit auch auf den zentralen Charakter der *Reise von Wissen* für Wissenskulturen hinweist. Beispiele für diese Form Reisenden Wissens finden sich in diesem Band in den Texten von Elif Yıldızlı. Debora Niermann oder von Pao Nowodworski und Marie Marleen Heppner; Texte, denen es besonders auch um die Chancen und Schwierigkeiten des *Ankommens* geht.

Im Vergleich zu den Bewegungen *Kommen* und *Gehen,* die sich jeweils nur von der Basis einer spezifischen Wissenskultur aus als *Reise von Wissen* fassen lassen und deren Akteure und Akteurinnen ein strategisches Interesse an der Beständigkeit eines spezifischen Denkstils haben, thematisiert die Bewegung des *Bleibens* die *Reise von Wissen* aus der Perspektive eines rein situationalen Interesses. Sie verbindet die Irritation des *Kommens* mit der Einbindung und Aneignung, die im *Gehen* steckt, und zeigt die stetige Vermengung dieser Figuren in den Praktiken des Alltags; denn *Bleiben* von Wissen ist nicht möglich, ohne dass sowohl irritiert als auch eingebunden wird und auch nicht ohne, dass es sowohl hinterfragt als auch übersetzt wird.

Im kategorisch fluiden Alltag sind soziale Akteure und Akteurinnen keiner einheitlichen Perspektive verschrieben, verwenden, wechseln, mischen oder verwerfen situational und rollenabhängig ihre konzeptionellen Bezugssysteme und bewegen sich auf diese Weise ganz pragmatisch von einer Situation zur Anderen und von einer Wissensordnung zur nächsten. Alltäglich reproduziertes Wissen wird auf diese Weise weniger von einer fest auszumachenden, lokal herrschenden Wissenskultur, sondern vielmehr von der Logik der jeweiligen Situation bestimmt, die sich auch durch die Teilnahme diverser Akteure und Akteurinnen und ihrer Perspektiven strukturell schon als Überlappung ganz unterschiedlicher Wissenskulturen zeigt. In diesem Sinne *bleiben* Wissensordnungen auch im Prozess einer ständigen Bewegung in den jeweiligen Situationen, werden hier aktiv hervorgebracht, aufgegriffen, modifiziert und angepasst, um im nächsten Moment vielleicht wieder verworfen oder durch einen wissenskulturell anderen interpretativen Zuschnitt ersetzt zu werden. Im Alltag sind Bewegungen von Wissen ubiquitär und die Rollen, die mithilfe dieses Wissens reproduziert werden, sind wechselhaft (vgl. auch Callon 1984; Leigh Star 1989, 2010). Auf diese Weise stehen sie nicht oder zumindest weniger in der Tradition *einer* wissenskulturellen Eindeutigkeit.

Für alle Menschen jenseits von epistemisch festgelegten Experten- und Expertinnenrollen hat die *Reise von Wissen* viel weniger Bedeutung und findet viel unproblematischer, intransparenter, unaufgeregter statt als vor dem Hintergrund von Wissenskulturen. Jenseits von Experten- und Expertinnenrollen muss soziale Kohärenz auch nicht zwischen Wissenskulturen hergestellt werden, Sprachspiele müssen nicht zwangsläufig angeeignet, übersetzt oder annektiert werden; sondern sie müssen pragmatisch helfen, einzelne Situationen und die sich hier reproduzierenden Rollen aufrechtzuerhalten. Die Verwendungsforschung denkt diesen Akt als schlicht normalen Weg, sich situational mit den Komplexitäten der Welt auseinanderzusetzen. Wissen wird in der Situation entkleidet (von Alemann 2002, S. 74) und kleingearbeitet (vgl. Beck und Bonß 1989, S. 9), wird den Kontexten des Verwendungszusammenhangs angepasst, um daraufhin vielleicht gleich danach wieder fallengelassen zu werden (vgl. auch Wingens 1989, S. 35 f.; Harbusch 2019).

Akteure und Akteurinnen und ihr Wissen *bleiben* auf ihrer Reise durch die wissenskulturell vorgeprägten jedoch nicht festgelegten Wissensordnungen an ihren jeweiligen Orten und Situationen des Alltags, und entwickeln dort Praktiken für den Umgang mit eintreffendem (fach-)fremdem Wissen. Manchmal sind sie sind es selbst, die fremdes Wissen in die Situationen interessiert hineintragen und manchmal stoßen sie auf inhaltliche Angebote der Mitmenschen, auf die sie reagieren müssen, wollen, sollen. Der Blick auf die *Reise von Wissen* wird in der Idee des *Bleibens* zum analytischen Blick auf lebensweltliche Aushandlungen wissenskultureller Inhalte und auf Praktiken der Assimilation und/oder Verwerfung außerhalb der Wissenskulturen selbst im wissenskulturellen Überangebot des epistemisch fluiden Alltags. Dabei geht es weniger um eine systematische Aneignung, sondern vielmehr um die praktische Gestaltung der Situation mithilfe von *Reisendem Wissen.*

Dass die Form der Verwendung wissenskultureller Inhalte situationalen Logiken folgt, heißt dabei nicht, dass alltäglich verwendete Wissensordnungen keine Bedeutung, Konsequenzen und Anforderungen für die Verwendenden hätten. In der Idee des *Bleibens* von eingereistem Wissen formuliert sich ebenso der Gedanke, dass sich in der alltäglichen Konkurrenz wissenskultureller Deutungsangebote für bestimmte Rollen an bestimmten Orten bestimmte Narrative für eine bestimmte Zeit verfestigen und an diesen Orten dann auch Konsequenzen für die Praktiken der hiesigen Akteure und Akteurinnen haben. *Reisendes Wissen* ist auf diese Weise als Chance aber auch als Gefahr für eigene Themen und Praktiken zu sehen. Auch wenn im Alltag die epistemischen Grundlagen der verwendeten Inhalte nicht zwangsläufig bekannt sein müssen und *eingereistes Wissen* auf diese Weise fremd bleiben, situativ und kreativ eingesetzt und mit anderen Ordnungen verflochten oder vielleicht zu Gunsten einer besseren Beschreibung wieder beiseitegelegt werden kann, heißt dies nicht, dass es in den Ordnungen des Alltags nicht Pfade gebe, auf denen die Reise leichter, schwerer oder gar unmöglich erscheint.

Beispiele für diese Form Reisenden Wissens finden sich in diesem Band in den Texten von Max Kaufmann, Stephanie Kernich und Christine Leuenberger; Texten, denen es besonders um die situationale Aushandlung von Bedeutung mithilfe von eingereistem Wissen geht.

Zum Band

Der vorliegende Band setzt sich in theoretischen wie empirischen Beiträge auf unterschiedlichen Feldern soziologisch mit dem Begriff *Reisendes Wissen* auseinander. Geordnet werden die Beiträge im Band nach den Arten und Richtungen der *Reise; Kommen*, *Gehen* und *Bleiben*. Da es sich hierbei – wie oben ausgeführt – mehr um eine erste, hemdsärmelige Unterscheidung zum Zwecke eines theoretischen wie empirischen Zugriffs auf *Reisendes Wissen* handelt, die zudem abhängig ist von der jeweiligen Blickrichtung der *Betrachtenden* und *Reisenden*, könnten die jeweiligen Texte sicher auch in einem jeweils anderen Teil aufkommen und diskutiert werden. Die hier erstellte (An)Ordnung der eingereichten Beiträge ist nicht als feste, unumstößliche, Grenzen schaffende Ordnung zu verstehen. Sie hat ihren Grund neben einer ersten Sortierung möglicher Blickrichtungen an dieser Stelle auch in der Notwendigkeit der Struktur des „Nacheinander", zu der ein Buchformat zwingt (Langer 1984). Eine fluidere Präsentationsweise wäre dem Gegenstand sicherlich angemessener gewesen.

Martin Harbusch und René Pingel-Rathke folgen auf der Basis eine Interviewstudie mit Sozialarbeitenden psychiatrischen Wissensordnungen auf ihrer *Reise* in den Alltag. An der Schnittstelle zwischen theoretischem psychiatrischem und lebensweltlichem Wissen zeigen sie, auf welchen Wegen sich psychiatrische Diagnosekategorien in die konzeptionelle Fremde hineinbewegen können, welche Deutungspraktiken und paradigmatischen Überbrückungen für eine solche *Reise* situational notwendig sind und wie die interviewten Sozialarbeitenden dieses für sie fremde Wissen nicht allein formell und einheitlich in die eigene Welt hineintragen, sondern wie sie es stattdessen auch in einem Akt der Übersetzung und Aneignung ganz selbstbezogen und strategisch für Konstruktionen der eigenen Rolle und des einzelnen Falls nutzen.

Sung-Joon Park entwickelt vor dem Hintergrund der Verwendung des Konzepts der Posttraumatischen Belastungsstörung in Norduganda eine kritische Lesart von *Reisendem Wissen*. Er thematisiert in seinem Artikel auf der Basis ethnographischer Beobachtungen und Interviews, wie sich psychiatrische Kategorien über Kulturen und Kontexte hinweg weltweit verbreiten und zur Deutung ganz unterschiedlicher lokaler Problematiken vereinheitlichend herangezogen werden. In seiner Untersuchung widmet er sich besonders der Übersetzung von fremdem, eintreffendem Wissen auf der einen Seite und der Standardisierung und Quantifizierung psychiatrischer Störungskategorien auf der anderen Seite: Praktiken, die lokal differente Ereignisse und schwierige Lebensphasen ihren jeweiligen sozialen Kontexten und Ursachen berauben.

Michael Dellwing verfolgt in seinem Artikel die *Reise* des Begriffes „fake news" durch diverse Kontexte der Medienwelt. In der Rekonstruktion seines historischen Aufkommens und wesentlicher Kontexte seiner Verwendung zeigt er sich dabei als Kategorie, die auf ihrer Reise durch Zeiten und Räume medialer Welten ganz unterschiedliche Transformationen durchlief. Dabei änderten sich sowohl die Inhalte, die mit „fake news" besprochen als auch die Richtungen und Ziele, die mit diesem Begriff verfolgt wurden. Der konzeptionelle Weg von „fake news" von medialen Nischen hin zu seinem gegenwärtigen Charakter als Kampfbegriff konfligierender mächtiger Definitionsakteure und -akteurinnen zeigt nicht nur, dass sich zentrale Muster gesellschaftlicher Selbstdeutung und deren Verwendung beständig ändern und politisch interessiert aktiv geändert werden. Sondern er zeigt damit zusammenhängend auch das Potenzial der Kategorie *Reisendes Wissen* für die Analyse gegenwärtiger (massenmedialer) Deutungszusammenhänge.

Anne-Kathrin Will verfolgt über nationale, disziplinäre und Feld- bzw. Subsystemgrenzen hinweg die Wanderung eines Begriffes, der sich selbst um Wanderungen dreht: den des Migrationshintergrundes. Von seinem Aufkommen in administrativen Zusammenhängen, über seine *Reise* hinein in Erhebungskontexte von länderspezifischen Bildungskontexten, seine weiteren Formen der Verbreitung im deutschsprachigen Raum, bis hin zum *Ankommen* in der Bevölkerungsstatistik rekonstruiert Will seine Formen und Verwendungsweisen. Dabei interessiert sie sich besonders für die Wandlungen, die dieser Begriff *auf seiner Reise* durchläuft, für die impliziten und expliziten Implikationen, die er dabei mittransportiert und für die (Selbst-)Auffassungen, die er für jeweiligen nationalen Kontexte formuliert. Anne Kathrin Wills Text bietet nicht nur einen Blick auf die spezifischen Verwendungskontexte eines internationalen Begriffs, sondern macht auf diese Weise auch besonders deren politische Einbettung sichtbar.

Bernd Dollinger, Holger Schmidt und Daniel Stein beschäftigen sich in ihrem Text mit dem Konzept *Reisendes Wissen* für die Analyse des gesellschaftlich höchst relevanten Komplexes „Kriminalität". Auch wenn es für die soziale Verwurzelung der Idee Kriminalität – und dem Verhältnis von normgerechtem, legitimem Verhalten auf der einen und abweichendem, illegitimen Verhalten auf der anderen Seite – situational wichtig erscheint, Kriminalität als feste, nicht hinterfragbare Größe zu verhandeln, ist ihre Konstruktion historisch, konzeptionell und situational vielschichtig. Kriminalitätskonzepte reisen durch Raum und Zeit, werden von diversen sozialen Akteurinnen und Akteuren machtvoll aufgegriffen, verworfen, vergessen, übersetzt, neu ausgelegt und/oder angepasst. Die Autoren diskutieren in ihrem Artikel, welche Prozesse einer *Reise* notwendig sind, um Kriminalität als Konzept im Alltag zu etablieren. Sie besprechen aber auch, wie *Reisendes Wissens* als Kategorie über eingespielte verwandte Konzepte – wie etwa den „Labeling Approach" – analytisch hinausgreifen kann.

Elif Yıldızlı setzt sich in ihrem Text mit der Multidimensionalität der *Reise* alevitischen Wissens innerhalb der Türkei auseinander. Sie zeigt, wie und auf welche Weise mit der Migration einer Glaubensgemeinschaft aus den ländlichen Gebieten in die Großstädte nicht nur ein inhaltlicher wie formaler Transformationsprozess des Alevitentums selbst – seinen alltäglich relevanten Inhalten, Darstellungen, Aushandlungen – folgt. Sondern in ihrem Aufsatz wird ebenso deutlich, wie sich im Zuge dessen die (Selbst-)Verständnisse zentraler Figuren alltäglicher Religionsausübung und deren Aufgaben innerhalb einer sich transformierenden Gemeinschaft ändern. Entlang einer historischen Rekonstruktion der religionsgemeinschaftlichen Entwicklungen auf der einen Seite und basierend auf einer Interviewstudie auf der anderen Seite zeichnet Elif Yıldızlı die Komplexität nach, vor deren Hintergrund – eingebettet in sich ändernde räumliche Voraussetzungen, historische Denkweisen und organisationale Strukturen – religiöses Wissen *zu reisen* beginnt. Sie zeigt die gegenseitige Abhängigkeit und Verstricktheit von Kontext und Wissen, indem sie in ihrem Text auf die Spuren eines (ländlich-traditionalen) Wissenskorpus geht, der sich den umgebenen Strukturen (einer modernen urbanen Lebensweise) anpassen muss.

Debora Niermann setzt in ihrem Text die Idee des *Reisenden Wissen* in den Kontext qualitativer Sozialforschung im Allgemeinen und der Ethnographie im Besondern. Dabei entdeckt sie unterschiedliche Formen der Bewegung einer Methode, der in Anlehnung an die Ethnologie immer schon ein abenteuerlicher Charakter anhaftete und die als Grenzgängerin zwischen akademischer Arbeit, Reiseberichterstattung, Reportage und/oder Randgruppenthematisierung mit sozialreformerischem Impetus galt. Debora Niermann zeichnet in ihrem mit vielen Beispielen bebilderten Text nicht nur die Reiserouten des Genres innerhalb der amerikanischen Debatte nach und zeigt die Entwicklungen, Schwierigkeiten und politischen Verstrickungen einer Methode *auf ihrer Reise* durch die akademische Welt. Sie denkt darüber hinaus auch über das Verhältnis zwischen der amerikanischen und der deutschen Diskussion nach und zeigt – auch im Vergleich zur Grounded Theory – welche Inhalte auf welche Weise (nicht) über den Atlantik *reisen*.

Pao Nowodworski und Marie Marleen Heppner stellen die Idee *Reisendes Wissen* in den Kontext ethnographischer Forschung. Entlang einer Studie zur (Re-)Konstruktion von Fremdheit und Vertrautheit im Umgang mit Menschen mit Autismusdiagnose diskutieren sie zunächst die Chancen des Forschungsprogramms der Multi-Sited-Ethnography. Diese zeigt sich als in ihrer multiperspektivischen Auffassung der Situation als sehr gute Anschlussmöglichkeit für die Idee einer *Reise von Wissen*. Daraufhin zeigen die Autoren an empirischem Material ihrer Studie nicht nur sehr aufschlussreich, wie sich die untersuchten Felder der Psychiatrie, Psychologie und Familie auf der Basis einer geteilten Idee von Autismus alltäglich annähern und miteinander abstimmen (können). Sie zeigen darüber hinaus auch, wie die Annahme einer *Reise von Wissen* Dynamiken und Mobilitäten der Felder sichtbar werden lässt und damit einer gemeinsamen, situationalen Konstruktion von Bedeutungen einen theoretischen Ort geben kann.

Stephanie Kernich setzt sich theoretisch wie methodisch mit der Bewegungsform des Flanierens als langsame Art des Reisens in der Alltagswirklichkeit auseinander. Dabei hebt sie nicht nur hervor, dass die jeweiligen Arten alltäglicher und sozialwissenschaftlicher Wissensproduktion als situational und lokal anhängig verstanden werden müssen, sondern auch, dass örtliche Strukturen als Teil der Aushandlung individueller und sozialer Bedeutung eine wichtige Rolle spielen. Stephanie Kernich zeigt mit ihren Überlegungen zum Begriff des Flanierens ebenso wie mit ihren Bezügen zur Methode des Begehungsinterviews, wie uns die *Reise* durch die Situationen und die Orte des Alltags in unseren Wahrnehmungen und Sinnsetzungen dirigiert. Darüber hinaus verdeutlicht sie damit zusammenhängend, dass die Orte des Geschehens und deren Strukturen – als manifestiertes Wissen der Vergangenheit – neben den Deutungsangeboten der Akteure und Akteurinnen als eigene Wissensform ernstzunehmend sind.

Christine Leuenberger hat eine tatsächliche, physische Grenze vor Augen – den eisernen Vorhang – wenn sie sich auf die Suche begibt nach der Abhängigkeit von Wissen(schaft) und Ort. Am Begriff der Neurose rekonstruiert Leuenberger den Zusammenhang zwischen politischen Perspektiven und zugehörigen Bildern des

Menschen auf der einen Seite und lokal verorteten Wissenschaftlern und Wissenschaftlerinnen und deren Ergebnissen auf der anderen Seite. Die Entstehung von Wissen findet immer in einem spezifischen Kontext statt, ist eingebettet in institutionelle Logiken, kulturelle Perspektiven und materielle wie soziale Ressourcen. Am Unterschied von Ost- und Westthematisierungen des Pathologischen zeigt Leuenberger einerseits, wie die wissenschaftliche Konstruktion von Wissen immer auch lokal abhängig und politisch ist und von der Perspektive auf den Standpunkt der Gegenwart eine Vision in die Zukunft entwirft. Sie zeigt aber auch andererseits, dass sich *Reisendes Wissen* als Mittel transnationaler Verständigung selbst dann erweisen kann, wenn politische – und auch ganz physikalische – Grenzen einen kommunikativen Stillstand vermuten lassen.

Max Kaufmann beschäftigt sich auf unterschiedlichen Ebenen mit Metaphern als Mechanismen der interpretativen Erschließung der Welt. Während er ihre Verwendung im Alltag als mögliche Praktiken der Aufnahme, Transformation und Übersetzung diverser, unbekannter Wissensordnungen diskutiert und auf diese Weise ihre zentrale aber bisher wenig beachtete Rolle für die (Re)Produktion sozialer Anschlussfähigkeit herausstellt, haben sie für die qualitative Sozialforschung noch einmal eine andere Funktion. Anhand eines Forschungsbeispiels zeigt Max Kaufmann sehr luzide, wie mit der gewollten Formulierung von Metaphern im sozialwissenschaftlichen Interpretationsprozess gewinnversprechende Uneindeutigkeiten produziert werden und damit eingefahrene Deutungsroutinen durchbrochen werden können. Auf diese Weise bringen Metaphern im Forschungsprozess neue Aspekte und Zusammenhänge zur Sprache. Metaphern werden im Text von Max Kaufmann zu Wegen, auf denen Wissen in alltäglichen Zusammenhängen von einem in einen anderen Kontext *reisen* kann. Damit generieren Metaphern Anschlussmöglichkeiten alltäglicher Kommunikation, avancieren aber auch gleichzeitig zu einer interessanten Perspektive für die qualitative Sozialforschung.

Literatur

Bachmann-Medick, Doris. 2012. Translation. A Concept and Model for the Study of Culture. In *Travelling Concepts for the Study of Culture,* Hrsg. Birgit Neumann, Ansgar Nünning. Berlin: De Gruyter.

Bal, Mieke. 2002. *Travelling Concepts in the Humanities. A Rough Guide.* Toronto: Toronto University Press.

Beck, Ulrich, und Wolfgang Bonß. 1989. *Weder Sozialtechnologie noch Aufklärung? Analysen zur Verwendung sozialwissenschaftlichen Wissens.* Frankfurt a. M.: Suhrkamp.

Becker, Howard S. 2014. *Außenseiter. Zur Soziologie Abweichenden Verhaltens,* 2. Aufl. Wiesbaden: Springer VS.
Bergmann, Jörg R., Ulrich Dausendschön-Gay, und Frank Oberzaucher, Hrsg. 2014. *Der Fall. Studien zur epistemischen Praxis professionellen Handelns.* Bielefeld: Transcript Verlag.
Blumer, Herbert. 1931. Science without concepts. *American Journal of Sociology* 36:515–533. Chicago: University of Chicago Press.
Bourdieu, Pierre. 1996. Die Logik der Felder. In *Reflexive Anthropologie,* Hrsg. Pierre Bourdieu und Loic Wacquant. Frankfurt a.M.: Suhrkamp.
Callon, Michel. 1984. Some Elements of a Sociology of Translation: Domestication of the Scallops and the Fishermen of St Brieuc Bay. *The Sociological Review.* 32 (1): 196–233. New York: Sage Publications.
Czarniawska, Barbara, und Sevón Guje (Hrsg.) 2005. *Global Ideas. How Ideas, Objects and Practices Travel in the Global Economy.* Malmö: Liber & Copenhagen Business School Press.
Dellwing, Michael, und Robert Prus. 2012. *Einführung in die interaktionistische Ethnografie. Soziologie im Außendienst.* Wiesbaden: Springer VS.
Detel, Wolfgang. 2009. Wissenskulturen und universelle Rationalität. In *Wissenskulturen. Über die Erzeugung und Weitergabe von Wissen,* Hrsg. Johannes Fried und Michael Stolleis. Frankfurt/New York: Campus.
Fleck, Ludwig. 2019. *Entstehung und Entwicklung einer wissenschaftlichen Tatsache. Einführung in die Lehre von Denkstil und Denkkollektiv.* Frankfurt a. M.: Suhrkamp.
Fried, Johannes, und Michael Stolleis. 2009. (Hrsg.). *Wissenskulturen. Über die Erzeugung und Weitergabe von Wissen.* Frankfurt/New York: Campus.
Harbusch, Martin. 2019. Die Diagnose als Hybrid. Drei Formen der Entzauberung und die (Re-)Kontextualisierung psychischer Störungen. In *Pathologisierte Gesellschaft. Beiheft zum Kriminologischen Journal,* Hrsg. Michael Dellwing und Harbusch Martin, S. 197 – 227. Weinheim: Beltz Juventa.
Hillebrandt, Frank. 2001. Differenz und Differenzierung in soziologischer Perspektive. In *Unterschiedlich verschieden. Differenz in der Erziehungswissenschaft,* Hrsg. Helma Lutz und Norbert Wenning. Opladen: Budrich.
Hirschauer, Stefan, und Klaus Amann. 1997. *Die Befremdung der eigenen Kultur. Zur ethnographischen Herausforderung soziologischer Empirie.* Frankfurt a. M.: Suhrkamp.
Hitzler, Ronald. 1999. Welten erkunden: Soziologie als (eine Art) Ethnologie der eigenen Gesellschaft. *Soziale Welt* 50 (4): 473–482. Baden Baden: Nomos.
Hitzler, Ronald, und Paul Eisewicht. 2016. *Lebensweltanalytische Ethnographie. Im Anschluss an Anne Honer.* Weinheim: Beltz Juventa.
Honer, Anne. 1993. *Lebensweltliche Ethnographie: ein explorativ-interpretativer Forschungsansatz am Beispiel von Heimwerker-Wissen.* Wiesbaden: Springer VS.
Jacke, Christoph, Eva Kimminich, und Schmidt Siegfried J. Hrsg. 2015. *Kulturschutt. Über das Recycling von Theorien und Kulturen.* Bielefeld.: Transcript.
Jaeger, Ursina, und Boris Nieswand. 2022. Multi-Sited Ethnography zwischen Lokalisierung und Mobilisierung, oder: ‚Should I Stay or Should I Go Now?'. In *Handbuch Soziologische Ethnographie,* Hrsg. Angelika Poferl und Norbert Schroer. Wiesbaden: Springer VS.

Jung, Werner. 2016. *Georg Simmel. Zur Einführung* 2. Aufl. Hamburg: Junius.

Keller, Reiner, Hubert Knoblauch, Jo., und Reichertz, Hrsg. 2013. *Kommunikativer Konstruktivismus. Theoretische und empirische Arbeiten zu einem neuen wissenssoziologischen Ansatz.* Wiesbaden: Springer VS.

Knorr-Cetina, Karin. 2002. *Wissenskulturen. Ein Vergleich naturwissenschaftlicher Wissensformen.* Frankfurt a. M.: Suhrkamp.

Kohl, Karl-Heinz. 2009. Die Ethnologie und die Rekonstruktion traditioneller Ordnungen. In *Wissenskulturen. Über die Erzeugung und Weitergabe von Wissen,* Hrsg. Johannes Fried und Michael Stolleis. Frankfurt/New York.: Campus.

Konstanze, Senge und Hellmann Kai-Uwe. Hrsg. 2006. *Einführung in den Neo-Institutionalismus.* Wiesbaden: Springer VS.

König, René. 2017. *Soziologische Studien zu Gruppe und Gemeinde.* Wiesbaden: Springer VS.

Lammert, Christian, und Sarkowsky Katja. 2010. *Travelling Concepts. Negotiating Diversity in Canada and Europe.* Wiesbaden: Springer VS.

Langer, Susanne K. 1984. *Philosophie auf neuem Wege. Das Symbol im Denken, im Ritus und in der Kunst. Ungek. Ausg.* Frankfurt a. M.: Fischer.

Leigh Star, Susan. 2010. This is Not a Boundary Object: Reflections on the Origin of a Concept. *Science, Technology, & Human Values* 35 (5): 601–617. New York: Sage Publications.

Leigh Star, Susan, und James R Griesemer. 1989. Institutional Ecology, 'Translations' and Boundary Objects: Amateurs and Professionals in Berkeley's Museum of Vertebrate Zoology, 1907–39. *Social Studies of Science* 19 (3): 387–420. New York: Sage Publications.

Luhmann, Nicklas. 2021. *Soziale Systeme. Grundriß einer allgemeinen Theorie* 18. Aufl. Frankfurt a. M.: Suhrkamp.

Marcus, George E. 1995. Ethnography in/of the World System: The Emergence of Multi-Sited Ethnog-raphy. *Annual Review of Anthropology* 24 (1): 95–117. Stanford: Stanford University Press.

Mareis, Claudia. 2012. Systematisierte Innovation. Entdecken und Erfinden in Fritz Zwickys Morphologischen Weltbild. In *Wissenskulturen. Bedingungen wissenschaftlicher Innovation,* Hrsg. Harald Müller und Florian Eßer. Kassel: Kassel University Press.

Müller, Harlad und Florian Eßer. 2012. Wissenskulturen. Bedingungen wissenschaftlicher Innovation. Eine Einführung. In *Wissenskulturen. Bedingungen wissenschaftlicher Innovation,* Hrsg. Harlad Müller und Florian Eßer. Kassel: Kassel University Press.

Neumann, Birgit und Ansgar Nünning. Hrsg. 2012. *Travelling Concepts for the Study of Culture.* Berlin: De Gruyter.

Park, Robert E. 1928. Human Migration and the Marginal Man. *The American Journal of Sociology* 33 (6), 881–893. Chicago: Chicago University Press.

Poferl, Angelika, und Reiner Keller. 2018a. Soziologie der Wissenskulturen – Wissenskulturen der Soziologie. Eine Einführung. In *Wissenskulturen der Soziologie,* Hrsg. Reiner Keller und Angelika Poferl. Weinheim: Beltz Juventa.

Poferl, Angelika, und Reiner Keller. 2018b. Form und Feld. Soziologische Wissenskulturen zwischen diskursiver Strukturierung und erkenntnisorientiertem Handeln. In *Wissenskulturen der Soziologie,* Hrsg. Reiner Keller und Angelika Poferl. Weinheim: Beltz Juventa.

Reichertz, Jo. 2007. Hermeneutische Wissenssoziologie. In *Handbuch Wissenssoziologie und Wissensforschung,* Hrsg. Rainer Schützeichel, 171–179. Konstanz: Herbert von Halem Verlag.

Rottenburg, Richard. 2005. Code-Switching, or why a metacode is good to have. In *Global Ideas. How Ideas, Objects and Practices Travel in the Global Economy,* Hrsg. Barbara Czarniawska und Sevón Guje. Malmö: Liber & Copenhagen Business School Press.

Said, Edward W. 1983. *The World, The Text, and The Critic.* Cambrigde: Havard University Press.

Schacht, Frauke. 2021. *Flucht als Überlebensstrategie. Ideen für eine zukünftige Fluchtforschung*. Bielefeld.: Transcript.

Schmidt-Lux, Thomas, Monika Wohlrab-Sahr, und Alexander Leistner. 2016. *Kultursoziologie – eine problemorientierte Einführung*. Weinheim/Basel: Beltz Juventa.

Schwendter, Rolf. 1971. *Theorie der Subkultur.* Frankfurt a.M.: Syndikat.

Schütz, Alfred. 1974. *Der sinnhafte Aufbau der sozialen Welt. Eine Einleitung in die verstehende Soziologie*. Frankfurt a. M.: Suhrkamp.

Schütz, Alfred. 1972. *Der Fremde. In: Schütz, Alfred: Gesammelte Werke 2. Studien zur soziologischen Theorie. Den Haag*: Nijhoff.

Schütz, Alfred und Thomas Luckmann. 2017. *Strukturen der Lebenswelt* 2. überarbeitete Aufl. Stuttgart: UTB.

Senge, Konstanze. 2011. Das Neue am Neo-Institutionalismus: Die Wiedereinbettung von Organisation und Gesellschaft. *Das Neue am Neo-Institutionalismus.* Wiesbaden: Springer VS.

Simmel, Georg. 2016. *Exkurs über den Fremden. In: Soziologie. Untersuchungen über die Formen der Vergesellschaftung. Gesamtausgabe,* Band 2. 8. Aufl., 764–771 Frankfurt a. M.: Suhrkamp.

Steinbeck, John. 1993. *Meine Reise mit Charly. Auf der Suche nach Amerika*. München: DTV.

Stichweh, Rudolf. 2010. *Der Fremde. Studien zu Soziologie und Sozialgeschichte.* Berlin: Suhrkamp.

Stolleis, Michael. 2009. Der lernfähige und lernende Staat. In *Wissenskulturen. Über die Erzeugung und Weitergabe von Wissen,* Hrsg. Johannes Fried und Michael Stolleis. Frankfurt/New York: Campus.

von Alemann, Annette. 2002. *Soziologen als Berater. Eine empirische Untersuchung zur Professionalisierung der Soziologie*. Wiesbaden: Springr VS.

Wingens, Matthias. 1989. Ist die Soziologie irrelevant? *Perspektiven einer konstruktivistisch ansetzenden Verwendungsforschung, In: Zeitschrift für Soziologie* 18 (3): 208–219. Bielefeld: De Gruyter.

Teil I: Kommen

Brücken in die Lebenswelt

Psychiatrisches Wissens auf dem Weg in den Alltag und die konnektive Leistung der Sozialen Arbeit im Spannungsfeld der psychosozialen Hilfe

Martin Harbusch und René Pingel-Rathke

Der vorliegende Artikel zeichnet auf der Basis einer Interviewstudie unterschiedliche Arten nach, mit denen Professionelle der Sozialen Arbeit die Idee *Psychische Störung* in ihrer alltäglichen Arbeit verwenden. Psychiatrische Diagnosekategorien werden in diesem Zusammenhang als *Reisendes Wissen* diskutiert, die sich den Professionellen der Sozialen Arbeit einerseits im Arbeitsalltag aufdrängen, andererseits von diesen auch gezielt angebracht werden, um einzelne Situationen in bestimmte Handlungspfade zu überführen. Die Ergebnisse der Studie erweitern die klassischen soziologischen Kritiken an der Psychiatrie, indem sie aufzeigt, auf welche Weisen psychiatrische Kategorien heute auch jenseits der Psychiatrie selbst lebensweltliche Bedeutung gewinnen.

M. Harbusch (✉)
Fakultät 1/ Seminar für Sozialwissenschaften, Universität Siegen, Siegen, Deutschland
E-Mail: martin.harbusch@uni-siegen.de

R. Pingel-Rathke
Kassel, Deutschland
E-Mail: r.pingel-rathke@posteo.de

M. Harbusch (Hrsg.), *Reisendes Wissen*,
https://doi.org/10.1007/978-3-658-45229-2_2

Von der Schmuddelecke ins Herz der Gesellschaft: Psychiatrische Wissensordnungen und die soziologische Kritik an der Psychiatrie

Die Wissensordnungen der Psychiatrie haben in den vergangenen Jahrzehnten eine enorme soziale Erfolgsgeschichte erlebt. Nicht allein in medizinischen, pädagogischen und (sozial-)wissenschaftlichen Fachdiskursen, sondern auch im medialen und öffentlichen Raum haben sich psychiatrische Darstellungen zur Beschreibung sozialer Abweichungen und Verhaltensirritationen ebenso wie zur (Selbst-)Thematisierung seelischen Leidens durchgesetzt. In der Politik und den Medien, in öffentlichen psychosozialen wie in privaten (online) Kontexten, in professionell psychiatrischen aber auch in professionell nicht-psychiatrischen Kontexten wird die Idee der psychischen Störungen zu einer alltäglichen Anwendung gebracht.

Das Verhältnis zwischen Soziologie und Psychiatrie hat durch die zunehmende Medizinisierung des psychiatrischen Arguments auf der einen und eine sich parallel ausweitende soziologische Kritik an psychiatrischen Einrichtungen auf der anderen Seite zu einer Entfremdung geführt (Pilgrim und Rogers 2005; Harbusch 2019a) und eine Frontstellung zwischen Soziologie und Psychiatrie initiiert, die bis heute anhält. Für die Soziologie sind psychiatrische Kategorien besonders als machtvolle Zuschreibungen institutionell, politisch und/oder monetär interessierter Akteure und Akteurinnen zu verstehen, die mit der Pathologisierung putativ devianten Verhaltens zeitgenössische Ideen von Normalität und Abweichung (re-)produzieren (Frances 2013), verteidigen und institutionalisieren. Sie hat sich in der zugehörigen Debatte zumeist als Stimme der Unterdrückten verstanden und die zunehmende Herstellung von *Verrücktheit* ebenso wie deren soziale wie individuelle Folgen kritisch begleitet. Neben dem Aufwerfen der Geschichte der Psychiatrie als paradigmatisch uneinheitliche (Harbusch 2019b, S. 202 f.) und in den jeweiligen zeitgenössischen Diskurs eingebettete (Scull 2015; Cohen 2016) Geschichte kann sie vor allem auch als grausame Geschichte (Shorter 1997) der Macht über Normalitätsdiskurse gelten und über die gewaltsame Durchsetzung dieser Diskurse gegenüber den Menschen, die ihnen und ihren Vertretern und Vertreterinnen nicht folgen wollten oder dies nicht konnten (Foucault 2016).

Je länger die Entwicklung und beständige Ausdifferenzierung des psychiatrischen Paradigmas mit immer weiteren und aktualisierten Krankheitsideen andauerte und je öfter sich psychiatrische Wissensordnungen im Spiegel geänderter zeitgenössischer Normalitätserwartungen der jeweiligen sozialen Wirklichkeit anpassten, desto deutlicher stand der Soziologie die Kontingenz und der soziale Charakter psychiatrischer Zuschreibungen vor Augen. Dass psychiatrische

Krankheitskategorien keine wissenschaftlichen Ergebnisse sind, sondern konzeptionell auf Hypothesenbildung und diagnostisch auf Interpretationsprozessen beruhen (Hunter 1991; Jutel 2011), dass Labeling- und Stigmatisierungsprozesse nicht nur für die *Betroffenen* mit alltäglichen Interaktionsirritationen und (Selbst-) Thematisierungskonsequenzen einhergehen (Weingarten 1980; Goffman 2008, 1975, 1982; Harbusch 2019c; Flick 2019; Illouz 2015) und/oder damit zusammenhängend, dass der psychiatrische Diskurs im Wesentlichen als politischer und hegemonialer (Cohen 2016) Diskurs verstanden werden muss, der Vernunft von Wahnsinn – zwei im Grunde dialektisch miteinander verbundene Formen innerweltlicher Erfahrung – künstlich voneinander trennt (Foucault 2016, S. 8 ff.), sind klassische Linien der Argumentation der Psychiatriekritik, die ihre Bedeutung und Aktualität bis heute beibehalten haben. Die Medikalisierung situationaler Irritationen löst komplexe Formen sozialen Verhaltens und soziale Probleme (in Familie, Schule, Freundeskreis, Arbeitsort etc.) aus ihren politischen, historischen, individuellen und/oder institutionellen Entstehungskontexten (Harbusch 2019b, S. 203; Dellwing und Harbusch 2013) und ist auf diese Weise als Prozess der Individualisierung, der Objektivierung und der Naturalisierung sozialer Zusammenhänge zu verstehen. Gleichzeitig mit der Zuschreibung individueller Abweichung normalisiert sie den jeweiligen sozialen Kontext, der auf diese Weise als interessierter und machtdurchzogener Kontext nicht weiter infrage steht.

Besonders bedeutsam für die Erfolgsgeschichte der Psychiatrie und ihres zentralen Diagnosekataloges *Diagnostic and Statistical Manual of Mental Disorders (DSM)* war das Jahr 1980. Eine zuvor multiparadigmatische Ausrichtung zwischen therapeutischen, psychoanalytischen und medizinischen Konzepten, die der Breite des professionellen psychiatrischen Feldes und seiner Akteure und Akteurinnen nachkommen sollte, wurde durch ein rein medizinisch diskutiertes Kategoriensystem ersetzt[1]; ein Paradigmenwechsel, der psychiatrischen Wissensordnungen auf dem Trittbrett der Medizin aus der Schmuddelecke am Rande der Stadt zu einer lebensweltlich breit akzeptierten Idee verhalf.

[1] Wichtig ist an dieser Stelle zu betonen, dass es sich bei der medizinischen Darstellung der Krankheitskategorien inhaltlich nicht um ein medizinisches, wissenschaftlich fundiertes Ergebnis handelt, sondern nur die Struktur und Darstellung eines medizinischen Arguments kopiert, indem die jeweiligen Krankheitsbilder in nosologischen Listen aufgeführt und individuelle Verhaltensweisen als Symptome gedeutet werden. Bis heute liegen diesen Kategorien keine validen Daten zugrunde (Frances 2013, S. 34 f.; Scull 2015; Cohen 2016, S. 9 f.; Whitaker 2010, S. 67 f.), sodass die Vermutung chemischer Imbalancen und die Möglichkeit einer medikamentösen Behandlung bis heute allein als Hypothese gelten kann (Moncrieff 2008).

Heute können wir unsere Gesellschaft als pathologisierte Gesellschaft verstehen (Dellwing und Harbusch 2019). Denn auf der einen Seite sind professionelle Kontexte der Verwendung psychiatrischer Ideen heute deutlich vielschichtiger geworden und zeichnen sich gerade dadurch aus, dass sie in Institutionen des (psycho-)sozialen Systems zu einer Anwendung gebracht werden, die – als „Troubled Persons Industries" (Harbusch 2022) – keine psychiatrischen Institutionen mehr sind. Professionsangehörige der Gesundheits- und Krankenpflege, Sozialarbeitende, Lehrkräfte, Anwältinnen und Anwälte, rechtssprechende Personen, Mitarbeitende von Krankenkassen, pädagogische Fachkräfte, Eltern, Therapeutinnen und Therapeuten, Online-Communities usw. sind heute als „psy-professions" (Cohen 2016, S. 8) identifizierbar; als professionelle wie lebensweltliche Expertinnen und Experten also „who have over time acquired an authority on the supposed real nature of humans as psychological subjects" (a.a.O.). Auf der anderen Seite haben sich psychiatrische Kategorien breit in der Lebenswelt verankert und erreichen heute eine Akzeptanz im alltäglichen Reden über soziale Abweichungen, die vor dem Hintergrund der bisherigen Psychiatriegeschichte bemerkenswert erscheint. Heute sind psychiatrische Ideen als Begründungszusammenhänge und Plausibilitäten schaffende Narrative breit an Arbeitsplätzen, auf Schulhöfen, in Fernsehsendungen, in Online-Foren und/oder in Kinderzimmern besorgter Elternhäuser präsent und werden auf Geburtstagsfeiern ebenso reproduziert wie auf Kaffeekränzchen und in nachbarschaftlichen Gesprächen am Gartenzaun. Dies hängt auch mit der aktuellen nosologischen Struktur psychiatrischer Krankheitskataloge zusammen, die es zulässt, kleine, lebensweltliche Irritationen als symptomatische Ereignisse zu rahmen und als Anzeichen einer dahinterliegenden Krankheit zu deuten. Als ein zentraler Ort der Reproduktion psychiatrischer Deutungen zeigen sich an dieser Stelle Felder der Sozialen Arbeit, die mit einem breiten, lebensweltnahen Angebot aus ratsuchenden Personen betreuungsbedürftige Klienten und Klientinnen des psychosozialen Systems machen (Schmitz et al. 1989, S. 125; Harbusch 2019a, c).

Zur Reproduktion psychiatrischen Wissens im Kontext der Sozialen Arbeit

Die konzeptionelle Soziale Arbeit verwendet psychiatrische Wissensordnungen zur Beschreibung und Konstruktion des eigenen Feldes vielfältig und divers.

Mit psychiatrischen Kategorien werden im zugehörigen Diskurs Notwendigkeiten der Unterstützung von kranken Personen gefordert (Nissen 2002), Interventionsansätze und Handlungskonzepte entwickelt (Ahrbeck und Willmann

2010), die Deutung der Klienten und Klientinnen in einer durch Krankheit verengte und geleitete Erzählung – einer Krankengeschichte – mit einem typischen Verlauf konzeptioniert (Bosshard et al. 2001), das soziale Umfeld der Kranken als Risikofaktor (Textor 1990) thematisiert und daraus auch die Kontexte der Familie (Weinert-Portmann 2009) und der Angehörigen (Ziegler 2010, S. 21 f.) als problematisch verstanden (Harbusch 2019b). Auch wenn diese exemplarisch ausgesuchten Thematisierungen nur einige mögliche Verwendungsweisen zeigen, verweisen sie doch auf einen unkritischen Arm des Diskurses der akademischen Sozialen Arbeit, der psychiatrisch gerahmtes und vorstrukturiertes Wissen zur Deutung des eigenen Feldes nutzt und mit diesem die eigene entwicklungs-, hilfs- und fürsorgeorientierte Professionslogik in Szene setzt. Demgegenüber stehen aber auch kritische Ansätze, die auf der Linie einer sozialkonstruktivistischen Reflexion (professionelle) empirische Situationen analysieren (Dollinger 2019), mit konzeptionellen Auseinandersetzungen bestehende Diskurse infrage stellen (Sturm 2019) und/oder kritische Diskurse neu formulieren (Cremer-Schäfer und Lutz 2019). Auch wenn diese Diversität sozialwissenschaftlich ebenso erwartbar wie wünschenswert erscheint, zeigt sie sich aber spätestens dann als Schwierigkeit eines schon in seinen theoretischen Ansätzen zerfransenden Diskurses (Baierl 2008, S. 25 ff.; Ahrbeck und Willmann 2010, S. 153), wenn sie über ihre akademische Auseinandersetzung hinaus gehen und sich im Handlungsdruck des Alltags dem Multiversum der sozialen Welt stellen muss.

Im Feld stehen Sozialarbeitende unterschiedliche Wissensordnungen zur Beurteilung und Behandlung ihrer Fälle zur Verfügung. Meist sind dies Deutungen, die sich am sozialen Kontext (Familie, peer group, kultureller Hintergrund etc.) ihrer Klientel orientieren, um individuelles Verhalten zu deuten. Sozialarbeitende sind einerseits sozialwissenschaftlich ausgebildet und daher mit der Multiperspektivität und Kontingenz akademischen wie lebensweltlichen Wissens vertraut. Gleichzeitig bleiben sie andererseits in ihrer Arbeit aber auch immer der Logik der Situation, der Institutionen und auch den Befindlichkeiten und Bedürfnissen ihrer Klientel verhaftet und sind als „wissenschaftlich ausgebildete Praktiker" (Dewe et al. 1993, S. 47) an einem Einbezug akademischer Kategorien in lebensweltliche Zusammenhänge interessiert.

Im Hinblick auf die alltägliche Verwendung und Verlebensweltlichung psychiatrischen Wissens sind Praktizierende der Sozialen Arbeit besonders relevant, da sie wesentlich näher an den Lebenslagen ihrer Klientel arbeiten als klinische oder akademische Akteure und Akteurinnen (der Psychiatrie) dies tun. Bereits in den 1980er Jahren rekonstruierte die Verwendungsforschung (Schmitz et al. 1989), wie Berater sozialer Einrichtungen aus medizinischen Konstruktionen soziale Zusammenhänge machen. Denn die „Beratung als »verstaatlichte Aufklärung« führt weniger zur Wiederherstellung der durch bestimmte Erfahrungen problematisch gewordenen lebenspraktische Autonomie ihrer Klienten, sondern eher dazu, daß diese Problematisierung einen Formwandel erfährt“ (a.a.O., S. 125). Beratende geraten auf diese Weise in eine sozialkonstruktivistische Falle, denn sie stellen mit ihrem Fokus auf soziale und individuelle Problemsituationen und dem Versuch der Vermittlung zwischen unterschiedlich gelagerten individuellen wie institutionellen Interessen, die Probleme, die sie zu bearbeiten suchen, immer auch mit her (Bergmann 2014; Illich 1983). Und während sie in der Rolle als Vermittelnde situationale und lebensweltlich passende Lösungen erarbeiten (müssen), wird ihre Arbeit zum Ort der Fusion der Wissensordnungen und zur Nahtstelle zwischen akademischen Konstruktionen und lebensweltlichen Narrativen. Dabei besteht die Schwierigkeit dieser Vermittlung für Kritiker und Kritikerinnen nicht darin, dass Praktizierende der Sozialen Arbeit politisch, institutionell und/oder monetär interessiert sind und aus diesem Interesse heraus hilfesuchende Menschen mit Kommunikations-, Dokumentations- aber auch mit Abrechnungslogiken zu Kunden des Fürsorgesystems machen (vgl. Bergmann 2014); also ein „falsches Gesicht“ (McKnight 1983, S. 40) haben. Das Problem liegt eher darin, dass sie gerade kein falsches Gesicht haben, sondern – so vermutet zumindest McKnight schon in den 80er Jahren – in vielen Fällen von der Richtigkeit und Wichtigkeit ihrer Interpretationen überzeugt sind. „Die Macht der Dienstleistungsideologie wird gerade dadurch deutlich, dass die meisten Dienstleistenden diese Maske nicht von ihrem eigenen Gesicht unterscheiden können.“ (a.a.O.) Dabei besteht das große Paradox der Verwendung pathologisierender Konzepte in der Sozialen Arbeit (aber auch in anderen sozialen Institutionen) besonders darin, dass sich die Professionellen auf ihrer Suche nach Wahrheit und Professionalität in ein Feld begeben, in dem sie selbst als Laien erscheinen müssen. Denn sie arbeiten mit Konzepten, deren Produktionsweise und Hintergründe außerhalb ihrer Expertise liegt und machen sich auf diese Weise zu Nicht-Professionellen über die von ihnen verwendeten Inhalte (Liebsch und Manz 2007), geben eigene Konzepte zur Klärung irritierender Situationen auf und werden so zu Dienstleistenden der Psychiatrie.

Verwendungsforschung als theoretische Sensibilisierung

Der empirischen Untersuchung, wie Professionelle der Sozialen Arbeit psychiatrische Krankheitskategorien in ihrer täglichen Arbeit und damit in einem weiten Spektrum von Kontexten (von institutionellen und organisational, bis hin zu lebensweltlichen) verwenden, liegt im vorliegenden Fall eine spezifische theoretische Sensibilisierung zugrunde: die der soziologischen Verwendungsforschung der späten 1980er Jahre.

Die soziologischen Analysen, die sich unter dem Begriff der Verwendungsforschung subsummieren lassen, beschäftigen sich mit der Verwendung akademischen (soziologischen) Wissens in der Praxis. Im Zentrum ihrer Betrachtung steht die Frage nach Aneignungspraktiken und Verwendungsweisen spezifischen (wissenschaftlichen) Wissens in lebenspraktischen Kontexten, die von dem Ort der Generierung desselben abweichen. In dem Moment, in dem die Frage nach der Verwendung soziologischen Wissens in der Lebenswelt gestellt wird und einerseits auf die qualitative Unterschiedlichkeit dieser Wissensformen, andererseits auf die Praktiken der Wissensaneignung zielt, stellt sich implizit auch die viel grundlegendere Frage nach dem Verhältnis institutioneller/akademischer und lebensweltlicher Wissensformen und deren möglichen Verstrickungen.

Beck und Bonß (1989a, b) verstehen den Unterschied zwischen wissenschaftlich-theoretischem und (atheoretisch-) praktischem Wissen „nicht *hierarchisch*, sondern *qualitativ*" (ebd., S. 9, H.i.O.). Da akademisches Wissen unter anderen Bedingungen entsteht als handlungspraktisches Wissen, ist es als besondere Wissensform auf praktischer Ebene in der Regel nicht unvermittelt anwendbar. Stattdessen muss es erst einmal für die Praxis bzw. von der Praxis anschlussfähig gemacht werden. Dies geschieht in Form von „Reinterpretationen, die darauf abzielen, die aus wissenschaftlicher Perspektive erarbeiteten Informationen so kleinzuarbeiten" (ebd., S. 9), dass diese in den jeweiligen lebensweltlichen Kontexten sinnhaft eingepasst werden können. Verwendung meint also nicht eine einfache Anwendung, sondern „ein aktives *Mit-* und *Neu*produzieren der Ergebnisse, die gerade dadurch den Charakter von ‚Ergebnissen' verlieren und im Handlungs-, Sprach-, Erwartungs- und Wertkontext des jeweiligen Praxiszusammenhangs nach immanenten Regeln in ihrer praktischen Relevanz überhaupt erst geschaffen werden" (ebd., S. 11, H.i.O.). Dies ist ein Transformationsprozess, der gleichzeitig als „Trivialisierung" (1984, S. 394) von Wissenskomplexen gelesen werden kann (hierzu auch kritisch: Wingens 1989). Ronge differenziert diesbezüglich in seinem *Push-* und *Pull*-Modell (1989) Arten des Durchsickerns und Diffundierens akademischer Wissensordnungen in lebensweltliche Kontexte. So kommt es zum einen zu gewissen Thematisierungsnotwendigkeiten im Kontakt mit akademischem Wissen; Logiken, die sich allein schon durch den argumentativen Duktus ergeben. Zum anderen sehen sich Verwendungsdisziplinen Anforderungen einer differenzierten Praxis ausgesetzt, denen sie situational mit der Selektion von Wissenselementen begegnen müssen.

Mit Blick auf die Praktizierenden der psychosozialen Hilfsdienste bedeutet dies, dass die Art und Weise, wie psychiatrische Konzepte und Kategorien situational (re-)interpretiert und zu einer Anwendung gebracht werden immer auch abhängig sind von den verwendeten (psychiatrischen) Wissenselementen, von der jeweiligen interpretierenden Person (Vorerfahrungen, Vorurteilen, internalisierten Erklärungsmuster etc.), vom jeweiligen Fall, seiner Vorgeschichte und den kommunizierten institutionellen Interessen und ebenso von der jeweiligen Logik des konkreten Anwendungskontextes. In Fragen nach der Verwendung von Wissen stellen sich so auch immer Fragen nach den Hintergründen und Praktiken seiner Aneignung.

Erhebung

Um der Frage nachzugehen, wie und in welchen Zusammenhängen psychiatrisches Wissen im Alltag der Sozialarbeitenden aufkommt, auf welche Arten und Weisen es verwendet, diskursiv eingebettet und situational transformiert wird, wurden 15 Experteninterviews und Expertinneninterviews mit Professionellen der Sozialen Arbeit aus drei verschiedenen sozialpädagogischen Kontexten geführt. Ein Drittel der Interviewten arbeitete im Bereich der ambulanten Jugend- und Familienbetreuung, ein weiteres Drittel in der Eingliederungshilfe für seelisch behinderte Kinder und Jugendliche und die letzten fünf Personen arbeiteten in Beratungsstellen der allgemeinen Lebenshilfe. In Bezug auf die Arbeit mit psychiatrischen Diagnosekategorien ist diesen drei Bereichen der Hilfs- und Betreuungsangebote gemein, dass sie nicht primär auf diagnostizierte Kranke, sondern insbesondere auch auf „besorgte Gesunde“ (Frances 2013) ausgerichtet sind, die über diverse (oftmals institutionell gestützte) Wege in den Einflussbereich von Institutionen der sozialen Hilfe gelangt sind.

Zu Beginn der Interviews wurden die Interviewten zunächst über einen Gesprächsimpuls dazu aufgefordert, frei über ihre persönlichen Erfahrungen mit psychischen Störungen und psychiatrischen Diagnosen in ihrem Arbeitsalltag zu erzählen. Die Arbeit mit einer, offene narrative Sequenzen begünstigenden, Interviewführung sollte gewährleisten, dass die Sozialarbeitenden entlang ihrer eigenen alltäglichen Erfahrungen selbstreflexiv über Kontexte der Arbeit mit Störungskategorien und deren Bedeutungen in unterschiedlichen Settings, sowie deren situative Aufkommens- und Anwendungsweisen berichten. Spezifische Nachfragen zu einzelnen Störungskategorien oder den Erzählungen über solche wurde vom Interviewer ausschließlich dann (im Sinne der Grounded Theory als „In-vivo-code“ (Charmaz 2006, S. 55 f.)) eingebracht, wenn die Interviewten diese zuvor bereits selbst eingeführt hatten. Dies sollte garantieren, dass die Reproduktion der Störungskategorien im Interviewverlauf nicht von einem antizipierten Interessenfokus des Interviewers beeinflusst wird. Das Ergebnis der Experteninterviews und Expertinneninterviews lag dann in Form von langen Erzählsequenzen vor, deren inhaltliche Komplexität und Vielschichtigkeit die Erwartungen an die Erhebung deutlich übertraf. Das Interviewmaterial wurde transkribiert und anonymisiert und anschließend entlang der Grounded Theory (Strauss und Corbin 1996; Charmaz 2006) ausgewertet. Das Ergebnis dieser Analyse sind zunächst sechs trennscharfe Kategorien der Verwendung von psychiatrischen Störungskategorien, die in unterschiedlichen Verwendungskontexten jeweils bestimmte Funktionen erfüllen und verschiedene Handlungspfade eröffnen. Diese werden im Folgenden nur sehr kurz – und lange nicht der Komplexität des Materials entsprechend – vorgestellt. An zentraler Stelle der folgenden Präsentation von Ergebnissen stehen stattdessen die *gemischten* Formen der Verwendung: Sequenzen also, in denen diese oftmals isoliert aufkommenden Verwendungsformen miteinander verschränkt werden. Gezeigt werden soll, wie diese unterschiedlichen miteinander in Beziehung gesetzten Verwendungsweisen, unterschiedliche paradigmatische Wissensordnungen diverser Disziplinen gemeinsam bedienen und auf diese Weise – im Kontext der Kategorie *Reisendes Wissen* gelesen – eine Brücke zwischen diesen Disziplinen zu bauen vermögen.

Formen der Verwendung – Formen der Überbrückung: Psychiatrische Kategorien als Reisendes Wissen in der Sozialen Arbeit

Jede der im Forschungsprojekt rekonstruierten Kategorien eröffnet eine eigene Perspektive auf das Feld und gliedert sich noch einmal in diverse Unterkategorien auf. Da es im vorliegenden Text um die Vermischung dieser unterschiedlichen Verwendungsweisen geht, kann an dieser Stelle nur äußerst holzschnittartig auf die sechs einzelnen Verwendungsweisen eingegangen werden und auch nur, ohne die Komplexitäten und Binnendifferenzierungen innerhalb der einzelnen Kategorien aufzugreifen. Eine genauere Auseinandersetzung mit unterschiedlichen Arten der Verwendung findet an anderer Stelle statt (Harbusch und Pingel-Rathke 2021).

1) Fundamentalistischen Verwendungsformen, die durch einen tiefen Glauben an die Richtigkeit psychiatrischer Kategorien zur Deutung sozialer Zusammenhänge gekennzeichnet sind und oftmals mit der Überzeugung einhergehen, dass psychische Störungen, ähnlich wie Persönlichkeitsmerkmale in inhärenter Weise auf der Individualebene zu verorten sind, stehen 2) *kritische* Formen gegenüber, die das Wissen der Sozialarbeitenden über die individuellen wie sozialen Konsequenzen von institutionellen Prozessen der Pathologisierung abbilden. Familiäre Hintergründe oder emotionale Turbulenzen werden in 3) *therapeutisch* diskutierten Verwendungen als Ursache putativer Störungen diskutiert, die eine (psycho-)therapeutische Intervention und/oder eine familienzentrierte sozialpädagogische Hilfe nahelegen. Hier dienen psychiatrische Ideen nicht nur zur Pathologisierung individuellen Verhaltens, sondern auch als wissenschaftlich unterlegte Rechtfertigungen für die Konstruktion des Einzelnen als sozialer Fall (Bergmann 2014; Illouz 2015), der typischen psychosozialen Logiken folgt, eingebettet ist in ein familienzentriertes Problemfeld und dessen Aufarbeitung hintergründiger Probleme Heilung verspricht. Die therapeutische Verwendung ist als Verwissenschaftlichung ebenso wie als konzeptionelle Erweiterung eigener sozialarbeiterischer Kontexte zu verstehen, wohingegen die 4) *pädagogische* Verwendung kleinschrittig und an der einzelnen Situation mit den Klienten und Klientinnen orientiert ist. In der pädagogischen Verwendung entwickeln Sozialarbeitende pädagogische Strategien des konkreten Umgangs mit den vermeintlich gestörten Situationen und den Verhaltensweisen der begleiteten Person, die zur Verbesserung in der Gegenwart und der Zukunft dienen sollen. Die 5) *technische* Verwendung propagiert in einer rationalisierenden, komplexitätsreduzierenden Rational-Choice-Logik eine Überweisung der Klienten und Klientinnen in weitere Institutionen benachbarter „psy-professions". Psychische Störungen werden – ganz technisch – entlang spezifischer Verhaltensweisen erkannt und der Umgang mit ihnen folgt festgelegten Mustern. 6) *Utilitaristische* Verwendungen zeigen schließlich in einer zweckorientierten, strategischen Argumentation, dass sich Sozialarbeitende den Kontingenzen unterschiedlicher Verwendungsformen durchaus bewusst sind und psychiatrische Wissensordnungen aktiv und reflektiert als Werkzeuge verwenden, um den kategorialen Anschluss an Definitionsanforderungen anderer Institutionen – etwa der Krankenkasse, des psychiatrischen Dienstes usw. – zu suchen.

Diese Formen kommen in den erhobenen Interviews erstens einzeln und getrennt voneinander auf und bieten eine spezifische Verwendungs- und Interpretationsweise psychiatrischer Kategorien für einen jeweiligen Kontext an. In dieser einheitlichen Form werden Ideen psychischer Störung im Fortgang der Interviews von den Sozialarbeitenden nach- und nebeneinandergestellt und in diversen Sequenzen zur Deutung institutioneller und privater Kontexte herangezogen. Gleichzeitig fällt zweitens in allen Interviews auf, dass unterschiedliche Verwendungsweisen auch gemeinsam, nacheinander aufkommen und in unterschiedlichen Phasen und Sequenzen der Interviews schrittweise zu einer Verwendung geführt werden. Psychiatrische Wissensordnungen bieten den Erzählenden auf diese Weise unterschiedlich verwendet verschiedene Möglichkeiten, sich auf den Erzählkontext ebenso wie auf partizipierende Akteure und Akteurinnen und Wissensordnungen zu beziehen und ihre Argumentation mithilfe der unterschiedlichen Verwendungen an die Anforderungen der jeweiligen Situation anzupassen. In jedem der erhobenen Interviews stehen auf diese Weise mehrere Verwendungsweisen im Zentrum der Erzählung und es zeigt sich, dass Sozialarbeitende keine formal einheitliche Idee *psychischer Störung* reproduzieren, sondern diese divers, situativ und durchaus auch strategisch nutzen. Strategisch deshalb, da im Material auch deutlich wird, dass sich die Interviewten den diversen Kommunikationsanforderungen und Codes der involvierten öffentlichen wie privaten Akteure und Akteurinnen durchaus gewahr sind, diese gezielt und selbstreflexiv bedienen und sich mit den unterschiedlichen Verwendungsweisen psychiatrischer Kategorien auch aktiv in die Lage versetzen, je nach Zusammenhang verschiedene Ziele anzusprechen und zu verfolgen. Sie betonen etwa zuweilen – *fundamentalistisch* orientiert – die Notwendigkeit psychiatrischer Intervention zur Behandlung lebensweltlicher Probleme der Klienten und Klientinnen, erwähnen einige Minuten später – *kritisch* – die stigmatisierenden Konsequenzen, die psychiatrische Diagnosen in der Aktenlage für Betroffene haben können und/oder begründen – *therapeutisch* – die putativ gestörten Verhaltensweisen der Klienten und Klientinnen mit den lebensweltlichen Schwierigkeiten im familiären Kontext. Die Soziale Arbeit ist in der Betrachtung ihres Umgangs mit psychiatrischen Kategorien auf der einen Seite als (Nicht-)Profession (Harbusch und Pingel-Rathke 2021) im Spannungsfeld diverser institutioneller wie privater Diskursteilnehmenden und Definitionsakteure und Definitionsakteurinnen (Ärztinnen und Ärzte, Psychologen und Psychologinnen, Lehrkräfte, Mitarbeitende des Gesundheitsamtes, Familienangehörige etc.) zu verstehen, die sich ebenso aktiv wie geschickt zwischen den systemimmanenten Codes dieser Akteure und Akteurinnen bewegt. Dass während der Verwendung die Probleme der betroffenen Person vor dem Hintergrund des angesteuerten institutionellen Wissens erst als spezifische Probleme ersichtlich und kommunizierbar werden, erscheint den Sozialarbeitenden dabei in vielen Situationen als Teil ihrer Arbeit und als Hilfe für die Klienten und Klientinnen. Auf der anderen Seite zeigen sie – damit zusammenhängend – auch sehr pragmatisch, dass es ihnen in der Reproduktion psychiatrischer Wissensordnungen weniger um eine abstrakte Richtigkeit der Verwendung oder um den vermeintlich dahinterliegenden Glauben an eine Hierarchie konkreter disziplinärer Kategorien geht, sondern dass sie eher an der alltäglichen Bewährung psychiatrischer Kategorien und deren Auswirkungen auf ihre Arbeit und die Lebenswelt der Klienten und Klientinnen interessiert sind.

Diesen unterschiedlichen einzelnen Formen der Verwendung stehen schließlich Sequenzen gegenüber, in denen *Mischformen* zu einer Anwendung gebracht werden. Im Hinblick auf die rekonstruierten Arten der Verwendung erscheinen diese zuweilen widersprüchlich, da sie doch jeweils eine eigene paradigmatische Logik aufweisen und damit dem analytischen Blick konzeptionell unvereinbar erscheinen müssen. In der Lebenswelt der Klienten und Klientinnen und den Praktiken der Sozialarbeitenden jedoch – so wird im Folgenden argumentiert –, deren Strukturen ebenso vielschichtig, situational divers, zuweilen paradox und/oder paradigmatisch ebenso uneinheitlich sein können, wie diese gemischten Formen selbst, hat das gemeinsame Thematisieren der unterschiedlichen Formen eine entscheidende konnektive Funktion; und dies nicht nur für die Soziarbeitenden und ihre Klienten und Klientinnen, sondern ebenso für deren Kontakt mit den umgebenden diversen multidisziplinären Professionen und Institutionen. Zuletzt haben gemischte Verwendungsweisen psychiatrischer Kategorien eine wichtige Funktion für die Wissensordnungen der Psychiatrie, die umso stärker und einflussreicher werden, je niedrigschwelliger sie in alltägliche Deutungen sozialer Probleme überführt werden. Paradoxerweise steigt die Deutungsmacht der Psychiatrie mit dem Verschwimmen zentraler Kategorien (Harbusch 2022; Harbusch und Dellwing 2019).

Diese Formen einer *gemischten* Verwendung werden im Folgenden als *Formen der Überbrückung* thematisiert. Zudem werden sie im Sinne der Kategorie *Reisendes Wissen* als Möglichkeit für die Sozialarbeitenden verstanden, unterschiedliche soziale wie institutionelle Wissensordnungen zur Deutung des Falls zusammendenken zu können, auch oder gerade, wenn sich diese konzeptionell eigentlich entgegenstehen und in einem fremden Kontext zu einer Verwendung geführt werden. *Formen der Überbrückung* erstellen auf der einen Seite eine Möglichkeit der Aufrechterhaltung multiperspektivischer Kommunikation für sich und andere öffentliche wie private Akteure und Akteurinnen, die aus einer jeweiligen Professionsperspektive heraus nur schwer zu einem Gespräch, geschweige denn zu einem fachlichen Konsens finden würden (oder könnten). Auf der anderen Seite zeigen sich Sozialarbeitende auf diese Weise als Akteure und Akteurinnen des Austausches zwischen wissenschaftlich diskutiertem psychiatrischem Wissen auf der einen Seite und dessen lebensweltlichen Interpretationen auf der anderen Seite. Sie sind aktiv daran beteiligt, akademische Konzepte in lebensweltliche Erklärungen umzuwandeln. Sozialarbeitende betreiben „Code-Switching“ (Rottenburg 2005) und stellen in ihren Deutungen eine Art disziplinübergreifenden „metacode“ (a.a.O., S. 270) her, der in der Lage ist, alle wichtigen Informationen für einen spezifischen Kommunikationszusammenhang ein- und die unwichtigen auszuschließen. Darüber hinaus passen sie diesen Code gleichzeitig interpretativ und in Zusammenarbeit mit den Klienten und Klientinnen an die jeweilige konkrete Lebenssituation an.

Verbleibt man in der Metapher des *Reisenden Wissens* könnte man sagen, dass sie mit ihrer Arbeit nicht nur die Möglichkeit einer *Reise von Konzepten* über diverse disziplinäre Grenzen hinaus erst ermöglichen; Sie zeigen sich in ihrer Arbeit als strategische Akteure und Akteurinnen sozialer Konnektivität, als interessierte Personen also, die Brücken von einem System zum anderen schlagen oder diese abbrechen. Ebenfalls sichern sie mit ihrem Bezug zur Jeweiligkeit lebensweltlicher Zusammenhänge die Möglichkeit des *Ankommens* fremder Konzepte bei den Klienten und Klientinnen. Auf diese Weise werden Sozialarbeitende sowohl für die Psychiatrie als auch für die Klienten und Klientinnen zu ebenso wichtigen wie mächtigen Schlüsselfiguren des innerweltlichen „Kulturkontakts" (vgl. Park 1928, S. 881).

Die drei Figuren der Überbrückung, die im Folgenden vorgestellt werden, zeigen entlang exemplarisch zu verstehender Interviewsequenzen, auf welche Weise Sozialarbeitende psychiatrische Kategorien in gemischten Figuren verwenden. Gezeigt werden soll dabei nicht nur im Sinne der Verwendungsforschung, wie sie akademische Formeln zu alltagspraktischen Narrativen machen und/oder im Sinne der Kategorie *Reisendes Wissen* wie sie aktiv den kategorialen Bogen zu fachfremden weiteren Institutionen schlagen und damit paradigmatische Logiken diverser Institutionen überbrücken. Es soll darüber hinaus deutlich werden, welche Leistungen die Rückgriffe auf *gemischte* Figuren der Verwendung psychiatrischer Wissensordnungen auch zur Konstruktion des eigenen Feldes wie der eigenen Disziplin bereitstellt.

1. **Überbrückungen als Orientierung im Feld**

   In der folgenden Sequenz berichtet eine Sozialarbeiterin über ihren ersten Kontakt mit einer Klientin mit Borderline-Diagnose.

   Sequenz 1

> *„Und ich weiß halt bei Borderline-Störungen oft nicht, wie man oder wie ich mit umgehen kann. Also da muss ich halt genau bei der Person gucken, weil da muss ich ja auch vorsichtig sein, dass ich die nicht irgendwie antriggere, wenn ich da jetzt irgendwo bei mir zu Hause jemanden habe. Also da bin ich halt immer erst mal distanzierter und gucke mir erst mal genau an, wie äußert sich das, woran erkenne ich das oder wo / Versuche auch rauszufinden, was da für ein, was dahintersteht. Also es gibt ja da verschiedene Störungen also, sage ich mal, oder verschiedene Hintergründe, die jemand erlebt haben kann. Also ist jemand als Kind missbraucht worden oder ist es ein anderes Trauma, Scheidungstrauma. Das ist für mich auch ein Trauma." I7: 198–206.*

Die Sozialarbeiterin reproduziert in der vorliegenden Sequenz *fundamentalistisch* die psychiatrische Diagnosekategorie *Borderline-Störung*, die sie als Grundlage ihrer Deutung der Situation unkritisch und mit einem tiefen Glauben an die Richtigkeit und Unhinterfragbarkeit der Diagnose anbietet. Gleichzeitig zeigt sie eine Unsicherheit im Umgang mit psychiatrischen Wissensordnungen *(ich weiß (…) oft nicht, wie man oder wie ich mit umgehen kann),* und erzählt sich auf diese Weise indirekt als Jenseits einer Expertenkultur (Liebsch und Manz 2007). Während ihrer Arbeit mit fachfremdem Wissen wird sie selbst zur Laiin der verwendeten Inhalte, markiert sich mit dessen Reproduktion aktiv als lebensweltlicher Famulus der psychiatrischen Disziplin und stellt auf diese Weise indirekt sowohl ihre Professionalität als auch ihre Möglichkeiten der Deutung des Falls infrage. Ihr Umgang mit dieser Unsicherheit ist zunächst *technisch.* Ihr erstes Ziel ist, die Störung nicht *anzutriggern* sondern distanziert beobachtend zu verstehen, was *dahintersteht.* Die technische Deutung und der vorsichtige Umgang bieten auf diese Weise eine gewisse Sicherheit im unsicher empfundenen Feld.

Die Möglichkeit des Aufkommens einer eigenen, professionellen Handlung – und damit die Überbrückung psychiatrischer Inhalte in die Logik der Sozialen Arbeit – wird schließlich über das Vermischen mit einer *therapeutischen* Verwendung vollzogen; eine Verwendungsweise, die die Sozialarbeiterin bis zum Ende der Sequenz durchhält. Sie versteht Störungen in dieser Perspektive als von unterschiedlichen *Hintergründen* bestimmte Ereignisse *(Missbrauch, Trauma, Scheidungstrauma)*, deren Aufdeckung und deren Verständnis von ihr als spezifischer Teil sozialarbeiterischer Intervention gedeutet wird.

Während der Sozialarbeiterin im Fall anzusteuernde (problematische) Zusammenhänge und konzeptionelle Bezüge zu Beginn des Kontakts noch nicht deutlich vor Augen stehen, bietet die psychiatrische Auslegung eine einflussreiche Orientierung. Sie lenkt die Aufmerksamkeiten und Wahrnehmungen der Professionellen, lässt sie Hypothesen formulieren und ermöglicht (so ist zu vermuten) Vergleiche zu ähnlich gelagerten Fällen der Vergangenheit. *Therapeutisch* gedeutet überträgt die Erzählerin in der vorliegenden Sequenz die psychiatrische Kategorie in die konkrete Lebenswelt der Klientin, deren Verhaltensweisen vor dem Hintergrund der Störung nun als unterteilt in gesunde und (durch Borderline) gestörte Verhaltensweisen erkannt und kommuniziert werden können. Gleichzeitig erscheinen aber auch ihre eigenen Handlungen vor diesem psychiatrischen Bild als richtige *(distanzierter)* und falsche *(antriggere)* Umgangsweisen und bieten ihr auf diese Weise eine Handlungsorientierung und eine Komplexitätsreduktion in einem vielschichtigen und offenen Prozess erster Begegnung.

In der Mischung von *fundamentalistischen* und *therapeutischen* Ideen eröffnet die Erzählerin gleichzeitig eine Zeitachse zur Deutung der Situation der Klientin. Ausgehend von einem problematischen Erlebnis in der Vergangenheit, über die gegenwärtige Zuspitzung – die Problematik im Alltag der Klientin in der (Borderline-)Störung – bis hin zur Idee einer besseren möglichen Zukunft nach einer erfolgreichen Aufarbeitung der *Hintergründe* wird eine Richtung in der Thematisierung des Falles deutlich. Diese ist einerseits eine Richtung für die Klientin im gedachten Prozess der Genese. Andererseits ist es aber auch eine Achse für die Sozialarbeiterin, die sich mit dieser *gemischten* Form der Verwendung einen „professionell-zu-begleitenden Weg" zurechtlegt, den sie gemeinsam mit ihrer Klientin gehen kann. In der *gemischten* Verwendung psychiatrischer Wissensordnungen vermitteln sich unterschiedliche soziale (psychiatrische, therapeutische, alltägliche) Codes, zu denen auch die sozialen Rollen der Klienten und Klientinnen und der Professionellen gehören; gemeinsam mit den psychiatrischen Narrativen werden diese lebensweltlich anschlussfähig gemacht und in den konkreten sozialen Kontext hineingetragen.
In einer weiteren Sequenz reflektiert eine Sozialarbeiterin einer Beratungsstelle allgemeiner Lebens- und Sozialberatung über Möglichkeiten und Konsequenzen psychiatrischer Diagnosen für ihre Klienten und Klientinnen. Speziell geht es in diesem Zitat um Mütter, die sich über die Möglichkeit einer Mutter-Kind-Kur beraten lassen.
Sequenz 2

> *„In dieser Situation würde ich sagen, die Diagnose ist nicht so prima. Weil ich da schon überlege, es gibt Diagnosen, die stigmatisieren. Es gibt Diagnosen, die sind legitimer. Und in diesem Fall fand ich es schlecht. Es gibt aber Fälle, in denen ist es vielleicht auch hilfreich. Also wenn die Mütter dann auch eine Möglichkeit haben, dass zu benennen. Was ist denn los, was habe ich denn? Also manche Mütter sind auch erleichtert, wenn die erst mal hier sitzen. Vielleicht waren sie ja auch noch gar nicht bei einem Arzt und sagen: Och Mensch, das ist alles zu viel. Und dann kommen sie zu mir und sagen: Ja, ich habe eine leichte Depression oder mittelschwere Depression. Dann haben die eine Erklärung für sich." I9: 475–483.*

Die Erzählerin hebt zunächst die Bedeutung der Situation für ihre Einschätzung der Behilflichkeit von psychiatrischem Wissen hervor. Dies ist im Kern als eine *utilitaristische* Verwendung zu lesen, die sich weniger an einer abstrakten Richtigkeit oder Falschheit psychiatrischer Kategorien als solche als an der Art und Weise orientiert, wie hilf- und erfolgreich die Diagnose für die jeweilige Situation der Diagnostizierten verstanden werden kann.

Innerhalb dieser *utilitaristischen* Verwendung kommt es zur Mischung mit *fundamentalistischen* Elementen *(die sind legitimer)* und einer *kritischen* Thematisierung, die bemerkt, wie *stigmatisierend* psychiatrische Diagnosen für die Klienten und Klientinnen sein können. Die Erzählerin zeigt sich in dieser Stelle als Kennerin von Störungsbildern ebenso wie als Kennerin eines (psychiatrie)kritischen Diskurses, die als Dienstleisterin für hilfesuchende Mütter zunächst putativ nur an den Befindlichkeiten der Mütter und *utilitaristisch* an dem Nutzen psychiatrischer Ordnungen für die Deutung der jeweiligen Situation interessiert ist. Diese Einordnung der Sozialarbeiterin ist mit McKnight als „professionalisierte Ideologie der Bedürfnisbefriedigung" (1983, S. 49) zu lesen, bei der sich Professionalität gerade in der Konstruktion der Beziehung zu den Klienten und Klientinnen definiert.

Ebenso wie in der ersten Sequenz – die den professionellen *Zugriff* auf die Lebenswirklichkeit des Klienten über eine *therapeutische* Deutung ansteuerte – wird die Verbindung zu den Selbstthematisierungen der Mütter – an dieser Stelle *utilitaristisch* – über psychiatrische Diagnosen gesucht. Die *gemischte* Verwendungsform sichert der Sozialarbeiterin ein professionelles (Dienstleistungs-)Verständnis ihrer Arbeit und der jeweiligen Situation, mit dem diverse (hier: *kritische* und *fundamentalistische*) Perspektiven auf psychiatrische Störungsbilder nebeneinander aufrechterhalten werden können, selbst dann, wenn sich diese paradigmatisch eigentlich entgegenstehen.

Gemischte Formen der Verwendung überbrücken in den gezeigten Sequenzen auf diese Weise nicht allein diverse Codes angrenzender sozialer Institutionen. Sie überbrücken ebenso die andersgearteten akademischen wie lebensweltlichen Perspektiven aller Teilnehmenden innerhalb der einzelnen Situation. Als unterschiedliche Bezugspunkte können sie im Gespräch gegeneinander abgewogen, aneinander kontrastiert und miteinander in Beziehung gesetzt werden und damit eine Multiperspektivität und Offenheit der Sozialarbeitenden transportieren, die den Herrschaftsanspruch der Experten und Expertinnen verwischen (vgl. Illich 1983, S. 8). Sie überbrücken Teile der individuellen Lebensgeschichten der Klienten und Klientinnen auf der einen und professionellen Deutungen auf der anderen Seite und lösen auf diese Weise die Schwierigkeit der Professionellen, den „Hiatus zwischen allgemeiner Regel und besonderem Einzelfall überbrücken" (Bergmann et al. 2014, S. 19) zu müssen. Zuletzt verwischen sie in ihre Vielschichtigkeit, Schwammigkeit und/oder Gegenläufigkeit die mächtige Position der Sozialarbeitenden, die in ihrer Darstellung der Komplexität des Feldes die eigene Wahl zur Notwendigkeit stilisieren.

2. **Überbrückung als Gestaltung der eigenen Rolle**
Gemischte Formen der Verwendung erschließen und bereiten nicht allein das Feld und stellen einen zunächst flexiblen Rahmen zur Verfügung in dem der jeweilige Fall als Fall konstruiert und institutionell eingebettet werden kann. Zwangsläufig einher geht damit auch eine Konstruktion der eigenen Rolle im Feld für die Sozialarbeitenden, die entlang psychiatrischer Wissensordnungen über ihre Ziele und Optionen nachdenken, Zuständigkeiten besprechen und Pläne verfolgen, mit den jeweiligen Begebenheiten umzugehen.
In der folgenden Sequenz aus einem Interview mit einer Leiterin einer Flüchtlingsunterkunft geht es um die Frage, inwieweit eine psychiatrische Diagnose als Argument für eine Aussetzung drohender Abschiebungen verwendet wird.
Sequenz 3

> *B: Also was wir machen können, ist, mit den Ärzten sprechen und sagen, hier steht eine Abschiebung an, wir sehen da aber ein Problem, wir glauben, der hat psychische Probleme oder das Zurückgehen in die Heimat würde diese Probleme verstärken. Und er soll sich das mal angucken und eventuell dann da drüber ein Gutachten schreiben. Aber das Gutachten muss der Arzt machen, das machen wir nicht. Und wenn er sagt, ich sehe das nicht, ich halte ihn nicht für so krank, dann können wir auch nichts machen. Aber es gibt natürlich auch Leute, die versuchen, darüber ihren Aufenthalt zu sichern. Also die ihre eigenen psychischen Probleme viel stärker machen, als sie vielleicht sind. Und sich einweisen lassen und da vielleicht auch versuchen, eine Diagnose zu bekommen. Klappt manchmal, aber es klappt natürlich nicht immer." I15: 707–717.*

Dieser Ausschnitt zeigt über weite Strecken eine *utilitaristische* Verwendungsweise. Denn im Zentrum der Sequenz steht die Frage, welche Rolle psychiatrische Wissensordnungen als strategische Instrumente zur Erreichung von institutionellen und persönlichen Zielen spielen können und auf welche Weise unterschiedliche Akteure und Akteurinnen bei der Schaffung sozialer Zusammenhänge *(Aufenthalt zu sichern)* in der lebensweltlichen Verwendung psychiatrischer Kategorien kooperieren können. Im Gespräch mit dem Arzt wählt die Erzählerin eine *fundamentalistische* Formulierung *(der hat psychische Probleme oder das Zurückgehen in die Heimat würde diese Probleme verstärken),* reproduziert damit die antizipierte Perspektive des Arztes und legitimiert derart dessen machtvolle Position im Deutungsprozess. Sie zeigt in dieser Sequenz nicht nur, dass sie in konkreten Situationen im Zusammenhang mit *fundamentalistischen* Deutungen gezielt den Kontakt zu diagnostizierenden Ärzten und Ärztinnen sucht, sondern damit zusammenhängend auch, dass dieser Weg für sie ein möglicher, aber nicht in allen Fällen nötiger Weg ist.

Die Entscheidung, den Arzt aufzusuchen, und damit auch die Entscheidung für oder gegen eine Diagnostizierung des Klienten liegt in ihrer Hand.
In ihrer Einschätzung der Situation und der Wahl eines denkbaren Weges beschreibt sich die Erzählerin in dieser Sequenz zunächst als aktiv Handelnde. Sie nutzt ihre Funktion im Flüchtlingsheim, um soziale Zusammenhänge als medizinische/psychiatrische Kontexte anzusprechen und von einem Arzt überprüfen zu lassen. Auf diese Weise beschreibt sie sich indirekt als aktive Mitgestalterin der Situation, indem sie den Verdacht äußert und eine Untersuchung einleitet. Gleichzeitig beschreibt sie die eigene Position in einer Passivkonstruktion. Sowohl den Definitionen des Arztes als auch den Perspektiven der Klienten und Klientinnen gegenüber erzählt sie sich in ihrer Erzählung in einer beobachtenden, beratenden jedoch auch betont verantwortungslosen Rolle; eine Figur, mit der sie die eigenen Gestaltungsmöglichkeiten an einer für den Fall strategisch höchst wichtigen Position nur sehr schwach und indirekt abbildet. Diese Verwendungsweise ist mit Tillman Lutz auch als eine Art der Responsibilisierung zu interpretieren; als Verantwortungsabgabe an eine weitere Institution *(das Gutachten muss der Arzt machen)* oder an die Klientinnen selbst *(Aber es gibt natürlich auch Leute, die versuchen, darüber ihren Aufenthalt zu sichern),* die nicht nur die Selbstaktivierungs- und Selbstsorgeanforderungen an das Subjekts betont sondern auch das professionseigene Spannungsfeld von Hilfe und Kontrolle (vgl. Lutz 2019, S. 87) verwischt. Überbrückt werden in dieser Erzählung nicht nur unterschiedliche kommunikative Codes, sondern auch Fragen der Zuständigkeit, der Definitionsmacht und der eigenen Verantwortung, die sich in dieser *gemischten* Figur verlieren.
Offener wird in der folgenden Sequenz von einer aktiven Verwendung psychiatrischer Wissensordnungen berichtet, um das Feld und die Situation des Klienten aktiv zu gestalten. Ein Sozialarbeiter erzählt von seinen Möglichkeiten bei der Erfahrung von Gewalt in einer Familie.
Sequenz 4

> *„Keine Ahnung, also ja ich sehe da ein Potenzial, ich kann so eine Diagnose, wenn ich mich dazu genötigt sehe, benutzen, um ein Narrativ zu schaffen, das einem Menschen halt jegliche Eigenverantwortung abspricht auf positive oder negative Art und Weise. Auf negative Art und Weise, ja, die Frau ist bipolar und Alkoholikerin und verprügelt ihre Kinder und da können wir nichts machen, weil die ist plemm-plemm, da müssen wir die Kinder halt rausnehmen. Wenn das hilft das Kind davor zu bewahren halt irgendwie jeden Nachmittag windelweich geprügelt zu werden, nehme ich das, ja?" I14: 673–680.*

Die Diagnose wird zunächst als ein *zu schaffendes Narrativ* bezeichnet und markiert auf diese Weise das Wissen um die Konstruktion ebenso wie um die Kontingenz psychiatrischer Kategorien und das *Potenzial,* mit ihnen konkrete Ziele zu erreichen. Die Form der Verwendung ist zunächst grundlegend *utilitaristisch,* da psychiatrische Kategorisierungen benutzt werden, das erklärte Ziel des Erzählers – die Kinder aus der Familie herauszunehmen damit sie nicht *jeden Nachmittag windelweich geprügelt [...] werden* – zu erreichen. Gleichzeitig gibt der Erzähler zu erkennen, dass er aktiv *fundamentalistische* Argumentationsweisen bemüht *(bipolar und Alkoholikerin)* und selbst auch *kritische* Einwände hat *(jegliche Eigenverantwortung abspricht auf positive oder negative Art).* In dieser Sequenz bietet er auf diese Weise eine Überbrückung an, die Legitimität und Ablehnung von psychiatrischen Kategorien gleichzeitig denkt, und dieses Spannungsfeld *utilitaristisch* mit Blick auf eigene Perspektiven auflöst. Damit offenbart er seine Rolle als Akteur, der Deutungen aktiv aber versteckt anfertigt und an die jeweilige Situation heranträgt. Er zeigt sich in dieser Form paradigmatischer Vielschichtigkeit als zentrale Entscheidungs- und erste Kontrollinstanz für den Klienten und entwirft sich selbst in dieser Situation als aktiv Handelnden, der sich professionell zwischen den verflochtenen (kommunikativen) Anforderungen sozialer Wirklichkeit zu bewegen weiß. Gleichzeitig zeigt er sich jedoch auch als indirekte Instanz der Kontrolle der Anschlussfähigkeit des Falles an die narrativen Voraussetzungen anderer (medizinisch/psychiatrisch orientierter) Institutionen; dies ist auch als Kontrolle über das medizinisch/psychiatrische System zu verstehen, dem gezielt Patienten und Patientinnen zugeschoben oder vorenthalten werden (können).

3. **Überbrückung als Dilemma**
   Dass den Sozialarbeitenden die Arbeit zwischen den Definitionsanforderungen diverser Akteure und Akteurinnen des psychosozialen Feldes schwierig erscheint und die multiperspektivischen Anforderungen an ihre Rolle neben Situationen machtvoller Entscheidungen auch Perspektiven eigener Ohnmacht produziert, zeigt sich in den folgenden Sequenzen. Aktiv reflektieren die Interviewten über die Folgen ihres Umgangs mit psychiatrischen Kategorien und über die lebensweltlichen Konsequenzen, die ihre Entscheidungen in einzelnen Fällen konkret hatten. Einerseits fällt an dieser Stelle erneut ins Auge, dass auch hier die Übernahme von Verantwortung nicht als aktive Position, sondern in einer Figur professioneller Passivität erzählt wird; als Zusammenhang der trotz der eigenen Entscheidungen und Handlungen für die Erzählenden eher als Reaktion beschreibbar ist. Vielmehr als Gestaltende erscheinen sie in diesen Sequenzen als vom Feld Getriebene, die den Anforderungen

involvierter Akteure und Akteurinnen nicht in allen Fällen gerecht werden können. Andererseits wird mit dieser multiperspektivischen lebensweltlichen Überforderung im Spiegel der Abwägung unterschiedlichen Anforderungen diverser Akteure und Akteurinnen eine hohe Reflexion gegenüber den verwendeten Kontexten ebenso wie gegenüber den *reisenden* Kategorien deutlich. Diese geht auch mit einer kritischen Rollendistanz gegenüber den Komplexitäten des Feldes und der Kontingenz eigener Handlungen einher.

In der folgenden Sequenz reflektiert eine Sozialarbeiterin der allgemeinen Sozialberatung über ihren Umgang mit einer Klientin, die sich das Leben nahm. Sie fragt sich, ob es in der Situation geholfen hätte, den sozialpsychiatrischen Dienst einzuschalten.

Sequenz 5

> *„Den sozialpsychiatrischen Dienst. (I: Ja) Das war für mich tatsächlich, war eine Frage. Und ich habe das aber für mich negativ beschieden, weil ich ja gesehen habe, sie hat sich eingeschlossen. Man hätte die Tür aufbrechen müssen. Man hätte sie zwangseinweisen müssen. Anders wäre es nicht gegangen, weil sie Kontakte abgelehnt hat und auch nicht zugelassen hat, gar keinen. Keine Betreuung, keine Gespräche. Zu mir wohl noch, ja. Ich habe hinterher, als sie sich dann / rief mich die Tochter an und hat gesagt: "Meine Mutter hat sich das Leben genommen". Ja, also da überlegt man dann schon, ne, hättest du nicht doch lieber anrufen sollen? Hättest du das akzeptieren sollen, dass sie wieder zwangsweise eingewiesen wird? Ja oder nein? […] Aber das, also das ist wirklich, ne, das ist so ein Kippelpunkt für mich, ne? Das habe ich einmal erlebt, aber wo ich dann immer denke, oh ha, ne, wenn sich da bei mir sowas wieder nähert, dann würde ich immer / Jetzt würde ich das so machen, ich würde immer den sozialpsychiatrischen Dienst anrufen, immer, und würde mich mit denen besprechen. Einfach, um nochmal eine zweite Meinung zu hören, nochmal zu hören, wie ist es, ja?“ I8: 253–267.*

Die Verwendung einer psychiatrischen Perspektive ist an dieser Stelle vor dem Hintergrund der Situation zunächst grundlegend *kritisch*. Eine psychiatrische Intervention erscheint der Erzählerin zu Beginn als Moment der Gewalt und des Zwangs *(Man hätte die Tür aufbrechen müssen. Man hätte sie zwangseinweisen müssen),* die sie mit Blick auf die Entscheidungen der Klientin *(weil ich ja gesehen habe, sie hat sich eingeschlossen)* als unpassend beschreibt. Sie selbst versteht ihre Rolle zunächst als die eines *Gatekeepers (Hättest du das akzeptieren sollen),* verfällt aber vor dem Hintergrund des Selbstmordes in eine zuerst (selbst-)zweifelnde (*Kippelpunkt*) und schließlich *fundamentalistische* Figur *(nochmal zu hören, wie ist es, ja?)*. Dabei ist die vollzogene Wende nicht nur als Mischung von *kritischen* und *fundamentalistischen* Formen der

Verwendung psychiatrischer Kategorien im Reden über die Klientin, sondern auch ganz konkret als professionelle Hinwendung zu den Angeboten des sozialpsychiatrischen Dienstes ersichtlich. Das zunächst Fremde *(der sozialpsychiatrische Dienst)* wird an dieser Stelle zum Eigenen, bzw. die zunächst fremden Konzepte werden zu etwas, was zunächst als *zweite Meinung* und daraufhin als bessere, wahre Perspektive erzählt wird. Das Dilemma des Selbstmords der Klientin eröffnet sich auf diese Weise als professionelles Dilemma, das Fragen nach richtigem und falschem Handeln, Übernahme und Abgabe von Verantwortung, sozialarbeiterischen und psychiatrischen Perspektiven neu stellt und in der Reflexion klare Positionen fordert. *Reisendes Wissen* und *gemischte* Formen der Verwendung psychiatrischer Kategorien tragen immer auch einen Zweifel in sich und können – gespiegelt an ihren lebensweltlichen Konsequenzen – zuweilen die Notwendigkeit einer Entscheidung zwischen unterschiedlich gelagerten Kategorien mit sich bringen.
In der folgenden Erzählung wird die Entscheidung des Erzählers gegen psychiatrische Kategorien getroffen. Ein Sozialarbeiter spricht über die Konsequenzen eines geäußerten ärztlichen Autismus-Verdachts für die eigene Arbeit und die Bedeutung, die dieser Verdacht für die weitere Arbeit mit dem Klienten haben könnte.
Sequenz 6

> *„Weil Akten dürften die Familien einsehen, der Arzt hat explizit gesagt, ich darf es der Familie nicht sagen, ich habe es jetzt aber entschieden, für mich zu protokollieren, einfach dass ich es nicht vergesse, aber jetzt steht es halt in der Akte, hier ist eine Möglichkeit des Autismus-Verdachtes und was heißt das halt später, wenn mal einer in diese Akte guckt und halt sagt: Sie hätten da aber tätig werden müssen, das ist doch ein Autist, das ist doch ganz klar. Also das ist dann für mich mehr eine Schwierigkeit, dass hier eigentlich so eine Möglichkeitsdiagnose mal eben am Rande reingeschmissen wurde und die mich jetzt irgendwie in der Arbeit begleitet und eben Situationen vorrahmt?" I13: 245–253.*

Das Dilemma entsteht in der Erzählung dadurch, dass die unterschiedlichen Deutungen, die sich in Aktenlage materialisiert wiederfinden, die weitere Arbeit – antizipierte Erwartungen, Handlungsoptionen und Rechtfertigungsanforderungen – des Sozialarbeiters beeinflussen und irritieren. Entgegen den Wünschen des Arztes reproduziert der Erzähler die Deutung des *Autismus-Verdachts* und lässt diese durch die Aufnahme in die Akte als *fundamentalistische* Deutung für den Fall einfließen. Gleichzeitig grenzt er sich *kritisch* stark von dieser Deutung ab, erkennt sie als *Möglichkeitsdiagnose* und betont die Konsequenzen, die diese Perspektive für den Fall und die weitere Arbeit mit dem

Klienten haben kann. Als Position zwischen Arzt und Familie sieht sich der Erzähler beiden Wissensordnungen verpflichtet, auch dann, wenn er die Kraft psychiatrischer Kategorien als Eingriff in die eigene Arbeit begreift *(Situationen vorrahmt)*. Das Dilemma der Multiperspektivität sozialer Wirklichkeit wird auf diese Weise zum Dilemma der eigenen Arbeit und die *gereisten* und nun *angekommenen* Konzepte bekommen – auch wenn sie unerwünscht sind – eine Bedeutung für den Fall. Für die Idee der Überbrückung verweist die vorliegende Sequenz auf die Verantwortung gegenüber den *gereisten* Konzepten. Denn gemeinsam mit der *zugereisten* und *fremden* Wissensordnung reist eine gesamte institutionelle Logik, die – einmal kommuniziert und *angekommen* – nicht mehr leichtfertig beiseitegelegt werden kann. Sie entwickelt im Feld neue Abhängigkeiten, Zwänge und Konsequenzen, die anderen Thematisierungsanforderungen an Sozialarbeitende und Klientel im Wege stehen können.

Die Reise psychiatrischen Wissens in Kontexte der sozialen Arbeit

In den gezeigten, exemplarisch zu verstehenden Sequenzen zeigt sich die Soziale Arbeit als Profession im Spannungsfeld zwischen individuellen Wissensordnungen der Klienten und Klientinnen und ihrer Familien, eigenen – institutionell eingeübten, vorgegebenen, tradierten – Wissensordnungen der Sozialen Arbeit und den Regeln und Anforderungen außenstehender, dritter Professionen, deren Wissen in die Kontexte der sozialen Arbeit *einreist* oder von den Sozialarbeitenden zu einer *Einreise* verholfen wird. In den hier vorgestellten Erzählungen sind dies die Wissensordnungen der Psychiatrie.

Innerhalb der Komplexität unterschiedlicher *eintreffender* Codes zur Beschreibung des Falls erfüllen Sozialarbeitende mit ihrer Überbrückungsleistung eine zentrale Funktion für ihr Klientel ebenso wie für das gesamte psychosoziale Feld. Eingebettet in einen neoliberalen Diskurs zunehmender Therapeutisierung des Sozialen (Anhorn und Balzereit 2016), der die Selbstzentrierung des Individuums und die Arbeit an der eigenen Psyche zum allgegenwärtigen Interventionsziel sozialer Institutionen stilisiert (Rau 2016), avancieren Professionelle der Sozialen Arbeit zu grauen Eminenzen und Stichwortgebern, indem sie in der Lebenswelt verortet zentral mitentscheiden, welche akademischen Deutungen situational zu einer Anwendung gebracht werden. Mehr noch: Sie werden zu Akteuren und Akteurinnen sozialer Konnektivität, die durch die aktive Überbrückung paradigmatisch unterschiedlicher Diskurse professionelle wie lebensweltliche Anschlussmöglichkeiten erst schaffen und mit ihrer Arbeit wesentlich dazu beitragen, dass psychiatrische Konzepte ihren Weg in die Lebenswirklichkeiten der Klientel hineinfinden; oder dies eben gerade – in einer *kritischen* Verwendung – nicht tun (Harbusch und Pingel-Rathke 2021).

Dass die spezifische Stellung der sozialen Arbeit zwischen akademischen und lebensweltlichen Logiken auf der einen und den Gesetzmäßigkeiten und Anforderungen diverser akademischer Disziplinen, deren Inhalten sich die Soziale Arbeit konzeptionell wie handlungsorientiert bedient, auf der anderen Seite als äußerst unklare und diffuse Position im Sinne eines eigenen Professionsstatus erscheint, wurde an anderer Stelle breit diskutiert (Blau 2018; Motzke 2014; Staub-Bernasconi 2009; Harbusch und Pingel-Rathke 2021; Schütze 1992; Oevermann 2013; Dewe und Otto 2012). Die Beiträge der Professionstheorie konzeptualisieren die Soziale Arbeit in variierenden Perspektiven als (nicht-)professionelle Unternehmung, die sich im Spannungsfeld diverser Fachdisziplinen und Wissensbeständen auch verschiedenen Typen von Paradoxien ausgesetzt sieht (Harbusch und Pingel-Rathke 2021, S. 270 f.). In dieser Debatte wird jedoch einerseits mit einem sehr positivistischen Wissensbegriff operiert. Andererseits bleibt die aktive Rolle der Sozialen Arbeit bei der Herstellung sozialer Probleme unterbelichtet. Mit der Fokussierung auf *Reisendes Wissen* kann neben der gedanklichen Isolierung und Verfolgung einzelner Konzepte der Akt der Überbrückung einzelner Codes im Feld als Akt der Sozialen Arbeit und als eigenständige Leistung einer Profession im Spagat zwischen den Wissensordnungen ersichtlich werden.

Sozialarbeitende erscheinen in den erhobenen Interviews deshalb als wichtige Akteure und Akteurinnen für den lebensweltlichen Erfolg psychiatrischer Wissensordnungen, da sie auf ganz unterschiedliche und vielschichtige Weise die Arenen konzeptioneller Diversität öffentlichkeitsgerecht überbrücken. Erstens überbrücken sie ideell wie lebensweltlich die Lücke zwischen ratsuchenden Klienten und Klientinnen auf der einen und weiteren (psychosozialen, medizinischen, therapeutischen) Institutionen auf der anderen Seite. Sie stellen Kontakte her, erstellen Einschätzungen und führen Akten, ordnen *mitgebrachte* Erzählungen der Klienten und Klientinnen in der Logik institutioneller Angebote und bereiten diese so auch für eine weiterführende psychiatrische Interpretation vor (vgl. Schmitz et al. 1989). Zweitens überbrücken sie damit zusammenhängend den diskursiven Spalt zwischen diversen Institutionen untereinander (etwa: Schulen, Beratungsstellen, Therapeuten und Therapeutinnen, Ärzten und Ärztinnen, Kliniken, Kureinrichtungen, Gerichten etc.), indem sie ganz pragmatisch selbst entscheiden, welche Leistung für die Klienten und Klientinnen sinnvoll erscheinen, den Fall an ganz unterschiedliche institutionelle Angebote herantragen und auf diese Weise die Wissensinhalte dieser Institutionen vor dem Hintergrund der Betroffenheit einer Person miteinander abstimmen und in eine Beziehung setzen. Damit wird die

Soziale Arbeit auf der einen Seite zur aktiven Ko-Produzentin (Rau 2016, S. 661) psychologisierender Diskurse wie individueller Betroffenheit. Gleichzeitig agiert sie direkt und aktiv als Bindeglied, da sie paradigmatisch eigentlich unvereinbare institutionelle Kommunikationsangebote in *einer* gemeinsamen Geschichte (des Falls) zusammenfasst. Diese Geschichten der Sozialarbeitenden im Alltag können von außen zuweilen uneinheitlich, schwammig oder gar diskrepant erscheinen. Sozialarbeitende werden im Vollkontakt mit Professionellen rein akademischer Disziplinen aber auch in ihrer Selbstthematisierung in diesem Zusammenhang problematisiert (Schütze 1992; Dewe und Otto 2012; Oevermann 2013; Harbusch und Pingel-Rathke 2021). In ihrer konnektiven Leistung sind diese Geschichten jedoch auch als eine zentrale Funktion der Sozialen Arbeit zu lesen, die abstrakte Wissensordnungen sozialer Systeme „kleinarbeitet" (Beck und Bonß 1989a, b) und auf alltäglicher Ebene miteinander in eine Beziehung setzt. Drittens überbrücken Sozialarbeitende mithilfe psychiatrischer Narrative eigene lebensweltlich und/oder fachlich aufkommende Unklarheiten, Unsicherheiten, Unentschiedenheiten. Die geführten Interviews zeigen, wie sich in Anlehnung (*fundamentalistische, technische, utilitaristische* Verwendung) an oder in Abgrenzung (*pädagogische, kritische* Verwendung) von psychiatrischen Ordnungen typische Linien des Falles formulieren, Logiken des weiteren Verlaufs begründen und/oder Perspektiven zur Orientierung eröffnen. Dass diese Überbrückungen Sozialarbeitende auch in Dilemma hineinführen können und die Einführung psychiatrischen Wissens in den Fall nicht nur mit konzeptionellen Möglichkeiten, sondern auch mit Thematisierungsturbulenzen einhergeht zeigt, wie stabil diese einmal entworfenen Brücken sind. Zudem sind sie aus beiden Richtungen begehbar und machen die Konstruktionen der Psychiatrie nicht nur nutzbar für die Soziale Arbeit, sondern stellen Zusammenhänge der Sozialen Arbeit über den Umweg institutionell notwendiger Konsequenzen psychiatrischer Zuschreibung auch unter psychiatrische Kontrolle. Der kategoriale Brückenschlag zur Psychiatrie ist aus der Perspektive der Sozialen Arbeit für sie selbst ebenso wie für ihr Klientel besonders deshalb zwiespältig, da mit der einzelnen psychiatrischen Kategorie die gesamte Logik psychiatrischen Denkens in den sozialarbeiterischen Fall *hineinreist.* Fragen nach dem verlorenen Einfluss von sozialarbeiterischen Kategorien im Schatten des immer stärker werdenden psychiatrischen Narrativs stellen sich auf diese Weise neu und die Sozialarbeitenden können in diesem Lichte als sich selbst einschränkende Akteure und Akteurinnen erscheinen.

Schluss

Wie vielschichtig, situational abhängig und beständig überkomplex alltägliche Konstruktionen sozialer Wirklichkeiten sind, bzw. wie eindimensional demgegenüber lebensweltliche wie akademische Konzepte zur Rekonstruktion dieses Multiversums gelten müssen, zeigt sich in der qualitativen Sozialforschung in beeindruckender Weise immer wieder aufs Neue. Dabei ist die Einsicht, dass auch als *professionell* gerahmte Praktiken situationsabhängig stattfinden, hemdsärmelig vollzogen werden und an den kategorialen Rändern zum Alltag und/oder zu den Codes anderer Professionen hin ausfransen, ebenso einleuchtend wie banal. Dass sich die Wissenssoziologie im Verständnis diverser „Wissenskulturen" (Keller und Poferl 2018) beständig weiter ausdifferenziert, ist vor diesem Hintergrund konzeptionell folgerichtig, und dass es bereits in den späten 1980er Jahren Untersuchungen zu Wissensbewegungen von akademischen hin zu lebensweltlichen Kontexten in der Verwendungsforschung gab (Beck und Bonß 1989a, b), die jedoch in den vergangenen Jahrzehnten eine sehr geringe Aufmerksamkeit fand, ist interessant. Im Grunde ist es jedoch zuweilen mehr die Schwerfälligkeit des theoretischen Begriffsapparates als die Fluidität der sozialen Welt, die bemerkenswert erscheint.

Die Kategorie *Reisendes Wissen* erweitert bestehende Thematisierungen um eine begriffliche Schablone, die die situationalen Logiken, Ziele, Strategien, Grenzen, Gleichzeitigkeiten, Vielschichtigkeiten, Überlappungen, Wiedersprüche, Absurditäten, Machtverhältnisse usw. der Situationen und ihrer Menschen (Goffman 1986) in der Rekonstruktion der kategorialen Verwendungen fremden Wissens als eigenständigen Gegenstand anspricht. Dieses Wissen ist fremd, weil es einerseits seinen genuinen Kontext verlassen hat; eine eher konzeptionelle Figur, die davon ausgeht, dass Grenzen unterschiedlicher Wissensbereiche auch innerhalb der Lebenswelt *wirklich* bestünden und *eindeutig* voneinander zu trennen seien. Andererseits ist es jedoch vor allem auch fremd, weil es den Akteuren und Akteurinnen in der Situation fremd und unkontrollierbar, in seinen Konsequenzen der Anwendung nicht wirklich einschätzbar und in Bezug auf die eigene professionelle Rolle unsicher und paradox erscheint. Zur gleichen Zeit bietet es Perspektiven, die aus der eigenen, eingeübten, vertraut professionellen Anschauung heraus nicht einzunehmen wären und kommt auf diese Weise für die Akteure und Akteurinnen der sozialen Welt mit neuen Möglichkeiten und Freiheiten aber auch mit neuen Unsicherheiten daher.

Mit Blick auf die in diesem Artikel vorgestellten Formen der Überbrückung diverser paradigmatischer Kontexte mithilfe von gereistem (psychiatrischen) Wissen, können unterschiedliche Funktionen für das Feld der Sozialen Arbeit aus dem Material herausgelesen werden.

Psychiatrische Wissensordnungen stellen für die Sozialarbeitenden in ihren diversen Formen der Verwendung eine Möglichkeit dar, sich in einem komplexen Feld (neu) zu orientieren und sich dieses gleichzeitig als *ein* deutlich abgrenzbares Feld komplexitätsreduziert vor Augen zu führen. Linien zu ähnlich gelagerten Fällen werden entlang psychiatrischer Diagnosen kommunizier- und darstellbar und individuelle Zusammenhänge werden in Bezug auf bereits bestehendes Wissen als kollektive Problemmuster verständlich. Das entlang von Schubkräften diffundierte und Sogkräften nachgefragte *gereiste* Wissen (Ronge 1989) in Form psychiatrischer Diagnosen kommt auf diese Weise als ein Knotenpunkt im Netz des psychiatrischen Paradigmas daher, der jedoch den gesamten Verweisungszusammenhang psychiatrischer Wissensordnungen mit sich führt und an die Situationen der Sozialen Arbeit anschließt. Gleichzeitig gewinnt auch die Rolle der Sozialarbeitenden, die sich im Lichte der jeweiligen Deutung der Situation und den rekursiven Reinterpretationen von psychiatrischen Wissenselementen mitgestaltet und ausdifferenziert, in einem größeren psychosozialen Zusammenhang Kontur.

Reisendes psychiatrisches Wissen kann in vielen der erhobenen Sequenzen in seiner überbrückenden Funktion (Über-)Komplexitäten und agonistische Deutungspositionen des Einzelfalls auflösen. Gleichzeitig suggeriert die psychologische Herangehensweise jedoch ebenso eine Interpretation der Situation, die den disziplinären Professionsanforderungen an eine individuumszentrierte, verständnisorientierte (Dewe und Otto 2012) Soziale Arbeit nachkommt.

Im Nutzen des *gereisten* Wissens und dem dadurch geschaffenen Gleichklang paradigmatisch unterschiedlicher Sprachspiele, können die Sozialarbeitenden Möglichkeiten des eigenen und des fremden Wissens ansteuern, eigene Perspektiven ergänzen, verlassen, auf- und abdimmen. Sie können sich den Gegebenheiten der Situation in einem breiteren Maße annähern, als sie dies aus ihrem eigenen Vokabular heraus könnten und sind somit in der Lage in dieser Erweiterung zuhandener Konzepte Ordnungen sozialer Wirklichkeit zu reproduzieren und gleichzeitig aufrechtzuerhalten, die sich eigentlich entgegenstehen. *Reisendes psychiatrisches Wissen* ist in diesem Sinne für die Sozialarbeitenden theoretisch als Komplexitätssteigerung zu verstehen, da es den eingespielten professionellen Thematisierungen neue Lesarten des Falles hinzufügt. Jedoch zeigt es sich empirisch auch und besonders als Möglichkeit der Komplexitätsreduktion. Denn zum einen verkürzt es komplexe soziale Situationen auf vergleichsweise einfache psychiatrische Formeln. Und zum anderen geht mit seiner Verwendung eine Responsibilisierung (Lutz 2016, 2019) des psychosozialen Aktivsubjekts auf der einen ebenso wie der psychiatrisch organisierten Institutionen auf der anderen Seite einher, die die Sozialarbeitenden aus ihrer selbstwahrgenommenen bzw. erzählten Verantwortung herauslösen. Überbrückt werden auf diese Weise nicht nur unterschiedliche kommunikative Codes, sondern auch Fragen der Zuständigkeit. *Reisendes Wissen* zeigt sich als Professionsdarstellungen verschiebende Größe in den Beschreibungen des Selbstverständnisses der Sozialarbeitenden ebenso wie in der Kommunikation mit dem Feld und mit anderen Professionen; ein Charakteristikum, welches die Sozialarbeitenden im doppelten Sinne in eine sehr mächtige Position versetzt. Einerseits kontrollieren sie mit der Verwendung *reisenden Wissens* den Fall, indem sie die Notwendigkeit der eigenen Deutung zu verdecken und als medizinisch/psychiatrische Notwendigkeit hochzustilisieren vermögen. Andererseits kontrollieren sie aus einer vermeintlich untergeordneten Rolle in der Hierarchie des psychosozialen Systems die Zugänge zur Psychiatrie selbst. *Reisendes Wissen* kommt in seinem neuen Verwendungskontext in diesem Sinne gewissermaßen nie automatisch zu seiner Geltung, sondern benötigt immer Akteure und Akteurinnen, die aktiv Anschlüsse vermitteln und sich dieses Wissen damit zusammenhängend aktiv und strategisch zunutze machen. Auch wenn *gereistes Wissen* in seiner Verwendung Brücken über paradigmatische Gräben bauen und auf diese Weise lebensweltlich – und jenseits akademischer Strenge – Nähe erzeugen kann, bleibt das Fremde auch nach seiner Integration immer fremd. Das, was die Verwendungsforschung als Kleinarbeiten (vgl. Beck und Bonß 1989a, S. 9) wissenschaftlicher Kontexte für die Praxis bezeichnete, impliziert einen sozialen Akt, der das verwendete Wissen nicht nur transformieren und vereinfachen, sondern zwangsläufig auch in einen eigenen Kontext einpassen muss. Dieser Kontext und die in ihm befindlichen interessierten Akteure und Akteurinnen, finden in der Verwendungsforschung wenig Aufmerksamkeit. *Reisendes Wissen* zeigt sich an dieser Stelle als reflexiverer Begriff, da es mit der Konstruktion des Fremden die Konstruktion des Eigenen ebenso mitdenkt, wie die Abhängigkeit beider Pole voneinander. Konstruktivistischer, aber auch pragmatistischer orientiert fragt es nicht allein nach den Konstruktionsweisen des jeweiligen Wissens im Spiegel des jeweils anderen, sondern auch nach den Leistungen, die die jeweiligen Wissensformen und deren *Mischungen* für die Situationen und deren Menschen (Goffman 1986) erbringen.

Literatur

Ahrbeck, Bernd, und Willmann, Marc. 2010. *Pädagogik bei Verhaltensstörungen. Ein Handbuch.* Stuttgart: Kohlhammer.

Anhorn, Roland, und Marcus Balzereit, Hrsg. 2016. *Handbuch Therapeutisierung und Soziale Arbeit.* Wiesbaden: Springer VS.

Baierl, Martin. 2008. *Herausforderung Alltag. Praxishandbuch für die pädagogische Arbeit mit psychisch gestörten Jugendlichen.* Göttingen: Vandenhoeck & Ruprecht.

Beck, Ulrich, und Wolfgang Bonß. 1984. Soziologie und Modernisierung: Zur Ortsbestimmung der Verwendungsforschung. *Soziale Welt* 35 (4): 381–406.

Beck, Ulrich und Wolfgang Bonß. 1989a. Verwissenschaftlichung ohne Aufklärung? Zum Strukturwandel von Sozialwissenschaft und Praxis. In *Weder Sozialtechnologie noch Aufklärung? Analysen zur Verwendung sozialwissenschaftlichen Wissens,* Hrsg. Ulrich Beck und Wolfgang Bonß, 7–45. Frankfurt a. M.: Suhrkamp.

Beck, Ulrich und Wolfgang Bonß. 1989. *Weder Sozialtechnologie noch Aufklärung? Analysen zur Verwendung sozialwissenschaftlichen Wissens.* Frankfurt a. M.: Suhrkamp.

Bergmann, Jörg et al. Hrsg. 2014. *Der Fall. Studien zur epistemischen Praxis professionellen Handelns* Bielefeld: Transcript.

Bergmann, Jörg R. 2014b. Der Fall als Fokus professionellen Handelns. In *Der Fall. Studien zur epistemischen Praxis professionellen Handelns,* Hrsg. Jörg Bergmann et al., 19–37. Bielefeld: Transcript.

Blau, Anika. 2018. *Professionsautonomie in der Sozialen Arbeit. Überlegungen zum Selbstverständnis der Profession und dessen Auswirkungen auf die Praxis.* Berlin: Barbara Budrich Verlag.

Bosshard, Marianne, et al. 2001. *Sozialarbeit und Sozialpädagogik in der Psychiatrie.* Bonn: Psychiatrie Verlag.

Charmaz, Kathy. 2006. *Constructing Grounded Theory: A Practical Guide Through Qualitative Analysis.* London: SAGE Publications.

Cohen, Bruce M.Z. 2016. *Psychiatric Hegemony. A Marxist Theory of Mental Illness.* London: Palgrave Macmillan.

Cremer-Schäfer, Helga, und Tilmann Lutz. 2019. Über die Relevanz der Etikettierungsperspektive heute – ein Gespräch. *Widersprüche* 39 (3): 29–42.

Dellwing, Michael und Martin Harbusch. Hrsg. 2013. *Krankheitskonstruktionen und Krankheitstreiberei. Die Renaissance der soziologischen Psychiatriekritik.* Wiesbaden: Springer VS.

Dellwing, M und Martin Harbusch. Hrsg. 2019. *Pathologisierte Gesellschaft? 12. Beiheft zum Kriminologischen Journal.* Weinheim: Beltz Juventa

Dewe, Bernd et al. Hrsg. 1993. *Professionelles soziales Handeln. Soziale Arbeit im Spannungsfeld zwischen Theorie und Praxis.* Weinheim: Beltz Juventa.

Dewe, Bernd und Hans-Uwe Otto. 2012. Reflexive Sozialpädagogik. Grundstrukturen eines neuen Typs dienstleistungsorientierten Professionshandelns. In *Grundriss Soziale Arbeit. Ein einführendes Handbuch,* Hrsg. Werner Thole, 197–217. Wiesbaden: Springer VS.

Dollinger, Bernd. 2019. Hilfe als Konditionalprogramm: Eine Systematisierung sozialer Kontrolle als Kernaufgabe Sozialer Arbeit. *Kriminologisches Journal* 51 (1): 7–23.

Flick, Sabine. 2019. Zur Pathologisierung sozialen Leidens. Psychotherapeutische Deutungen von Arbeitsleid. In *Pathologisierte Gesellschaft, Beiheft zum Kriminologischen Journal,* Hrsg. Michael Dellwing und Martin Harbusch, 24–49. Weinheim: Beltz Juventa.

Foucault, Michel. 2016. *Wahnsinn und Gesellschaft.* Frankfurt a. M.: Suhrkamp.

Frances, Allen. 2013. *Normal. Gegen die Inflation psychiatrischer Diagnosen.* Köln: DuMont.

Goffman, Erving. 1975. *Stigma. Über die Techniken der Bewältigung beschädigter Identität.* Frankfurt a. M.: Suhrkamp.

Goffman, Erving. 1982. *Das Individuum im öffentlichen Austausch. Mikrostudien zur öffentlichen Ordnung*. Frankfurt a. M.: Suhrkamp.

Goffman, Erving. 1986. *Interaktionsrituale. Über Verhalten in direkter Kommunikation.* Frankfurt a. M.: Suhrkamp.

Goffman, Erving. 2008. *Asyle: über die soziale Situation psychiatrischer Patienten und anderer Insassen*. Frankfurt a. M.: Suhrkamp.

Harbusch, Martin. 2019a. Die Diagnose als Hybrid. Drei Formen der Entzauberung und die (Re-)Kontextualisierung psychischer Störungen. In *Pathologisierte Gesellschaft?, 12. Beiheft zum Kriminologischen Journal,* Hrsg. Michael Dellwing und Martin Harbusch, 197–227. Weinheim: Beltz Juventa.

Harbusch, Martin. 2019b. Psychiatrische Krankheitskategorien als traveling objects. *Soziale Passagen* 11 (2): 387–391.

Harbusch, Martin. 2019c. Eine Tyrannei der Öffentlichkeit. Drei Schritte der subjektiven Aneignung therapeutischer Narrative. *Kriminologisches Journal* 51 (2): 107–125.

Harbusch, Martin, Hrsg. 2022. *Troubled Persons Industries. The Expansion of Psychiatric Categories beyond Psychiatry*. Cham: Palgrave Macmillan.

Harbusch, Martin und Michael Dellwing. 2019. Pathologisierter Alltag und institutionelle Deutungsmacht. In *Pathologisierte Gesellschaft? 12. Beiheft zum Kriminologischen Journal,* Hrsg. Michael Dellwing und Martin Harbusch, 3–21. Weinheim: Beltz Juventa.

Harbusch, Martin und René Pingel-Rathke. 2021. Diagnosen im Außendienst. Formen der Aneignung und Verwendung psychiatrischen Wissens in der Sozialen Arbeit. *Kriminologisches Journal* 53 (4): 258–274.

Hunter, Kathrin M. 1991. *Doctors Stories. The Narrative Structure of Medical Knowledge.* Princeton: University Press.

Illich, Ivan, Hrsg. 1983. *Entmündigung durch Experten. Zur Kritik der Dienstleistungsberufe*. Reinbek: Rowohlt.

Illouz, Eva. 2015. *Die Errettung der modernen Seele*. Frankfurt a. M.: Suhrkamp.

Jutel, Annemarie. 2011. *Putting a Name to It. Diagnosis in Contemporary Society.* Baltimore: Johns Hopkins University Press.

Keller, Reiner, und Angelika Poferl. Hrsg. 2018. *Wissenskulturen der Soziologie*. Weinheim/Basel: Beltz Juventa.

Liebsch, Katharina, und Ulrike Manz 2007. *Jenseits der Expertenkultur. Zur Aneignung und Transformation biopolitischen Wissens in der Schule*. Wiesbaden: Springer VS.

Lutz, Tilmann. 2016. Therapeutisierung(en) und Pathologisierung(en) als Professionalisierungsmuster der Sozialen Arbeit: Responsibilisierung als Neuer Wein in alten Schläuchen. In *Handbuch Therapeutisierung und Soziale Arbeit,* Hrsg. Roland Anhorn und Marcus Balzereit, 749–766. Wiesbaden: Springer VS.

Lutz, Tilmann. 2019. Wie halt es die Soziale Arbeit mit der Pathologisierung. Kontinuitäten im Wandel. In *Pathologisierte Gesellschaft?, 12. Beiheft zum Kriminologischen Journal,* Hrsg. Michael Dellwing und Martin Harbusch, 74–90. Weinheim: Beltz Juventa.
McKnight, John. 1983. Professionelle Dienstleistungen und entmündigende Hilfe. In *Entmündigung durch Experten. Zur Kritik der Dienstleistungsberufe,* Hrsg. Ivan Illich, 37–56. Reinbek: Rowohlt.
Moncrieff, Joanna. 2008. *The Myth of the Chemical Cure: A Critique of Psychiatric Drug Treatment.* Basingstoke: Palgrave Macmillan.
Motzke, Katharina. 2014. *Soziale Arbeit als Profession. Zur Karriere "sozialer Hilfstätigkeit" aus professionssoziologischer Perspektive.* Opladen: Barbara Budrich Verlag.
Nissen, Gerhardt. 2002. *Seelische Störungen bei Kindern und Jugendlichen. Alters- und entwicklungsabhängige Symptomatik und ihre Behandlung.* Stuttgart: Klett-Cotta.
Oevermann, Ulrich. 2013. Die Problematik der Strukturlogik des Arbeitsbündnisses und der Dynamik von Übertragung und Gegenübertragung in einer professionalisierten Praxis von Sozialarbeit. In *Professionalität in der Sozialen Arbeit. Standpunkte, Kontroversen, Perspektiven,* Hrsg. Roland Becker-Lenzet al. 119–148. Wiesbaden: Springer VS.
Park, Robert E. 1928. Human Migration and the Marginal Man. *The American Journal of Sociology* 33(6) : 881–893.
Pilgrim, David, und Anne Rogers. 2005. The troubled Relationship between psychiatry and sociology. *International Journal of Social Psychiatry* 51 (3): 228–241.
Rau, Alexandra. 2016. Die Regierung der Psyche – Psychopolitik und die Kultur des Therapeutischen in der neoliberalen Gesellschaft. In *Handbuch Therapeutisierung und Soziale Arbeit,* Hrsg. Roland Anhorn und Balzereit Marcus.
Ronge, Volker. 1989. Verwendung sozialwissenschaftlicher Ergebnisse in institutionalisierten Kontexten. In *Weder Sozialtechnologie noch Aufklärung? Analysen zur Verwendung sozialwissenschaftlichen Wissens,* Hrsg. Ulrich Beck und Wolfgang Bonß, 332–354. Frankfurt a. M.: Suhrkamp.
Rottenburg, Richard. 2005. Code-Switching, or why a metacode is good to have. In *Global Ideas, How Ideas, Objects and Practices Travel in the Global Economy,* Hrsg. Barbara Czarniawska und Guje Sevón, 259–274, Liber/Copenhagen: Business School Press.
Schmitz, Enno et al. 1989. Beratung als Praxisform angewandter Aufklärung. In *Weder Sozialtechnologie noch Aufklärung? Analysen zur Verwendung sozialwissenschaftlichen Wissens,* Hrsg. Ulrich Beck und Wolfgang Bonß, 122–148. Frankfurt a. M.: Suhrkamp.
Schütze, Fritz. 1992. Sozialarbeit als „bescheidene“ Profession. In *Erziehen als Profession: Zur Logik professionellen Handelns in pädagogischen Feldern,* Hrsg. Bernd Dewe, et al., 132–170. Wiesbaden: Springer.
Scull, Andrew. 2015. *Madness in Civilization: A Cultural History of Insanity, from the Bible to Freud, from the Madhouse to Modern Medicine.* Princeton: Princeton University Press.
Shorter, Edward. 1997. *A history of psychiatry: From the era of the asylum to the age of Prozac.* Hoboken: Wiley.
Staub-Bernasconi, Silvia. 2009. Der Professionalisierungsdiskurs zur Sozialen Arbeit (SA/SP) im deutschsprachigen Kontext im Spiegel internationaler Ausbildungsstandards. Soziale Arbeit – eine verspätete Profession. In *Professionalität in der Sozialen Arbeit. Standpunkte,* Hrsg. Roland Becker-Lenzet al. Kontroversen, Perspektiven, S. 21 – 46. Wiesbaden: Springer VS.

Strauss, Anselm, und Juliet Corbin. 1996. *Grounded Theory: Grundlagen Qualitativer Sozialforschung*. Weinheim: Beltz Psychologie-Verlag-Union.

Sturm, Andreas. 2019. (Nicht-)Pathologisierende (Ko-)Konstruktionen von Behinderung und Klassifikationen von als behindert adressierten Kindern und Jugendlichen im deutschen Sozialrecht. In *Pathologisierte Gesellschaft?* Hrsg. Michael Dellwing und Martin Harbusch 12. Beiheft zum Kriminologischen Journal, 104–135. Weinheim: Beltz Juventa.

Textor, Martin. Hrsg. 1990. *Hilfen für Familien. Ein Handbuch für psychosoziale Berufe*. Frankfurt a. M.: Fischer Verlag.

Weinert-Portmann, Susanne. 2009. *Familie – ein Symbol der Kultur. Perspektiven sozialpädagogischer Arbeit mit Familien*. Wiesbaden: Springer VS.

Weingarten, Elmar. 1980. Psychische Störung als Verletzung von Alltagsregeln. Zur Frage der Normalisierung von abweichendem Verhalten. In *Psychiatrische Soziologie*, Hrsg. Kurt Heinrich und Ulrich Müller, 78–93. Weinheim: Beltz Monografien.

Whitaker, Robert. 2010. *Anatomy of an Epidemic. Magic Bullets, Psychiatric Drugs, and the Astonishing Rise of Mental Illness in America*. New York: Crown.

Wingens, Matthias. 1989. Ist die Soziologie irrelevant? *Perspektiven einer konstruktivistisch ansetzenden Verwendungsforschung, in: Zeitschrift für Soziologie* 18 (3): 208–219.

Ziegler, Elke. 2010. *Angehörigenarbeit bei bipolarer Erkrankung. Ein klinisch sozialarbeiterisches Konzept für den Bereich Psychiatrie* Zürich: LIT

Posttraumatische Belastungsstörung in Norduganda in Worten, Zahlen und Projekten

Sung-Joon Park

Einleitung[1]

Während meiner Forschung zum freien Zugang zu HIV-Medikamenten in Norduganda besuchte ich 2011 das Krankenhaus in Atiak, das etwa 70 km nördlich von Gulu und etwa 50 km von der südsudanesischen Grenze entfernt liegt. Diese Besuche waren Teil einer längeren Feldforschung in der Region, bei der ich meist mit ugandischen Kolleg*innen und Forschungsassistent*innen zusammenarbeitete. Unsere Besuche folgten immer dem gleichen Muster: Zuerst suchten wir die Krankenhausleitung auf. Wir baten formell um die Erlaubnis Interviews mit Patient*innen zu führen und gaben der Leitung einen Überblick über das Projekt und die Interviewfragen. In Atiak schlug uns der Krankenhausleitende vor, Fokusgruppeninterviews durchzuführen und stellte uns dafür bereitwillig einen Raum zur Verfügung, in dem wir ungestört mit den Patient*innen sprechen konnten, die nach der HIV-Medikamentenvergabe zu uns geschickt wurden. Grace[2] war Teil der ersten Gruppe. Sie saß abseits der anderen Teilnehmer*innen, rieb sich unaufhörlich die Arme und fühlte sich sichtlich unwohl. Die Diskussion musste

[1] Dieser Text wurde mit der freundlichen Hilfe von Florian Bortic und Anna Meisinger übersetzt und überarbeitet.

[2] Alle Namen in diesem Text wurden anonymisiert.

S.-J. Park (✉)
AG Medizinanthropologie, Bernhard-Nocht-Institutfür Tropenmedizin, Hamburg, Deutschland
E-Mail: sung.park@bnitm.de

M. Harbusch (Hrsg.), *Reisendes Wissen*,
https://doi.org/10.1007/978-3-658-45229-2_3

unterbrochen werden. Grace war offensichtlich aus Versehen in die Gruppe hineingeraten. Wir hielten sie auf. Aus der naheliegendsten Frage, wie es ihr geht entstand ein Gespräch in dem sie ohne Pause von sich erzählte.

Grace wohnte in Palaro, etwa 20 km von Atiak entfernt. Als sie vierzehn Jahre alt war und in dem Flüchtlingslager in Anaka lebte, einem sogenannten IDP-Camp (*Camp for Internally Displaced Persons*), wurde sie zur Ehefrau eines Soldaten der ugandischen Armee. Sie bekam fünf Söhne und eine Tochter. Während ihrer fünften Schwangerschaft wurde bei ihr HIV diagnostiziert. Als sie ihren Mann bat, ebenfalls einen Test zu machen, weigerte er sich jedoch, begann sie zu schlagen und ihre Medikamente zu stehlen. Sie erzählte, wie sie vergeblich versuchte, ihre lebensnotwendigen Medikamente vor ihm zu verstecken. Irgendwann verließ ihr Mann sie und ihre Kinder und lebte anschließend mit einer anderen Frau in Gulu zusammen. Grace erzählte, dass er vor zwei Jahren zurückgekehrt sei und sie zum Geschlechtsverkehr gezwungen hatte. Um ihm und seiner neuen Frau aus dem Weg zu gehen, entschied sich Grace fortzugehen und zog zunächst auf das Land ihrer Eltern. Ihre Brüder versuchten sie jedoch zurückzuschicken, weil das Land zu knapp sei. Dies führte zu einem Streit mit ihren Brüdern, der auch anhielt, nachdem diese fortgegangen waren und Grace allein in ihrer Hütte blieb. Sie haderte mit sich selbst und litt an Schlafstörungen. Ihr ältester Sohn, der zu dem Zeitpunkt zwölf Jahre alt war, hatte bereits die Schule abgebrochen, um auf dem Ackerland zu arbeiten und die jüngeren Geschwister zu ernähren. Sie war um die Zukunft ihrer Kinder sehr besorgt und überlegte nach Gulu zu ziehen, um dort Gelegenheitsarbeiten zu verrichten. Sie zweifelte jedoch daran, wie sie mit fünf Kindern in Gulu überleben sollte. Sie dachte über Suizid nach, aber wer würde sich dann um ihre Kinder kümmern?

Irgendwann fragten meine Forschungsassistentin Joyce und ich sie, ob wir ihr helfen könnten und ob sie Unterstützung hätte. Sie wich jedoch der Frage aus und plötzlich ging alles sehr schnell – sie sagte, dass sie zu ihren Kindern müsse. Bevor sie ging, gaben wir ihr noch ausreichend „transport money" für den Rückweg – ein Begriff, der vor allem über NGOs in die ugandische Alltagssprache Eingang gefunden hat – und baten sie um ihre Telefonnummer, um sie später anrufen zu können.[3]

Meine Forschungsassistentin und ich gingen damals davon aus, dass Grace aufgrund ihrer Lebenssituation und Lebensgeschichte an einer Posttraumatischen

---

[3] In der folgenden Zeit riefen wir Grace mehrfach an und wiesen sie auf die Möglichkeiten verschiedener psychiatrischer Dienste in Gulu hin. Dabei waren wir uns jedoch nicht sicher, ob sie diese Angebote wahrnehmen würde.

Belastungsstörung (PTBS) und einer Depression litt. Für mich als Sozialanthropologen – der weder in Psychologie noch Psychiatrie geschult ist, aber durch Feldforschung mit ähnlichen Lebensgeschichten vertraut ist – werfen solche Begegnungen immer folgende Fragen auf: Wie machen Menschen nach dem Krieg weiter? Welche Rolle kann hier eine professionelle psychologische Hilfe spielen? Was bedeutet es in ein normales Leben zurückzukehren, wenn die Gegenwart durch sexuelle Gewalt, Armut, Krankheit und demütigende Konflikte bestimmt ist?

Zumindest auf die ersten Fragen haben Psychiater*innen und Psycholog*innen im Feld der globalen Gesundheit (global health) eine klare Antwort: medizinisch-humanitäre Intervention. Nach dem Krieg sind unzählige Projekte in Norduganda etabliert worden, um soziale Unsicherheit, Armut, Krankheiten und eben auch psychische Krankheiten zu bekämpfen. Was diese humanitären Interventionen wiederum wirklich bewirken können, ist eine weitaus kompliziertere Frage, auf die viele Sozialanthropolog*innen mit einer pessimistischen Kritik reagieren. Die Perspektiven von Psycholog*innen und Sozialanthropolog*innen auf grundlegende Begriffe wie ‚Patient', ‚Bevölkerung', ‚Sicherheit' und ‚Gesundheit' könnten nicht verschiedener sein. Diese Perspektiven wiederum reflektieren grundsätzlich verschiedene Auffassungen was das Ziel der Produktion wissenschaftlichen Wissens über Krankheiten wie PTBS ist. Diese Unterschiede werden selten in der verbreiteten Trennung qualitativer und quantitativer Forschung sowie ihrer Zusammenführung in sogenannten *mixed-methods approaches,* die von interdisziplinären Forschungsprojekten propagiert werden, problematisiert (siehe auch Pigg 2013).

In diesem Kapitel werde ich mich mit Übersetzungen und ihren Verwendungen in der Produktion wissenschaftlichen Wissens über PTBS auseinandersetzen, um diese unterschiedlichen Perspektiven auf Traumatisierung zu erörtern. In der transkulturellen Psychiatrie spielt der linguistische Übersetzungsbegriff in der Herstellung von wissenschaftlichen Evidenzen eine tragende Rolle. Die Herstellung von wissenschaftlichen Evidenzen, in der Akteure Worte in Zahlen übersetzen und interpretieren, wird allerdings nicht als Übersetzung verstanden. Hier bietet der Ansatz der ‚reisenden Objekte' einen Übersetzungsbegriff an, der über die linguistische Übersetzung hinaus allgemeiner jede Form der Übertragung und Verbindung erfasst, die ethnografisch bedeutsam ist. Dabei wird stets die Kontingenz der Übertragung betont, durch die Erwartungen, Wünsche und Ziele von Akteur*innen unerwartet kollidieren und sich gegenseitig verstärken. Im Feld der transkulturellen Psychiatrie versucht Übersetzung der Vielfalt der Sprachen und Kulturen gerecht zu werden. Der Ansatz der reisenden Objekte lenkt die Aufmerksamkeit auf die *Vervielfältigung* der Objekte durch Projekte und Interventionen.

Der Ansatz der reisenden Objekte

Der Ansatz der reisenden Objekte oder *travelling objects* wird hier als ein Versuch verstanden die globale Zirkulation von Krankheitskategorien wie PTBS in einer ethnografisch bedeutsamen Form zu analysieren. In dieser Hinsicht ähnelt er dem mittlerweile klassischen Ansatz der ‚multi-sited ethnography' (Marcus 1995) insofern er global zirkulierende Dinge, Menschen und Erzählungen ethnografisch folgt. Gleichwohl legt sich der Ansatz des reisenden Modells nicht auf eine räumliche Beschreibung der ethnografischen Feldforschung fest und betont vielmehr die unerwarteten Dynamiken und Wendungen der Reise von Objekten, welche die Kontingenz der Interaktionen erfahrbar macht. Damit knüpft der Ansatz der reisenden Objekte an einen Begriff der Ethnografie an, welcher die unerwarteten Momente und Begegnungen in das Zentrum des Erkenntnisinteresses stellt. Die ethnografische Vignette, mit der auch dieser Aufsatz begann, ist in dieser Hinsicht ein klassisches Stilmittel, welches die Kontingenz und nicht die Annahme an den Anfang der ethnologischen Erzählung stellt (Eckert 2014).[4]

Johannes Fabian weist in seiner historischen Studie zu kolonialen Expeditionsreisen auf dem afrikanischen Kontinent darauf hin, dass Forschungsreisende mit existenzialistischen Widersprüchen zwischen Erwartungen und Handlungen konfrontiert waren. Diese Inkongruenzen wurden für das Wirklichkeitsverständnis konstitutiv, sobald Reisende sich den gelebten Erfahrungen öffneten (Fabian 2000, S. 8). Nach Fabian ist diese Öffnung ein existentialistischer Moment der Wissensproduktion, bei dem der oder die Forschende „aus sich heraustritt" (ebd.). Anders als für die kolonialen Reisenden ist nach Fabian die Offenheit für das Unerwartete ein Schlüsselmoment der ethnografischen Wissensproduktion: „ecstasis, in a nontrivial understanding of the term, is (much like subjectivity) a prerequisite for, rather than an impediment to, the production of ethnographic knowledge." (Fabian 2000, S. 8).

Wenn am Anfang einer ethnografischen Forschung keine allgemeine Theorie steht, die es zu prüfen gilt, sondern die konkrete Irritation und Überraschung, stellt sich die Frage, wie die Kontingenz der Interaktionen zu einer ethnografischen und möglicherweise auch kritischen Erkenntnis verdichtet werden kann, ohne die Kontingenz dieser Interaktionen, die eigentliche eine doppelte

[4] Siehe dazu auch die Entwicklung der Ethnomethodologie nach Harold Garfinkel und Mertons Soziologie des wissenschaftlichen Wissens (Garfinkel 1967; Merton und Barber 2004).

Kontingenz ist, zu „halbieren“, wie Stefan Hirschauer feststellt (Hirschauer 2014).[5] Um diese Frage geht es meiner Meinung nach auch in der wachsenden sozialwissenschaftliche Literatur zu *travelling objects* oder auch *travelling models*, wie ich ausführen möchte (Czarniawska und Joerges 1996; Rottenburg 2002; Behrends et al. 2014; de Sardan et al. 2017; Harbusch 2019).

Die Analyse der PTBS als ein reisendes Objekt geht gerade nicht davon aus, dass die Verbreitung dieser Kategorie einem Bedarf oder einer intrinsischen Notwendigkeit folgt, die z. B. durch die tatsächliche Verbreitung der Traumatisierung begründet ist. Trauma ist ein vager Ausdruck. Der Ansatz der reisenden Objekte nimmt die Standardisierungen, Verfahren und Techniken im Feld der transkulturellen Psychiatrie in den Blick, durch die Trauma in ein Objekt übersetzt wird, die eine wissenschaftliche Verallgemeinerung erlaubt. Diese Standards und Verfahren werden von einer Katastrophe zur nächsten übertragen, von Organisation zu Organisation weitergegeben, und konstituieren durch diese Reisen das Feld der transkulturellen Psychiatrie. Durch das Reisen werden die Objekte, wie die PTBS, ständig modifiziert und transformiert, bis sie eine wissenschaftliche Tatsache darstellen.

Die Untersuchung von PTBS als reisendes Objekt scheint mir ein besonders hilfreicher Ansatz für eine kritische Auseinandersetzung mit Problemen zu sein, die durch ihr Ausmaß – der Größe, Dimension, Schwere, und so weiter – charakterisiert sind (Carr und Lempert 2016). Dies trifft insbesondere auf Norduganda zu, wo sich nach einem langen und äußerst brutalen Krieg die Frage aufdrängt, in welchem Ausmaß die Bevölkerung traumatisiert ist und ob die Kategorie der PTBS der komplizierten Geschichte der Gewalt gerecht wird (Allen und Vlassenroot 2010; Allen 2006). Wie Chris Dolan bemerkt, unterstellt die Kategorie der PTBS, dass es ein Davor und ein Danach gibt, durch das die traumatisierenden Umstände eingekreist werden können. Für Norduganda stellt er allerdings mit deutlichen Worten fest, dass „for most people there is no end to the circumstances, which caused the trauma [...] to use the term post-traumatic stress to describe what is happening inside the war zone can itself be seen as part of a structure of denial, or at least a refusal to acknowledge that there is no 'normal' or pre-traumatic situation to revert to“ (Dolan 2009, S. 14).

[5] Siehe hierzu insbesondere Niklas Luhmanns Diskussion der doppelten Kontingenz und dem Problem des Vertrauens (Luhmann 2014), welche die Paradoxie der ‚getreuen‘ Übersetzung beleuchtet.

Dieser Beitragt schließt sich dieser Kritik an, wonach wir uns von der Annahme lösen müssen, dass mit dem Ende des Krieges nur die traumatischen Erinnerungen bleiben, da die traumatisierenden Umstände weiterhin fortbestehen. Meine Diskussion der Vermessung der PTBS in Norduganda unterstreicht, dass die bisherige wissenschaftliche Perspektive, die durch einen Blick von außen eine distanzierte und objektivierte Sicht auf Trauma anbieten möchte, die Vervielfältigung der traumatisierenden Lebensbedingungen ausblendet.

Die Vermessung von PTBS in Norduganda ist dabei für den Ansatz der reisenden Objekte von besonderem Interesse. In der Diagnose und der Quantifizierung der PTBS spielt die linguistische Übersetzung eine zentrale Rolle. Sie ist eine Voraussetzung für die Herstellung einer evidenz-basierten transkulturellen Psychiatrie und trägt dadurch zur Etablierung dieses Faches bei. Das Ziel dieser linguistischen Übersetzung ist es eine ‚getreue' Übersetzung von Worten und Begriffen zu erreichen, die schließlich eine Quantifizierung ermöglichen. Diesem Begriff der Übersetzung hält die Analyse der PTBS als einem reisenden Objekt, einen Übersetzungsbegriff entgegen, der die Kontingenz sozialer Interaktionen in den Mittelpunkt stellt.

Mit Hannah Arendts Worten ausgedrückt, sind menschliche Handlungen grundsätzlich durch Pluralität und Kontingenz bedingt (Arendt 1967). Die Bedingtheit des Handelns durch Pluralität und Kontingenz muss in der Analyse der traumatisierenden Bedingungen berücksichtigt werden, um den Eindruck zu vermeiden, dass es eine abschließende Erklärung und Lösung für die traumatisierenden Lebensumstände gäbe (Biehl und Locke 2017). Diese Form der Bedingtheit des Handelns weist nicht nur auf die Pluralität des Sprechens und der Sprecher. Darüber hinaus betont der Ansatz des reisenden Objekts, dass die Bedingtheit durch Pluralität und Kontingenz eine *Vervielfältigung* von Akteur*innen, Dingen oder Sachen beinhaltet, wobei sich die vervielfachten Akteur*innen, Dinge und Sachen nie völlig gleichen (Arendt 1967, S. 143). Insbesondere in afrikanischen Kontexten müssen wir von einer Pluralität von Interventionen und Modellen zur Verbesserung der Gesundheit ausgehen, welche nicht nur in einer vervielfachten Anzahl an Organisationen besteht, sondern die Wirklichkeiten vervielfältigt. Objekte werden durch die Reise reproduziert, wobei die Objekte nie identisch sind, sondern neue Aspekte aufnehmen und sich stetig verändern. Bei der Quantifizierung von PBTS, welche Worte in Zahlen und Zahlen in Fakten übersetzt, ist ein umfassender Versuchsaufbau eine Bedingung für eine möglicherweise ‚getreue' Übersetzung. Der Versuch und der Versuchsaufbau für eine ‚getreue' Übersetzung verlangt, dass alle Akteur*innen im Feld der Gesundheit die Übersetzung von

Worten in Zahlen in identischer Weise vornehmen. Dafür sollten allerdings auch immer ähnliche Voraussetzungen für Übersetzungen gegeben und unerwartete Ereignisse die Ausnahme sein. Demgegenüber zeigt dieser Beitrag, wie die Bestimmung der PTBS zu einer Vervielfältigung von traumatisierenden Wirklichkeiten beiträgt, anstatt sie zu reduzieren.

Die Übersetzungen von PTBS in Norduganda

Die PTBS ist nach dem offiziellen Ende des Krieges zwischen der ugandischen Regierung und der *Lord Resistance Army* (LRA) im Jahr 2006 ein integraler Bestandteil der humanitären Hilfe in Norduganda geworden. Die ersten großflächigen Studien von Bayard Roberts und seinen Kolleg*innen zur psychischen Gesundheit der nordugandischen Bevölkerung kamen zu dem Ergebnis, dass bei 54 % der Befragten eine PTBS und bei 64 % der Befragten eine Depression festgestellt werden konnte (Roberts et al. 2008b).

Die Studien von Roberts und seinen Kolleg*innen sind vor allem wegen ihres Studienaufbaus interessant. In diesen Studien, in denen sowohl qualitative als auch quantitative Forschungsmethoden angewendet wurden, spielt die Übersetzung eine zentrale Rolle. Die Übersetzung von Worten und Fragen aus dem Englischen in eine lokale Sprache, in diesem Fall Luo, wird in der Beschreibung als ein möglichst neutrales und objektives Verfahren beschrieben. Die Übersetzung ist dahingehend notwendig, da Begriffe wie Trauma oder PTBS nicht unbedingt in anderen Sprachen existieren.

Daher befasst sich der qualitative Teil der Studie zur PTBS mit den lokalen Erklärungen der Traumatisierung, ohne diese als PTBS zu bezeichnen (Roberts et al. 2009). Diese Teilstudie befasst daher mit der Übersetzbarkeit von Begriffen wie Psyche, Krankheit oder Gesundheit. Allerdings ist die Übersetzbarkeit für diese Studie eine methodische Herausforderung, die in der Übersetzung von semi-strukturierten Interviews vom Englischen ins Luo besteht durch bilinguale Mitglieder des Forschungsteams, die diese auch testen und analysieren.

Die Ergebnisse dieser qualitativen Studie geben wieder, auf welche Faktoren die befragten Akteur*innen eine psychische Störung zurückführen. So gaben die Befragten an, dass traumatische Erfahrungen von Gewalt, Vertreibung oder Hunger zu „over-thinking“ führen würden – ein obsessives Grübeln, das eines der Symptome für PTBS ist. Schließlich geht die Studie darauf ein, wie die befragten Akteur*innen eine psychische Erkrankung mit den Lebensbedingungen in den

Flüchtlingslagern erklären. Eine der Befragten wird mit den folgenden Worten zitiert: „mental disorders can come as a result of too many thoughts about poverty. What you used to do and things you used to see and have are not there. If you think deeply about them, you can develop mental illness“ (Roberts et al. 2009, 5).

Diese sprachlichen Übersetzungen sind unproblematischer, als sie auf den ersten Blick scheinen: Das Englische ist durch die koloniale und postkoloniale Geschichte des Landes und vor allem durch die Präsenz von humanitären Organisationen in die Alltagssprache in verschiedenen Formen inkorporiert worden. Dadurch wurde ein eigenes Uganda-Englisch hervorgebracht, das manchmal auch für englische Muttersprachler*innen befremdlich sei. Man könnte hier auch an die zahlreichen Anglizismen im Deutschen denken. Auf diese Weise ist das Wort Trauma ein fester Bestandteil der Sprache sowie der Verständigung geworden. So befassen sich Bayard und seine Kolleg*innen in diesem Zusammenhang ausführlich, mit dem Luo-Begriff *cen* auf das einige Interviewte das Grübeln zurückführen und das wortwörtlich übersetzt die unversöhnlichen Geister der Toten meint und in der Alltagssprache oft als ein Synonym für „wahnsinnig“ verwendet wird. Die Akteur*innen wissen oft sehr genau, dass das Wort *cen* der erwarteten Übersetzung des englischen Wortes „trauma“ am ehesten entgegenkommt. Wenn in der Alltagssprache über psychiatrische Erkrankungen einer Person gesprochen wird, wird häufig eine diskretere Wendung verwendet oder einfach das englische Wort ‚trauma‘ genutzt. Dies schließt natürlich nicht aus, dass die Akteur*innen das Trauma auf *cen* zurückführen und diesen Begriff im Kontext von Krieg und Vertreibung verwenden. Und möglicherweise verändert sich die Bedeutung von *cen* durch diese Verwendung.

Dem Ansatz des reisenden Objekts zufolge stellt die Quantifizierung der PTBS ebenfalls eine Übersetzung dar, die unterstreicht, dass die Idee einer getreuen Übersetzung, im Sinne einer Kontinuität von Bedeutungen, die Ausnahme darstellt. Der Regel entsprechen eher Übersetzungen, welche durch die stetige Modifikation von Objekten die Bedeutung verändern. Der Ansatz des reisenden Objekts lenkt die Aufmerksamkeit auf Standardisierungen und Verfahren der Quantifizierung, durch die komplexe Probleme in quantifizierbare und vergleichbare Größen übersetzt werden (Heintz 2010; Rottenburg et al. 2015; Carr und Lempert 2016). Ohne diese zahlenmäßige Modifikation von traumatischen Erlebnissen würde die Kategorie der PTBS im Feld der globalen Gesundheit nicht zirkulieren.

Die Instrumente dieser Quantifizierung bestehen im Wesentlichen aus einem standardisierten Fragebogen, der traumatische Erlebnisse oder Symptome anhand einer Skala untersucht, durch die der Grad der Traumatisierung bestimmt werden kann. Wissenschaftliche Studien, wie die von Roberts und seinen Kolleg*innen, greifen hierbei auf verschiedene Diagnosekataloge und Handbücher zurück, um einen Fragebogen zu erstellen. Eine weit verbreitete Quelle ist das *Harvard Trauma Questionnaire* zur Einordnung der traumatischen Erlebnisse einer Person. Darüber hinaus greifen viele Studien auf die *Johns Hopkins Checklist* zur Bestimmung von Depression und allgemeiner dem *Diagnostic and Statistical Manual for Mental Disorders* oder dem ICD-Klassifikationssystem der Weltgesundheitsorganisation zurück.

Besonders das Harvard Trauma Questionnaire steht für einen Paradigmenwechsel in der PTBS-Forschung. Die Entwicklung dieser standardisierten Fragebögen für die Diagnostizierung der PTBS sowie die Bestimmung ihrer Prävalenz ist ein wesentlicher Schritt für die globale Verbreitung der PTBS-Diagnose, die von einer Katastrophen- und Kriegsregion in die nächste reist und in die verschiedensten Sprachen übersetzt wurde (Mollica et al. 1992; Shoeb et al. 2007).

Mit dieser Entwicklung der Fragebögen tritt die Validierung dieser Instrumente für die Erfassung der PTBS in den Vordergrund. Ähnlich wie bei qualitativen Studien, werden die Fragen aus dem Englischen in eine lokale Sprache übersetzt – in diesem Fall Luo. Für die Validierung der Übersetzung werden die Fragen aus Luo ins Englische zurückübersetzt. Die Validierung der Instrumente durch eine Vor- und Rückwärtsübersetzung (eine *forward and backward translation*) soll sicherstellen, dass die Bedeutung der Begriffe für alle Sprecher gleich ist. Anschließend werden die Instrumente mit Luo-Sprecher*innen getestet, die weder die Fragen kennen noch Englisch beherrschen. Schließlich kann, anders als bei qualitativen Studien, bei den standardisierten Fragebögen die Validität und Reliabilität der Instrumente in der Form eines „validity scores" or „reliability scores" errechnet werden (siehe z. B. Roberts et al. 2008a) (Abb. 1).

Der Ansatz der reisenden Objekte betont, dass die Übersetzung nicht nur die linguistische Übersetzung umfasst, sondern auch Versuchspraktiken durch die eine Quantifizierung von PTBS ermöglich wird. Erst durch diese Übersetzung von Worten in Zahlen kann Trauma in der Form von quantifizierten Daten global zirkulieren. Diese unterschiedlichen Übersetzungsbegriffe sind für eine Kritik der Quantifizierung der PTBS folgenreich, wie ich im folgenden Abschnitt ausführen werde.

Project:____________________
Participant code: __________________________ **Interviewer:**__________________________
Date:________________________ **Place of Interview:**__________________________________

The Harvard Trauma Questionnaire—Parts I and IV

We would like to ask you about your past history and present symptoms. This information will be used to help us provide you with better medical care. However, you may find some questions upsetting. If so, please feel free not to answer. This will certainly not affect our treatment. Your response will be kept confidential.

Part 1: Traumatic Events

Please indicate, by answering 'yes' and 'no' whether you have ever ***experienced (E), witnessed (W), or heard stories (H)*** *about any of the following events*

Trauma event experienced	Experi-enced	Wittnes-sed	Heard stories of	Never
1. Lack of food or water 2. Lack of housing or shelter 3. Unnatural death of family member or friend 4. Murder of family member or friend 5. Being close to, but escaping, death 6. Ill health without medical care 7. Witnessing the murder of stranger(s) 8. Tortured or beaten 9. Forced separation from family 10. Being abducted or kidnapped 11. Made to accept ideas against your will 12. Serious injury Forced isolation from other people 13. Being in a war fighting situation 14. Imprisonment against your will 15. Rape or sexual abuse				

Abb. 1 Diese Fragebögen sind Beispiele für die Instrumente, die in Norduganda für die Diagnose und Quantifizierung der PTBS nach den Vorgaben des Harvard Trauma Questionnaires und dem DSM-4 entwickelt wurden. Diese Fragebögen wurden auch ins Luo übersetzt

Part IV: Trauma Symptoms

Instructions

The following are symptoms that people sometimes have after experiencing hurtful events in their lives. Read them to the person being interviewed and circle the number that best describes how the respondent has been feeling in the past week using the following scale: 1 = not at all, 2 = a little bit, 3 = quite a bit, 4 = extremely.

Trauma symptom	Not at all	A little bit	Quite a bit	Extremely
1. Recurrent thoughts or memories of the most hurtful or terrifying events 2. Feeling as though the event is happening again 3. Recurrent nightmares 4. Sudden emotional or physical reactions when reminded of the most hurtful or traumatic events 5. Feeling detached or withdrawn from people 6. Unable to feel emotions 7. Avoiding doing things or going to places that remind you of the traumatic or hurtful events 8. Inability to remember parts of the most traumatic events 9. Less interest in daily activities 10. Feeling as if you don't have a future 11. Avoiding thoughts or feelings associated with the traumatic or hurtful events 12. Feeling jumpy, easily startled 13. Difficulty concentrating 14. Trouble sleeping 15. Feeling on guard 16. Feeling irritable or having outbursts of anger				

Abb. 1 (Fortsetzung)

Von der Kritik der PTBS zur Vervielfältigung von reisenden Objekten

Didier Fassin und Richard Rechtman bemerken in ihrer einflussreichen Arbeit *The Empire of Trauma* (2009), dass die Quantifizierung der PTBS und der Einsatz von Psychiater*innen und Psycholog*innen in Kriegs- und Katastrophengebieten zu einer unhinterfragten Selbstverständlichkeit geworden sind. Fassin und Rechtman sehen in dieser globalen Expansion der PTBS einen tiefergreifenderen Wandel der psychiatrischen und psychologischen Auffassung von Traumata, die sie als eine „new condition of victimhood" verstehen. Nach dieser Feststellung geht es nicht nur um eine quantitative Ausweitung der PTBS, sondern um eine fundamentale Transformation der diskursiven Produktion der traumatisierten Subjekte als PTBS-Patient*innen. Im Anschluss an Michel Foucaults (siehe z. B. 2006) spätere Bemerkungen zum ‚Wahrsprechen' – der Veridiktion – fragen die Autoren, wie das Reden über Traumata im gegenwärtigen Humanitarismus zu einem Vorgang der Prüfung, des Testens und der Bestätigung von Interventionen geworden ist. Darin zeigt sich ein Wandel, der die folgende Frage aufwirft:

> How we have moved from a realm in which the symptoms of the wounded soldier or injured worker were deemed of doubtful legitimacy to one in which their suffering, no longer contested, testifies to an experience that excites sympathy and merits compensation (Fassin und Rechtman 2009, S. 5).

Genauso beschreibt Erica Caple James, wie traumatische Erzählungen produziert werden, um in der politischen Mitleidsökonomie Aufmerksamkeit zu gewinnen. Dieser Begriff der politischen Ökonomie des Mitleids zeigt, dass neben der Hilfe vor allem auch die globale Aufmerksamkeit eine knappe Ressource ist. Die Konjunktur der PTBS geht mit einer moralischen Neubewertung des Leids einher und beeinflusst maßgeblich den Aufstieg und die Expansion einer humanitaristischen globalen Gesundheitspolitik (siehe auch Boltanski 1999; Bornstein und Redfield 2011; Fassin 2012).

Im Nachkriegskontext von Norduganda bemerkt Chris Dolan ebenfalls eine inflationäre Verwendung des Wortes Trauma, die ihn zunächst skeptisch gestimmt habe: „Equally, it was very common for people to say 'we are all traumatised', and this language of 'trauma' had become common currency" (Dolan 2009, S. 6). Dolan stellt fest, dass diese Verwendung des Wortes Trauma äußerst vage sei und dadurch eine Auseinandersetzung mit den traumatisierenden Lebensbedingungen in den Flüchtlingslagern verhindert wird. Während der verschiedenen Zuspitzungen des Krieges lebten bis zu 80 % der nordugandischen Bevölkerung, geschätzte zwei Millionen Menschen, in den Flüchtlingslagern. In offiziellen Darstellungen des Krieges wird die Gewalt oft auf die Kriegshandlungen der LRA und der ugandischen Regierung reduziert und das Leid der Opfer mit Entführungen und der Rekrutierung von Kindersoldaten verbunden. Demgegenüber findet in den Flüchtlingslagern die Veralltäglichung von Gewalt in Form von Hunger, sexueller Gewalt und Demütigung statt. Dolan bezeichnet diese Form der Gewalt als „social torture", um die Frage aufzuwerfen, welcher Begriff der Traumatisierung dieser weniger sichtbaren und stummen Gewalt gerecht werden kann.

Diese Studien aus der sozialanthropologischen Literatur zu Humanitarismus und globaler Gesundheit bieten eine kritische Analyse der Expansion der PTBS an, welche auf die diskursiven Verschiebungen hinweist, durch die das Sprechen über Traumata eine neue moralische und wissenschaftliche Bewertung erfährt. Diese Analyse ermöglicht wiederum eine Kritik an humanitären Interventionen, die im Sinne Foucaults als eine Form der therapeutischen Herrschaft verstanden werden kann, um die Machtmechanismen zu beleuchten, die gewissermaßen ‚hinter' der Expansion von PTBS stehen (z. B. McFalls 2010).

Anders als diese sozialwissenschaftliche Kritik an der PTBS-Expansion weist der Ansatz der reisenden Objekte deutlicher auf die Unterscheidung zwischen Macht und Herrschaft hin, weshalb dieser Ansatz für die ethnografische Forschung besonders interessant ist. Stellvertretend für viele Sozialanthropolog*innen hat Sherry Ortner treffend festgestellt, dass sozialanthropologische Arbeiten bei der Verallgemeinerung ihrer ethnografischen Befunde oftmals auf „dark theories" – sei es wie oben genannt Foucaults Begriff der Macht oder auch Marx' Begriff der politischen Ökonomie – zurückgreifen und dabei eine totalisierende Erklärung der Welt anbieten, obwohl sie auf raumzeitlich eingegrenzte ethnografische Beobachtungen basieren (Ortner 2016, S. 50–51). Dark theories ermöglichen eine einzelne Beobachtung zu einem Fall zu machen oder von mikrosoziologischen Beobachtungen zu makrosoziologischen Perspektiven zu gelangen. Gleichwohl ignoriert diese Verwendung von dark theories, dass für die Sozialanthropologie die erkenntnistheoretisch interessanten Beobachtungen die unerwarteten Ereignisse und Wendungen sind – genau diejenigen Beobachtungen, die gerade aus der Perspektive der oben erwähnten Kritik nicht erwartet werden können. Diese unerwarteten Momente und Wendungen in einer Geschichte verlieren ihre kritische Funktion, wenn sie den theoretisch erwarteten Schlussfolgerungen entsprechen.

In dieser Hinsicht fordert der Ansatz der reisenden Objekte die Zirkulation von PTBS empirisch zu untersuchen und diese Zirkulation selbst in den Mittelpunkt der Analyse zu stellen: Was tun Objekte, wenn sie reisen? Wie verändern sich Objekte auf der Reise? Und welche Erwartungen, Wünsche und Forderungen prallen bei der Reise von Objekten unerwartet aufeinander?

Der Ansatz der reisenden Objekte ersetzt gewissermaßen den Begriff der Macht mit dem der Übersetzung (Callon 1986; siehe auch Czarniawska und Joerges 1996; Rottenburg 2008; Behrends et al. 2014). Demnach ist die sprachliche Übersetzung von Wörtern und ihren Bedeutungen, wie im vorherigen Abschnitt diskutiert wurde, eine besondere, wenngleich auch die gängigste Verwendung des Übersetzungsbegriffes. In einer früheren Veröffentlichung betont Bruno Latour, dass Macht oft als eine Notlösung herhalten muss, um die Erklärung von Hierarchien zu vereinfachen. Bereits Hannah Arendt weist darauf hin, dass Macht oft mit Stärke verwechselt wird. Macht sei allerdings nichts, was eine Person innehätte, sondern sie entsteht, wenn Menschen zusammenkommen und sich und andere ermächtigen, etwas zu tun (Arendt 1970). Der Begriff der Übersetzung bei Latour greift diese Idee der Ermächtigung auf, um die Übersetzung als eine allgemeine Form der Übertragung von Zeichen zu verstehen, die den übertragenen Gegenstand transformiert. Um Latour zu zitieren:

> jede dieser Personen kann auf viele verschiedene Arten handeln, den Token fallenlassen, ihn modifizieren, ablenken oder betrügen, ihm etwas hinzufügen oder ihn sich aneignen. Die getreue Übermittlung einer Anordnung z.B. durch eine große Anzahl von Personen ist in diesem Modell [der Übersetzung] *rar* (Latour 2006, S. 198).

Latour betont hier, dass bei einer Übersetzung, die eine große Anzahl von Akteuren umfasst, eine getreue Übersetzung die Ausnahme darstellt. In diesem Sinne stellen reisende Objekte eine Übertragung von Dingen dar, an der eine Vielzahl von Akteuren beteiligt sind. Im Fall der Quantifizierung von PTBS ist die Standardisierung der Übersetzung ein technisches Verfahren, das traumatisierende Erlebnisse in messbare Symptome der PTBS überträgt.

In diesem Sinne betont Allen Young, dass die PTBS besser als ein „techno-phenomenon" zu verstehen sei und bietet eine treffende Erläuterung der Standardisierung der PTBS-Diagnose:

> The techno-phenomena of psychiatric science are possible because they are preceded by tests and standards that can tell the researcher whether the things that he is examining are comparable (e.g., cases) and whether his findings are worth keeping and circulating (e.g., because they have/not crossed a threshold of statistical significance). (Young 1995, S. 10)

Wenn wir die PTBS nicht nur als eine Krankheit, sondern auch als ein technisches Phänomen verstehen, dann treten die verschiedenen Verfahren des Testens, Quantifizierens und Vergleichens in den Vordergrund, durch die die PTBS als Gegenstand wissenschaftlicher Forschung zur Expansion der transkulturellen Psychiatrie und damit zur Erweiterung der humanitären globalen Gesundheitspolitik beiträgt.

Der Ansatz des reisenden Modells schließt eine kritische Auseinandersetzung mit der PTBS keinesfalls aus. Wie bereits erwähnt, leitet sich diese Kritik nicht aus einer Theorie der Macht ab. Vielmehr wird eine empirische Kritik aus der Analyse der Übersetzung von einer Sprache in eine andere, von Worten in Zahlen oder von Zahlen in Tatsachen entwickelt.

Wie ich weiter unten ausführen werde, ist diese Form der wissenschaftlichen Produktion von Wissen weder praktisch noch theoretisch in der Lage die unerwarteten Ereignisse und die kontingenten Verwicklungen von verschiedenen Handlungsabläufen zu erfassen. Die steigende Aufmerksamkeit für Krankheiten (und weniger für Gesundheit) hat zu einer Vervielfachung von Interventionen insbesondere auf dem afrikanischen Kontinent geführt. Diese Vervielfachung beinhaltet nicht nur eine steigende Zahl an Akteur*innen im Feld der globalen Gesundheit. Vielmehr ist sie eine Vervielfältigung von Wirklichkeiten, in der z. B. ein einfaches Krankenhaus für multiple Interventionen und Projektionen zur Verfügung stehen muss.

Unerwartete Komplikationen?

Durch die folgende Auseinandersetzung mit der Validierung von Fragebögen sollen diese unterschiedlichen Übersetzungsbegriffe veranschaulicht werden. An dieser Stelle möchte ich auf meine einleitende ethnografische Perspektive zurückkommen. Nach der Begegnung mit Grace habe ich mit ugandischen und dänischen Kolleg*innen ein kleines Forschungsprojekt zu PTBS und anderen nichtübertragbaren Krankheiten (non-communicable diseases) in Norduganda durchgeführt (siehe z. B. Whyte et al. 2015). Diese Krankheiten gelten – verglichen mit der globalen Aufmerksamkeit für HIV/AIDS oder Malaria – als vernachlässigte Krankheiten, die allerdings nach internationalen Gesundheitsexpert*innen in Zukunft einen weitaus größeren Anteil des *Global Burden of Disease* ausmachen werden (siehe z. B. Alberti 2009).

In diesem Projekt arbeiteten wir mit zwei Medizinstudenten der Gulu-Universität zusammen – George Odong und Ojara Morris – die sich auf Pädiatrie und Psychiatrie spezialisiert hatten. Während unserer Feldforschung besuchten wir verschiedene private und öffentliche Krankenhäuser. Bei einem dieser Besuche im Awach Krankenhaus waren bereits zwei NGOs vor Ort, die *Outreaches* durchführten. Die lokale HIV/AIDS-Organisation *The AIDS Support Organisation,* auch TASO genannt, führte HIV-Tests und Konsultationen durch und verteilte verschiedene kostenfreie Medikamente, z. B. für Malaria. Darüber hinaus war auch eine NGO anwesend, die sich auf Traumatherapie spezialisiert hatte und zudem den *mental health day* veranstaltete. Für dieses Outreach in Awach war auch Jeanette von der Zentrale der NGO in Kampala nach Norduganda gekommen, um die Fragebögen zu validieren. Sie wollte prüfen, ob ihre Organisation die Zahlen bekommen würde, die sie erreichen wollten. Ich bemerkte Jeanette gegenüber, dass ich den Eindruck hatte, dass sich die meisten Krankenhäuser vorrangig mit Epilepsie als psychiatrische Störung befassen würden und die Zahlen für die PTBS relativ niedrig zu sein schienen. Jeanette antwortete prompt:

> Genau deshalb messen wir. Wenn die Menschen hier hauptsächlich von Epilepsie betroffen sind, dann würden wir uns nicht vollständig zurückziehen, aber wir würden die Angebote reduzieren. Wir müssen einen Impact erreichen. Die Outreaches helfen uns herauszufinden, ob Patient*innen von einer PTBS oder Depression traumatisiert sind. Wir erfassen/begutachten dieses Gesundheitszentrum („we are gauging this health center"). Wie zum Beispiel im Distrikt Arua und bei dem ersten Einsatz, der in Adjumani vorgeschlagen worden war. Aber die meisten der Patient*innen dort haben Epilepsie. Deshalb ändern wir jetzt die Richtung unseres Ansatzes und gehen in die Flüchtlingssiedlungen. Dort werden wir unsere traumatisierten Patient*innen bekommen.

Die validierten Fragebögen sollten es Patient*innen irgendwann ermöglichen, eine Selbstdiagnose durchzuführen. Wie in den vorherigen Abschnitten beschrieben, bestand diese Validierung aus einer Vorwärtsübersetzung aus dem Englischen ins Luo und einer Rückwärtsübersetzung von Luo ins Englische. Diese Übersetzungen sollten nun im Awach-Krankenhaus mithilfe von zwei Fokusgruppendiskussionen getestet werden.

Nach einigen allgemeinen Konsultationsgesprächen begann Dennis mit der Validierung der Instrumente. Dafür wurden zwanzig Patient*innen nach dem Zufallsprinzip zu zwei Fokusgruppendiskussionen eingeladen. George und ich entschieden, die Validierung der Fragebögen zu beobachten.

Während der ersten Diskussion hustete das Neugeborene einer jungen Mutter ununterbrochen und hatte sichtlich Atembeschwerden. Jeanette unterbrach die Fokusgruppendiskussion und fragte, ob sie einen Arzt bräuchte. An diesem Tag war jedoch kein Krankenhauspersonal anwesend. Angesichts der diversen Outreaches, die stattfanden, hatten wir dies bisher nicht bemerkt. Allerdings ist die Abwesenheit von Krankenpersonal auch ein systemisches Problem des notorisch unterfinanzierten Gesundheitssystems in Uganda. Erst dann fiel mir auf, dass Dennis, der bis dahin die allgemeinen Krankenhauskonsultationen durchgeführt hatte, ein ausgebildeter Sozialarbeiter war. Die Mutter des hustenden Neugeborenen erzählte Jeanette, dass sie mit ihrem Sohn schon vor einer Woche das Krankenhaus aufgesucht hatte. Der Krankenpfleger hatte eine Infektion der Atemwege diagnostiziert und ihrem Sohn einen antibiotischen Sirup und ein Schmerzmittel verschrieben, die jedoch im Krankenhaus nicht mehr vorrätig waren. Daher musste sie sich die Medikamente in einer privaten Apotheke kaufen. Als sich der Gesundheitszustand des Kindes nicht verbesserte, kehrte sie mit ihrem Kind und in Begleitung ihrer Schwester zum Krankenhaus zurück. Allerdings war der Krankenpfleger, den sie die Woche davor gesehen hatte, an diesem Tag nicht anwesend. Stattdessen sei sie in dieser Fokusgruppensitzung gelandet, wie sie Jeanette erklärte. Zufälligerweise hatte George Odong aus unserem Forschungsprojekt vor wenigen Monaten sein Pflichtpraktikum in diesem Krankenhaus absolviert. Er nahm daraufhin die Mutter und ihren Sohn mit und stellte eine stationäre Überweisung aus.

Danach setzte Dennis die Fokusgruppendiskussionen fort. Nach dem Ende blieb eine weitere Teilnehmerin einfach sitzen, sie bewegte sich nicht und schwitzte. Plötzlich begann sie zu weinen und erzählte, dass sie im sechsten Monat schwanger sei und in der letzten Nacht starke Blutungen gehabt hätte. Nun sei ihr schwindelig. Trotz ihres Zustands hatte sie an der gesamten Fokusgruppendiskussion teilgenommen, ohne diese zu unterbrechen. George wurde erneut dazu geholt und vermutete eine Fehlgeburt. Er verlegte sie auf eine Station (in-patient ward), notierte die Diagnose für das Personal der Nachschicht und riet der Patientin das größere Krankenhaus in Gulu aufzusuchen, obwohl er zweifelte, dass die medizinische Versorgung dort tatsächlich besser sei.

Die zufällige Auswahl von Teilnehmenden für die Fokusgruppensitzungen war Teil einer Kette von unerwarteten Umständen: Angefangen mit der Abwesenheit von Krankenpfleger*innen, der Überpräsenz von NGOs, der Mangel an Medikamenten und der fehlenden Ausstattung. Diese traumatisierenden Umstände stellen einzeln betrachtet keine Besonderheiten dar, sondern sind der Ausdruck der chronischen Mängel des ugandischen Gesundheitssystems. Auch das spontane und schnelle Eingreifen von George ist ein Teil der Improvisationen, die nötig sind, um eine minimale Gesundheitsversorgung in Uganda gewährleisten zu können – genau wie die medizinischen Konsultationen, die Dennis als Sozialarbeiter durchführte. Dennis war von seiner Hilflosigkeit und Ohnmacht selbst überfordert, wie er uns nach der Validierungsübung mitteilte. Gleichwohl gehören für die meisten Mediziner*innen diese Ausnahmesituationen zu den alltäglichen Herausforderungen einer medizinischen Ausbildung in Uganda (siehe auch Wendland 2010).

Schluss

Jean-Pierre Olivier de Sardan, Aïssa Diarra und Mahaman Moha kritisieren diese Vervielfachung von reisenden Modellen in der globalen Gesundheitspolitik als eine ‚travelling models industry' (de Sardan et al. 2017, S. 72). Im Kontext der globalen Gesundheitspolitik in Uganda sprechen Lotte Meinert und Susan Reynolds Whyte von einer viralen ‚Projektifizierung' der Gesundheit (Meinert und Whyte 2014). Ein reisendes Objekt ist in dieser Perspektive ein standardisiertes Modell für eine Intervention, das in verschiedenen Ländern oder Regionen ähnlich umgesetzt werden muss, um den Effekt der Intervention vergleichen und messen zu können. Dies setzt voraus, dass das Objekt der Intervention in Form von standardisierten Verfahren und Methoden vergleichbar gemacht wird. Dadurch wird nach de Sardan, Diarra und Moha der lokale Kontext ignoriert, der die Widerständigkeit der gelebten Alltagspraxis ausblendet (de Sardan et al. 2017).

„Projects, they come and go", wie viele Menschen in Uganda sagen. Im Rahmen unseres Forschungsprojekts konnten wir in Norduganda 25 NGOs identifizieren, die sich mit PTBS befassen. Einige davon, wie die oben genannte NGO, konzentrierten sich dabei auf Traumatherapie. Für andere stellte Trauma wiederum nur eine Komponente ihrer Arbeit dar oder sie nutzten die PTBS als einen Indikator, um die Effektivität ihrer Arbeit zu bestimmen. All diese Projekte hatten ihre eigenen Fragebögen entwickelt und sie den konkreten Fragen und Zielen angepasst, mit denen sie sich auseinandersetzten.

Diese Vervielfältigung der Fragebögen und Projekte und ihr Beitrag zur Verbesserung der Gesundheit in Norduganda ist auch von Psychiater*innen diskutiert worden. Innerhalb des kontroversen wissenschaftlichen Diskurses, der sich mit der erweiterten Verwendung von PTBS auseinandersetzt, argumentieren die Psychiater Miller und Rasmussen, dass "belastende soziale und materielle Bedingungen" in die Beurteilung von PTBS und anderen psychischen Störungen einbezogen werden sollten (Miller und Rasmussen 2010). Die Autoren definieren diese Bedingungen als "tägliche Stressoren", zu denen Armut, der Verlust der Lebensgrundlage und die prekären Lebensbedingungen in Flüchtlingslagern gehören. Der Psychiater Frank Neuner, der umfangreiche Forschungen zur psychischen Gesundheit in Norduganda durchgeführt hat, stellt in seiner Replik die praktischen Auswirkungen der Auseinandersetzung mit diesen täglichen Stressoren infrage (Neuner 2010). Laut Neuner wird die Forschung zur psychischen Gesundheit zu sehr von Moden der Geberwelt beeinflusst, anstatt sich darauf zu konzentrieren, was für professionelle Psychiater*innen realistisch erreichbar ist: Den Menschen mit Psychotherapien zu helfen, die sie benötigen, statt alle vom

Krieg betroffenen Menschen zu erreichen, die, wenn überhaupt, eher andere Formen der Unterstützung benötigen, z. B. wirtschaftliche Unterstützung.

Im vorherigen Abschnitt habe ich ein Beispiel der Expansion von PTBS beschrieben, das mit Erwartungen, Bedürfnissen und Nöten zusammenprallt, die außerhalb des Einflussbereiches liegen. Diese Vielzahl beinhaltet eine Vervielfachung von Interaktionen, durch die unerwartete Momente produziert werden, für die diese Projekte wiederum unzureichend vorbereitet sind. In ihrer Kritik der reisenden Modelle betonen de Sardan, Diarra und Moha, dass die Effekte dieser reisenden Objekte, die ausführlichen Tests und Prüfungen unterzogen werden, im Feld der globalen Gesundheit unzureichend dokumentiert und diskutiert werden (de Sardan et al. 2017, S. 71). Die Autor*innen kritisieren ausdrücklich die mangelnde Aufmerksamkeit für die „many unexpected, invisible or perverse effects that result from the hegemony of the travelling models industry" (ebd., 72).

In diesem Sinne dokumentiert der letzte Teil dieses Beitrages eines dieser perversen Effekte der Vervielfachung von reisenden Modellen im Feld der Gesundheit. Im Grunde muss nicht auf de Sardan, Diarra und Moha verwiesen werden, um diese perversen Effekte als Regel statt als Unfall zu begreifen. Gleichwohl möchte ich betonen, dass dieser Schritt der Verallgemeinerung problematisch ist, insofern er die Kontingenz der Interaktionen ignoriert, die eine derartige Verallgemeinerung hervorbringt. War es ein unglücklicher Umstand, dass an diesem Tag kein Krankenhauspersonal vor Ort war oder war es ein glücklicher Umstand, dass George Odong kurz zuvor sein Praktikum in diesem Krankenhaus absolviert hatte? Wie normal oder wie außergewöhnlich sind diese Umstände im ugandischen Gesundheitssystem? Und worin liegt die ethnografische Besonderheit dieser unerwarteten Momente?

Anders als bei de Sardan, Diarra, und Moha plädiert meine Diskussion dieser Effekte für eine kritische Auseinandersetzung mit dem Übersetzungsbegriff, wie er in der Validierung der Instrumente verwendet wird, um wissenschaftliche Tatsachen zu produzieren. Dieser Begriff der Übersetzung ist notwendig, insofern die Sprache der reisenden Objekte und Interventionen die ehemaligen Kolonialsprachen Englisch oder Französisch sind. Dies bedeutet allerdings nicht, dass die Vielsprachigkeit die einzige Herausforderung bei der Herstellung von Objektivität in globalen Gesundheitsinterventionen ist. Im Gegenteil, jede Form der Forschung ist mit dem Problem der Vervielfältigung durch Kontingenz konfrontiert. Diese unerwarteten Momente begegnen jedem Projekt, sei es ein Projekt der transkulturellen Psychiatrie oder ein sozialanthropologisches Feldforschungsprojekt, wie ich vor allem mit meiner einleitenden ethnographischen Vignette verdeutlichen wollte.

Andrew Lakoff bemerkt in seiner Kritik der Pandemievorbereitung, dass das Feld der globalen Gesundheit trotz der intensiven Vorbereitung für unvorhersehbare Ausbrüche immer wieder von Neuem mit unerwarteten Momenten konfrontiert ist, denen sie mit Hilfslosigkeit begegnet (Lakoff 2017). Ähnliches könnte über den Fall der transkulturellen Psychiatrie gesagt werden. Ethnografisch bedeutsam sind diese Momente, weil etwas passiert, was nicht hätte passieren dürfen und sich gleichwohl der eindeutigen moralischen Schuldzuweisung entzieht. Auch wenn George an diesem Krankenhaustag vieles richtigmachte, konnte er die Situation nicht ändern, da die Möglichkeiten in einem ugandischen Krankenhaus grundsätzlich beschränkt sind. Letztendlich beschreibt dies den Kern der PTBS: Sie ist eine Krankheit, die von ihren Ursachen getrennt wird.

Literatur

Alberti, George. 2009. Noncommunicable Diseases: Tomorrow's Pandemics. *Bulletin of the World Health Organization* 79 (10): 907.

Allen, Tim. 2006. *Trial Justice: The International Criminal Court and the Lord's Resistance Army*. London: Zed Books.

Allen, Tim, und Koen Vlassenroot. 2010. *The Lord's Resistance Army: Myth and Reality*. London: Zed Books; Palgrave Macmillan.

Arendt, Hannah. 1967. *Vita Activa; Oder Vom Tätigen Leben*. München: Piper.

Arendt, Hannah. 1970. *Macht Und Gewalt*. München: Piper.

Behrends, Andrea, Sung-Joon Park, und Richard Rottenburg. 2014. Travelling Models: Introducing an Analytical Concept to Globalisation Studies. In *Travelling Models in African Conflict Management*, Hrsg. Andrea Behrends, Sung-Joon Park und Richard Rottenburg, 1–40. Leiden : Brill.

Biehl, Joao Guilherme, und Peter Andrew Locke. 2017. *Unfinished: The Anthropology of Becoming*. Durham: Duke University Press.

Boltanski, Luc. 1999. *Distant Suffering: Morality, Media, and Politics*. Cambridge: Cambridge University Press.

Bornstein, Erica, und Peter Redfield. 2011. *Forces of Compassion: Humanitarianism Between Ethics and Politics*. Santa Fe: School for Advanced Research Press.

Callon, Michel. 1986. Some Elements of a Sociology of Translation: Domestication of the Scallops and the Fishermen of St Brieuc Bay. *The Sociological Review* 32(1_suppl): 196–233.

Carr, E. Summerson, und Michael Lempert. 2016. *Scale*. Oakland, California: Univ of California Press.

Czarniawska, Barbara, und Bernward Joerges. 1996. *Travels of Ideas*. In *Translating Organizational Change*, Hrsg. Barbara Czarniawska und Guje Sevón, 13–48. Berlin, New York: De Gruyter.

de Sardan, Jean-Pierre Olivier, AiÃàssa Diarra, und Mahaman Moha. 2017. Travelling Models and the Challenge of Pragmatic Contexts and Practical Norms: The Case of Maternal Health. *Health Research Policy and Systems* 15 (71–84).

Dolan, Chris. 2009. *Social Torture : The Case of Northern Uganda, 1986–2006*. New York: Berghahn.

Eckert, Julia. 2014. Die Geburt Der Ethnologie Aus Dem Geist Der Tragödie. *Allegra Laboratory* https://allegralaboratory.net/die-geburt-der-ethnologie-aus-dem-geist-der-tragodie/.

Fabian, Johannes. 2000. *Out of Our Minds: Reason and Madness in the Exploration of Central Africa*. Berkeley: University of California Press.

Fassin, Didier. 2012. *Humanitarian Reason: A Moral History of the Present Times*. Berkeley: University of California Press.

Fassin, Didier, und Richard Rechtman. 2009. *The Empire of Trauma: An Inquiry Into the Condition of Victimhood*. Princeton: Princeton University Press.

Foucault, Michel. 2006. *Die Geburt Der Biopolitik: Vorlesung Am Collège De France, 1978 – 1979*. Frankfurt: Suhrkamp.

Garfinkel, Harold. 1967. *Studies in Ethnomethodology*. Englewood Cliffs: Prentice-Hall.

Harbusch, Martin. 2019. Psychiatrische Krankheitskategorien Als Traveling Objects. *Soziale Passagen* 11 (2): 387–391.

Heintz, Bettina. 2010. Numerische Differenz. Überlegungen Zu Einer Soziologie Des (Quantitativen) Vergleichs. *Zeitschrift für Soziologie* 39 (3): 162–181.

Hirschauer, Stefan. 2014. Un/doing Differences. Die Kontingenz Sozialer Zugehörigkeit. *Zeitschrift für Soziologie* 43: 170–191.

Lakoff, Andrew. 2017. *Unprepared: Global Health in a Time of Emergency*. Oakland: University of California Press.

Latour, Bruno. 2006. Die Macht Der Assoziationen. In *Anthology: Ein Einführendes Handbuch Zur Akteur-Netzwerk-theorie,* Hrsg. Andréa Belliger und David Krieger, 195–212. Bielefeld: transcript Verlag.

Luhmann, Niklas. 2014. *Vertrauen: Ein Mechanismus Der Reduktion Sozialer Komplexität*. UTB.

Marcus, George E. 1995. "Ethnography in/of the World System: The Emergence of Multi-Sited Ethnography." *Annual Review of Anthropology* 24: 95–117.

McFalls, Laurence. 2010. Benevolent Dictatorship: The Formal Logic of Humanitarian Government. In *Contemporary States of Emergency: The Politics of Military and Humanitarian Interventions*, Hrsg. Didier Fassin und Mariella Pandolfi, 317–333. New York: Zone Books.

Meinert, Lotte, und Susan Reynolds Whyte. 2014. Epidemic Projectification: Aids Responses in Uganda as Event and Process. *Cambridge Anthropology* 32 (1): 77–94.

Merton, Robert King, und Elinor G. Barber. 2004. *The Travels and Adventures of Serendipity*. Princeton: Princeton University Press.

Miller, Kenneth E., und Andrew Rasmussen. 2010. War Exposure, Daily Stressors, and Mental Health in Conflict and Post-Conflict Settings: Bridging the Divide Between Trauma-Focused and Psychosocial Frameworks. *Social Science & Medicine* 70 (1): 7–16.

Mollica, Richard F., Yael Caspi-Yavin, Paola Bollini, Toan Truong, Svang Tor, und James Lavelle. 1992. The Harvard Trauma Questionnaire: Validating a Cross-Cultural Instrument for Measuring Torture, Trauma, and Posttraumatic Stress Disorder in Indochinese Refugees. *The Journal of nervous and mental disease* 180 (2): 111–116.

Neuner, Frank. 2010. Assisting War-Torn Populations – Should We Prioritize Reducing Daily Stressors to Improve Mental Health? Comment on Miller and Rasmussen (2010). *Social Science & Medicine* 71 (8): 1381–1384.

Ortner, Sherry B. 2016. Dark Anthropology and Its Others: Theory Since the Eighties. *HAU: Journal of Ethnographic Theory* 6 (1): 47–73.

Pigg, Stacy Leigh. 2013. On Sitting and Doing: Ethnography as Action in Global Health. *Social Science & Medicine* 99: 127–134.

Roberts, Bayard, Kaducu Ocaka, John Browne, Thomas Oyok, und Egbert Sondorp. 2008a. The Reliability and Validity of the Sf-8 With a Conflict-Affected Population in Northern Uganda. *BMC Psychiatry* 8 (1): 38–38.

Roberts, Bayard, Kaducu Felix Ocaka, John Browne, Thomas Oyok, und Egbert Sondorp. 2008b. Factors Associated with Post-Traumatic Stress Disorder and Depression Amongst Internally Displaced Persons in Northern Uganda. *BMC Psychiatry* 8 (38): 1–9.

Roberts, Bayard, Vicky Norah Odong, John Browne, Kaducu Felix Ocaka, Wenzel Geissler, und Egbert Sondorp. 2009. An Exploration of Social Determinants of Health Amongst Internally Displaced Persons in Northern Uganda. *Confl Health* 3: 10–10.

Rottenburg, Richard. 2002. *Weit Hergeholte Fakten*. Stuttgart: Lucius & Lucius.

Rottenburg, Richard. 2008. *Übersetzung Und Ihre Dementierung*. In *Bruno Latours Kollektive,* Hrsg. Georg Kneer, Markus Schroer und Erhard Schüttpelz, Erhard, 401–424. Frankfurt am Main: Suhrkamp.

Rottenburg, Richard, Sally Engle Merry, Sung-Joon. Park, und Johanna Mugler. 2015. *The World of Indicators: The Making of Governmental Knowledge Through Quantification*. Cambridge: Cambridge University Press.

Shoeb, Marwa, Harvey Weinstein, und Richard Mollica. 2007. The Harvard Trauma Questionnaire: Adapting a Cross-Cultural Instrument for Measuring Torture, Trauma and Posttraumatic Stress Disorder in Iraqi Refugees. *International Journal of Social Psychiatry* 53 (5): 447–463.

Wendland, Claire L. 2010. *A Heart for the Work : Journeys Through an African Medical School*. Chicago, London: The University of Chicago Press.

Whyte, Susan Reynolds, Sung-Joon Park, George Odong, Moris Ojara, und Alice Lamwaka. 2015. "The Visibility of Non-Communicable Diseases in Northern Uganda." *African Health Sciences* 15 (1): 82–89.

Young, Allan. 1995. *The Harmony of Illusions : Inventing Post-Traumatic Stress Disorder*. Princeton, N.J.: Princeton University Press.

Abweichende Nachrichten

Die soziale Reise der „fake news“

Michael Dellwing

Akademische Arbeit hat staatliche und konzernmassenmediale Informationen historisch eher unter einer Hermeneutik des Verdachts analysiert (in der soziale Probleme-Soziologie vgl. Becker 2019; Victor 1993; Markey und Ferguson 2017; Cohen 2011, u.v.m.). Durch Historisierung und Kontextualisierung als auch durch die Analyse von Strukturen der Deutungsmacht hat sie mehr zur Relativierung solcher Narrative als zu ihrer Untermauerung beigetragen. In soziologischen Diskussionen zu labeling, sozialen Problemen und Moralpaniken sind es die zentralisierten Informationsnetzwerke der zunehmend monopolisierten Konzernmedien im Massenmedienzeitalter, die als Wege der Verbreitung „offizieller Wahrheiten“ bemerkt werden, die lebensweltlichen Erkenntnissen und tiefer Auseinandersetzung mit Feldern oft entgegenstehen. Klassiker sind hier Werke zur Drogenpolitik, zu Kriminalitätspaniken, aber auch zu Kriegspropaganda. Nachrichten, so bemerken diese soziologischen Studien, waren außerordentlich oft „fake“.

Dass Massenmedien interessiert, tendenziös und in Unterstützung herrschender Deutungen agieren, ist selbstverständlich banal (u.v.a. Stehr 1998). Dass die 2020erjahre einen Zeitraum darstellen, in dem das extrem deutlich und öffentlichkeitswirksam bemerkt wird, liegt auch daran, dass die öffentliche Herausforderung einfacher geworden ist; das Entgegenstellen von Bildern aus Gaza gegenüber den Berichten von staatlichen- und Konzernmassenmedien ist in der digitalen Kultur einfach, ihre Verbreitung weit, und der Kampf gegen diese Herausforderungen ein Versuch, einen Fliegenschwarm zu fangen.

M. Dellwing (✉)
Gesellschaftswissenschaften, Universität Kassel, Kassel, Deutschland
E-Mail: dellwing@uni-kassel.de

M. Harbusch (Hrsg.), *Reisendes Wissen*,
https://doi.org/10.1007/978-3-658-45229-2_4

Der Begriff „fake news", wie er heute popularisiert wurde, kommt genau an diesem Punkt in der Entwicklung von Medienstrukturen auf. In seiner „offiziellen" Verwendung wird mit ihm versucht, das Publikum zu einer Ablehnung von Informationen zu bewegen, die *nicht* aus staats- und konzernmassenmedialen Quellen stammen. Er ist in der gegenwärtigen Debatte eng mit Diagnosen vorgeblicher „post-Wahrheits-Gesellschaften" (Harsin 2015; Viner 2016; Peters 2017, Mihailidis und Viotty 2017, etc.) im Rahmen einer Warnung vor einer „Gefährdung" demokratischer Gesellschaften verbandelt. Die Hauptantriebe dieser gegenwärtigen Verwendung des Begriffs „fake news" gehen von jenen Staats- und Konzernmedien selbst aus, die mit seiner Hilfe ihre Deutungshoheit gegen Herausforderung aus zivilgesellschaftlichen, dezentralisierten, unabhängige(re) n Quellen verteidigen, womit diese Konzernmedien sich als vertrauenswürdig und dezentrale Quellen als „falsch" zu markieren versuchen. Staatliche Stellen verwenden ihn gemeinsam mit der Zuschreibung der „Desinformation", die zunehmend als Begriff für alle Informationen aufkommt, die nicht der hegemonialen Rahmung von Ereignissen entsprechen. Als Wissenschaft, die die Prozesse untersucht, in denen Konstruktionen sozialer Realität erst aufkommen und damit „unangenehme Antworten" auf alle Fragen bereithält liegt das Versprechen der Soziologie gerade nicht darin, bestehende Selbstverständlichkeiten zu stabilisieren. Statt die Inhalte dieser Meldungen zum Objekt der Untersuchung der Wanderungsbewegungen zu machen, um die herum dieser Band sich organisiert, soll vielmehr die Zuschreibung der Abweichung in den Mittelpunkt gestellt werden. „Fake news" ist hier nicht in erster Linie eine Diagnose eines Missstandes, sondern vielmehr ein Label, ein Mittel zur Konstruktion informationaler Wahrheit in einer pluralisierten Medienlandschaft, in der die Dominanz einheitlicher Narrative nicht mehr durch zentralisierte Medienstrukturen in wenigen nationalen Fernsehsendern und Zeitungen gebündelt ist und die Konstruktion von geteilter Information nicht nur zerfächert, sondern vor allem auch zentralisierten staats- und Konzernorganisationen die Deutungshoheit über diese Information entgleitet.

Diese Verwendung ist nicht die einzige, und steht derzeit am Ende einer Reise des Begriffs. Zunächst beschreibt er Satire, wobei er bereits defensiv verwendet wird: Gegen die Leichtfüßigkeit, zur Stärkung klassischer, trockener Verkündungsnachrichten. Dann verschiebt er sich und beschreibt oft komisch überzeichnete, absurde Falschmeldung, allerdings in obskuren Kontexten und in Referenz zu Meldungen, deren Reichweite begrenzt ist. Hier wird jedoch bei näherer Betrachtung bereits deutlich, dass die Absurdität oft an einer Überzeichnung des so angegriffenen Informationsbestandes hängt, mit mehr oder weniger offen konstruierten, offenbar absichtlichen Missverständnissen: Diese Verwendung in obskuren Kontexten ist bereits strategisch, sie dient dazu, „abweichenden Nachrichten" durch Assoziation mit diesen Überzeichnungen *Absurdität* als Label zuzuweisen. Das bemerkt die angegriffene Seite durchaus als Angriff und wendet den Begriff dann zum Rückschlag, indem sie konzernmassenmediale Berichterstattung als Produkt und Vehikel herrschender Diskurse erkennt und ihre enge Reproduktion hegemonialer Narrative ins Zentrum der Aufmerksamkeit rückt. Durch die Öffnung der Medienwelt in online-Verbreitung von Nachrichten ist dieser konterhegemoniale Eingriff im 21. Jahrhundert nicht nur möglich, sondern findet auch Verbreitung, was umgekehrt die „Kampfzone", den Stigma-Wettbewerb (Schur 1980), erweitert. Schlussendlich wird der Begriff im Rahmen dieses Wettbewerbs in Ausdehnung der Anwendung auf ridikülisierter Überzeichnungen in der Gegenwart zu einem Label, das vonseiten hegemonialer Deutungsproduktion auf alle Informationen angewandt wird, die nicht dem dominanten Narrativ entsprechen, das massenmediale und staatliche Unterstützung genießt; mit dem Narrativ der „Desinformation" bewaffnet wird dadurch die dezentrale Verbreitung von Narrativen bekämpft. Dieser offene Kampf kann umgekehrt vonseiten der gegenhegemonialen Verwendung aufgegriffen werden, um den Wettbewerb zu schärfen.

Das geschieht nicht ohne materielle Rahmen, die diese Wettbewerbe erst ermöglichen und amplifizieren. Der Begriff „fake news" kommt an zwei Umbrüchen auf: zunächst am ersten Umbruch von der engen Massenmedienkultur des 20. Jahrhunderts zur übersättigten tausend-Kanal-Massenmedienkultur der Jahrtausendwende, und dann am zweiten Umbruch dieser späten Massenmedienkultur zur dezentralisierten und sozialen Medienkultur des Internets.

Dabei verschiebt die Reise des Begriffs der „fake news" oder „Desinformation" die soziale Verhandlung anderer Deutungen mit. Indem gerade die Verwendung durch Massenmedien in den 2010erjahren die randständigsten Beispiele als paradigmatisch verwendet hatte, und hier gerade die, die vom rechten Rand ausgehen, wird eine narrative Vermengung von dezentralen Medien mit dem rechten Rand versucht. Mit der pars pro toto-Markierung der am wenigsten als ernstzunehmend markierten Meldungen als paradigmatische Beispiele geht zudem die Idee einer leichten Abgrenzung zwischen „richtigen" und „falschen" Nachrichten einher, einer leichten Abgrenzung von Wissen von „Verrücktheit". Diese Distanz dient zur generellen Diskreditierung dezentraler grassroots-Medien, und die narrative Verbindung zum rechten Rand markiert gegenhegemoniale Herausforderung dominanter Narrative als rechts, gar rechtsextrem. Derweil ist die tatsächliche Geschichte der kritischen Auseinandersetzung mit dominanten Narrativen bekanntermaßen eine Leistung linker, kritischer Sozialwissenschaft, die nun jedoch in narratives Fahrwasser tabuisierter Diskurse gedrängt wird. Diese narrative Vermengung erlaubt es somit, auch kritische Herausforderungen von links nun als „rechts" zu markieren, was im medialen Diskurs auch durchgehend aufzufinden ist. Generell kritische Auseinandersetzung mit hegemonialen Diskursen werden in dieser narrativen Vermengung mit der Rechten in eine Position manövriert, die die progressive Mitte zur Abgrenzung gegenüber tieferer Kritik bewegen soll.

Fake News am Umbruch

„Fake news“ und seine bürokratischere Entsprechung „Desinformation“ sind zunächst Label (Becker 2019) im Rahmen einer Konstruktion von „falschen Nachrichten“ als soziales Problem (vgl. Spector und Kitsuse 2001; Groenemeyer 2010; Schetsche 2015). Als Etikettierung einer Nachricht ist der Begriff ein Werkzeug, mit dem Bedeutung und Status von Nachrichten verhandelt werden. Nachrichtennormalitäten sind historisch und regional kontingent; das gilt auch für die Erwartung, was „echte“ Nachrichten und „echten“ Journalismus ausmacht. Das trifft die individuelle Meldung, die mithilfe des Etiketts „fake news“ auf eine Seite der Linie zwischen wahr und falsch geordnet wird und trennt damit „echten“ von „falschem“ Journalismus. Wenn es für Meldungen verwendet wird, die nicht aus klassischen journalistischen Strukturen stammen, verteidigt das Label zudem die Verbindung des klassischen, professionalisierten, mit Titeln, Abschlüssen und im Anstellungsverhältnissen bei lizensierten Institutionen konstituierten Journalismus mit „Wahrheit“.

„Fake news“ als Label kommt daher nicht als Tatsachenbeschreibung, sondern vielmehr als Problemkonstruktion auf. Die Karriere von Problemdeutungen ist in der Soziologie sozialer Probleme klassisch als Entwicklung untersucht worden, die eine Deutung von ihrem ersten Aufkommen zu institutioneller Anerkennung durchläuft. In der klassischen Formulierung ist es ein Kampf um ein Weiterkommen in einer Trichterstruktur, in der Lokalmedien, überlokale Medien, nationale Medien, Interessenverbände, politische Parteien und letztlich Staatsbürokratien von einer Problemdefinition „erobert“ werden müssen. Der zu erlangende „Preis“ ist diskursive Dominanz und die Ausformungen der Handlung staatlicher Bürokratien und privater Machtzentren im Sinne der Deutungen, die im Wettstreit liegen. Dabei wurde dieser Prozess auch inmitten des Massenmedienzeitalters als Kampf gerahmt; Schur nannte es einen „Stigmawettbewerb“ (1980).

Diese Analyse kommt im kurzen Fenster des Massenmedienzeitalters auf, in dem zwischen dem 2. Weltkrieg und dem Ende des 20. Jahrhunderts mediale Kommunikation ausschließlich über enorme zentralisierte Systeme stattfand, die nur Senden und nicht oder kaum empfangen konnten und deren Sendungen institutionell organisiert waren. Das endet mit der Entwicklung der Medienökonomie im 21. Jahrhundert: Das Deutungsoligopol, das in der zweiten Hälfte des 20. Jahrhunderts wenigen nationalen Sendern und Tageszeitungen zufällt, weicht zunächst einem breiten Angebot von Fernseh- und Nachrichtenangeboten, um letztlich von gegenseitiger Online-Kommunikation abgelöst zu werden. Damit fällt der Flaschenhals des Trichters als Ziel der Eroberung weg, oder pluralisiert sich in viele verschiedene Hälse.

Amanda Lotz (2014) unterscheidet zur Beschreibung dieser Entwicklung die network-Ära von der post-network und post-television-Ära. Dabei bezeichnet die network-Ära die massenmediale Normalität des Großteils der zweiten Hälfte des 20. Jahrhunderts, in der wenige Sender und Zeitungen die Verbreitung nationaler Diskurse oligopolisiert haben. Nachrichten werden hier redaktionell geordnet, in Verbreitungsrahmen eingefügt (Abendnachrichtensendungen oder Tageszeitungen) und folgen einem engen Rahmen von Präsentationsregeln, die zu Beginn der Massenmedienära die Form offizieller Verkündung einnahmen. Diese geteilte Nachrichtenwelt war zudem eine, die eine „Masse" konstruiert, indem sie bürgerliche Normalerwartung in Vertretung für das Ganze einsetzen und damit die Reste der Pluralität außen vor lassen. Hieraus stammt die Nachrichtenstruktur der Reproduktion herrschender Moralität (Stehr 1998) als Reproduktion hegemonialer Normalerwartungen.

In der post-network-Ära, die ab den Achtzigerjahren aufkommt und in den späten Neunzigerjahren ihren Höhepunkt erreicht (in den USA einige Jahre zuvor, in Deutschland einige Jahre später) pluralisieren sich die Angebote über Kabelsysteme, die es erlauben, mehr und mehr Kanäle zu verbreiten. Inhaltsgestaltung in der post-network-Ära wird damit nischenhafter und aufmerksamkeitsorientierter, die Produktion für die Masse weicht einer Produktion für immer kleinere Zielgruppen. Dabei verbleibt diese Verbreitung jedoch erstens in der Struktur des broadcast-Systems, d.h. der einseitigen Ausstrahlung von Inhalten von weiterhin vergleichsweise wenigen Sendern zu vergleichsweise vielen Zuschauerinnen; tausend Kanäle sind immer noch wenig im Vergleich zu Millionen Zuschauerinnen. Zweitens verbleiben sie in der Hand und unter der Kontrolle der großen Medienkonzerne, da die Breite der Angebote in den USA von sechs Großkonzernen ausgeht, die zusammen über 90% der Massenmedienangebote kontrollieren (National Amusements, Disney, TimeWarner, Comcast, News Corp und Sony; Moldovan 2016; weltweit sind es 12 Konzerne). Nachrichten lockern sich in dieser Ära auf: die trockenen, offiziellen Verkündungen der network-Ära machen Platz für „action news", „human interest stories" und auf Zielgruppen ausgerichtete Moralpaniken über z.B. angebliche Gefahren für Kinder beim Sammeln von Halloweensüßigkeiten. Im Zuge der Nischenorientierung der post-network-Ära treten nun offen parteiische Angebote an die Stelle der einheitlicheren Verkündung der network-Ära: Nachrichtenangebote differenzieren sich in Ausrichtung an Publikum mit unterschiedlichen (damit auch konstruierten) politischen

Einstellungen, die als Unterschied zwischen Fassaden politischer Orientierungen auftreten, die jedoch alle im Rahmen hegemonialer politischer Diskurse in spätkapitalistischen Gesellschaften bleiben, ohne tiefgreifende politische Alternativen zu bieten. Es geht hier in erster Linie um eine ökonomische Zielgruppenkonstruktion und -orientierung im Rahmen des Verkaufs von Nachrichten als Inhalt, nicht um politische Pluralisierung. Im US-Diskurs ist das prominent die Wahl zwischen CNN, MSNBC und FOX, die identitäre (Konsum-)Zuordnungen erlauben, ohne aus engen hegemonialen Diskursen auszubrechen, da all diese Angebote weiterhin Abteilungen in multinationalen, profitorientierten Medienkonzernen bleiben.

Die post-television-Ära separiert mediale Verbreitungswege von den klassischen, einseitigen und zentralisierten broadcast-Strukturen der Kabelsysteme. Mit dem Aufkommen des Internets sinken die Hürden zur Teilnahme an medialer Verbreitung deutlich, die Produktion wird dezentralisiert – nicht allerdings der Vertrieb, der sich weiterhin um eine Handvoll neuer Medienkonglomerate herum organisiert, nun Internet-Medienkonzerne wie Amazon (über twitch), Google (über die Suche und über YouTube), Facebook (über facebook und instagram), twitter (jetzt „X"), und reddit. Die Kontrolle durch diese Konglomerate ist jedoch deutlich prekärer als die der klassischen Medienkonzerne: Erstens werden Inhalte von Nutzern selbst ohne direkte Kontrolle vonseiten dieser Konzerne produziert. Zweitens ist die (starke) Kontrolle, die von ihnen ausgeübt wird, teils mithilfe von cleverer Ordnung, Gestaltung und auch Überflutung zu umgehen. Drittens erlaubt das offene Internet den Vertrieb zumindest theoretisch auch ohne diese zentralen Akteure: Es lässt alternative Plattformen aufkommen, die die Zügel lockerer halten, wie Rumble, Peertube, Substack, Odysee, etc., und ermöglicht die Verbreitung über protokollbasierte Systeme, die nicht kontrollieren können, wie Nostr,[1] und auch klassische Webseiten existieren selbstverständlich weiter, wie ConsortiumNews.com, auch wenn die Auffindbarkeit dieser Inhalte dann prekär bleibt. Nachrichten in der post-television Ära lösen sich hier aus den zentralisierten Strukturen konzernmassenmedialer Organisationen; unabhängige (d.h. nicht von Großkonzernen redaktionell kontrollierte) Berichterstattung verbreitet sich, und damit verbreiten sich weitaus diversere Angebote. Diese Transformation beginnt in den 2000erjahren und hat in der zweiten Hälfte der 2010erjahre ihren vorläufigen Höhepunkt erreicht. Andrea Nagle bemerkt daher, „[t]he year 2016 may be remembered as the year the media's mainstream hold over formal politics died." (Nagle 2017, S.3)

[1] Eine Plattform ist ein System in Privatbesitz, dass den Zugang zu diesem System ermöglichen und unterbrechen kann, z.B. durch Löschen von Inhalten, Blockieren von Nutzerinnen oder IP-Adressen. Zugang zur Plattform ist damit prinzipiell an die Genehmigung durch ihre Besitzer geknüpft. Ein Protokoll ist eine technische Architektur, die von allen prinzipiell genutzt werden kann und keiner zentralen Autorität unterliegt. tcp/icp, das Protokoll, mit dem Internetverbindungen ermöglicht werden, ist ein solches System; Google, Twitter etc. sind Plattformen.

Karriere der *Fake News:* Von der Parodie zur Ressource

Nicht nur ist „fake news" ein Label und eine Problemkonstruktion; auch der Begriff selbst weist eine Karriere auf, die sich an den Umbrüchen zwischen diesen Ären entwickelt. Die Etikettierung als „fake news" kann in vier Phasen unterteilt werden. Die Karriere des Begriffs beginnt als Verteidigung der *Form* einer bestehenden journalistischen Präsentationsform gegen Satire, bewegt sich weiter zur Verteidigung der *Inhalte* massenmedialer Nachrichten gegen dezentralisierte Akteure und wird danach drittens umgekehrt gegen Konzernmassenmedien gewendet, deren interessierte und parteiische Berichterstattung in Unterstützung bestehender Machtstrukturen lange auch Thema soziologischer Studien über Nachrichten waren. In der vierten Ära geht der Begriff zur Etikettierung dessen über, was in hegemonialen Diskursen als „gefährliche" Fakten gerahmt wird: Inhalte, die als falsch markiert werden, da sie bestehenden hegemonialen Diskursen und ihren Interessen widersprechen. War zuvor die Dezentralisierung der Nachrichten Ziel der Problemkonstruktion, wird den Quellen nun gerade diese Dezentralisierung abgesprochen, indem sie als (bezahlte) Vertreter feindlicher Mächte gerahmt werden; hegemonialen Diskursen widersprechende Berichterstattung wird dann z.B. als „russische Propaganda" markiert.

Dabei steht die erste Phase am Ende des Umbruchs von network- zur post-network-Ära. Die zwei weiteren Phasen kommen im Umbruch von der post-network zur post-television-Ära auf. Die vierte steht im Rahmen der Niederlage der Staats- und Konzernmedien im Wettbewerb mit dezentralisierten Quellen, des Bedeutungsverlustes zentralisierter Akteure und dem Sieg dezentralisierter Berichterstattung; sie kommt als Abwehrkampf eines hegemonialen Machtzentrums auf, das bereits verloren hat. Für das weitere Trajekt dieses Beitrags besonders relevant sind die zweite und vierte Verwendung des Begriffes, weshalb diesem der Großteil der Betrachtung gewidmet wird.

Unernste Satire

In den 2000erjahren kommt der Begriff „fake news" auf, um satirische Nachrichtensendungen zu bezeichnen, die das Format von „klassisch" journalistischer Nachrichten in Fernsehen und Zeitung imitieren, aber von der Präsentation des Ernstes abweichen der Nachrichten im massenmedialen Zeitalter charakterisieren. Das sind vor allem *The Daily Show* (1999 bis 2015 mit Jon Stewart, danach mit Trevor Noah), *The Colbert Report* (mit Steven Colbert, 2005 bis 2014) und das deutlich ältere Nachrichtensegment *Weekend Update* in der Sketchshow *Saturday Night Live*. In Deutschland wird dieses Format seit einigen Jahren im Format der *heute-show* emuliert. Die Bezeichnung „fake news" (seltener „mock TV news", Marchi 2012, S. 253) rührt hier daher, dass diese Formate die visuelle Dramaturgie einer Hauptnachrichtensendung nachahmen. Dagegen herum fällt jedoch die steife Dramatisierung von Ernsthaftigkeit und Neutralität, die klassische Nachrichten ausmacht, zugunsten einer informelleren Form, die die sterilen Darstellungsregelungen (und auch Sprachverbote, sowohl in formaler Präsentation als auch Verwendung offen wertender Begriffe und Schimpfworten) massenmedialer Nachrichten hinter sich lässt und sie mit humoristischem Kommentar oder komödiantisch aufgelockerter Empörung versieht. Auch das klassische Format der Zeitung wird in Form der Nachahmung satirisiert, am bekanntesten in *The Onion*, in Deutschland der *Titanic*.

Die Betitelung dieser Nachrichten als „fake" erfolgt in dieser ersten Phase durch akademische und feuilletonistische Akteure, die den Begriff „fake" einerseits zur Beschreibung dieser Nachahmung des Formats nutzen, andererseits aber auch bereits mit einem Gefahrendiskurs injizierten. Viele junge Erwachsene gaben diese Parodiesendungen in den 2000er und frühen 2010erjahren als Hauptquelle ihrer täglichen Nachrichten an, und der Erfolg dieses Formats unter jüngeren Zuschauenden bot die Grundlage für Problemzuschreibungen: „Researchers react with varying degrees of approval and concern to the public's growing reliance for news on shows that are not produced by journalists and lack commitment to journalistic objectivity" (Marchi 2012, S. 253).

In diesem ersten Fall der satirischen Verwendung wird der Begriff „fake news" bereits für Abweichungen in Ton und Zielrichtung der Betrachtung verwendet, und für die offen wertende Präsentation der Meldungen in satirischen Kontexten, die ihre Satire – und ihren Witz – gerade aus Wertung und prominent dargestellter Empörung gewinnen. Dabei sind die Inhalte dieser Satireformate jedoch aus den regulären Fernsehnachrichten entnommen und greifen auf journalistisches Material zurück, das in klassischen Formaten bereits verwendet wurde. "It should be noted that fake news messages are derived from hard news [sic], since it is news media, rather than reality [sic!], that generally serves as an input or a reference point for fake news." (Balmas 2014, S. 434) Damit folgen sie nicht nur den vorstrukturierten Auswahlrahmen der konzernmassenmedialen Normalnachrichten, sondern auch den Narrativen, die zu ihnen aufgekommen waren. „[S] ince political satire shows are seen as part of popular culture, it risks reinforcing hegemonic narratives, rather than opposing them" (Ho 2019), und Waisanen sekundiert, „scholars now underscore how ‚strong hegemonic elements' can exist within programs like *The Daily Show*, creating a ‚paradox of political comedy'"

(Waisanen 2018, S. 162, Zitat aus Anderson und Kincaid 2013, S. 1). Sie bleiben Teil der Struktur, die von ihr satirisiert werden soll, und die ursprüngliche Verwendung des Begriffes „fake news“ trifft damit ein Format, das nur in ihrer ironischen Präsentation und in ihrer offeneren Wertung im Kontrast zu klassischen Journalismusnormen als „fake“ markiert wurden.

Diese Formate übernehmen nicht nur Inhalte und Rahmungen aus Konzernnachrichten, sie werden in denselben Konzernstrukturen produziert, aus denen auch diese Hauptnachrichten stammen. Comedy Central, *(The Daily Show* und *Colbert Report),* gehört zu den Holdings von National Amusements (Viacom/CBS), zu dem auch Paramount und früher und neuerdings wieder CBS, einer der größten US-Fernsehsender, und der Verlag Simon & Schuster gehören. Late night talk shows sind Abendprogramme, die auf Konzernmedien nach den Regionalnachrichten gesendet werden: *The Late Show* (Stephen Colbert) gehört ebenso zum National Amusements-Konzern, *Saturday Night Live* und *Late Night with Seth Myers* gehören zu NBC, das Teil von NBCUniversal/Comcast ist, zu dem auch die Nachrichtensender CNBC, MSNBC und Teile von Euronews gehören. *Last Week Tonight und Full Frontal with Samantha Bee* gehören zum Warner-Media Konzern, der auch CNN betreibt. Es handelt sich somit um eine Form der konzernmedialen Satirisierung, die Perspektiven hegemonialer Narrative verwendet, um satirische Herausforderung dieser Narrative zu liefern, die damit zahm bleiben (müssen). Es handelt sich nicht nur um profitable Satirisierungen, sondern ökonomisch um eine Form der Wiederverwendung von Nachrichtenmedienmaterial, mit dem ein Konzern in einer neuen Rahmung, nun als Satire, weitere Programmgestaltung betreiben kann und eine Option, Nachrichtenmaterial als Clip zusätzlich verwertbar zu machen. Waisanen bietet daher die dunklere Einschätzung über Sendungen, die im Rahmen bestehender ökonomischer Strukturen Profite damit generieren, Politik zu satirisieren, „they may be as much about neoliberal reinscription as anything else“ (2018, S. 165).

Pars pro toto: Pizzagate und QAnon als „Repräsentanten" des Internets

Die zweite, spätere Verwendung des Begriffs kommt gegen Ende der 2010erjahre auf und bezeichnet dort als „unwahr“ markierte Meldungen, die sich oft randständig online verbreiten, während sie das Layout „offizieller“ Nachrichtenseiten kopieren. Wie die erste Verwendung sind es Nachrichten, die die visuelle Ästhetik von Nachrichtenseiten kopieren, während sie nicht aus „journalistischen“ Quellen stammen. Anders als in der ersten Verwendung jedoch werden sie nicht satirisch aufgelockert, und, wesentlich, stammen nicht aus Konzernquellen, während die Kopie der Ästhetik dies jedoch suggeriert, um zitierfähige und verlinkbare Politikmeldungen zu generieren. In facebook-Gruppen und anderen sozialen Medien können diese so platziert werden und die Patina von Konzernnachrichten erlangen. Das funktioniert, so ist zu bemerken, nur so lange, wie Konzernnachrichten diese Patina auch besitzen und ist daher eine nun überkommene Form des Musters. Es handelt sich hier um Angebote, die das Format von Nachrichten imitieren, mit dem Ziel, mit oft sensationellen Berichten Besucher auf ihre Seiten zu locken, um Werbegelder zu generieren, was funktioniert, wenn sie im visuellen Stil von Nachrichtenartikeln auf sozialen Medien verlinkt werden.

Die mazedonische Stadt Veles wurde für diese Struktur paradigmatisch, steht jedoch stellvertretend für eine Vielzahl von Menschen, die dieselbe Strategie verfolgen: „Hundreds of Macedonian teenagers [...] in the small city of Veles" (Subramanian 2017) erstellten Imitatseiten, die wie klassische Nachrichtenseiten aussahen und diese Meldungen damit in einem professionellen Layout aufarbeiteten. Auf diesen Seiten waren Werbefenster der großen Werbebroker, Google und Facebook, platziert, die mit Anzeigen bespielt wurden, mit denen sie vierstellige Beträge im Monat generieren konnten. Diese Meldungen wurden in facebook-Gruppen gepostet, die ein besonders rezeptives Publikum versprachen: Diese Umrahmung als Nachrichten, entnommen von posts aus Onlineforen, waren damit ebenso „nur" ein Ausschlachten dieser Posts als Nachrichten, um mit ihnen Werbegelder zu verdienen; die Urheber der posts wurden hier nicht eingebunden, und die Ersteller der Nachrichtenseiten haben diese lediglich zur Generierung von Traffic verwendet.

Diese Version von „fake news" hatte vor allem ein älteres Publikum zum Ziel, denn sie benötigt zwei Voraussetzungen: Einen Glauben an die „Patina" klassischer Nachrichten, bei gleichzeitiger Bedienung bestehender politischer Überzeugungen. Die paradigmatischste Meldung aus dieser Verwendung – in seinem unernsten Ursprung sowie der Zuschreibung als maximal absurde Meldung – des Begriffs „fake news" war „pizzagate" und, in den Folgejahren, die verwandte Theorie, die als „QAnon" bekannt wurde: „the Clinton-is-running-a-pedophilia-ring-out-of-a-pizza-shop conspiracy" (Grim und Cherkis 2017). Das Narrativ identifizierte ein Pizzarestaurant in New Jersey als Zentrale eines Rings, der mit Beteiligung von Hillary Clinton und anderen hochrangigen demokratischen PolitikerInnen Menschenhandel aus dem Keller des Gebäudes heraus betrieb, das überhaupt keinen Keller besaß. Die Meldungen banden bereits dämonisierte Akteure in ein Narrativ ein, in dem noch dämonisiertere Handlungen im Mittelpunkt standen. Die Geschichte wurde im Rahmen der US-amerikanischen Konvention, in Referenz auf die Watergate-Affäre um Richard Nixon spätere Affären durch das Suffix „-gate" zu benennen,[2] als „Pizzagate" bekannt. Pizzagate wird im Laufe des Präsidentschaftswahlkampfs lanciert und entwickelt sich zu einer immer wiederkehrenden Gefahrengeschichte, in der die Akteure nach Gut und Böse sortiert sind und in dieser Sortierung der Vorsortierung entsprechen. „By the time of the November 2016 presidential election, over 1,000,000 tweets had been sent using the hashtag #pizzagate." (Douglas et.al. 2017, S. 1). Nach der Wahl wurde eine als „QAnon" bekanntgewordene Theorie prominent, nach der Donald Trump mit Robert Mueller, der die Untersuchung der (konstruierten) Verbindung zwischen Trump und Russland leitete, geheim zusammengearbeitet habe, um die bereits in Pizzagate unterstellten internationalen Menschenhandels- und Prostitutionsringe aufzudecken. Die Niederlagen des Präsidenten waren in diesem Narrativ lediglich irreführende Darstellungen, die in Wahrheit die Zusammenarbeit der Akteure gegen diese Ringe verdeckten. Dazu wurden diese links in bestehende facebook-Gruppen „eingesät", in denen sich jene Menschen sammelten, denen eine solche Offenheit unterstellt wurde. Das waren gerade Facebookgruppen älterer Nutzerinnen. Diese Konten teilten dann diese Links. Wenn Freunde auf facebook in parteiischen Gruppen parteiische Nachrichten posten, erscheinen sie dadurch in den feeds jener, die nicht in diesen Gruppen Mitglied sind, die sie weiter verbreiten können. Das ist „Viralität", die Möglichkeit, über peer to peer-Weiterverbreitung breites Publikum zu erreichen. Wenn Meldungen hochgradig kontrovers sind, tauchen sie öfter im von facebooks Algorithmus kuratierten feed auf, denn sie generieren Interaktion und Engagement mit der Plattform. So leiten sie mehr Menschen zu den aufgemachten Nachrichtenseiten und generieren so mehr Einnahmen – auch für Facebook. Von ihrer Präsenz in diesen Zentren des massenmedialen Internets heraus dort aus können sie wieder weiterverbreitet werden. Mihailidis und Viotty (2017) bemerken, „One key quality of media spectacle in digital culture is the extent to which online communities of like-minded citizens can create, extend, and sustain spectacle with little support from mainstream media." So sind sie "a new type of spectacle, one that no longer relies on mainstream media to sustain" (Mihailidis und Viotty 2017, S. 4). „All that matters is that the lie is clickable, and what determines that is how it feeds into people's existing prejudices." (Mihailidis und Viotty 2017, S. 7)

So geschieht es, dass der Begriff „fake news" gerade für die fragwürdigsten und randständigsten Meldungen Verwendung findet, deren Herausforderung als „Lüge" im Rahmen bestehender Verifikationspraktiken am leichtesten

[2] In diesem Sinne ist „gate" ein meme – und wird in der Tat von der Datenbank knowyourmeme.com als solches gelistet (www.knowyourmeme.com/memes/events/gate-suffix).

fällt: Die übernommenen Meldungen standen oft weit außerhalb des als „Overton Window“ bekannten „Fensters“ von in Medien erwartbaren Thematisierungen, wobei dieses Fenster selbstverständlich in keiner Weise als „Wahrheit“ zu verstehen ist, sondern nur die Rahmen des öffentlich akzeptablen Redens absteckt. Dass diese Meldungen weit außerhalb dieses Fensters stehen bedeutet damit lediglich, dass ihnen schnell „Absurdität“ zugeschrieben werden kann, was die Wertung vonseiten hegemonialer Strukturen abbildet.

Hier stehen zu bleiben hieße jedoch, Kernstrukturen dieser Zuschreibung nicht zu verstehen. Pizzagate basiert wesentlich auf einer humoristisch gewendeten, *absichtlich* absurden Deutung von aus Wikileaks veröffentlichten Emails des Clinton-Kampagnenmanagers John Podesta, der das Pizzarestaurant lediglich regelmäßig erwähnte (Kang 2016, S. B1) – es war ein regulärer Treffpunkt der Mitarbeiter –, und einer Sammlung von Versatzstücken und Deutungen, die von den ersten Erzählern der Geschichte zu einem Verbrechensnarrativ zusammengesetzt wurden. Die Leaks beinhalteten tatsächlich weitreichende Offenbarungen über geheime und peinliche Abmachungen, nur wohl eher nicht über Menschenhandel im Keller eines Restaurants. Auf online-Foren wurde aus diesen Details eine Verschwörungsgeschichte ausgearbeitet, die zunächst als absichtliche Überspitzung, als Troll aufkam; in seiner ersten Erwähnung ist es eine Übertreibung. Die Karriere dieser Meldungen beginnt häufig in plakativ nicht ernsthaften Teilen der Online-Kultur: die Geschichte, die letztlich „pizzagate“ hervorbringen wird, beginnt in einer hyperironisierten, plakativ nicht ernsthaften und lustvoll provokativen Umwelt, auf 4chan. 4chan ist mit ca. 20 Millionen monatlichen Nutzern das größte der „chans“ – ein anonymes Messageboard, das keine stetig verwendeten Nutzernamen aufweist. Es gehört zur Kultur der Plattform, anonym zu posten. Obwohl es technisch möglich ist, einen Nutzernamen zu generieren und diesen durchgehend zu verwenden, ist eine solche Identifikation – und eine solche Stetigkeit und Hingabe – verpönt; die große Mehrheit der posts auf der Plattform werden unter dem Namen „anonymous“ gepostet. Aus dieser Kultur heraus stammt das Netzwerk Anonymous, das später mit „Internet-Hackern“, Wikileaks und online-Aktivismus in Verbindung gebracht wird; in seinem Ursprung ist *Anonymous* ein informelles Netzwerk, das auf 4chan inmitten dessen Anonymitätskultur aufkommt. 4chan erlaubt es, in Kategorien, Unterkategorien und „threads“ – aufeinander reagierende post-Ketten – vor allem Bilder, Videos und Texte zu posten. In dieser Struktur ist 4chan zunächst nicht außergewöhnlich; viele andere online-services folgen diesem Grundaufbau. 4chan und ähnliche Anbieter sind Internetseiten, die darauf ausgerichtet sind, im kreativen Umgang mit kulturellen Symbolen Neues und Unterhaltsames zu schaffen, Aufmerksamkeit zu erregen oder zu provozieren können satirische oder nicht satirische Narrative, editierte Bilder und Videos produzieren, die dann gepostet, diskutiert und verbreitet werden. 4chan ist eine Plattform, die sich heftig gegen eine Form von Zensur zur Wehr setzt, die als Diktat der Sentimentalität verstanden werden könnte: 4chan weist klare Normen zur Abwertung von Sentimentalität und des Widerstands gegen Mainstreamnormen auf, „civility [...] is often an anti-value" (Mannivannan 2012).

Pizzagate entspringt einem anonymen Post auf 4chan, der email aus John Podestas geleaktem email-account postete. Der Post zog eine Verbindung zwischen einem unauffälligen Bild einer Familie mit Pizza, und Flugdaten nach Asien, um das Bild als „Angebot" des Menschenhandels zu interpretieren: „Lads, remember this email titled „pizza.jpg" that only had pic related attached? They are showing off wares to Podesta and Hillary's high level staff. They are shopping a kid essentially."[3] Verbunden mit weiteren Nachrichten, die Referenzen auf Pizza beinhalteten lasen Clinton-Gegner kodierte Absprachen – z.B. „cheese pizza" in Verabredungen zu Pizzaessen, die dieselben Initialen aufweisen wie „child pornography" und daher als Code interpretiert wurden (Tait 2016). QAnon entstammt aus regulären posts eines Nutzers, der sich „Q" nannte, aber – wie auf 4chan üblich – regelmäßig unter dem Nick „anonymous" postete und sich als Agent präsentierte, der Informationen über den Fortgang von Trumps geheimem Plan teilte, diese Menschenhandelsringe aufzudecken, in versteckter Zusammenarbeit mit den Agenten, die – laut des Narrativs – nur öffentlich vorgaben, gegen Trump zu ermitteln.

Dass gerade jene Meldungen paradigmatisch wurden, die das Fenster weit hinter sich ließen, erlaubt zugleich eine Verknüpfung von dezentralisierten Meldungen mit Absurdität, die die Breite der dezentralen Berichterstattung unabhängiger Journalistinnen, die jenseits der Konzernmedien publizieren, keinesfalls repräsentieren. Die Verwendung des Begriffs „fake news" für diese Dynamiken wird Craig Silverman zugeschrieben, dem Chefredakteur von Buzzfeed, der den Begriff 2014 zur Beschreibung von viralen Onlinemeldungen *im Allgemeinen* popularisiert hat (Beaujon 2019). Diese erste Etikettierung von „fake news" gegenüber Satiresendungen hatte jenseits akademischer Betrachtungen keinen großen Einfluss auf öffentliche Debatten. Sie war auch für Konzern- und Politikinteressen wenig nützlich, hatten Konzerne doch kein Interesse daran, ihre eigenen Sendungen als „Problem" zu markieren, und politische Strukturen kein Interesse daran, in Konzernmedien fortgeschriebene satirische Schein-Widerstände gegen Strukturen anzuprangern. Es ist die zweite Etikettierung von „fake news", die – gerade in diesen Massenmedien – dagegen Anklang fand, denn hier bildete sich

[3] Als archivierte Version hier zu finden: https://archive.is/lPtcj.

eine Koalition aus unbekannten Akteuren und sozialen Netzwerken, die Inhalte verbreiteten, die nicht nur Konkurrenz für die klassischen Konzernmedien darstellten, sondern die Fenster des Sagbaren weit öffneten.

Massenmediale Fake News

Wie viele Praktiken dieser Art produziert auch diese Markierungspraxis blowback; wie Howard Becker bereits bemerkt, kann eine Außenseitermarkierung leicht dazu führen, dass die so Markierten nun ihre Anschuldiger zurück als Außenseiter markieren. In klassischen Medienökonomien und ihrer Monopole der Verbreitung, gepaart mit einer Hierarchie der Glaubwürdigkeit, die offizielle Quellen privilegiert, ist diese Gegenbewegung der subalternen Akteure und ihrer gegenhegemonialen Diskurse oft subkulturell versteckt geblieben. In Online-Ökonomien jedoch ist diese Gegenbewegung nun prominent, verbreitet, und vor allem auch erfolgreich. Ihre nun viel leichtere Verbreitung füttert wiederum die Online-Debatte, die diesen mainstream-Medien damit Vertuschung, Kollaboration mit den vermeintlichen Schuldigen und politisch motivierte Propaganda unterstellen konnte, was einerseits wieder in sozialen Medien geschah (Mihailidis und Viotty 2017, S. 4), andererseits in den Nachrichtenportalen, die in diese Nachrichtenräume eingebunden sind. Wenn sie erst einmal auf diese Art verbreitet sind, wird schon die Tatsache ihrer Verbreitung zum Umstand, der in massenmedialen Konzernnachrichten als „nachrichtenwürdig" eingestuft ist. Dieser Angelpunkt der Viralität setzt ein Element des kulturellen Diskurses, das dann aufgegriffen werden kann und auch einen Druck schafft, aufgegriffen werden zu *müssen*. Im Konkurrenzverhältnis verschiedener Konzernmedien kann das Nicht-Aufgreifen einer Nachricht, über die andere Anbieter als wesentliche Nachricht berichten, als Wettbewerbsnachteil verstanden werden.

Infolge dieser Verwendung geschieht dann die oben bemerkte Umkehr: nachdem die über diese Wege verbreiteten Meldungen als „fake news" etikettiert wurden und von „fact checks" widerlegt werden sollten, wurde dieses Label von der zuvor Etikettierten Seite gegen die Etikettierer gewandt. Zunächst waren es die Akteure der neuen Rechten und Trump in seiner Amtszeit als Präsident der USA, die konzernmassenmediale Meldungen als „fake news" etikettierten (was durchaus der etablierten soziologischen Analyse folgt!) – eine Spiegelbewegung dazu, dass gerade jene Akteure diese Markierung verwendet hatten. Trumps erste Verwendung des Begriffs „fake news" wird auf den 10. Dezember 2016 datiert, einen Monat nach seinem Wahlsieg (Britzky 2017), gegen CNN, das berichtet hatte, dass Trump nach seiner Amtseinführung weiterhin an seiner

Reality-Show *The Apprentice* auf NBC mitarbeiten würde.[4] Danach verwendet Trump den Begriff vor allem (wahrheitsgemäß) gegen Berichterstattung über Kollusion zwischen Trump und Russland zur Beeinflussung der Wahl vonseiten der Massenmedien und der staatlichen Geheimdienste,[5] ein Vorwurf, der sich seitdem in der Tat als weitgehend frei erfundene politische Kampagne herausstellte.[6] Ziel der Verwendung des Begriffs sind Konzernmassenmedien, vor allem CNN (Teil des WarnerMedia-Konzerns), die New York Times (ein eigenständiges Unternehmen) und die Washington Post (die Jeff Bezos, dem Hauptaktionär und CEO von Amazon, gehört).[7] Von hier wird der Begriff zunächst von Akteuren jenseits der Konzernmassenmedien im konservativen und neuen rechten Spektrum verwendet, um Narrative der Konzernmassenmedien herauszufordern. Auf Fox News zählt der Begriff bis November 2019 fast 5000 Verwendungen, wobei viele jedoch die massenmediale Verwendung darstellen, wenn z.B. über die „Verbreitung von fake news über Instagram" berichtet wird.[8] Die scharf konservative Seite Breitbart.com nutzt den Begriff dagegen fast 40,000 mal in fünf Jahren, regulär in Linie mit Trumps Verwendung des Begriffs.[9]

Diese Verwendung wird zum stigma contest über die Zuschreibung der Falschheit, da nun der Verwendung „fake news" durch Trump zugeschrieben wird, selbst „fake" zu sein. War die Verwendung von „fake news" in konzernmassenmedialen Verwendungen an randständigen und leicht widerlegbaren Meldungen geschärft, sind die Situationen hier oft ambivalenter: Die Zuschreibung, dass Trump an *The Apprentice* mitarbeiten würde, wird in denselben Wahrheitsraum gehoben, in dem festgestellt wird, dass *pizzagate* eine Lüge war. Trump macht klar, dass seine Zeit nicht zwischen beiden geteilt würde (was auch nicht der

---

[4] https://twitter.com/realDonaldTrump/status/807588632877998081.

[5] https://twitter.com/realDonaldTrump/status/818990655418617856; https://twitter.com/realDonaldTrump/status/819164172781060096; https://twitter.com/realDonaldTrump/status/819864373988573184; https://twitter.com/realDonaldTrump/status/868807327130025984; https://twitter.com/realDonaldTrump/status/868810404335673344 u.v.m.

[6] https://www.thenation.com/article/archive/russiagate-is-more-fiction-than-fact/.

[7] https://twitter.com/realDonaldTrump/status/832230758299340800; https://twitter.com/realDonaldTrump/status/835325771858251776; https://twitter.com/realDonaldTrump/status/819550083742109696; https://twitter.com/realDonaldTrump/status/879678356450676736 u.v.m.

[8] https://www.foxnews.com › tech › fake-news-instagram-big-problems-2020.

[9] https://www.breitbart.com/tag/fake-news/.

Fall war), was die Zuschreibung des „Mitarbeitens" implizieren kann. Formale Mitarbeit ist jedoch nicht unbedingt aktive Mitarbeit, und als Koproduzent der Reality-show hat Trump ein Anrecht, an den zukünftigen Einnahmen teilzuhaben – und auch weiterhin als Produzent gelistet zu werden, auch ohne etwas zu tun. Als Zuschreibung der ökonomischen Verknüpfung ist es daher plausibel – wobei das zu unterstellende mangelnde Wissen des Publikums über die Funktionsweise der Unterhaltungsökonomie die erste Deutung, der geteilten Zeit, jedoch durchaus implizieren kann. Sowohl die Meldung als auch Trumps Widerstand sind damit unklarer einzuordnen. Die Zuschreibung für den Fall der Kollaboration mit Russland ist mittlerweile lange widerlegt: offizielle Untersuchungen haben in der Tat keine Absprachen mit der russischen Regierung zutage gefördert, und die Zuschreibung ist als Teil einer Diskreditierungskampagne entlarvt worden (Boyd-Barrett und Marmura 2023). Die massenmedial verbreitete erste Verwendung hatte eine Aura der Eindeutigkeit konstruiert, die in der gefestigten Verwendung der Dichotomie zwischen wahren und falschen Meldungen weiterhin implizit angewandt werden kann.

Dieser Widerstand, und seine Verortung auf der politischen Rechten, schürten zwar den stigma contest und machten auf die interessierte Natur von Konzernmedien aufmerksam; dadurch, dass diese Herausforderungen aus eben jenen Quellen stammten, wurde jedoch die Verknüpfung von dezentralisierter Herausforderung und der neuen Rechten gestärkt. Das kann als unglücklich eingeschätzt werden, ist die Herausforderung von Konzernmassenmedien doch historisch ein progressives Anliegen. Massenmedien reproduzieren selbstverständlich Ideologien im Dienst herrschender Strukturen, sind von Menschen besetzt, die diese Reproduktion als Wahrheit verinnerlicht haben, die wiederum in Organisationen arbeiten, die in ihrer Personal- und Redaktionspolitik auf diese Reproduktion hin ausgerichtet sind, da sie sich in einem sozialen Umfeld wiederfinden, in dem ihr Überleben oft von dieser Form der Konformität abhängig ist (Herman und Chomsky 2010, Parenti 1986). Auch wenn Trump selbst Teil dieser Strukturen ist, von ihnen profitiert und seine ganze soziale Existenz von diesen Strukturen abhängig ist, so war er doch von Teilen derselben als Aussätziger markiert, was ihre Mobilisierung gegen ihn antrieb. Auch wenn er die Zuschreibung so ohne Verständnis der Strukturen der Ideologiereproduktion der Massenmedien vornahm, so stammt diese Rückzuschreibung doch aus der Einsicht, dass eine Mehrheit der Konzernmassenmedien sich auf einem Feldzug zur Verteidigung etablierter Machtstrukturen befanden und befinden und ihn als Feind dieser Strukturen auserkoren hatten.

Die Rückzuschreibung ist jedoch nicht auf Polarisierungen innerhalb westlicher Gesellschaften limitiert, und geht nicht nur von der Rechten aus. Eine weitere Verwendung, in der der Vorwurf gegen westliche konzernmassenmediale

Nachrichten gewendet wird, ist die Berichterstattung über die chinesische Provinz Xinjiang, zu der sich im westlichen Diskurs ein Narrativ des Genozids gegen die Volksgruppe der Uyguren festgesetzt hat, der vonseiten nichtwestlicher Nachrichtenmedien und unabhängiger Medien innerhalb des Westens den Vorwurf der Nachrichtenverfälschung zum Zweck der antichinesischen Propaganda ausgelöst hat.[10] Wie eine genaue Betrachtung im ersten paradigmatischen Fall aufzeigen kann, wie unscharf und tendenziös die Berichterstattungen tatsächlich sind, die zur Gegenzuschreibung der „fake news durch Konzernkanäle" geführt haben, gilt auch in diesem Fall, dass der Widerstand gegen das Genozid-Narrativ westlicher Konzernkanäle durchaus begründet ist. Der Begriff „Genozid" wird regulär mit dem Mord an einer Bevölkerungsgruppe assoziiert; der Vorwurf des Genozids ist in dieser Bedeutung nicht belegbar.[11] Zudem dient diese Zuschreibung geopolitischen Interessen der USA, deren Institutionen mit Konzernmassenmedien eng verwoben sind, und die Provinz Xinjiang ist Angelpunkt der Belt and Road Initiative, die die westliche ökonomische Vorherrschaft vor allem in Bezug auf bisher ausgebeutete Neokolonien im globalen Süden bricht. Die Verurteilung Chinas geht in der Tat ausschließlich von NATO-Ländern aus; Länder mit muslimischer Mehrheit beteiligen sich nicht am Vorwurf der Unterdrückung muslimischer Chinesen. Während der Begriff „Genozid" Kern westlicher Medienberichterstattung ist, lenkt diese Berichterstattung auf Herausforderung hin ein, dass sie *kulturellen* Genozid meine, nämlich die erzwungene Umerziehung, Limitation von Geburten, und Unterdrückung der Kultur der muslimischen Minderheit in Xinjiang. Auch das ist fraglich, wird doch niemals erwähnt, dass die chinesische Zentralregierung eben jene Kultur als Weltkulturerbe schützen lässt, die alte ein-Kinder-Politik gerade nicht für ethnische Minderheiten galt und Geburtenraten in Xinjiang weiter sehr viel höher sind als jene in von Han-Bevölkerungen dominierten Teilen Chinas, und der Islam normaler und anerkannter Bestandteil der lokalen Kultur ist. Der Vorwurf der „fake news" gegen weltliche Konzernmassenmedien im Dienst des Neokolonialismus in diesem Rahmen ist damit durchaus plausibel. Umgekehrt sind in westlichen Medien nur selten Analysen zur tatsächlichen

[10] https://pakobserver.net/western-anti-xinjiang-propaganda-true-face-of-xinjiang-by-dr-haroon-shahid/; https://thegrayzone.com/2020/03/05/world-uyghur-congress-us-far-right-regime-change-network-fall-china/.

[11] https://global.chinadaily.com.cn/a/202106/17/WS60cab251a31024ad0bac9aed.html; https://thegrayzone.com/2019/12/21/china-detaining-millions-uyghurs-problems-claims-us-ngo-researcher/.

Tötung von Millionen von Menschen in Ländern mit muslimischen Mehrheiten durch westliche Militäreinsätze zu finden; diese Tote gehen in die hohen zweistelligen Millionen und werden niemals unter dem Titel „Genozid" gerahmt.[12]

„Gefährliche Fakten"

Die Karriere des Begriffs „fake news" hat sich in den 2020ern zu seinem Begleitbegriff „Desinformation" (und „Misinformation"[13]) gewandelt, was den Vorwurf bürokratisiert und somit (in Begriffen klassischer sozialer Probleme-Soziologie) von medialem Vorwurf in mediale Moralpanik und von dort in staatliche Handlung überführt. Diese Anstrengungen haben die Angst vor dem sozialen Einfluss falscher Nachrichten in den letzten Jahren zumindest massenmedial mehrheitsfähig gemacht und fest im öffentlichen Vokabular verankert. Seither ist die Idee – oft unabhängig vom konkreten Begriff – zum Werkzeug geworden, mit dem bestehende Strukturen herrschender Informationsverbreitung gegen die Irritationen verteidigt werden, die von nicht-konzern- und staatskontrollierten, zentralen Informationsverbreitungsinstanzen ausgehen. Dieser Zugriff findet in der neuesten Iteration des Begriffes vor allem Verwendung, um Informationsverbreitungen zu kritisieren und zu exkludieren, die als „gefährlich" markiert werden. „Gefährlich" sind jene Informationen, die nicht auf der Basis von Vertrauen in herrschende Institutionen stehen und die diskursiven Legitimationen dieser hegemonialen Strukturen unterminieren. „Gefährlich" seien diese Fakten, und das ist nicht unplausibel: sind sie doch gefährlich für die Informationshegemonie in spätkapitalistischen Gesellschaften, die mithilfe des Internets dezentralisierter und nicht mehr so sehr wie zuvor zentralisierter Information ausgesetzt sind.

---

[12] Von Gaza nicht zu reden. Zudem entspricht der Vorwurf einer lange angewandten Strategie, in multiethnischen Ländern, die in Konkurrenz zu westlichen Ländern stehen, interne ethnische Zwietracht zu sähen; die USA haben die gleichen Strategien im kalten Krieg gegen die Sowjetunion angewandt.

[13] Die Literatur macht theoretische Überlegungen zur Abgrenzung dieser Begriffe auf, einerseits, um auf Absicht abzustellen, andererseits, um gatekeeping zum Begriff „Nachrichten" zu betreiben; ich verzichte auf diese Unterscheidung, weil es mir weder um Absicht noch um die Kontrolle über das „Recht" zur Verwendung des Begriffs „Nachrichten" geht, sondern um die Problemkonstruktionen, die mit all diesen Begriffen gemeinsam geschehen.

Diese Verwendung ist in der bisher letzten Iteration dieser Moralpanik, im Rahmen des Hegemonialkonfliktes zwischen den USA, Europa, und Russland, mit Nachdruck in den Vordergrund gerückt. Dass staats- und konzernmassenmediale Quellen (auf allen Seiten) in Kriegszeiten propagandistisch agieren und die diskursiven Linien der eigenen Einflusssphäre reproduzieren, ist keine neue Entwicklung. Auf Behauptung der USA wurden irakische Massenvernichtungswaffen medial zu „Fakten". Auf Aussage einer putativen „Krankenschwester" wurden im ersten Golfkrieg Geschichten über irakische Soldaten fabriziert, die Babys in Krankenhäusern ermorden sollten, wobei sich die Krankenschwester später als Tochter des kuwaitischen Botschafters herausstellte. Im Vietnamkrieg sollte Vietnam angeblich im Golf von Tomkin zuerst angegriffen haben; der Vorfall war, wie mittlerweile historisch aufgearbeitet ist, jedoch ebenso eine false flag-Operation der USA wie die „Giftgasangriffe" Syriens auf die eigene Bevölkerung, die entgegen jeder Logik der syrischen Regierung zugeschrieben wurden, um westliche Angriffe zu legitimieren.[14] Zuschreibungen angeblicher Wahlfälschungen in Bolivien sollten einen von den USA betriebenen Putsch legitimatorisch begleiten, eine Strategie, die 2024 in Venezuela wiederholt wurde, in beiden Fällen erfolglos. Diese Liste ließe sich lange fortsetzen: all diese Fälle haben gemein, dass offizielle Narrative der US-Regierung, die zur Verteidigung US-amerikanischer Hegemonie dienten, in westlichen Medien unkritisch reproduziert wurden und Staats- und Konzernmassenmedien nicht nur Stenografen staatlicher Diskurse waren, sondern diese in vielen Fällen noch weitertrieben; die großen Medienkonzerne der USA gehörten um die Jahrtausendwende Rüstungskonzernen, namentlich GE (NBC) und Westinghouse (CBS).

Diese Narrative hätten herausgefordert werden können und wurden dies in kritischen, auch in akademischen Kontexten auch häufig; allerdings fehlte in der Vergangenheit die Infrastruktur, solche Herausforderungen massenwirksam zu verbreiten. Das hat sich im post-massenmedialen Zeitalter geändert. Die Herausforderungen dieser Narrative geschehen nun nicht mehr als historische Aufarbeitung, (sehr) lange, nachdem sie ihren Dienst getan haben, sondern begleitend. Das stellt die zuvor von massenmedialen Filtern verwöhnte Verbreitung einheitlicher nationaler Narrative im Interesse US-amerikanischer Hegemonie vor Blockaden. Was sich also ändert ist, dass die Nutzung massenmedialer Nachrichten zur Stärkung hegemonialer Interessen nicht mehr, wie zuvor, erst Jahrzehnte später von HistorikerInnen widerlegt wird, die im Rückblick zeitgenössische Medienberichte über Korea, Vietnam,

[14] https://thegrayzone.com/2021/07/02/pressed-for-answers-on-syria-cover-up-opcw-chief-offers-new-lies-and-excuses/.

Iran-Kontra, Irak, Syrien, Libyen, Guatemala, Nicaragua, Panama, Ägypten, Chile, Kuba, Somalia, Jugoslawien, Sudan, u.v.m. als hegemoniale Fabrikationen und letztlich westliche Propaganda entlarven können und das auch taten, nachdem die Situationen bereits zu Ende und die mit ihnen legitimierten Kriege längst abgewickelt waren (wenn auch, in den meisten Fällen, nicht erfolgreich; die Liste imperialer Siege in der Nachkriegszeit ist kurz). In den 2020erjahren geschieht diese Herausforderung in Echtzeit und gefährdet nun, anders als in der historischen Aufarbeitung, die Durchführung der politischen Agenda, die mit diesen Staats- und Konzern-Dienstmedien einhergeht.

Auch im Ukrainekrieg stellen die Berichterstattungen westlicher Medien zunächst unkritische Reproduktionen imperialer Diskurse dar. Die massenmediale Berichterstattung verbreitete hochgradig simplistische Narrative über unerklärliche russische Invasionen, die auf einer einfachen Putin-als-Diktator-Trope basierte (die von westlichen Medien regelmäßig gegen unliebsame Regierungen verwendet wird). Anders als in den Golfkriegen oder in Vietnam existiert nun die Infrastruktur, um diese Verzerrungen als solche zu benennen. Sie liefern Analysen, die Kontexte einbinden – wie z.B., auf welchen ökonomischen Strukturen das US-Imperium und sein Wohlstand basieren, welche Rolle Rohstoffe und die finanzielle Dominanz des US-Dollars hier spielen und wie China und Russland diese Struktur der US-Dominanz existentiell einfach dadurch bedrohen, dass sie sich nicht dem Diktat der US-Hegemonie unterwerfen und eigene ökonomische Entscheidungen treffen, die sie aufgrund ihrer Größe auch durchsetzen können, und sich nicht in die Hegemonie des US-Dollars einordnen, der absolute Basis des Wohlstands der westlichen Welt ist. So sind nun tiefgründige Reflektionen synchron mit den einfachen massenmedialen Narrativen zu finden. Das beginnt mit ebenjenem ökonomischen und machtpolitischen Kontext, der in neoliberalen Narrativen zugunsten eines „jede Situation ist einzig“-Musters gelöscht wird, was Medienkonsumentinnen dazu anhält, eine Situation prinzipiell als isoliert zu betrachten und mit abstrakten moralischen Prinzipien zu bewerten, anstatt ihre materielle, strukturelle und historische Verknüpfungen tiefgründig zu durchdenken: Die Umzingelung Russlands und Chinas mit US-amerikanischen Militärbasen (von denen die USA 900 unterhalten, mehr als jede andere Nation der Welt und mehr als das dreißigfache Russlands); der sich vertiefende neue kalte Krieg zwischen einem im Fall befindlichen US-Imperium und eines aufsteigenden Chinas liefert eine ausführliche Rahmung der geopolitischen Situation (in akademischer Arbeit lange präsent, vgl. Parenti 2015); die anhaltende Rolle der USA in neokolonialer Ausbeutung des globalen Südens und der zentralen Rolle Russlands und Chinas, den Ländern des globalen Südens alternative Finanzierungs- und

Entwicklungsperspektiven zu bieten, die nicht auf Schuldenfallen und neoliberalen Zwangsreformen des IWF und der Weltbank beruhten,[15] etc.; dieser Kontext wird sonst nur in akademischen Arbeiten analysiert (und auch hier, selten) und fand und findet keinen Eingang in massenmediale Berichte. Wohl aber in dezentrale, online-basierte Medien. Auch, dass die Sanktionen gegen Russland keinesfalls „weltweite Ächtung“ darstellen, sondern rein punitive Maßnahmen des Westens darstellen, an denen sich der globale Süden nicht beteiligt, lässt sich an dieser Dynamik erklären – und daran, dass eine Allianz mit dem globalen Norden einer Wette auf ein auf der Rennbahn sterbendes Pferd gleichkäme. Weltweit ist der westliche Proxykrieg als US-Versuch analysiert worden, Dominanz durch Einschüchterung über den globalen Süden zu festigen, als Gegenzug zur chinesischen BRI (Hudson 2022); auch das findet sich in Massenmedien kaum repräsentiert, während dezentrale Medien diese Thematiken breit und vor allem auch tiefgründig im Langformat besprechen. Auch die neonazistische Durchsetzung der ukrainischen Armee[16] fand in den Jahren vor der russischen Invasion breite journalistische Begleitung,[17] wurde im Rahmen des Konflikts jedoch massenmedial weitgehend ignoriert und dann nur noch von dezentralen Medien weiter thematisiert: Einfache Videos aus den umkämpften Gebieten zeigen deutlich, wie prominent nazistische Symbole in der ukrainischen Armee sind.[18]

Die in dieser Ära der „gefährlichen Fakten“ etablierte Rahmung von „fake news“ nimmt hier die Rolle ein, „Flak“ (Herman und Chomsky 2010) gegen diese Echtzeit-Herausforderung zu sein. Sie verteidigt hegemoniale Diskurse gegen Herausforderungen, die lange nicht mehr die Satiremeldungen von Witznachrichten, die Anschuldigungen einfacher politischer Narrative oder die Umtreibungen von Werbegeldbetrügern sind, sondern politologische, historische, ökonomische und soziologische Tiefe und kontextuale Recherche aufweisen, die über die einfachen

---

[15] Stattdessen wurden die chinesischen Kredite als „Schuldenfallen“ gerahmt (https://thehill.com/opinion/international/551337-chinas-debt-trap-diplomacy/), während gerade chinesische Investoren routinehaft Kredite erlassen und sich in die interne ökonomische Ordnung der Gläubigerländer nicht einmischen (Condon 2012; vgl. Varoufakis 2017).

[16] Von russischer offizieller Kommunikation gerne als Hauptgrund der Invasion genannt; aber auch für diese Seite gilt, dass die tiefgründigeren, geopolitischen Berichterstattungen nicht im Zentrum der dortigen massenmedialen Kommunikation stehen. Geopolitische Strukturen sind in massenmedialen Nachrichtenhappen schwer zu erarbeiten.

[17] https://www.reuters.com/article/us-cohen-ukraine-commentary-idUSKBN1GV2TY.

[18] https://www.wsws.org/en/articles/2022/03/12/ukra-m12.html; https://www.codepink.org/how_the_us_has_empowered_and_armed_neo_nazis_in_ukraine; https://www.fairobserver.com/region/europe/medea-benjamin-nicolas-js-davies-ukraine-war-russia-ukranian-neo-nazi-fascists-azov-battalion-89292/.

Narrative der Massenmedien weit hinaus gehen (sodass die dezentralen Informationsangebote auch regelmäßig AkademikerInnen einladen, um diese Verbindungen in langen, kontextualisierten Berichten aufzuzeigen). Zudem handelt es sich hier nicht (mehr) zentral um Angebote der neuen Rechten,[19] sondern vielmehr um Angebote von progressiven Quellen: Anbieter wie *Counterpunch,* anti-imperialistischer Journalismus wie *The Gray Zone, World News Tonight von Alexander McKay, Code Pink, Status Coup, Mango Press, Workers Today, Richard Medhurst,* und Bildungsprogramme wie *Proletarian TV, Red Menace, RevLeft, Second Thought,* oder *Leftist Reading*. Die bestehende Zuschreibung von „rechts" auf dezentralisierte Medien führt nun jedoch dazu, dass jeder Widerstand gegen hegemoniale Narrative als „rechts" eingestuft wird (die o.g. Liste ist, wie leicht zu bemerken ist, dagegen durchweg links), was vor allem in einem europäischen Kontext als Moralpanik und Tabuisierung, letztlich als Legitimation für staatliche Kontrollprogramme gegen diese Quellen dient, die in der EU auch breit aufgelegt wurden.

Damit vollzieht das „fake news"-Narrativ in dieser Ära eine Trennung der Informationssphären, in der eine eiserne Mauer zu Quellen außerhalb der massenmedialen Blase konstruiert wird: Nicht nur stören diese Herausforderungen die einfachen gut-und-böse-Narrative, sie stehen der medialen Untermauerung der westlichen Hegemonialordnung offen im Wege. Diese Trennung betrifft massenmediale Angebote, indem dort kritische Deutungen oder Positionen der Gegenseite entweder gar nicht auftauchen, zur Ridikülisierung paradiert werden, oder aber kritische Berichterstattung besorgt als „Verschwörungstheorien" thematisiert werden. Soziale Netzwerke betrifft es, indem kritische Berichterstattung dort Löschung von Inhalten und Accounts, shadowbans, Demonetarisierung und durch die Anbringung von „Warnhinweisen" exkludiert wird (vgl. Dellwing 2022).[20] Nicht von Konzernen zu kontrollierende Inhalte sehen sich zudem beständigen DoS-Angriffen ausgesetzt, die ihre Erreichbarkeit blockieren.

---

[19] Es kann argumentiert werden, dass es das in der Tat niemals war; dass im pars pro toto-Verfahren diese neue Rechte im Kern der Berichterstattung über diese Widerstände landete, war selbst Teil des Aufbaus der Moralpanik.

[20] Die Kontrolle über Inhalte liegt formal bei den sozialen Netzwerken, die diese im Falle von Nachrichteninhalten jedoch durch Partnerschaften mit Massenmedien, NATO-affiliierten think tanks oder der Regierung outsourcen. Die US-Regierung hatte 2022 angesetzt, eine staatliche Stelle im Rahmen des Heimatschutzministeriums einzurichten, die der „Kontrolle von fake news" dienen sollte; diese offene Parteinahme in medialer Berichterstattung wurde nach scharfem Widerstand dann wieder zurückgefahren, wobei die Involvierung der US-Regierung in diese Kontrolle durch think tanks und belegte Kommunikation zwischen Regierung und sozialen Netzwerken jedoch weiterhin besteht.

So werden eigene Gut und Böse-Narrative auf diese Informationsquellen ausgedehnt: Narrative von „fake news", „russischer Desinformation" und „Verschwörungstheorie" werden zusammen mit Medienzensuren einerseits verwendet, um zu verhindern, dass Berichte, die von herrschenden Positionen zu stark abweichen, die Bevölkerung erreichen (wenn z.B. russische Medien verboten werden); andererseits, um diese Narrative zu stigmatisieren, wenn ihre Verbreitung nicht so leicht verhindert werden kann, was im Informationszeitalter letztlich für alle Informationen gilt. Was jenseits der massenmedialen Blase steht, gilt dann als „Verschwörungstheorie", als „Dummheit", oder als „Feindeslager"-Deutung. Die zuvor existierenden „fake news"-Deutungen haben diese Verwendung vorbereitet, indem sie diese Bewegung zunächst an absurden Narrativen exerzierten, diese mit der „extremen Rechten" oder bereits mit Russland assoziierten, und damit eine Deutungsvorlage schafften, die nun in dieser Moralpanik verwendet werden kann. Wie bei der Zuschreibung von Verschwörungstheorien gilt auch hier, „What distinguishes conspiracy theories from other theories is the precise manner in which such theories are embedded in socio-political fields" (Pelkmans und Machold 2011, S. 68): nicht Wahrheit oder Falschheit, sondern welche Deutungshoheiten in ihnen reproduziert und von den so beschriebenen Meldungen angegriffen werden, und wie diese sich gegenüber herrschenden soziopolitischen Strukturen positionieren. Michael Parenti bemerkt trockener, „conspiracy theory is a term that's used whenever anybody ascribes conscious intent to people with power" (Parenti oJ). In diesem Sinne sind „fake news" und „Verschwörungstheorien" verwandte, wenn nicht oft austauschbare Marker, mit denen Herausforderungen gegenüber hegemonialen, machtvollen Narrativen abgewertet werden. Anton et. al. bemerken provokativ, dass abweichende, als „illegitim" markierte Narrative ein „antagonistisches Verhältnis zum ‚offiziellen' und gesellschaftlich anerkannten Verschwörungsnarrativ der US-amerikanischen Regierungsstellen und der etablierten Medien" aufweisen. Gerade Massenmedien nehmen klassisch die Rolle ein, „als ‚moralische Anstalten' zu fungieren' (Stehr 1998, S. 9); sie schaffen „moralische Genres" (11), die in diesen Dezentralisierungen herausgefordert werden.

„Fake news" in dieser Ära gehört so zur Struktur der „Verlustgeschichte" gegenüber der Ablösung alter durch neue Medienstrukturen, in der Wahrheit, Tatsachen, journalistische Verantwortung, eine gebildete Bevölkerung und letztlich die Demokratie verloren gingen. Es muss jedoch festgehalten werden, dass ähnliche kulturpessimistische Moralpaniken die Einführung neuer Medien seit jeher begleiten; auch Roman, Zeitung, Kino, Fernsehen und Boulevardmedien sind den exakt selben Vorwürfen ausgesetzt gewesen.

„Fake News" als reisendes Label

Die Verwendung des Labels „fake news" ist damit nicht nur eine Beschreibung für Meldungen und Narrative; durch die Anwendung auf die oben explizierten Beispiele werden Begriffe wie „fake news" oder „Desinformation" erst gefüllt, und damit einher geht ein sozialer Kampf darum, was als "richtige" Information gilt. Das reisende Label „Fake News" verhandelt damit Status und Identifikation von „Nachrichten" und damit die Konstruktion von „Normalnachrichten". In einer Gegenwart, in der gerade das Vertrauen in Institutionen schwindet – und aus gutem Grund – ist diese Zuschreibung zivilgesellschaftlich oft genau umgekehrt gegenüber jener, die von Massenmedien und staatlichen Institutionen versucht wird. Das Label wird selbst als Element markiert, das dann umkämpft wird. Dabei durchläuft es eine Evolution, von Satire über die Verwendung für Werbegeldgenerierung durch Seitendesign, über Meldungen weit jenseits des Fensters „akzeptabler" Kommunikation, bis hin zu politisch unangenehmer Information, die als „Desinformation" oder „gefährliche Information" markiert wird, weil sie herrschende Strukturen stört.

So wird die Reise des Begriffs hin zur Waffe vollendet, die auf gegenhegemoniale Informationen gerichtet wird, und die Verwendung vonseiten konzernmedialer Nachrichten gegenüber zivilgesellschaftlichen Quellen ist als Abwehrkampf zu verstehen. Worauf der Begriff, so von Medien verwendet, hinweist, ist die Angst vor der Verbreitung von Meldungen ohne institutionell gebundene, von hegemonialen Strukturen abhängige redaktionelle Kontrolle. Es ist so eine ziemlich deutliche Parallele zur Verwendung von „Blasphemie" zu Zeiten der Erfindung des Buchdrucks: Auch hier versuchten Institutionen, die die Kontrolle über die Verbreitung von Informationen hatten, jene zu stoppen, die sich an den Institutionen der Kirche vorbei verbreiteten, was mit einer großen Zahl von Hinrichtungen einherging. Wie wir wissen, hat diese Strategie der machtvollen Ausgrenzung dieser alternativen Informationen nicht nur nicht funktioniert; dieser spezifische Versuch ist heute breit diskreditiert, eine Diskreditierung, die sich nur allzu langsam auf die parallelen Versuche der Ausgrenzung zivilgesellschaftlicher Informationen in der Gegenwart ausdehnt. Die Dominanz der einheitlichen Informationsstruktur ist durch das Internet weggefallen, so wie die Dominanz der katholischen Kirche über die Informationsstruktur im Buchdruck weggefallen ist. Die punitiven Maßnahmen durch moralpanische Abwertungen sind mit der Zuschreibung von „Blasphemie" durch kirchliche Instanzen durchaus vergleichbar; in beiden Fällen wird eine Sünde unterstellt, die daraus besteht, den offiziellen Narrativen nicht zu folgen und Infrastrukturen zu nutzen, die diesen Widerstand befördern. Auf der anderen Seite von Problemdiskursen wie „post-Wahrheits-Gesellschaften“ und „fake news“ stehen Kämpfe um die Normen des Institutionenvertrauens, die die vorgebliche „Sicherheit“ der zentralisierten, redaktionell geordneten Medien des Massenmedienzeitalters als Korrektiv für dezentral verbreitete Narrative konstatieren. Hier lässt sich das eigentliche Kampffeld der Fake News-Debatte erkennen, der weiterhin eine sehr enge Verbindung zum Begriff der Verschwörungstheorie aufweist. Auch dieses „label is simultaneously a tool for those in control and an obstacle for those challenging the political status quo“ (Pelkmans and Machold 2011, S. 77). Beide sind Zuschreibungen von “illegitimem Wissen” (Anton et al. 2014, S. 10), und „der Begriff Verschwörungstheorie‘ und die damit verbundenen Zuschreibungen sind selbst immer auch Teil des Kampfes um die Definitionsmacht über soziale Wirklichkeit.“ (12) Dieser wird einerseits für Narrative wie Pizzagate und QAnon verwendet, die in ihrer Struktur eher absurd und in ihrem Ursprung trollend oder zumindest kritisch sind, wie oben gezeigt. Er kam aber in den frühen 2000ern auch für Narrative wie die NSA-Überwachung auf, deren wahllose und umfassende Erfassung digitaler Kommunikation als Verschwörungstheorie galt, bis die Dokumente zu dieser Überwachung öffentlich wurden (Greenwald 2013; Fidler 2015; Lyon 2015) und für Narrative, dass die Belege für Massenvernichtungswaffen im Irak und die Kollaboration zwischen Saddam Hussein und Al Qaeda erfunden wäre (Falk 2005; Hodges 2007, Krebs und Lobasz 2007), bis das zum offiziellen Untersuchungsergebnis wurde. Historische Aufarbeitungen dieser Art sind verbreitet; heute sind es gerade dezentralisierte Nachrichtenmedien, die diesen Analysen synchron Raum bieten, nicht erst Jahre später. In konzernmassenmedialen Angeboten sind kritische Berichte über geopolitische Strukturen, über Strukturen der gegenwärtigen Justiz, über Konzerninteressen in der Umweltpolitik deutlich seltener zu finden als in kritischen, nicht-konzernkommerziellen Angeboten wie *The Intercept* oder *The Grey Zone*. Die progressiv-linke Analyse, wie interessiert und verzerrt konzernmassenmediale Narrative sind, findet sich ausschließlich in dezentralisierten Inhalten, die sich bemerkenswert häufig auf Noam Chomsky und „manufacturing consent“ (Herman und Chomsky 2010) beziehen und regulär Wissenschaftlerinnen Raum zur tiefgründigen Darlegung struktureller Zusammenhänge bieten (obwohl Michael Parentis „Inventing Reality“, 1986, das bessere Buch zum Thema ist).[21]

[21] Unter tausenden von Beispielen hier stellvertretend die journalistisch aufgemachte Interviewserie von Garland Nixon mit Joti Brar zu gegenwärtigen Dynamiken des Imperialismus; Teil 1: https://odysee.com/@garlandnixon:1/imperialism-parasitic-,decadent,-and:6 oder die von *Geopolitical Economy* aufgelete Serie Geopolitical Economy Hour mit Rashika Desai und Michael Hudson: https://geopoliticaleconomy.com/tag/geopolitical-economy-hour/.

Dass es sich um einen Abwehrkampf handelt, ist dabei deutlich daran erkennbar, dass die Zuschreibung der blasphemischen Sünde weniger und weniger greift. Hat die herrschende Deutung zum Ukrainekrieg zunächst noch eine Mehrheit der Bevölkerung hinter sich sammeln können, ist die herrschende Deutung zur israelischen Invasion und Zerstörung des Gaza-Streifens vom ersten Moment an im Hintertreffen, und die teils verzweifelt wirkenden Versuche, auch die sanftesten Zweifel am Massenmord in Palästina strafrechtlich zu verfolgen, zeigt diese Hilflosigkeit deutlich auf. Entgegen der Verlustgeschichten, die den Niedergang der klassischen Konzernmassenmedien als Verlust von Information, Demokratie und Wahrheit beklagen, kann diese Dezentralisierung damit gerade als goldenes Zeitalter der Information gerahmt werden. Menschen, und vor allem junge Menschen, konsumieren mehr Nachrichten als je zuvor, jedoch immer seltener aus konzernmassenmedialen Quellen: Die Altersdurchschnitte der US-Nachrichtensender liegen zwischen 60 und 65 (Katz 2018). Neuere Umfragen in den USA zeigen auf, dass die Zahl jener, die „überhaupt kein" Vertrauen in kommerzielle und staatliche Nachrichtenmedien haben, 39% beträgt, während weitere 29% „nicht viel" Vertrauen aufweisen; fast 70% der US-Bevölkerung traut somit den Medien nicht (Gallup 2023). Für die Soziologie sollte das als später Erfolg gewertet werden; sie hat seit mehr als einem halben Jahrhundert die Rolle der Konzern- und staatlichen Nachrichtenmedien in der Unterstützung staatlicher Politik, der Verbreitung von Moralpaniken und der Untermauerung von Konzerninteressen untersucht und beständig festgestellt, dass die Idee „neutraler Nachrichtenmedien" eine Illusion war und ist.

Die Fake News-Moralpanik verteidigt eine alte Idee von einheitlicher Ordnung, einheitlicher Information, eines einheitlichen öffentlichen Diskurses, der dazu im Duktus der unverbrüchlichen Ernsthaftigkeit präsentiert wurde. Diese Welt existiert nicht mehr, und das wird uns nicht zerreißen; im Gegenteil. Es eröffnet Möglichkeiten des Ausbruchs aus den Filterblasen hegemonialer Narrative, durch wenige konzernmassenmediale Angebote gefiltert, die ihrerseits auf gute Beziehungen zu staatlichen Informationsquellen angewiesen sind (Herman und Chomsky 2010).

Literatur

Anton, Andreas, Michael Schetsche, und Michael Walter. 2014. Wirklichkeitskonstruktion zwischen Orthodoxie und Heterodoxie – zur Wissenssoziologie von Verschwörungstheorien. In *Konspiration,* Hrsg. Andreas Anton, Michael Schetsche, und Michael Walter, 9–26. Wiesbaden: Springer.

Beaujon, Andrew. 2019. Trump Claims He Invented the Term "Fake News"—Here' s an Interview With the Guy Who Actually Helped Popularize It, in: The Washingtonian, 2.

Oktober 2019. https://www.washingtonian.com/2019/10/02/trump-claims-he-invented-the-term-fake-news-an-interview-with-the-guy-who-actually-helped-popularize-it/. Zugegriffen: 20. Nov. 2019.

Balmas, Meital. 2014. When fake news becomes real: Combined exposure to multiple news sources and political attitudes of inefficacy, alienation, and cynicism. *Communication Research* 41:430–454.

Becker, Howard. 2019. *Außenseiter.* Wiesbaden: Springer.

Boyd-Barrett, Oliver, und Steven Marmura. 2023. *Russiagate Revisited: The Aftermath of a Hoax*, 63–74. London: Springer.

Britzky, Haley. 2017. Everything Trump has called Fake News, in Axios, 9. Juli 2017. https://www.axios.com/everything-trump-has-called-fake-news-1513303959-6603329e-46b5-44ea-b6be-70d0b3bdb0ca.html. Zugegriffen: 20. Nov. 2019.

Cohen, Stanley. 2011. *Folk Devils and Moral Panics.* London: Routledge.

Condon, Madison. 2012. China in Africa: What the policy of nonintervention adds to the Western development dilemma. *PRAXIS: The Fletcher Journal of Human Security* 27:5–25.

Dellwing, Michael. 2022. News, Sex, and the Rebel Forces of the Internet. In *People, Technology, and Social Organization,* Hrsg. Nathalia Juiz-Runco´et. al. London: Routledge.

Douglas, Karen, Chee Siang Ang, und Farzin Deravi. 2017. Reclaiming the truth. *The Psychologist* 30:36–42.

Falk, Richard. 2005. Demystifying Iraq? *New Centennial Review* 5:43–62.

Fidler, David. 2015. *The Snowden Reader.* Bloomington: Indiana University Press.

Gallup. 2023. Media Confidence in U.S. Matches 2016 Record Low. 19. Oktober 2023. https://news.gallup.com/poll/512861/media-confidence-matches-2016-record-low.aspx.

Greenwald, Glenn. 2013. XKeyscore: NSA tool collects' nearly everything a user does on the internet. In The Guardian 31.

Groenemeyer, Axel. 2010. *Doing Social Problems.* Wiesbaden: Springer.

Grim, Ryan, und Jason Cherkis. 2017. Bernie Sanders' Campaign Faced A Fake News Tsunami. Where Did It Come From? The trolls set out to distract and divide the invigorated left, Huffington Post 13. März 2017. https://www.huffingtonpost.com/entry/bernie-sanders-fake-news-russia_us_58c34d97e4b0ed71826cdb36. Zugegriffen: 10. Mai 2018.

Harsin, Jayson. 2015. Regimes of posttruth, postpolitics, and attention economies. *Communication, Culture & Critique* 8:327–333.

Herman, Edward, und Noam Chomsky. 2010. *Manufacturing consent: The political economy of the mass media.* New York: Pantheon Books.

Ho, K. W. 2019. *Politica First, Laughter Second. President Trump's border wall and the popular geopolitics of televised late-night political satire in the United States.* Leiden: Universiteit Leiden.

Hodges, Adam. 2007. The political economy of truth in the "war on terror" discourse: Competing visions of an Iraq/al Qaeda connection. *Social Semiotics* 17:15–20.

Hudson, Michael. 2022. Is US/NATO pushing for a Global South Famine? https://michael-hudson.com/2022/06/is-us-nato-with-wef-help-pushing-for-a-global-south-famine/.

Kang, Cecilia. 2016. Fake News Onslaught Targets Pizzeria as Nest of Child-Trafficking. In New York Times 21.

Katz, A. J. 2018. Here's the Median Age of the Typical Cable News Viewer, in: AdWeek, 19. Januar 2019. https://www.adweek.com/tvnewser/heres-the-median-age-of-the-typical-cable-news-viewer/355379/. Zugegriffen: 20. Nov. 2019].

Krebs, R.R., und J.K. Lobasz. 2007. Fixing the meaning of 9/11: Hegemony, coercion, and the road to war in Iraq. *Security Studies* 16:409–451.

Lotz, Amanda. 2014. *The Television Will Be Revolutionized.* New York.

Lyon, David. 2015. *Surveillance after snowden.* Cambridge: Polity Press.

Manivannan, Vyshali. 2012. Attaining the ninth square: Cybertextuality, gamification, and institutional memory on 4chan, Enculturation 15. http://www.enculturation.net/attaining-the-ninth-square. Zugegriffen: 10. Mai 2018.

Marchi, Regina. 2012. With Facebook, blogs, and fake news, teens reject journalistic "objectivity". *Journal of Communication Inquiry* 36:246–262.

Markey, Patrick und Christopher Ferguson. 2017. *Moral Combat.* Dallas: BenBella Books.

Mihailidis, Paul, und Samantha Viotty. 2017. Spreadable spectacle in digital culture: Civic expression, fake news, and the role of media literacies in "post-fact" society. *American Behavioral Scientist* 61:441–454.

Moldovan, Theodora. 2016. The Six Companies That Own (Almost) All Media, in Affinity Magazine, 7. Dezember. http://affinitymagazine.us/2016/12/07/the-six-companies-that-own-almost-all-media/. Zugegriffen: 20. Nov. 2019.

Nagle, Andrea. 2017. *Kill All Normies.* Alresford: Zero Books.

Parenti, Michael. 1986. *Inventing Reality. The Politics of News Media.* Wadsworth, Belmont.

Parenti, Michael. 2015. *Face of Imperialism.* London: Routledge.

Parenti, Michael. 2022. *Inventing Reality: The Politics of News Media.* New York: St. Martins Press.

Pelkmans, Mahijis, und Rhys Machold. 2011. Conspiracy theories and their truth trajectories. *Focall-Journal of Global and Historical Anthropology* 59: 66–80.

Peters, Michael. 2017. Education in a post-truth world. *Educational Philosophy and Theory* 49: 563–566.

Schetsche, Michael. 2015. *Die Karriere sozialer Probleme.* Weinheim: Juventa.

Schur, Edwin. 1980. *The politics of deviance: Stigma contests and the uses of power.* Englewood Cliffs.

Stehr, Johannes. 1998. *Sagenhafter Alltag: über die private Aneignung herrschender Moral.* Frankfurt: Campus.

Spector, Malcolm, und John Kitsuse. 2001. *Constructing Social Problems.* Piscataway: TRansaction

Subramanian, Samantha. 2017. Inside the Macedonian Fake-News Complex, Wired, 15. Februar 2017. https://www.wired.com/2017/02/veles-macedonia-fake-news/. Zugegriffen: 10. Mai 2018.

Tait, Amelia. 2016. Pizzagate: How a 4Chan conspiracy went mainstream, New Statesman https://www.newstatesman.com/science-tech/internet/2016/12/pizzagate-how-4chan-conspiracy-went-mainstream. Zugegriffen: 10. Mai 2018.

Varoufakis, Yanis. 2017. China is the Rea Deal. 27. Oktober 2017. In Project Syndicate. https://www.project-syndicate.org/videos/china-is-the-real-deal.

Victor, J. S. 1993. *Satanic Panic: The Creation of a Contemporary Legend*. Chicago: Open Court Press.

Viner, Katherine. 2016. How Technology disrupted the truth, The Guardian 12. Juli 2016. https://www.theguardian.com/media/2016/jul/12/how-technology-disrupted-the-truth. Zugegriffen: 10. Mai 2018.

Waisanen, Don. 2018. The Political Economy of Late-Night Comedy. In *The Joke Is on Us: Political Comedy in (Late) Neoliberal Times*, Hrsg. Julia Webber, 159-x. London: Rowman and Littlefield.

Migrationshintergrund: nationale Aneignungen eines wandernden Begriffs im deutschsprachigen Raum

Anne-Kathrin Will

> *"No concept is meaningful for cultural analysis unless it helps us to understand the object better on its – the object's – own terms (Bal 2009, S. 15)." "Some concepts are so much taken for granted and have such generalized meaning that they fail to be helpful in actual analytic practice (Bal 2002b, S. 44)."*

Ausgehend von den beiden Punkten der Eingangszitate, dass Konzepte oder Begriffe dazu dienen sollten, Gegenstände besser zu verstehen und sie gleichzeitig aber dadurch, dass sie Allgemeinplätze werden, ihre Analysefähigkeit einbüßen, beschäftige ich mich mit |Migrationshintergrund|[1]. Seit der Jahrtausendwende ist |Migrationshintergrund| ein wichtiger Begriff, bzw. Konzept in deutschsprachigen Ländern und fand insbesondere über das Programme for International Student Assessment (PISA) Verbreitung und später Eingang in die Bevölkerungsstatistik. Diese Reise des Begriffs und des damit zusammenhängenden Konzeptes steht im Mittelpunkt der folgenden Seiten. Mieke Bals „travelling

[1] Ich schreibe |Migrationshintergrund| zwischen vertikalen Strichen, um das Konzept und den Begriff als Gesamtheit und in ihrer Verbundenheit zu markieren und so deutlich zu machen, dass ich mich von der Wortwahl distanziere und gleichzeitig auch nicht umhinkomme, den Begriff, der auf bestimmte Konzepte verweist, zu verwenden. Schließlich steht er im Zentrum meiner Arbeit.

A.-K. Will (✉)
Institut für Europäische Ethnologie, Humboldt-Universität zu Berlin, Berlin, Deutschland
E-Mail: anne-kathrin.will@hu-berlin.de

M. Harbusch (Hrsg.), *Reisendes Wissen*,
https://doi.org/10.1007/978-3-658-45229-2_5

concepts“ dienen mir als Analysewerkzeug, um nachzuvollziehen, wie sich |Migrationshintergrund| über nationale, disziplinäre und Feld- bzw. Subsystemgrenzen hinweg fortbewegte.

In einer auf Deutsch erschienenen Aufsatzsammlung werden „travelling concepts“ (Bal 2002b) mit „wandernde Begriffe“ übersetzt (Bal 2002a, S. 7, 11). Dem möchte ich im vorliegenden Text folgen. Dafür gibt es drei Gründe: Erstens handelt es sich bei |Migrationshintergrund| um einen Begriff, der bei seiner Nutzung in den PISA-Studien für das latente Konzept „Migration“ steht (Baumert et al. 2002, S. 179), das wiederum im Duden mit „Wanderung“ übersetzt wird (vgl. duden.de). Zweitens scheint mir „wandernd“ etymologisch grundständiger und gleichzeitig auch metaphorischer als „reisend“ zu sein (vgl. duden.de, wortinfo.de). Phonetisch nah ist das Wort „wandelnd“, was eine doppeldeutige Bedeutungserweiterung beiträgt. Ich assoziiere mit „wandernd“ eine gewisse Langsamkeit und Eigenanstrengung, für Reisen hingegen können Beförderungsmittel gewählt werden, die die Distanzen schrumpfen lassen und die Reisenden bequem von A nach B bringen.[2] Kategorisierungsarbeit ist anstrengend. Sie beinhaltet Benennungspraktiken, die erstmal aufwendig sind, auch wenn sie zu einem späteren Zeitpunkt dann selbstverständlich scheinen (Porter 1995, S. 42). Drittens hat der im Folgenden betrachtete Begriff |Migrationshintergrund| einen zeitweisen Doppelgänger im synonym verwendeten Begriff Zu*wanderung*shintergrund. Bereits 2001 wurde von Kommunalstatistiker*innen in Deutschland versucht, einen Zuwanderungshintergrund mithilfe der Melderegister abzugrenzen (Lindemann 2008; VDSt 2013). Eine Dekade später wurde Zuwanderungshintergrund in den bundesdeutschen Ländervergleichen[3] (vgl. Stanat et al. 2012) sowie den bundesdeutschen PISA-Berichten ab 2012 (Prenzel et al. 2013) verwendet.

Aus den genannten Gründen scheint mir „wandernder Begriff“ für diesen Beitrag produktiver. Interessant ist jedoch, dass Bals „travelling concepts“ im Deutschen mit „reisend“ und „wandernd“ zwei in der Bedeutung auseinanderliegende Übersetzungen hervorgebracht haben und offensichtlich in beiden Versionen funktionieren. Das unterstützt Bals wiederholte Forderung der genauen Darlegung des Verständnisses eines Begriffs oder Konzepts, um Missverständnisse zu vermeiden, aber auch eine Auseinandersetzung zu befördern (Bal 2002a, b 2009).

[2] Allerdings könnte überlegt werden, ob Globalisierung und insbesondere Digitalisierung eher „reisende Konzepte“ im Sinne beschleunigter Verbindungen und Verbreitungen bedingen.

[3] Sie erscheinen seit 2015 als IQB-Bildungstrends.

Im folgenden Beitrag[4] verdoppelt, – nein multipliziert – sich die travel-/Wander-/Reise-Metapher. Zum einen durch die Bezeichnung einer Mobilitätskategorie an sich als „travelling concept". Zwar ist |Migrationshintergrund| bei genauerer Betrachtung weniger eine Mobilitätskategorie und vielmehr eine Zugehörigkeitszuweisung. Dennoch wird Mobilität (von Vorfahren) damit markiert. Zum anderen vervielfältigt sich die Metapher durch die Übersetzung des Begriffs ins Deutsche.

Wenn „Migration" und auch „travelling concepts" mit „Wanderung", bzw. „wandernd" ins Deutsche übersetzt werden, sind „travelling concepts" und |Migrationshintergrund| zumindest im Deutschen sprachlich verwandt. Sprache und Übersetzung sind bei der Analyse mithilfe wandernder Begriffe wichtig, wobei schon Übersetzung an sich ein wandernder Begriff der Kulturanalyse ist (Bachmann-Medick 2012). Hinzu kommt, dass ich die Wanderung des Konzepts |Migrationshintergrund| im ersten Teil des Beitrags von einem internationalen in vier deutschsprachige Kontexte und im zweiten Teil innerhalb dieser deutschsprachigen Kontexte von der nationalen Bildungsforschung in die amtliche Bevölkerungsstatistik untersuche. So ergibt sich die angesprochene Multiplikation der Wanderungsmetapher.

Der Schwerpunkt meines Beitrags liegt auf dem bundesdeutschen Kontext. Die drei weiteren deutschsprachigen Nationalkontexte Liechtenstein, Österreich und Schweiz dienen mir als Kontrastfolien, um die bundesdeutschen Gegebenheiten besser einzuordnen. Das Phänomen „Migration" verstehe ich dabei als methodologisches Hilfsmittel für eine Gesellschaftsanalyse, die sich auf die eigenen blinden Flecken richtet. Damit funktionieren „Migration" und „travelling concepts" methodologisch in einer ähnlich reflexiven Weise, einmal für Gesellschaftsanalyse (Labor Migration 2014) und einmal für Kulturanalysen (Bal 2002a, b 2009). Eine weitere Verwandtschaft also, die eine produktive Kombination ergibt.

Wanderungen einer Mobilitätskategorie

|Migrationshintergrund| hat sich seit der Jahrtausendwende im deutschsprachigen Raum ausgebreitet und kann als Alteritätskategorie (Renard 2019) beschrieben werden. Der Begriff verbreitete sich im Zuge der Schüler*innenleistungsstudie PISA, an der u. a. Deutschland, Liechtenstein[5], Österreich und die Schweiz

---

[4] Ich danke Martin Harbusch und Thomas Kemper für ihre Anmerkungen und Fragen, von denen die Überarbeitung des Beitrags sehr profitiert hat.

[5] Liechtenstein stellte seine Beteiligung an PISA im Jahr 2015 ein, weil keine neuen Erkenntnisse erwartet wurden (watson.ch (2014)).

teilnahmen. Die Erhebungen in PISA finden seit dem Jahr 2000 alle drei Jahre statt, wobei drei Erhebungsjahre zu einem Zyklus gehören, in dem jeweils der Schwerpunkt der Erhebung (Lesen, Mathematik, Naturwissenschaften) wechselt. Bislang wurden zwei Zyklen (2000–2006 und 2009–2015) komplettiert und der dritte Erhebungszyklus mit der Befragung im Jahr 2018 begonnen. Die internationalen PISA-Berichte erscheinen auf Englisch, Französisch und Deutsch. In letzteren wurde |Migrationshintergrund| ab 2003 genutzt (OECD 2004b). Parallel zu den internationalen Publikationen existieren nationale Datenauswertungen der PISA-Erhebungen. In den nationalen Berichten der vier Staaten wurde eine Unterscheidung nach |Migrationshintergrund| in Deutschland und Österreich schon für die 2000er Erhebung (Baumert et al. 2002; Haider und Reiter 2002), in Liechtenstein ab 2003 (Biedermann und Brühwiler 2006; Forschungsgemeinschaft PISA Deutschschweiz/FL 2005) und in der Schweiz ab 2006 (Bundesamt für Statistik 2009) verwendet.

Im Laufe der 2000er Jahre führten bis auf Liechtenstein alle deutschsprachigen Staaten eine Unterscheidung nach |Migrationshintergrund| auch in ihren Bevölkerungsstatistiken ein. Die Operationalisierungen eines |Migrationshintergrundes| unterscheiden sich in den Bevölkerungsstatistiken stärker als in PISA und setzen nationalstaatliche Logiken fort, worauf ich im zweiten Teil des Beitrags näher eingehe. Innerhalb des internationalen Vergleichs von PISA ist |Migrationshintergrund| weitgehend identisch, weil die Ausgangsvariablen vorgegeben sind und in den nationalen Auswertungen versucht wird, an die internationale Darstellung anschlussfähig zu sein. Dennoch wurde das Konzept in den hier untersuchten nationalen Kontexten ebenso individuell angeeignet und spätestens mit dem Übergang in die Bevölkerungsstatistik modifiziert. Dabei verstehe ich unter einer Aneignung von Konzepten einen ständig stattfindenden Prozess. Er liegt den „travelling concepts“ zugrunde, denn Wissen ist verbunden und gleichzeitig situiert. Durch die Verbindung wird im hier beschriebenen Fall ein transnationales Konzept zur Beschreibung von Schüler*innenpopulationen übernommen, dabei wandert der Begriff |Migrationshintergrund| in Bildungs- und schnell auch politische Diskurse ein und schließlich weiter in die Bevölkerungsstatistik. Bei all diesen Wanderungen veränderte sich der Inhalt des Begriffs, z. B. durch neue Operationalisierungen, auf die ich mein Augenmerk richte.

Im bundesdeutschen Zusammenhang tauchte[6] der Begriff |Migrationshintergrund| das erste Mal im 1998 veröffentlichten 10. Kinder- und Jugendbericht

[6] Ich verstehe hierbei Auftauchen im Sinne Foucaults als Zäsur im Diskurs, die eine Veränderung markiert (Foucault (2015(1981)), S. 62 f.), was sich auch als „emergence“ lesen lässt (Traninger (2012)).

und im Titel einer dazugehörigen Expertise[7] auf (Deutscher Bundestag 1998; Dietz und Holzapfel 1998), allerdings ohne eine konkrete Definition des Begriffs (vgl. auch Stošić 2017a, S. 83). An der Berichterstellung war Prof. Dr. Ursula Boos-Nünning beteiligt. Ihr wird die Wortneuschöpfung zugeschrieben (Scarvaglieri und Zech 2013; Stošić 2017b). In einem Interview mit mir äußerte sie die Vermutung, dass sie ein Wort für „ethnic background" suchte. Wenn sie aber gewusst hätte, dass sich der Begriff durchsetzt, hätte sie nach einem besseren gesucht (ebenso El-Mafaalani 2018, S. 238).

Im bundesdeutschen Kontext gab und gibt es viele Bezeichnungen für „Ethnisches". Derzeit wird „ethnische Herkunft" (Klieme et al. 2010) z. T. parallel zu „ethnischer Gruppe" oder „ethnische Zugehörigkeit" verwendet (Diehl et al. 2016; Klieme et al. 2010; Kristen 1999). In den 1980er Jahren wurde „ethnische Identität", „Ethnizität" oder auch einfach das Englische „Ethnicity" genutzt (Esser und Friedrichs 1990). Ende der 1990er Jahre wurde dann zusätzlich „Hintergrund" dem Englischen entlehnt und damit die wissenschaftlichen Sprachfelder des Englischen und Deutschen einander angenähert. Wichtig für die „Über-setzung" waren unter anderem die Schulleistungsstudien der OECD[8] mit ihren internationalen Forschungskonsortien, deren Arbeitssprache Englisch ist. Doch zwischen Sprachen lässt sich nicht alles wortwörtlich übertragen.[9]

Bei der Übersetzungsentlehnung |Migrationshintergrund| handelt es sich um eine – vielleicht sogar unglückliche – „Ver-setzung" des englischen Wortes „background" ins Deutsche. Denn das, was in den Sozialwissenschaften weitgehend

---

[7] Die genannte Veröffentlichung verwendete zwar im Titel |Migrationshintergrund| aber kein einziges Mal innerhalb der Publikation, die aus je einer Expertise zu Flüchtlings- und Aussiedler*innenkindern bestand.

[8] Neben PISA sind hier noch die Trends in Mathematics and Science Study (TIMSS) sowie Progress in International Reading Literacy Study (PIRLS) zu nennen. Die notwendigen Fragen zu den „Hintergründen" der Schüler*innen finden sich z. B. auch schon in TIMSS 1995 (https://timss.bc.edu/timss1995i/database/UG1_Sup1.pdf), wurden aber nicht in ähnlicher Weise nach |Migrationshintergrund| ausgewertet.

[9] Dies zeigt sich auch am |Migrationshintergrund|, der als Rückübersetzung in den englischsprachigen Versionen der PISA-Berichte als „migration background" (OECD 2004a, S. 171, 2007b, S. 178), „migrant background" (OECD 2004a, S. 169) oder „immigrant background" (OECD 2004a, S. 171, 2007b, 2010c) verwendet wird. Letzterer Begriff wurde ähnlich häufig genutzt wie „immigrant students" und etablierte sich im Zeitverlauf. Ein Vergleich der Titel von Sonderauswertungen zu dieser Schüler*innenpopulation zeigt die Veränderung: So hieß die erste Auswertung „Where *immigrant students* succeed" (OECD 2006), gut zehn Jahre später die zweite vergleichbare Publikation „The resilience of students with an *immigrant background*" (OECD 2018).

unter „background variables" verstanden wird, hängt mit multivariaten Analysemodellen zusammen und erstmal nicht mit Zugehörigkeiten oder gar einer Mobilitätskategorie. In den statistischen Modellen werden Zusammenhänge mit soziodemografischen Charakteristika wie Geschlecht, Alter, Einkommen, Bildung und weiterer geprüft, bzw. „kontrolliert". So wird für das International Social Survey Programme erklärt, dass „background variables" zumeist soziodemografische Angaben sind (https://www.gesis.org/issp/home/issp-background-variables). Es existieren „financial background", „educational background", „social background" und eben auch „ethnic background". Gleichwohl wurde kein „ethnischer Hintergrund" im Deutschen daraus, sondern das Wort Migration trat an die Stelle des Ethnischen.

Soziodemografische Merkmale funktionieren in kategorialer Form (divers/männlich/weiblich; alt/jung; mit Migrationshintergrund/ohne Migrationshintergrund)[10] als Humandifferenzierungen (Hirschauer 2014). *Hintergrund*variablen rücken dann in den Vordergrund, wenn sie Alterität oder Abweichung signalisieren. Deutlich wird dies in Regressionsmodellen mit Referenzkategorien, gegen die Zusammenhänge geprüft werden. So ist „ohne Migrationshintergrund" die Referenzkategorie.[11] Eviatar Zerubavel (2015b 2018) argumentiert, dass eine Thematisierung Dinge in den Vordergrund rückt, sie markiert. Die Norm(alität) hingegen bleibt unmarkiert im Hintergrund, weil sie selbstverständlich ist und deshalb keiner Thematisierung bedarf. In den Regressionsmodellen ist es die

[10] Kategoriale Merkmale transportieren oft in der Art ihrer Anreihung eine Botschaft und haben die Tendenz von der „Norm" ausgehend die Abweichungen aufzuzählen; sie funktionieren damit implizit ordinal. Yanow weist darauf hin und nennt die alphabetische Reihenfolge, die genutzt wird, um die Gleichwertigkeit der Kategorien zu verdeutlichen (Yanow 2003). Entsprechend habe ich die Aufzählungen in der Klammer, auf die sich diese Fußnote bezieht alphabetisch geordnet. Diese Reihung führt im Deutschen zufällig, aber instruktiv irritierend, dazu, dass „divers", „alt", „mit Migrationshintergrund" an erster Stelle stehen, wo in der Regel die Referenzkategorie genannt wird, die die unmarkierte Norm bezeichnet.

[11] Im 2018er bundesdeutschen PISA-Bericht heißt es beispielsweise in der Fußnote zur „Tab. 6.10: Regressionsmodelle zu Zuwanderungshintergrund, sozialer Herkunft und Lesekompetenz für PISA 2018 und 2009": „Die hier angegebene Regressionskonstante ist der geschätzte Mittelwert in der Gruppe der Schülerinnen und Schüler ohne Migrationshintergrund. Für die Schülerinnen und Schüler mit Migrationshintergrund gibt der Regressionskoeffizient jeweils die *Abweichung* von der Regressionskonstanten an" [meine Hervorhebung] (Reiss et al. (2019), S. 156). Das Zitat ist gleichzeitig ein Beispiel für die einander ersetzende Verwendung von |Migrationshintergrund| in der Fußnote und Zuwanderungshintergrund im Tabellentitel.

Kategorie „ohne Migrationshintergrund“. Da es in PISA neben Geschlecht und sozialer Herkunft/sozioökonomischem Hintergrund um „Migration“ geht, die als „immigrant students“/„mit Migrationshintergrund“ operationalisiert wurde, entsteht eine unmarkierte Normalität, die scheinbar nicht von Migration gekennzeichnet ist. Bei näherer Betrachtung ist diese Annahme falsch, denn bestimmte Migrationsbewegungen werden in die Alteritätskategorie gefasst und andere nicht. Die Art der Selektivität lässt, wenn sie problematisiert wird, implizites Wissen und Vorannahmen sichtbar werden. Um dieses implizit mitwandernde Wissen, das von Bal als „shorthand theories“ beschrieben wird, geht es im folgenden Abschnitt (Bal 2009, S. 19).

(Ein-)Wanderung des Begriffs |Migrationshintergrund| und implizit mitwanderndes Wissen

Neumann und Nünning schlagen vier Achsen zur Untersuchung wandernder Begriffe oder reisender Konzepte vor (Neumann und Nünning 2012, S. 11, ähnlich Bal 2002b, S. 40). Alle vier Achsen können auf |Migrationshintergrund| angewandt werden. Der Begriff ist 1) zwischen Disziplinen gewandert, wobei ich mich auf seine Übernahme in die Demografie aus den Bildungswissenschaften, die an sich schon ein interdisziplinäres Feld sind, konzentriere. Ebenso hat der Begriff 2) nationale Grenzen überschritten, in dem er sich z. B. in allen vier deutschsprachigen Staaten etablierte. Dabei lassen sich 3) zeitliche Veränderungen beobachten, die ich allerdings nur anreiße, und 4) eine Mobilität des Begriffs zwischen gesellschaftlichen Subsystemen (durchaus im Luhmannschen Sinn) wie der Wissenschaft, den Medien, der Politik, dem Schulsystem, dem Arbeitsmarkt usw. Hier wird |Migrationshintergrund| zur Benennung von Menschen und zur Differenzierung z. B. innerhalb von Maßnahmen genutzt. Darüber hinaus gibt es sogar noch eine transnationale Dimension, weil PISA eine OECD-Unternehmung ist und damit keinem Staat direkt zuzuordnen.

|Migrationshintergrund| ist ein gutes Beispiel für die Mobilität von Begriffen, die durch einen inter- und transnationalen Forschungskontext und entsprechende Zusammenarbeit entstehen, in nationale Kontexte übertragen werden, dann aber sehr unterschiedliche Ausprägungen entwickeln. |Migrationshintergrund| wirkt als Konzeptmetapher (vgl. Castro Varela 2013, S. 73; ergänzend Neumann und Nünning 2012, S. 15 mit Bezug auf Spivak). Die Bewegung, der Ortswechsel wird im Begriff selbst deutlich. Bei „Migration im Hintergrund“ geht es aber, wie schon erwähnt, nicht allein um die Bewegung, die Einwanderung, sondern auch um Fremd- und Andersartigkeit. Mithilfe der Unterscheidung nach |Migrationshintergrund|

werden Schüler*innen in PISA „beandert". Ich verwende „Beanderung" und das abgeleitete Verb „beandern" für das u. a. durch Spivak ins Englische eingeführte „othering" (Spivak 1985). Für das Deutsche plädiere ich damit für eine Neuübersetzung, weil bislang „Veranderung" (Reuter 2002, S. 20) gebraucht wurde. Das Präfix „ver" wird zwar häufiger im Deutschen verwendet, doch die Bedeutungen „etwas ist weg, verkehrt, wird repariert oder verbunden" (vgl. https://www.dialog-wien.at/2019/10/30/praefixe/) passen m. E. nicht so gut zu „othering" wie das Präfix „be". Das Präfix „be" „betont das Resultat einer Aktion" (ebd.) und bildet deshalb besser ab, wie ich „othering" verstehe: am Ende steht das erfolgreiche Andersmachen, die Herstellung von Differenz.

Trotz – oder gerade während – einer Übernahme von Begriffen erhalten sich die Spuren älterer Vorstellungen. Sie mögen in Vergessenheit geraten sein, wirken aber dennoch, wie Derrida in seiner Metaphernanalyse darlegt (Derrida 1988, S. 205 ff.). Er nutzt das Bild einer Einschreibung mit weißer Tinte (auf weißem Papier), die nicht wahrnehmbar, aber da ist. Die Einschreibungen können wieder ins Bewusstsein zurückgeholt werden, doch durch diese Explikation geht das Metaphorische verloren. Fragen nach diesen Einschreibungen zu stellen, ist ein produktives Instrument, um in der Regel methaphorisch gebrauchte Begriffe zu analysieren. Die gefundenen Eigenheiten geben Aufschluss über die unreflektierten Gepflogenheiten und automatisierten, scheinbar logischen Auffassungen, Bals „shorthand theories" (Bal 2002b, S. 23), die in Begriffen mitwandern. Aber sie werden in den jeweiligen Kontexten, in denen sie angewendet werden, angeeignet und modifiziert, weshalb ein genaues Hinsehen notwendig ist (Bal 2002b). Deshalb ist ein nationaler Vergleich der Verwendung des |Migrationshintergrundes| innerhalb des interdisziplinären Feldes der Bildungswissenschaften produktiv.

|Migrationshintergrund| macht die Einwanderung von Schüler*innen oder ihrer Elternteile sichtbar und für statistische Auswertungen relevant. Einwanderung wird in PISA indirekt über eine Geburt im Ausland erfasst (Tab. 1). Dem liegt die Annahme zugrunde, dass Schüler*innen oder Elternteile eingewandert sind, wenn sie im Ausland geboren wurden. In die Art der Erfassung sind bereits eine Reihe von Vorannahmen eingeschrieben. So sind grenznahe Kontexte vorstellbar, wo keine Einwanderung stattfand, sondern die Geburtsorte ein paar Kilometer entfernt liegen, dazwischen jedoch eine Staatsgrenze verläuft. [12]

[12] Selbst wenn zum Geburtszeitpunkt keine nationalen Grenzen Wohn- und Geburtsort trennen, so können bis zu einer Befragung nationale Grenzen entstanden oder verschoben worden sein, wie im Fall des ehemaligen Jugoslawiens zum Beispiel. In der Art der Abfrage ist eine Auffassung von Klarheit und Stabilität von Nationalgrenzen eingeschrieben, die auch zur Vorstellung von Nationalstaaten als Containern beiträgt. Dass diese Vorstellung

Schüler*innen mit derartigen Merkmalskonstellationen werden in die Alteritätskategorie „mit Migrationshintergrund“ gezählt. Die Abfrage von Geburtsorten außerhalb des (National-)Territoriums scheint valider als die direkte Frage nach einer Einwanderung, die Schüler*innen ggf. nicht erinnern und für ihre Eltern oftmals nicht wissen.[13] Die Alltagsrelevanz derartiger Informationen wird zuweilen von Wissenschaftler*innen überschätzt, was sich in entsprechenden Häufigkeiten von „weiß nicht“ Antworten niederschlägt. Zudem bietet die Abfrage von Geburtsländern die Möglichkeit „Schüler*innen mit Migrationshintergrund“ nach nationalen Herkünften (ihrer Eltern) zu unterscheiden.

Mit den PISA-Ergebnissen sollte die Leistungsfähigkeit von Schulsystemen beurteilt werden (OECD 2001b, S. 3). |Migrationshintergrund| funktionierte allerdings von Anfang an als Zugehörigkeitskategorie und wurde als Herausforderung für Bildungssysteme dargestellt (BMBF 2007, S. 3) und nicht als ihre normale Aufgabe. |Migrationshintergrund| ist offenbar eine Abweichung, was in der Gegenüberstellung von „einheimisch“ und „mit Migrationshintergrund“ (Prenzel 2005, S. 269) deutlich wird. Dabei ist der Großteil der „Schüler*innen mit Migrationshintergrund“ im Testland geboren und könnte damit als genauso einheimisch gelten wie alle, die durch ihre Vorfahren zu „Einheimischen“ werden. Bei dieser Art der Darstellung ist die Idee, die schlechteren Leistungen der „Schüler*innen mit Migrationshintergrund“ einfach im Ranking der Nationalstaaten unberücksichtigt zu lassen, naheliegend (Stošić 2017b, S. 238).

|Migrationshintergrund| in PISA ist auf 15-jährige Schüler*innen und das Thema Bildung beschränkt. Die Übertragung in die Bevölkerungsstatistik erweiterte das Konzept auf die Gesamtbevölkerung.[14] Deskriptive Bevölkerungsstatistik charakterisiert Yanow als „stories or tales about collective identity“. In ihnen wird festgelegt, welche „parameters deemed neccessary for membership in the polity at that moment in time“ (Yanow 2003, S. 22). Somit ist eine Darstellung

---

mit der Realität wenig zu tun hat, wird auch deutlich, wenn die PISA-Berichterstatter*innen in der Schweiz und für das Fürstentum Liechtenstein die Auslandsgeburtsinformation für sich genommen nicht hilfreich finden und sie mit der Sprachinformation kombinieren (siehe Tab. 1 für einen Überblick über die Operationalisierungen). Ihrem Vorwissen nach sind Defizite in der Bildungssprache ausschlaggebend für schlechtere Testleistungen und nicht der Geburtsort (Biedermann und Brühwiler 2006; Brühwiler et al. 2008; Bundesamt für Statistik 2009; Zahner et al. 2002).

[13] Schon in den 1920er Jahren debattierten deutsche Statistiker*innen über die beste Art, mobile Bevölkerungsteile zu erfassen (Renard (2019)).

[14] In Österreich und der Schweiz wird erhebungsbedingt jedoch nur die Bevölkerung ab 15 Jahren repräsentiert.

Tab. 1 Verwendete migrationsbezogene Abgrenzungen in PISA 2000–2018 in Österreich, der Schweiz, Deutschland und Liechtenstein

	Operationalisierungsvarianten	2000				2003				2006				2009				2012				2015			2018		
		A	CH	D	LI	A	CH	D	LI	A	CH	D	LI	A	CH	D	LI	A	CH	D	LI	A	CH	D	A	CH	D
Geburtsort im Inland/Ausland	Beide Eltern im Testland geboren/kein Elternteil im Ausland		x					x								x				x				x			x
	Selbst und mind. 1 Elternteil im Testland geboren									x					x												
	mind. 1 Elternteil im Testland geboren													x				x				x			x		
	Selbst im Testland geboren								x																		
	Selbst im Ausland geboren	x				x	x		x																		
	Selbst und beide Eltern im Ausland geboren				x			x		x		x		x	x	x	x	x	x	x	x	x	x	x	x	x	x

(Fortsetzung)

Tab. 1 (Fortsetzung)

	Operationalisierungsvarianten	2000				2003				2006				2009				2012				2015			2018		
		A	CH	D	LI	A	CH	D	LI	A	CH	D	LI	A	CH	D	LI	A	CH	D	LI	A	CH	D	A	CH	D
	Selbst im Testland, beide Elternteile im Ausland geboren	x				x		x	x	x		x		x	x	x	x	x	x	x	x	x	x	x	x	x	x
	Beide Elternteile im Ausland geboren		x									x											x				
	Selbst und ein Elternteil im Testland, ein Elternteil im Ausland geboren	x														x				x				x			x
	Ein Elternteil im Ausland geboren		x					x				x															
	Mindestens ein Elternteil im Ausland geboren			x	x																						

(Fortsetzung)

Tab. 1 (Fortsetzung)

	Operationalisierungsvarianten	2000				2003				2006				2009				2012				2015			2018		
		A	CH	D	LI	A	CH	D	LI	A	CH	D	LI	A	CH	D	LI	A	CH	D	LI	A	CH	D	A	CH	D
	Restkategorie „einheimisch“																		x				x			x	
Sprache	Ausschluss von gleichsprachigen Einwanderer*innen in gleichsprachiger Region		x																								
	Zu Hause Deutsch/Testsprache sprechende								x	x	x																
	Im Testland Geborene mit mind. 1 im Testland geborenen Elternteil, die zuhause Deutsch sprechen												x								x						

(Fortsetzung)

Tab. 1 (Fortsetzung)

	Operationalisierungsvarianten	2000				2003				2006				2009				2012				2015			2018		
		A	CH	D	LI	A	CH	D	LI	A	CH	D	LI	A	CH	D	LI	A	CH	D	LI	A	CH	D	A	CH	D
	Im Testland Geborene mit mind. 1 im Testland geborenen Elternteil, die zuhause nicht Deutsch sprechen																				x						
	Deutschsprachige im Ausland Geborene und im Inland geborene Ausländer*innen												x														
	Deutschsprachige im Ausland Geborene oder mit im Ausland geborenen Eltern																				x						

(Fortsetzung)

Tab. 1 (Fortsetzung)

	Operationalisierungsvarianten	2000				2003				2006				2009				2012				2015			2018		
		A	CH	D	LI	A	CH	D	LI	A	CH	D	LI	A	CH	D	LI	A	CH	D	LI	A	CH	D	A	CH	D
	Fremdsprachige im Ausland Geborene und im Inland geborene Ausländer*innen												x														
	Fremdsprachige im Ausland Geborene oder mit im Ausland geborenen Eltern																				x						
	Fremdsprachige mit zugewanderten Eltern (aus nicht-deutschsprachigen Ländern)								x	x																	

(Fortsetzung)

Tab. 1 (Fortsetzung)

	Operationalisierungsvarianten	2000				2003				2006				2009				2012				2015			2018		
		A	CH	D	LI	A	CH	D	LI	A	CH	D	LI	A	CH	D	LI	A	CH	D	LI	A	CH	D	A	CH	D
	Fremdsprachige, die selbst im (nicht-deutschen) Ausland geboren wurden								x	x																	

Quellen: Baumert et al. 2002, S. 94; Haider und Reiter 2002, S. 65; Zahner et al. 2002, S. 116 f.; Moser und Berweger 2002, S. 20; Prenzel 2005, S. 256; Haider 2004, S. 141; Zahner Rossier und Antonietti 2005, S. 23, 32, 36, 42; Forschungsgemeinschaft PISA Deutschschweiz/FL 2005, S. 106; Biedermann und Brühwiler 2006, S. 17; Prenzel 2008, S. 348 f.; Schreiner 2007, S. 59; Schreiner und Schwantner 2009, S. 137; Bundesamt für Statistik 2009, S. 18; Brühwiler et al. 2008, S. 53; Klieme et al. 2010, S. 204 f.; Schwantner und Schreiner 2010, S. 43; Konsortium PISA.ch 2010; S. 16, 32 f.; Buccheri et al. 2011, S. 16; Prenzel et al. 2013, S. 277 f.; Schwantner et al. 2013, S. 49; Konsortium PISA.ch 2013, S. 23; Konsortium PISA.ch 2014, S. 10; Erzinger et al. 2015, S. 28; Reiss et al. 2016, S. 322 f.; Suchan und Breit 2016, S. 90; Konsortium PISA.ch 2018, S. 19, 69; Reiss et al. 2019, S. 134 f.; Suchan et al. 2019, S. 75; Konsortium PISA.ch 2019, S. 85. Ich danke Thomas Kemper für das Plädoyer für eine Vergröberung der Tabelle und den Entwurf von Varianten. Die ausführliche Version findet sich im Anhang der Zusammensetzung der Bevölkerung auf einem national definierten Gebiet nach ethnischen Kategorien in jedem Fall eine Verhandlung von Zugehörigkeit und geht weit über eine Evaluation nationaler Bildungssysteme hinaus. Diese Funktionsänderung bei der Weiterwanderung des Begriffs |Migrationshintergrund| wird übersehen, wenn Einwände von Menschen, denen ein |Migrationshintergrund| zugeschrieben wird, zurückgewiesen werden und die Begriffsverwendung mit Integrationsmessung begründet wird.

Exkurs: Hintergrund zum Hintergrund – Anerkannte Minderheiten und Traditionen der Datensammlung zur sprachlichen und/oder ethno-kulturellen Zusammensetzung der Bevölkerung.

Um die unterschiedlichen nationalen Varianten des |Migrationshintergrundes| in Deutschland, Liechtenstein, Österreich und der Schweiz zu verstehen, müssen sich die Migrationsgegebenheiten aber auch, – das wird oft vergessen –, der Umgang mit nationalen Minderheiten vor Augen geführt werden. Das Migrationsgeschehen ähnelt sich in allen vier Staaten: Sie hatten in den 1960er Jahren einen Bedarf an Arbeitskräften, die sie aus südeuropäischen Ländern rekrutierten, sie waren und sind Ziele innereuropäischer Mobilität sowie international humanitären Schutz Suchender. Aktuell versuchen sie (hoch-)qualifizierte Einwanderer*innen zu gewinnen. Beim Umgang mit Minderheiten gibt es bedeutsame Unterschiede.

Das Fürstentum Liechtenstein hat keine anerkannten nationalen Minderheiten, wohl aber – wie auch die anderen drei Staaten, in denen (auch) Deutsch gesprochen wird – eine große Zahl ausländischer Einwohner*innen, zumeist aus den deutschsprachigen Nachbarländern oder -regionen.

Die Schweizerische Eidgenossenschaft hat bis auf die 1998 als solche anerkannten Jenischen und Sinti*zze keine nationalen Minderheiten, ist aber ein viersprachiger Staat. Laut Bundesverfassung sind Deutsch, Französisch, Italienisch und Räteromanisch Landessprachen. Erhebungen zur Größe von Sprecher*innengruppen werden regelmäßig durchgeführt (Duchêne et al. 2019, S. 62), Mehrsprachigkeit ist die Regel und nicht die Ausnahme, wie z. B. in Deutschland.

In der Bundesrepublik Deutschland gibt es vier anerkannte nationale Minderheiten (Dän*innen, Fries*innen, Sorb*innen sowie seit 1995/98 deutsche Sinti*zze und Rom*nja) (Bundesministerium des Innern 2015). Deutschland versteht sich weitgehend als monolingual (vgl. Gogolin 1994) und in Teilen sogar monokulturell, was Debatten über eine „Leitkultur“ zeigen, die bei gleichzeitiger Kulturhoheit der Bundesländer und einer hochgehaltenen regionalen Diversität paradox anmutet. In Deutschland werden keine Daten zur Größe der anerkannten nationalen Minderheiten erhoben. Offiziell wird hierzu erklärt, dass seit dem Missbrauch von Daten durch die Nationalsozialisten in der Bundesrepublik Deutschland generell keine Daten auf „ethnischer Basis“ erhoben werden (Bundesministerium des Innern, für Bau und Heimat 2020b). Die Bundesrepublik fördert die deutschen Minderheiten im Ausland, wobei es neben der „Bindung an die deutsche Sprache“ auch um die „Stärkung ihrer ethnokulturellen Identität“ geht (Bundesministerium des Innern, für Bau und Heimat 2020a).

Die Republik Österreich ist aus einem Vielvölkerstaat hervorgegangen und hat auf dem eigenen Staatsgebiet Siedlungsgebiete nationaler Minderheiten. In Österreich gibt es sechs weitere anerkannte Minderheitensprachen (Burgenlandkroatisch, Slowakisch, Slowenisch, Tschechisch, Ungarisch, Romanes) neben der österreichischen Gebärdensprache, die 2005 ebenfalls den Status einer anerkannten Minderheitensprache erhielt. Im letzten Zensus 2001, der eine Bevölkerungsbefragung enthielt,[15] wurde auch nach der Umgangssprache neben der Staatsangehörigkeit und dem Geburtsland gefragt.

Diese nationalen Hintergründe im Umgang mit nationalen Minderheiten bzw. nationaler Mehrsprachigkeit spielen eine Rolle bei der jeweiligen Abgrenzung eines |Migrationshintergrundes| und der Bedeutung, die der ebenfalls in PISA enthaltenen Frage nach der Sprache, die Schüler*innen zuhause sprechen, beigemessen wird. In Bezug auf sprachliche Minderheiten kann gleichermaßen die Anpassung der Schüler*innen an die Unterrichtssprache verlangt oder der Unterricht in Minderheitensprachen als Grundrecht angesehen werden. Dabei ist ausschlaggebend, ob die Minderheiten anerkannt sind und damit das Recht haben, in ihrer Sprache beschult zu werden oder nicht. Aus den vier deutschsprachigen Nationalkontexten resultieren ebenso verschiedene Umgangsarten mit nicht anerkannten Minderheiten und der Sammlung von Daten über sie. Wo in Österreich und der Schweiz selbstverständlich Sprachdaten zur nationalen Bevölkerung gesammelt werden, um ihre Größe beziffern zu können und ggf. Finanzmittel zu allozieren,

[15] Zensuserhebungen werden sukzessive auf registergestützte Verfahren umgestellt, sodass Befragungen entfallen und nur Daten ausgewertet werden können, die auch in Registern erfasst werden; Sprachkenntnisse und -praxen gehören nicht dazu. Somit werden derartige Sprachdaten nicht mehr auf Zensusbasis zur Verfügung stehen. Individuelle Mehrsprachigkeit wird damit nicht abgebildet.

und dies auf die als zugewandert markierten Bevölkerungsteile übertragen wird, fehlen in Liechtenstein und Deutschland[16] ähnliche Erhebungen.

Aber zunächst zur Verwendung des Konzepts |Migrationshintergrund| innerhalb der PISA-Erhebungen der Jahre 2000–2018 international und in den vier deutschsprachigen Staaten Deutschland, Liechtenstein, Österreich und Schweiz, danach erfolgt ein Blick auf die Übernahme des |Migrationshintergrundes| in die amtliche Bevölkerungsstatistik dieser Staaten.

PISA-Migrationshintergründe im deutschsprachigen Raum.

Mit den internationalen PISA-Erhebungen wurden individuell-nationale migrationsbezogene Alteritätskategorien gebildet. Durch die internationale Kooperation sind die gleichen Fragen die Basis für die nationalen Klassifikationen, d. h. sie sind nicht gänzlich kontingent, sondern haben einen durch die erhobenen Daten vorgegebenen Gestaltungsspielraum. In allen Staaten wird gefragt, ob der Geburtsort der Schüler*innen und der Eltern im In- oder Ausland liegt und welche Sprache[17] die Schüler*innen zuhause sprechen (Abb. 1). Allerdings sind die Fragen in Deutschland seit 2003 nicht mehr verpflichtend zu beantworten, was bis zu 14 % fehlender Werte für die entsprechenden Zuordnungen führt (Suchan und Breit 2016, vgl. Fußnote auf S. 90; Reiss et al. 2019; S. 151).

Eine Schwierigkeit ergibt sich aus Familienkonstellationen, die nicht einer durch die Frage antizipierten Mutter-Vater-Kind(er)-Konstellation entsprechen wie die verbreiteten „single parent families". Hier werden im internationalen Kontext die Schüler*innen aus den Auswertungen ausgeschlossen, wenn die Angaben zu den Geburtsländern von Schüler*in und beiden Eltern unvollständig sind. In bundesdeutschen Auswertungen wird mit solchen Fällen eine Teilpopulation „nicht zuzuordnen" ausgewiesen (Klieme et al. 2010, S. 205).

[16] Allerdings wird seit 2017 in Deutschland die „vorwiegend im Haushalt gesprochene Sprache" im Mikrozensus erhoben. Die Daten sind nicht aussagekräftig, da nur eine Sprache für den gesamten Haushalt angegeben werden kann (Adler (2018). Seit 2021 wird auf individueller Ebene nach der „vorwiegend zu Hause" gesprochenen Sprache gefragt.

[17] Mehrsprachigkeit wird bereits durch die Art der Abfrage ausgeschlossen. Es wird nur *eine* Sprache abgefragt. Bildungswissenschaftler*innen gehen damit davon aus, dass jede*r *eine* Sprache hat, die dann auch am häufigsten oder normalerweise zuhause gesprochen wird. Existierende Mehrsprachigkeit wird durch die Datenerhebung monolingualisiert.

In welchem Land bist Du geboren? In welchem Land sind Deine Eltern geboren? Du..................Mutter.....................Vater .... (detaillierter für Auswertungen nach Herkunftsgruppen in D, AT (ab 2003) und CH; ansonsten nur In-/Ausland) Welche Sprache sprichst du normalerweise zu Hause? /Welche Sprache sprichst du am häufigsten zuhause? (detailliert für Auswertungen nach Sprachgruppen in D, AT und CH; ansonsten nur Landessprache(n) ja/nein)

Abb. 1 Fragen im Schüler*innenfragebogen von PISA zu Geburtsland und Sprache zuhause. (Quellen: Böck und Haider 2001; educa.ch o. D.; KMK 2000; Kunter et al. 2002; Mang et al. 2019)

Bal nutzt die Metapher „elasticity", um die Formbarkeit bei gleichzeitiger Stabilität von Konzepten zu beschreiben (Bal 2009, S. 18). Die Flexibilität des Begriffs |Migrationshintergrund| und seine jeweilige Aneignung tritt durch die unterschiedlichen Operationalisierungen in den vier betrachteten nationalen Kontexten hervor. In den letzten 20 Jahren sind 51 offizielle Publikationen zum Thema Schüler*innenleistungen international und im deutschsprachigen Sprachraum erschienen[18] (Baumert et al. 2002; Biedermann und Brühwiler 2006; BMBF 2007; Brühwiler et al. 2008; Buccheri et al. 2011; Bundesamt für Statistik 2009; Erzinger et al. 2015; Forschungsgemeinschaft PISA Deutschschweiz/FL 2005; Haider 2004; Haider und Reiter 2001, 2002; Klieme et al. 2010; Konsortium PISA. ch 2010, 2013, 2014, 2018, 2019; Moser und Berweger 2002; OECD 2001a, b, 2004a, b, 2006, 2007a, b, 2010a, b, c, d, 2013, 2014a, b, c, 2016a, b, 2018, 2019a, b; Prenzel 2005, 2008; Prenzel et al. 2013; Reiss et al. 2016, 2019; Schreiner 2007; Schreiner und Schwantner 2009; Schwantner et al. 2013; Schwantner und Schreiner 2010; Suchan et al. 2019; Suchan und Breit 2016; Zahner et al. 2002; Zahner Rossier und Antonietti 2005). Es ist eine Fülle an Text, Tabellen und Abbildungen. Die folgenden Ausführungen beruhen auf einer ersten Exploration dieses Materials. Bal beschreibt treffend, dass sich Forscher*innen in der Anwendung von „travelling concepts" auch schnell verzetteln können (Bal 2002b, S. 17). Das gilt auch für den Begriff |Migrationshintergrund|. Eine Analyse des Korpus „PISA-Erhebungen 2000–2018 international und in vier deutschsprachigen Ländern" franst schnell aus.

Nachdem in den Ergebnisdarstellungen der ersten PISA-Erhebung, insbesondere im Bericht der OECD (2001a, 2001b) keine und 2003 noch eine „wissenschaftlich wenig anschlussfähige Definition des Migrationshintergrunds verwendet

[18] Dieser Text wurde Ende 2020 erstellt und im April 2024 final redigiert. In der Zwischenzeit sind weitere Publikationen erschienen und PISA wird im kommenden Jahr ein Vierteljahrhundert existieren.

worden war" (Klieme et al. 2010, S. 203), wurde mit dem thematischen Bericht „Where Immigrant Students Succeed" (BMBF 2007; OECD 2006) die „in der internationalen Literatur gängige Unterscheidung zwischen erster und zweiter Generation eingeführt" (Klieme et al. 2010, S. 203). Neu war jedoch die zusammenfassende Kategorie, die international eingangs als „immigrant students" bezeichnet wurde und im deutschsprachigen Raum als Schüler*innen oder Jugendliche „mit Migrationshintergrund". Die Definition der ersten und zweiten Generation wurde ab 2006 in allen weiteren Berichten der OECD identisch angewendet (vgl. Will 2018b, S. 4 f. in Onlineversion) und auch weitgehend in den nationalen Berichten. So wurde die Vergleichbarkeit der internationalen und nationalen Publikationen gewährleistet.

Allerdings wichen bei der Sammelkategorie „mit Migrationshintergrund" und der Restkategorie „ohne Migrationshintergrund" Deutschland bereits seit 2000 durchgängig und temporär auch Österreich (im Jahr 2000), die Schweiz (in den Jahren 2000 und 2006) und Liechtenstein (in den Jahren 2000, 2003 Teilbericht, 2006, 2012) von den internationalen Definitionen ab. Die verschiedenen Operationalisierungen in den nationalen Auswertungen verdeutlichen die Elastizität des Begriffs |Migrationshintergrund| und im Zeitverlauf eine Konsolidierung der Operationalisierungen. Abgrenzungen, die Sprachen berücksichtigen, finden sich nur in der Schweiz und Liechtenstein (Tab. 1). Sie brachten eine größere Vielfalt an Definitionen hervor als die Abgrenzungen, die die Geburt im Ausland zum Ausgangspunkt haben, sich schneller verfestigten und in späteren Jahren wiederverwendet wurden.

Die bundesdeutsche Operationalisierung von |Migrationshintergrund| inkludierte seit Beginn Schüler*innen mit einem im Ausland geborenen Elternteil in der Alteritätskategorie „mit Migrationshintergrund" (Baumert et al. 2002, S. 83 ff.). In den Folgebefragungen wurde die Teilpopulation „mit (nur) einem im Ausland/nicht in Deutschland geborenen Elternteil" zwar separat ausgewiesen, aber ebenso in die Kategorie „mit Migrationshintergrund" gerechnet.[19] Die Teilpopulation wurde damit abweichend vom OECD-Vorgehen *permanent nicht* in der Kategorie „ohne Migrationshintergrund" oder „einheimische Schüler*innen"

[19] Sie ist auch Teil der Kategorie „mit Zuwanderungshintergrund" (Reiss et al. 2019, S. 134), die seit der 2012er Erhebung in der bundesdeutschen PISA-Auswertung verwendet wird und erst in der Folgepublikation erklärt wurde (Reiss et al. 2016, S. 317 f.). Kemper und Supik (2020, S. 54) finden die Begründung für die neue Bezeichnung, dass Zuwanderungshintergrund besser die Einwanderungssituation abbilde, nicht überzeugend. Dem schließe ich mich an.

gezählt wie es die internationale Berichterstattung[20] oder die deutschsprachigen Nachbarländer tun. In Liechtenstein, Österreich und der Schweiz wurde die Teilkategorie der „Schüler*innen mit einem im Ausland geborenen Elternteil“ über alle Erhebungsjahre nur mit der Ausnahme von Österreich und der Schweiz in PISA 2000[21] nicht statistisch sichtbar gemacht.

Die Schweiz und Liechtenstein ergänzten die internationale Operationalisierung mit der zuhause gesprochenen Sprache. Um in den schweizerischen und liechtensteinischen Berichten einen |Migrationshintergrund| zugewiesen zu erhalten, musste zeitweise (Schweiz 2000 und 2006, Liechtenstein 2003) zusätzlich die Bedingung erfüllt sein, dass die Sprache zuhause von der Testsprache abweicht. Konkret heißt dieses Vorgehen, dass in Österreich Schüler*innen, deren Eltern in Deutschland geboren wurden, einen |Migrationshintergrund| haben. In der Schweiz wurden solche Schüler*innen hingegen, wenn sie in der Deutschschweiz getestet wurden und angaben normalerweise Deutsch zuhause zu sprechen (vgl. Abb. 1), in den Auswertungen nicht innerhalb der Alteritätskategorie „mit Migrationshintergrund“ berücksichtigt. Da in Österreich und den 17 deutschsprachigen Kantonen der Schweiz Staatsangehörige aus der Bundesrepublik die größte ausländische Teilpopulation ausmachen (Statistik Austria 2020b; Bundesamt für Statistik 2020c, eigene Berechnung für einsprachig deutsche Kantone), ist diese zusätzliche Abgrenzung anhand der Herkunftsländer oder Testsprache wesentlich für einen Vergleich von Schüler*innenleistungen.

Laut Bal schreiben sich Interessen in wandernde Begriffe ein und sollen mithilfe der Begriffe thematisiert werden (Bal 2002b, S. 30 f.). Für den bundesdeutschen Kontext muss deshalb gefragt werden, wessen Interesse es ist, dass sich eine Logik in der Operationalisierung von |Migrationshintergrund| finden lässt, die für die USA als „one drop rule“ formuliert wurde (Yanow 2003; Zerubavel 2015a). Nachkommen werden immer in die nicht-dominante Kategorie gezählt, auch wenn ein Elternteil zur dominanten Kategorie gehört und sie genauso in diese Kategorie gezählt werden könnten. Sie ist nicht typisch für oder beschränkt auf Deutschland, da auch Österreich (Haider und Reiter 2002, S. 65) und Liechtenstein (Moser und Berweger 2002, S. 20) eingangs ähnlich in PISA klassifizierten. Doch nur im bundesdeutschen Kontext existiert ein konsistentes Abweichen vom OECD-Vorgehen im Ausschluss eines einseitigen |Migrationshintergrundes|

[20] Erst mit dem Erhebungsjahr 2015 wurde ein internationaler Bericht erstellt, in dem eine Schüler*innenkategorie mit „mixed heritage“ bezeichnet wurde (vgl. OECD 2018).

[21] In Liechtenstein wurde diese Teilpopulation zur ab 2009 als „zweite Generation“ bezeichneten Kategorie gezählt und nicht einzeln ausgewiesen („mindestens ein Elternteil der Schülerinnen und Schüler ist im Ausland geboren“ (Moser und Berweger 2002, S. 20).

aus der Kategorie „einheimisch“ bzw. „ohne Migrationshintergrund“. Dieser Ausschluss setzt ich bei der Weiterwanderung des |Migrationshintergrundes| aus dem Feld der Bildungsforschung zur amtlichen Bevölkerungsstatistik fort.

Weiterwanderung: Migrationshintergründe in der amtlichen Statistik in deutschsprachigen Ländern im Vergleich.

Bis auf Liechtenstein differenzieren alle deutschsprachigen Staaten ihre Gesamtbevölkerung mittlerweile jährlich nach |Migrationshintergrund|, Deutschland[22] seit 2006 mit den Daten aus 2005 (Statistisches Bundesamt 2006), Österreich seit 2008 (Statistik Austria 2020a) und die Schweiz seit 2010[23] (Bundesamt für Statistik 2020b). Damit hat sich das Konzept des |Migrationshintergrundes| im deutschsprachigen Raum auch für die Beschreibung der Bevölkerungen durchgesetzt. Alle drei Staaten nutzen hierfür unter anderem die Daten der Arbeitskräfteerhebung (AKE) der Europäischen Union (und der EFTA-Staaten, weshalb auch die Schweiz teilnimmt). Die Daten werden durch die nationalen Statistikämter erhoben. In der Schweiz und Österreich werden Personen ab 15 Jahren befragt, sodass auch ein |Migrationshintergrund| nur für die Bevölkerung ab 15 Jahren ausgewiesen wird. Da in der Schweiz Menschen ab 90 Jahren seit 2018 nicht mehr nach ihrer Staatsangehörigkeit bei Geburt gefragt werden, stieg dort der Anteil der Personen, deren |Migrationshintergrund| unbestimmbar ist (Bundesamt für Statistik 2020a). In Deutschland ist die AKE in den Mikrozensus integriert und die relevanten Fragen, die zur Abgrenzung des |Migrationshintergrundes| nötig sind (Will 2018a), werden für alle Haushaltsmitglieder beantwortet. Deshalb kann das

[22] In der Bundesrepublik gibt es weitere |Migrationshintergründe|, die auch bundesweit abgegrenzt werden (z. B. im Zensus 2011, im Mikrozensus mit der Zensus-Definition oder in der Kinder- und Jugendhilfestatistik). Im Folgenden geht es um die Definition des Statistischen Bundesamtes mit den Daten des Mikrozensus. Seit März 2023 wird die Bevölkerung auch nach „Einwanderungsgeschichte“ differenziert und die Einwanderung ab 1950 zur Abgrenzung genutzt und nicht die Staatsangehörigkeit bei Geburt (vgl. https://www.destatis.de/DE/Themen/Gesellschaft-Umwelt/Bevoelkerung/Migration-Integration/Methoden/Erlauterungen/einwanderungsgeschichte-hintergrundpapier.html).

[23] Die Schweiz hat zuvor in den Erhebungsjahren 2003 und 2008 die Schweizerische Arbeitskräfteerhebung nach |Migrationshintergrund| ausgewertet (Bundesamt für Statistik (2019)), allerdings mit einer abweichenden Definition des |Migrationshintergrundes| (Rausa-de Luca (2005)).

Statistische Bundesamt die Bevölkerung ab 0 Jahren nach |Migrationshintergrund| unterscheiden, ein unbestimmbarer |Migrationshintergrund| existiert in Deutschland nicht.

Alle drei Staaten grenzen „ihren“ |Migrationshintergrund| anders ab. Im Gegensatz zu den PISA-Erhebungen sind in der Schweiz und Deutschland die Staatsangehörigkeiten der Befragten, und im Fall Deutschlands auch der Eltern, von Bedeutung (vgl. Tab. 2). Eine Geburt von Befragten im Ausland führt in der Schweiz und in Deutschland nicht automatisch dazu (wie in PISA), dass sie einen |Migrationshintergrund| erhalten. Im Fall der Schweiz führt mindestens ein Schweizerisches Elternteil und in Deutschland zwei durch Geburt deutsche Elternteile dazu, dass die Betroffenen trotz Geburt im Ausland keinen |Migrationshintergrund| haben. Nur

Tab. 2 Typologien der |Migrationshintergründe| in der Bevölkerungsstatistik auf Basis der Arbeitskräfteerhebung (AKE) von Deutschland (ab 2006), Österreich (ab 2008) und der Schweiz (ab 2010). (Quelle: Ausgangspunkt der Darstellung ist Bundesamt für Statistik 2020a, modifiziert und ergänzt mit Informationen aus Statistik Austria o. D., Statistisches Bundesamt 2020)

Befragte*r (Kind)		Geburtsländer der Eltern (in Deutschland hingegen: deutsche Staatsangehörigkeit der Eltern durch Geburt)								
Geburt:	Besitz der Staatsangehörigkeit des Befragungslandes	beide Inland			1 Inland, 1 Ausland			beide Ausland		
		CH	A	D	CH	A	D	CH	A	D
im Inland	seit Geburt	ø	ø	ø	Ø	ø	x	x	x	x
	eingebürgert	ø	ø	x	X	ø	x	x	x	x
	Ausländer*in	ø	ø	x	X	ø	x	x	x	x
im Ausland	seit Geburt	ø	x	ø[a]	Ø	x	x	x	x	x
	eingebürgert	x	x	x	X	x	x	x	x	x
	Ausländer*in	x	x	x	X	x	x	x	x	x

Legende: x Bevölkerung mit Migrationshintergrund ø Bevölkerung ohne Migrationshintergrund

Anmerkung: [a] Bis 2016 wurden im Ausland geborene Kinder von zwei durch Geburt deutschen Eltern als „mit Migrationshintergrund“ kategorisiert. Bei einer Revision der Veröffentlichungen wurde dies geändert.

Österreich berücksichtigt konsequent nur das Geburtsland (In-/Ausland) der Befragten und ihrer beiden Elternteile wie in PISA. Ist nur ein Elternteil im Ausland geboren, so wird – wie in den internationalen PISA-Berichten – kein |Migrationshintergrund| zugewiesen. Einen „einseitigen Migrationshintergrund" gibt es in der österreichischen amtlichen Statistik nicht.

Bei der Wanderung des Begriffs |Migrationshintergrund|, wie er in den PISA-Studien verwendet wird, zur Verwendung in der Bevölkerungsstatistik haben sich somit weitere Veränderungen ergeben: die Staatsangehörigkeit bei Geburt wird relevant, in der Schweiz nur für die Befragten selbst, in Deutschland auch die beider Eltern. Diese Information wird zusätzlich zur impliziten Wanderungsinformation über die Geburt im In- oder Ausland für die Operationalisierung eines |Migrationshintergrundes| genutzt. Die Art der Kombination der beiden Informationen „Staatsangehörigkeit bei Geburt" und „Geburtsland" offenbart damit etwas über die jeweiligen Vorstellungen, für wen Migration einen relevanten Hintergrund darstellt und für wen nicht. So wird die Geburt im Ausland gebürtiger Schweizer*innen in der Schweiz ignoriert; in Deutschland ebenso, wenn zusätzlich zur Geburt als Deutsche*r auch noch beide Elternteile bereits als Deutsche geboren wurden.

Staatsangehörigkeit ist eine klassische Unterscheidung in der Bevölkerungsstatistik. Seit dem Entstehen von Nationalstaaten werden die anwesenden Nationsangehörigen und -fremden gezählt. Alle deutschsprachigen Staaten setzen diese überkommene Art der Ausländer*innenstatistik auch fort. Die Unterscheidung nach |Migrationshintergrund| ist in Deutschland, Österreich und der Schweiz eine Ergänzung hierzu. Sie wurde eingeführt, nachdem die Teilpopulationen „ehemaliger" Ausländer*innen durch Einbürgerung zunahm und die Zahl postmigrantischer (neuer)[24] Deutscher, Österreicher*innen und Schweizer*innen wuchs durch geänderte Staatsangehörigkeitsgesetze, in denen zum Abstammungsprinzip (ius sanguinis) eine Territorialkomponente (ius soli) ergänzt wurde. Bei einer Unterscheidung nach Staatsangehörigkeit „verschwinden" diese Populationen aus der Statistik, obwohl für sie Integrationsdefizite unterstellt oder Benachteiligungen vermutet werden.

In Österreich und der Schweiz existieren weitere Daten über die Erstsprachen der Einwohner*innen, die ebenfalls als Markierung für natio-ethno-kulturelle Zu-

[24] Das Adjektiv „neu" ist stark kontextabhängig. In der Bundesrepublik ist „neue Deutsche" eine Selbstbezeichnung, die ältere Vorstellungen von „Deutschsein" herausfordert, in den USA sind „new Americans" eine abwertende Fremdbezeichnung, die jüngere Einwanderer*innenkohorten von älteren abgrenzt.

gehörigkeit (Mecheril 2003), bzw. in der Erweiterung des Konzepts als natio-ethno-kulturell-*linguale* Zugehörigkeit (Füllekruss und Inci 2020, S. 73) fungieren kann. Weil die Unterscheidung nach Staatsangehörigkeit ohnehin fortgesetzt wird, ist die Vermischung der Sachverhalte Staatsangehörigkeit und Wanderung, operationalisiert über eine Geburt im Ausland, eher überraschend. In der bundesdeutschen Version eines |Migrationshintergrundes| wird die Wanderung nur zur Plausibilisierung genutzt, primär ausschlaggebend ist die deutsche Staatsangehörigkeit durch Geburt über zwei Generationen (Will 2019). Durch diese Art der Definition werden deutsche Flüchtlinge und Vertriebene, die nach dem zweiten Weltkrieg einwanderten, nicht in die Alteritätskategorie „mit Migrationshintergrund" gezählt. Diese Entscheidung hat mit dem Ausgangsverständnis von |Migrationshintergrund| als Wanderungskategorie nichts zu tun. Flüchtlinge und Vertriebene sind eingewandert. In PISA hätten sie immer einen |Migrationshintergrund| zugewiesen bekommen, wenn sie als 15-Jährige getestet worden wären. Deutsche Flüchtlinge und Vertriebene nicht zur Alteritätskategorie zuzuordnen, hat identitätspolitische Hintergründe. Ihre Zugehörigkeit zum nationalen Kern wird dadurch manifest, dass sie in die Kategorie „ohne Migrationshintergrund" gezählt werden.

Für die Schweizer Bevölkerungsstatistiker*innen haben als Schweizer*innen Geborene mit nur einem in der Schweiz geborenen Elternteil keinen |Migrationshintergrund|, egal ob diese Personen im In- oder Ausland geboren sind. In der bundesdeutschen Statistik hätten sie immer einen (einseitigen) |Migrationshintergrund| und in der österreichischen Statistik wäre ausschlaggebend, ob sie im Ausland geboren sind oder nicht.

|Migrationshintergrund| beschreibt als wandernder Begriff eine Wanderungskategorie, die selbst über Landesgrenzen und zwischen Wissensbereichen und Disziplinen wandert. Bei diesen Wanderungen schreiben sich Besonderheiten der Verwendungsfelder ein. So wird bei den PISA-Erhebungen die Information zur Sprache der Schüler*innen zuhause genutzt und mit den Informationen zur Einwanderung kombiniert, um in den Worten der österreichischen Berichterstattung „Risikoschüler*innen" ausfindig zu machen (Schreiner und Schwantner 2009, S. 108). In der bundesdeutschen Bevölkerungsstatistik, die den |Migrationshintergrund| nutzt, heißt es, dass Bevölkerungsteile durch die Definition eingeschlossen werden sollten, „bei denen sich zumindest grundsätzlich ein potentieller Integrationsbedarf vermuten lässt" (Statistisches Bundesamt 2020, S. 4).[25] Da deutsche

[25] Bis 2019 hieß es an gleicher Stelle in den Methodischen Bemerkungen noch expliziter „bei denen sich zumindest grundsätzlich ein Integrationsbedarf feststellen lässt" (Statistisches Bundesamt 2019).

Flüchtlinge und Vertriebene diesen Integrationsbedarf nicht (mehr?) haben, wurden sie „‚hinausdefiniert'" (ebd.). Die dazu genutzte Staatsangehörigkeit durch Geburt ist ein gänzlich anderer Sachverhalt als Wanderungserfahrung. Erstere bildet eher Herkunft als Wanderung ab. Deshalb steht die Operationalisierung in der bundesdeutschen Bevölkerungsstatistik in einer Spannung zu dem, was der Begriff *Migration*shintergrund suggeriert (Will 2019, 2020). Mobilität ist in den Versionen eines |Migrationshintergrundes| in amtlichen Statistiken zweitrangig, die sich auf (ehemalige) Staatsangehörigkeiten beziehen. Aber auch in PISA ist die Mehrheit der 15-Jährigen, die für in deutschsprachigen Ländern getestet werden, nicht in das Testland eingewandert, sondern ihre Eltern(teile).

Wandernde Begriffe sind nicht nur „shorthand theories" oder Konzeptmetaphern, sie bringen auch Gepäck mit. Der Begriff |Migrationshintergrund| transportiert implizit „Zugezogensein". Für alle Personen, die selbst im Ausland geboren sind, stimmt das, für alle im Inland geborenen mit Eltern(teilen), die im Ausland geboren sind, hingegen nicht. Auf sie wird das Zugezogensein der Eltern übertragen und ihnen ihr „Von-hier-Sein" abgesprochen. Mobilitätskategorie und Zugehörigkeitskategorie „mit Migrationshintergrund" überlagern sich in der Dichotomie des Nicht-/Von-Hier-Seins.

Fazit

Das Beispiel |Migrationshintergrund| zeigt, wie wichtig es ist, bei einer Übernahme von Begriffen zu klären, was konkret gemeint ist und auch, ob der Begriff für eine Übernahme – in der vorgesehenen Reichweite – geeignet ist. Diese Forderung, die Bal für die Wissenschaft aufstellt und zur Grundlage produktiver interdisziplinärer Arbeit erklärt, wird durch die vorgenommenen Vergleiche unterstützt. |Migrationshintergrund| ist offensichtlich ein überzeugender und handlicher Begriff, der mittlerweile zur Standardsoziodemographie gehört. Doch die wichtigen zu reflektierenden Fragen sind: wofür ist der |Migrationshintergrund| relevant? Was soll durch die Wanderungserfahrung abgebildet werden, ist es überhaupt Wanderungserfahrung, die im Mittelpunkt steht – wie es der Begriff nahelegt? Grundsätzlich also ein: „Warum so?!"[26]

[26] „Warum so?!" ist ein Motto (unter vielen) der Neuen Deutschen Organisationen (www.neuedeutsche.org), das althergebrachte, unreflektierte Ansichten infrage stellt. Das Fragerufzeichen zeigt, dass nicht einfach nach dem Warum für irgendwas gefragt wird, sondern es grundsätzlich infrage gestellt wird und damit seine Legitimität herausgefordert. Die damit evozierten Diskussionen sind meiner Meinung nach sehr im Sinne Bals.

Genau dieses „Warum so?!“ ist produktiv, weil es zur Reflexion zwingt und Diskussionen befördert. Eine reflektierende und begründete Definition übernommener wandernder Begriffe oder reisender Konzepte macht hintergründige Logiken transparent und damit auch modifizierbar. Es verhindert eine vorschnelle und am Ende vielleicht nicht nur unpassende, sondern sogar schädliche Übernahme von Begriffen und Konzepten.

So kann es für den bundesdeutschen Kontext meiner Meinung nach nicht einfach selbstverständlich sein, knapp 3 Mio. Menschen mit einem sogenannten „einseitigen Migrationshintergrund“ (Statistisches Bundesamt 2020, S. 68) in einer Bevölkerungsstatistik in die Alteritätskategorie zu zählen und sie nicht in der unmarkierten Norm „ohne Migrationshintergrund“ zu belassen. Weitere gut vier Millionen Menschen ohne eigene Migrationserfahrung erhalten ebenso einen |Migrationshintergrund| zugewiesen, obwohl sie in Deutschland geboren und aufgewachsen sind, deutlich mehr als die Hälfte (71 %) von ihnen sind Deutsche seit Geburt (Statistisches Bundesamt 2020, S. 68).

Mir fällt keine Begründung für das „Warum so?!“ ein, wenn das politische Bekenntnis als Einwanderungsland und das durch das Grundgesetz definierte Deutschsein ernstgenommen werden. Noch viel weniger begründungsfähig scheinen mir diese Entscheidungen vor dem Hintergrund der Ignoranz von Wanderungserfahrungen deutscher Flüchtlinge und Vertriebener. Für sie als Teil der Bevölkerung, der selbst eingewandert ist, wird Mobilität ausgeblendet und für einen anderen Teil der Bevölkerung, der nicht eingewandert ist, wird Mobilität imaginiert.[27] Das ist nicht logisch, sondern politisch.

[27] Diese Imagination gipfelt in der Darstellung von in Deutschland geborenen Menschen unter den Geburtsstaaten ihrer Eltern. Damit werden Auslandsbezüge betont und durch die Darstellung unter „Geburtsländern“ eine (gar nicht erfolgte) Einwanderung nahegelegt. Zur Erinnerung: Bevölkerungsstatistik ist ein Teil nationaler Symbolpolitik und prägt die Art und Weise wie „stories or tales about collective identity“ erzählt werden (Yanow 2003, S. 22).

Anhang zu Tab. 1: Verwendete migrationsbezogene Abgrenzungen in PISA 2000–2018 in Deutschland, Liechtenstein, Österreich und der Schweiz.

Jahr	Deutschland	Liechtenstein	Österreich	Schweiz
2000	Zu der Gruppe der Schülerinnen und Schüler mit Migrationshintergrund zählen sowohl Schüler, deren Eltern beide im Ausland geboren sind, als auch Schüler, bei denen nur ein Elternteil im Ausland geboren ist. Auf Unterschiede zwischen diesen beiden Gruppen wird nicht gesondert eingegangen (Baumert et al. 2002, S. 94)	1) Einheimische Schülerinnen und Schüler 2) Mindestens ein Elternteil der Schülerinnen und Schüler ist im Ausland geboren und 3) Eltern wie Schülerinnen und Schüler sind im Ausland geboren. (Moser und Berweger 2002, S. 20)	Unterschieden wird zwischen zwei Gruppen von Schüler/innen mit Migrationshintergrund: • jenen, die selbst eingewandert sind […] und Schüler/innen, deren Eltern eingewandert sind, die aber selbst schon im Land des Tests geboren wurden […]. Schüler/innen, die selbst im Testland geboren sind, und von denen zumindest ein Elternteil ebenfalls im Testland geboren wurde, bilden eine dritte Gruppe“ (Haider und Reiter 2002, S. 65)	„Jugendliche, deren Eltern aus den Nachbarländern in die gleichsprachigen Regionen der Schweiz immigriert sind […] wurden […] für die folgenden Darstellungen nicht zu den Jugendlichen aus immigrierten Familien gezählt. […] Im Folgenden wird die Lesekompetenz zwischen Jugendlichen aus einheimischen, kulturell gemischten und immigrierten Familien verglichen. (Zahner et al. 2002 S. 116 f.)

Jahr	Deutschland	Liechtenstein	Österreich	Schweiz
2003	*Jugendliche ohne Migrationshintergrund*. Beide Elternteile sind im Testland geboren • *Jugendliche mit einem im Ausland geborenen Elternteil*. Nur ein Elternteil der Jugendlichen ist im Ausland geboren, der andere ist im Testland geboren • *Erste Generation*. Die Jugendlichen selbst sind im Testland geboren, beide Elternteile aber im Ausland • *Zugewanderte Familien*. Beide Elternteile und der beziehungsweise die Jugendliche sind außerhalb des Testlandes geboren und aus einem anderen Land zugewandert Das Merkmal „Migrationshintergrund" wird damit auch dann Jugendlichen, die zwar selbst in Deutschland geboren und aufgewachsen sind, zugeschrieben, wenn ein Elternteil oder auch beide Elternteile (erste Generation) im Ausland geboren sind. (Prenzel 2005, S. 256)	Dazu werden die Schülerinnen und Schüler in drei Gruppen eingeteilt: a) Schülerinnen und Schüler, die im Land geboren sind, in dem sie zur Schule gehen b) Schülerinnen und Schüler, die im Ausland geboren sind und in das Land, in dem sie zur Schule gehen, eingewandert sind. Sie werden in der Schweiz offiziell zur ersten Generation von Ausländer/innen gezählt c) Schülerinnen und Schüler, die im Land, in dem sie zur Schule gehen, geboren sind, deren Eltern hingegen im Ausland geboren sind. Sie werden in der Schweiz offiziell zur zweiten Generation von Ausländer/innen gezählt und umgangssprachlich auch als «Secondos» bezeichnet. (Forschungsgemeinschaft PISA Deutschschweiz/FL 2005, S. 106) Zur Bestimmung der kulturellen Heterogenität werden die Schülerinnen und Schüler in drei Gruppen eingeteilt: a) Schülerinnen und Schüler, die zu Hause Deutsch sprechen, b) fremdsprachige Schülerinnen und Schüler, die in Liechtenstein oder der Schweiz geboren sind, deren Eltern jedoch aus dem (nicht deutschsprachigen) Ausland nach Liechtenstein gezogen sind (1. Generation) und c) fremdsprachige Schülerinnen und Schüler, die im (nicht deutschsprachigen) Ausland geboren sind und nach Liechtenstein gezogen sind. (Biedermann und Brühwiler 2006, S. 17)	Österreichische Schüler/innen, die aus einer *Immigrantenfamilie* stammen, also deren Elternteile oder die jeweiligen Schüler/innen selbst nicht in Österreich geboren wurden […]" (Haider 2004, S. 141)	Keine Definition, aber multivariate Analysen mit dem Einflussfaktor „«Immigrationsstatus» (Erstgeneration und Geburtsland)" (Zahner Rossier und Antonietti 2005, S. 36) und Abbildungen mit den Kategorien „aus dem Ausland" und „erste Generation" (ebd., S. 23, 32, 36, 42)

Jahr	Deutschland	Liechtenstein	Österreich	Schweiz
2006	In den PISA-Studien weist die OECD jeder Schülerin und jedem Schüler einen Migrationshintergrund zu, wenn beide Elternteile nicht im Testland geboren sind. Innerhalb dieser Gruppe unterscheidet die OECD-Definition zwischen Schülerinnen und Schülern, die im Testland geboren sind, und solchen, die nicht im Testland geboren sind. Die letzte Gruppe wird als „Erste Generation", die erste Gruppe als „Zweite Generation" bezeichnet (OECD 2006). Das PISA-Konsortium Deutschland ist dieser Definition gefolgt, ordnet aber auch denjenigen Jugendlichen einen Migrationshintergrund zu, die einen im Ausland und einen im Inland geborenen Elternteil haben […]. (Prenzel 2008, S. 348)	Aufgrund dieser speziellen Zusammensetzung der Migrantengruppe und der teilweise geringen Gruppengrößen werden für die nachfolgenden Analysen drei Gruppen gebildet und auf ihre Leistung untersucht: a) Deutschsprachige einheimische Schülerinnen und Schüler b) Deutschsprachige Schülerinnen und Schüler mit Migrationshintergrund (1. und 2. Generation) c) Fremdsprachige Schülerinnen und Schüler mit Migrationshintergrund (1. und 2. Generation) (Brühwiler et al. 2008, S. 53)	Bei PISA werden zwei Gruppen von Schülerinnen und Schülern mit Migrationshintergrund unterschieden: *Migrantinnen und Migranten der 1. Generation* sind nach ihrer Geburt mit ihren Eltern nach Österreich gekommen. *Migrantinnen und Migranten der 2. Generation* sind selbst in Österreich geboren, ihre Eltern hingegen sind zugezogen. Jugendliche, die zumindest einen in Österreich geborenen Elternteil haben, gelten als einheimische Schüler/innen. (Schreiner 2007,S. 59) analog: Die OECD legt fest, dass Schüler/innen als „*einheimisch*" gelten, wenn der/die Schüler/in selbst und seine/ihre beiden Elternteile im Inland geboren wurden bzw. der/die Schüler/in selbst und ein Elternteil im Inland geboren wurden bzw. der/die Schüler/in zwar im Ausland, seine/ihre beiden Elternteile aber im Inland geboren wurden bzw. der/die Schüler/in und ein Elternteil im Ausland, aber ein Elternteil im Inland geboren wurden Als „*Migrant/innen zweiter Generation*" gelten Schüler/innen, wenn sie selbst im Inland, aber beide Elternteile im Ausland geboren wurden. Als „*Migrant/innen erster Generation*" gelten Schüler/innen, wenn sie und beide Elternteile im Ausland geboren wurden. (Schreiner und Schwantner 2009, S. 137)	Der Migrationshintergrund der Schülerinnen und Schüler wurde anhand einer dreistufigen Variablen erfasst: 1) Schülerinnen und Schüler, die zu Hause zumeist die Unterrichtssprache sprechen; 2) in der Schweiz geborene Schülerinnen und Schüler, die zu Hause zumeist eine andere Sprache als die Unterrichtssprache sprechen (fremdsprachig, in der Schweiz geboren); 3) im Ausland geborene Schülerinnen und Schüler, die zu Hause zumeist nicht die Unterrichtssprache sprechen (fremdsprachig, im Ausland geboren). (Bundesamt für Statistik 2009, S. 18)

Jahr	Deutschland	Liechtenstein	Österreich	Schweiz
2009	Im Hinblick auf die Zuordnung von Schülerinnen und Schülern mit nur einem im Ausland geborenen Elternteil besteht hingegen weiterhin Uneinheitlichkeit. Während diese Heranwachsenden in der wissenschaftlichen Literatur häufig separat ausgewiesen werden, ordnet die OECD sie den Schülerinnen und Schülern ohne Migrationshintergrund zu. Bereits die nationalen Berichte zu PISA 2003 und PISA 2006 wichen vom Vorgehen der OECD ab und stellten die Ergebnisse der Jugendlichen mit nur einem im Ausland geborenen Elternteil getrennt dar. Daran wird auch im vorliegenden Band festgehalten. (Klieme et al. 2010, S. 204)	Gemäß Definition im internationalen PISA-Projekt gelten jene Schülerinnen und Schüler als Jugendliche mit Migrationshintergrund, die, wie ihre beiden Elternteile, im Ausland geboren sind (1. Generation), oder im Fürstentum Lichtenstein geborene Jugendliche, deren beide Elternteile im Ausland geboren sind (2. Generation). Alle anderen Schülerinnen und Schüler werden als einheimisch bezeichnet. (Buccheri et al. 2011, S. 16)	PISA unterscheidet zwei Gruppen von Schülerinnen und Schülern mit Migrationshintergrund. Migrantinnen und Migranten der 1) Generation sind nach ihrer Geburt mit ihren Eltern nach Österreich eingewandert. Migrantinnen und Migranten der 2) Generation sind selbst in Österreich geboren, ihre Eltern sind jedoch zugewandert. Jugendliche, die zumindest einen in Österreich geborenen Elternteil haben, werden von der OECD zu den einheimischen Schülerinnen und Schülern gezählt. (Schwantner und Schreiner 2010, S. 43)	„Schülerinnen und Schülern ohne Migrationshintergrund (im Land geborene Schülerinnen und Schüler mit mindestens einem im Land geborenen Elternteil) und solchen, die wie ihre Eltern nicht im Land geboren sind (Migrationshintergrund: erste Generation) […] Schülerinnen und Schülern […], die im Gegensatz zu ihren Eltern im Land geboren sind (Migrationshintergrund: zweite Generation). (Konsortium PISA.ch 2010, S. 16) Bei PISA „Jugendlichen mit Migrationshintergrund (erste und zweite Generation) […] Jugendlichen ohne Migrationshintergrund (Kind und mindestens ein Elternteil in der Schweiz Geboren [sic]). (Konsortium PISA.ch 2010, S. 32 f.)

Jahr	Deutschland	Liechtenstein	Österreich	Schweiz
2012	Im Unterschied zur Vorgehensweise der OECD werden im vorliegenden Bericht zudem Schülerinnen und Schüler gesondert ausgewiesen, die selbst in Deutschland geboren sind, deren Mutter oder Vater jedoch aus dem Ausland stammen *(ein Elternteil im Ausland geboren)*. Die OECD ordnet diese Jugendlichen der Gruppe der Schülerinnen und Schüler *ohne* Zuwanderungshintergrund zu, während sie in den deutschen Berichten zu PISA zur Gruppe der Schülerinnen und Schüler *mit* Zuwanderungshintergrund gezählt werden. Bereits die nationalen Berichte zu PISA 2003, PISA 2006 und PISA 2009 in Deutschland wichen vom Vorgehen der OECD ab und stellten die Ergebnisse der Jugendlichen mit nur einem im Ausland geborenen Elternteil getrennt dar. (Prenzel et al. 2013, S. 277)	Box: Für die Bestimmung des Migrationshintergrunds nutzt PISA den Geburtsort. Zu den *Schülerinnen und Schülern mit Migrationshintergrund* gehören jene Schülerinnen und Schüler, die wie ihre Eltern im Ausland geboren sind (erste Generation) sowie Schülerinnen und Schüler, die in Liechtenstein geboren sind, deren Eltern jedoch beide im Ausland geboren wurden (zweite Generation). Alle anderen werden als einheimische Schülerinnen und Schüler bezeichnet. (Erzinger et al. 2015, S. 28) […] Schülerinnen und Schüler [werden] in vier Gruppen eingeteilt. Die erste Gruppe umfasst die einheimischen Schülerinnen und Schüler, die zu Hause Deutsch sprechen. Die zweite Gruppe umfasst die einheimischen Schülerinnen und Schüler, die zu Hause eine andere Sprache als Deutsch sprechen. Die dritte Gruppe umfasst die Schülerinnen und Schüler mit Migrationshintergrund, die zu Hause die Unterrichtssprache Deutsch sprechen und die vierte Gruppe die fremdsprachigen Schülerinnen und Schüler mit Migrationshintergrund. (ebd.)	PISA unterscheidet zwei Gruppen von Schülerinnen und Schülern mit Migrationshintergrund. Migrantinnen und Migranten der 1) Generation sind nach ihrer Geburt mit ihren Eltern nach Österreich eingewandert. Migrantinnen und Migranten der 2) Generation sind selbst in Österreich geboren, ihre Eltern sind jedoch zugewandert. Jugendliche, die zumindest einen in Österreich geborenen Elternteil haben, werden von der OECD zu den einheimischen Schülerinnen und Schülern gezählt. (Schwantner et al. 2013, S. 49)	Glossar: Schülerinnen und Schüler mit Migrationshintergrund können entweder Zuwanderer der ersten Generation (diejenigen, die im Ausland geboren wurden und deren Eltern ebenfalls im Ausland geboren wurden) oder der zweiten Generation (diejenigen, die im Erhebungsland geboren wurden, deren Eltern jedoch im Ausland geboren wurden) sein. Alle anderen Schülerinnen und Schüler werden als einheimisch bezeichnet. (Konsortium PISA.ch 2013, S. 23) Zur Bestimmung des Migrationshintergrunds dient in PISA der Geburtsort der Schülerinnen und Schüler und deren Eltern. Zu den Schülerinnen und Schülern mit Migrationshintergrund gehören jene, die wie ihre Eltern im Ausland geboren sind (erste Generation) sowie Schülerinnen und Schüler, die in der Schweiz geboren sind, deren beider Elternteile jedoch im Ausland geboren sind (zweite Generation). Alle anderen Schülerinnen und Schüler werden in PISA als einheimisch bezeichnet. (Konsortium PISA.ch 2014, S. 10)

Jahr	Deutschland	Liechtenstein	Österreich	Schweiz
2015	PISA 2015 schließt an die nationale Definition des Zuwanderungsstatus der vorhergegangenen Erhebungsrunden seit dem Jahr 2006 an (vgl. Gebhardt, Rauch, Mang, Sälzer & Stanat, 2013 sowie Stanat et al., 2010). Grundlage ist die Unterscheidung des Zuwanderungsstatus in die erste und zweite Generation (Stanat & Christensen, 2006). Des Weiteren werden in diesem Bericht – ebenfalls analog zum nationalen Vorgehen seit PISA 2003 – Schülerinnen und Schüler mit nur einem in Deutschland geborenen Elternteil extra ausgewiesen (entgegen dem internationalen Vorgehen der OECD, diese Jugendliche den Schülerinnen und Schülern ohne Zuwanderungshintergrund zuzuweisen). (Reiss et al. 2016, S. 322)	Nicht teilgenommen	LESEHINWEIS *Schüler/innen ohne Migrationshintergrund:* Mindestens ein Elternteil im Inland geboren; unabhängig vom Geburtsland des Kindes *Schüler/innen mit Migrationshintergrund:* Erste Generation: Sowohl Schuler/in als auch beide Elternteile im Ausland geboren Zweite Generation: Schüler/in im Inland, aber beide Elternteile im Ausland geboren. (Suchan und Breit 2016, S. 90)	Im vorliegenden Bericht wird auf einen dichotomen Migrationsstatus zurückgegriffen, wobei die Schülerinnen und Schüler nur dann zu eingewanderten Familien gezählt werden, wenn beide Elternteile im Ausland geboren sind. (Konsortium PISA.ch 2018, S. 19) Glossar: „Schülerinnen und Schüler mit Migrationshintergrund können entweder Zuwanderer der ersten Generation (diejenigen, die im Ausland geboren wurden und deren Eltern ebenfalls im Ausland geboren wurden) oder der zweiten Generation (diejenigen, die im Erhebungsland geboren wurden, deren Eltern jedoch im Ausland geboren wurden) sein. Alle anderen Schülerinnen und Schüler werden als einheimisch bezeichnet. (Konsortium PISA.ch 2018, S. 69)

Jahr	Deutschland	Liechtenstein	Österreich	Schweiz
2018	Zur Definition des Zuwanderungsstatus wird in der PISA-Studie 2018 das Geburtsland der Jugendlichen und ihrer Eltern herangezogen (analog zu den Erhebungsrunden seit 2006; vgl. Rauch et al., 2016; Stanat & Christensen, 2006; Stanat et al., 2010). […] Jugendliche mit nur einem in Deutschland geborenen Elternteil werden in diesem Bericht separat betrachtet. Diese Differenzierung entspricht den nationalen Berichten seit PISA 2003 (Ramm, Prenzel, Heidemeier & Walter, 2004; Rauch et al., 2016), unterscheidet sich aber vom internationalen Vorgehen der OECD, bei welchem diese Jugendliche den Schülerinnen und Schülern ohne Zuwanderungshintergrund zugeordnet werden. (Reiss et al. 2019, S. 134)	Nicht teilgenommen	LESEHINWEIS *Schüler/innen ohne Migrationshintergrund:* Mindestens ein Elternteil im Inland geboren; unabhängig vom Geburtsland des Kindes *Schüler/innen mit Migrationshintergrund:* Erste Generation: Sowohl Schüler/in als auch beide Elternteile im Ausland geboren. Zweite Generation: Schüler/in im Inland, aber beide Elternteile im Ausland geboren./Fußnote: Die Definition des Begriffs „Migrationshintergrund“ beruht auf der international für PISA verwendeten Definition der OECD (OECD, 2016b, 2019a; , c). (Suchan et al. 2019, S. 75)	Glossar: Schülerinnen und Schüler mit Migrationshintergrund können entweder Zuwanderer der ersten Generation (diejenigen, die im Ausland geboren wurden und deren Eltern ebenfalls im Ausland geboren wurden) oder der zweiten Generation (diejenigen, die im Erhebungsland geboren wurden, deren Eltern jedoch im Ausland geboren wurden) sein. Alle anderen Schülerinnen und Schüler werden als einheimisch bezeichnet. (Konsortium PISA.ch 2019, S. 85)

Literatur

Adler, A. 2018. *Die Frage zur Sprache der Bevölkerung im deutschen Mikrozensus 2017. Arbeitspapier*. Mannheim: Institut für Deutsche Sprache. https://ids-pub.bsz-bw.de/frontdoor/deliver/index/docId/7318/file/Adler_Die_Sprachfrage_im_deutschen_Mikrozensus_2018.pdf. Zugegriffen: 30.7.20.

Bachmann-Medick, D. 2012. Translation – A Concept and Model for the Study of Culture. In B. Neumann und A. Nünning (Hrsg.), *Travelling Concepts for the Study of Culture* (Concepts for the Study of Culture (CSC), S. 23–44). s.l.: De Gruyter.

Bal, M. 2002a. *Kulturanalyse* 1. Aufl. Frankfurt a. M.: Suhrkamp.

Bal, M. 2002b. *Travelling concepts in the humanities. A rough guide* (Green College lectures). Toronto, Ont: University of Toronto Press.

Bal, M. 2009. Working with Concepts. *European Journal of English Studies* 13 (1): 13–23. https://doi.org/10.1080/13825570802708121.

Baumert, J., C. Artelt, E. Klieme, M. Neubrand, M. Prenzel, U. Schiefele, W. Schneider, K.-J. Tillmann, und M. Weiß. 2002. *PISA 2000 – Die Länder der Bundesrepublik im Vergleich*. Opladen: Leske & Budrich.

Biedermann, H., und C. Brühwiler. 2006. *PISA 2003 – Synthesebericht für das Fürstentum Liechtenstein*, St. Gallen. https://pisa.educa.ch/sites/default/files/20100927/11536-12743-1-fl-synthese2003_060217_definitiv.pdf. Zugegriffen: 8. Mai. 2020.

BMBF. 2007. Schulerfolg von Jugendlichen mit Migrationshintergrund im internationalen Vergleich, Organisation for Economic Co-operation and Development. https://www.oecd-ilibrary.org/education/schulerfolg-von-jugendlichen-mit-migrationshintergrundim-internationalen-vergleich_9789264066151-de. Zugegriffen: 16. März 2020.

Böck, M., und G. Haider. Hrsg. 2001. *Technischer Report. Ziele, Methoden und Stichproben des österreichischen PISA-Projekts* (Beiträge zur vergleichenden Schulforschung, Bd. 3). Innsbruck: Studien-Verl.

Brühwiler, C., G. Buccheri, und P. Kis-Fedi. (2008). *PISA 2006: Porträt des Fürstentums Liechtenstein*, St. Gallen. https://www.llv.li/files/sa/pdf-llv-sa-pisa_2006_portraet_fl.pdf. Zugegriffen: 8. Mai 2020.

Buccheri, G., N. Abt Gürber, und C. Brühwiler. (2011). *PISA 2009: Porträt des Fürstentums Lichtenstein*, St. Gallen. https://www.llv.li/files/sa/pdf-llv-sa-pisa_2009_portrait_fl.pdf. Zugegriffen: 8. Mai 2020.

Bundesamt für Statistik, Hrsg. 2009. *PISA 2006: Analysen zum Kompetenzbereich Naturwissenschaften*. Neuchâtel.

Bundesamt für Statistik. 2019. Entwicklung der Bevölkerung nach Migrationsstatus. https://www.bfs.admin.ch/bfs/de/home/statistiken/bevoelkerung/migration-integration/nach-migrationsstatuts.assetdetail.10027743.html. Zugegriffen: 26. Mai 2020.

Bundesamt für Statistik. 2020a. Bevölkerung nach Migrationsstatus. https://www.bfs.admin.ch/bfs/de/home/statistiken/bevoelkerung/migration-integration/nach-migrationsstatuts.html. Zugegriffen: 25. Mai 2020.

Bundesamt für Statistik. 2020b. Schweizerische Arbeitskräfteerhebung oder Strukturerhebung: Welche Quelle ist zur Ausweisung des Migrationsstatus zu verwenden? https://www.bfs.admin.ch/bfsstatic/dam/assets/11607854/master. Zugegriffen: 26. Mai 2020.

Bundesamt für Statistik. 2020c. STAT-TAB – interaktive Tabellen. Ständige und nichtständige Wohnbevölkerung nach Kanton, Anwesenheitsbewilligung, Geschlecht, Altersklasse und Staatsangehörigkeit. https://www.pxweb.bfs.admin.ch/pxweb/de/px-x-0103010000_101/px-x-0103010000_101/px-x-0103010000_101.px/?rxid=c20fa6b0-a272-4c6c-a881-512fba761701. Zugegriffen: 26. Mai 2020.

Bundesministerium des Innern. 2015. *Nationale Minderheiten- und Regionalsprachen in Deutschland* 3. Aufl. Berlin. https://www.bmi.bund.de/SharedDocs/downloads/DE/publikationen/themen/heimat-integration/nationale-minderheiten/minderheiten-und-regionalsprachen-dritte-auflage.pdf?__blob=publicationFile&v=3. Zugegriffen: 8. Mai 2020.

Bundesministerium des Innern, für Bau und Heimat. 2020a. Deutsche Minderheiten in Europa und den Nachfolgestaaten der UdSSR. https://www.bmi.bund.de/DE/themen/heimat-integration/minderheiten/minderheiten-in-europa/minderheiten-in-europa-node.html. Zugegriffen: 8. Mai 2020.

Bundesministerium des Innern, für Bau und Heimat. 2020b. Die nationalen Minderheiten in Deutschland. https://www.bmi.bund.de/DE/themen/heimat-integration/minderheiten/minderheiten-in-deutschland/minderheiten-in-deutschland-node.html;jsessionid=FC75D8C7ABFDCBD49A1274366660B30E.2_cid364. Zugegriffen: 8. Mai 2020.

Castro Varela, M. d. M. 2013. „Parallelgesellschaften" und „Nationalmannschaften" – Überlegungen zur Kritik in der Kritischen Migrationsforschung. In *Migrationsforschung als Kritik? Konturen einer Forschungsperspektive,* Hrsg. P. Mecheril, O. Thomas-Olalde, C. Melter, S. Arens, und E. Romaner, 65–77. Wiesbaden: Springer VS.

Derrida, J. 1988. *Randgänge der Philosophie*. Wien: Passagen-Verl.

Deutscher Bundestag, Hrsg. 1998. *Bericht über die Lebenssituation von Kindern und die Leistungen von Kinderhilfen in Deutschland. Zehnter Kinder- und Jugendbericht.* o.A. http://www.bmfsfj.de/doku/Publikationen/kjb/data/download/10_Jugendbericht_gesamt.pdf. Zugegriffen: 16. Nov. 2014.

Diehl, C., C. Hunkler, und C. Kristen, Hrsg. 2016. *Ethnische Ungleichheiten im Bildungsverlauf. Mechanismen, Befunde, Debatten.* Wiesbaden: Springer VS.

Dietz, B., und R. Holzapfel. 1998. *Kinder aus Familien mit Migrationshintergrund. Kinder in Aussiedlerfamilien, Asylbewerberfamilien – alleinstehende Kinderflüchtlinge*. München: DJI. https://www.dji.de/fileadmin/user_upload/bibs/Vergriffene_Buecher_Open_Access/Dietz%20Holzapfel%20Kinder%20aus%20Famlien%20mit%20Migrationshintergrund.pdf. Zugegriffen: 12. März 2020.

Duchêne, A., R. Coray, und P. Humbert. 2019. *Hinter den Kulissen der Quantifizierung von Sprachen*. Fribourg/Freiburg: Institut de plurilinguisme. www.centre-plurilinguisme.ch/de/file/826/download?token=gcCqWFfO. Zugegriffen: 5. Aug. 2020.

educa.ch. o.D. Programmmaske PISA Schweiz. https://www.educa.ch/sites/default/files/uploads/2017/10/schuker.pdf. Zugegriffen: 26. Mai. 2020.

El-Mafaalani, A. 2018. *Das Integrationsparadox. Warum gelungene Integration zu mehr Konflikten führt*, 2. Aufl. Köln: Kiepenheuer & Witsch.

Erzinger, A. B., N. Abt Gürber, und C. Brühwiler. (2015). *PISA 2012. Porträt des Fürstentums Liechtenstein*, St. Gallen. https://www.llv.li/files/sa/pisa-2012-portrait-fl.pdf. Zugegriffen: 8. Mai 2020.

Esser, H., und J. Friedrichs. Hrsg. 1990. *Generation und Identität. Theoretische und empirische Beiträge zur Migrationssoziologie* (Studien zur Sozialwissenschaft, Bd. 97). Wiesbaden: Vieweg+Teubner Verlag.

Forschungsgemeinschaft PISA Deutschschweiz/FL. 2005. *PISA 2003: Analysen für Deutschschweizer Kantone und das Fürstentum Liechtenstein. Detaillierte Ergebnisse und methodisches Vorgehen*, Zürich. http://www.hepvs.ch/images/Recherche/pisa03_dch_fl_detailanalysen_methodik.pdf. Zugegriffen: 8. Mai 2020.

Foucault, M. 2015(1981). *Archäologie des Wissens* (Suhrkamp-Taschenbuch Wissenschaft, Bd. 356, 17. Auflage). Frankfurt a. M.: Suhrkamp.

Füllekruss, D., und D. Inci. 2020. Zugehörigkeitstheoretische und sprachdidaktische Reflexionen separierter Deutschfördermaßnahmen. In J. Karakayalı (Hrsg.), *Unterscheiden und Trennen. Die Herstellung von natio-ethno-kultureller Differenz und Segregation in der Schule* 1. Aufl., 68–84. Weinheim Basel: Beltz Juventa.

Gogolin, I. 1994. *Der monolinguale Habitus der multilingualen Schule* (Internationale Hochschulschriften). Münster: Waxmann (Zugl.: Hamburg, Univ., Habil.-Schr., 1992).

Haider, G. Hrsg. 2004. *PISA 2003. Internationaler Vergleich von Schülerleistungen ; nationaler Bericht ; [Mathematik, Lese-Kompetenz, Naturwissenschaft, Problemlösen.* Graz: Leykam. https://images.derstandard.at/20071204/pisa2006_ersteerg.pdf.

Haider, G., und C. Reiter. Hrsg. 2001. *PISA 2000. Nationaler Bericht* (Beiträge zur vergleichenden Schulforschung, Bd. 3). Innsbruck: Studien-Verl.

Haider, G., und C. Reiter. 2002. *PISA 2000. Lernen für das Leben. Österreichische Perspektiven des internationalen Vergleichs* (Beiträge zur vergleichenden Schulforschung, Bd. 3). Innsbruck: Studien-Verl.

Hirschauer, S. 2014. Un/doing Differences. Die Kontingenz sozialer Zugehörigkeiten. *Zeitschrift für Soziologie* 43 (3): 170–191.

Kemper, T. und L. Supik. (2020). Klassifikation von Migration und Sprache. Eine Analyse von Datensätzen und Publikationen der Bildungsforschung und der amtlichen Statistik. In J. Karakayalı (Hrsg.), *Unterscheiden und Trennen. Die Herstellung von natio-ethno-kultureller Differenz und Segregation in der Schule* 1. Aufl., 46–67. Weinheim Basel: Beltz Juventa.

Klieme, E., C. Artelt, J. Hartig, N. Jude, O. Köller, M. Prenzel et al. Hrsg. 2010. *PISA 2009. Bilanz nach einem Jahrzehnt.* Münster: Waxmann.

KMK. 2000. PISA 2000. Internationaler Fragebogen für Schülerinnen und Schüler, KMK. https://www.kmk.org/fileadmin/Dateien/veroeffentlichungen_beschluesse/2000/2000_01_01-Pisa-2000-Fragebogen-International.pdf. Zugegriffen: 26. Mai 2020.

Konsortium PISA.ch, Hrsg. 2010. *PISA 2009*. Neuchâtel: Schülerinnen und Schüler der Schweiz im internationalen Vergleich. Erste Ergebnisse.

Konsortium PISA.ch. 2013. Erste Ergebnisse zu PISA 2012. https://pisa.educa.ch/sites/default/files/uploads/2016/11/pisa_2012_erste-ergebnisse_d.pdf. Zugegriffen: 8. Mai 2020.

Konsortium PISA.ch. Hrsg. 2014. *PISA 2012. Vertiefende Analysen*. Bern.

Konsortium PISA.ch. Hrsg. 2018. *PISA 2015. Schülerinnen und Schüler der Schweiz im internationalen Vergleich.* Bern.

Konsortium PISA.ch. Hrsg. 2019. *PISA 2018. Schülerinnen und Schüler der Schweiz im internationalen Vergleich.* Bern.

Kristen, C. 1999. *Bildungsentscheidungen und Bildungsungleichheit – ein Überblick über den Forschungsstand* (Arbeitspapiere – MZES 5/99). Mannheim: MZES. http://www.mzes.uni-mannheim.de/publications/wp/wp-5.pdf. Zugegriffen: 30.7.20.

Kunter, M., G. Schümer, C. Artelt, J. Baumert, E. Klieme, M. Neubrand, et al. Hrsg. 2002. *ISA 2000: Dokumentation der Erhebungsinstrumente (Materialien aus der Bildungsforschung, Nr. 72)*. Berlin: Max-Planck-Inst. für Bildungsforschung.

Migration, Labor, Hrsg. 2014. *Vom Rand ins Zentrum. Perspektiven einer kritischen Migrationsforschung (Berliner Blätter, Heft 65)*. Berlin: Panama Verlag.

Lindemann, U. 2008. MigraPro: Ein großer Schritt. Ableitung des Migrationshintergrundes mit Hilfe des Geburtsortes. *Zeitschrift für Stadtforschung und Statistik* 2:26–30.

Mang, J., N. Ustjanzew, und I. Leßke. (Hrsg.). 2019. *PISA 2015 Skalenhandbuch. Dokumentation der Erhebungsinstrumente*.

Mecheril, P. 2003. *Prekäre Verhältnisse. Über natio-ethno-kulturelle (Mehrfach-)Zugehörigkeit* (Interkulturelle Bildungsforschung, Band13). Münster: Waxmann Verlag GmbH.

Moser, U., und S. Berweger. (2002). PISA-Ergebnisse des Fürstentums Liechtenstein m Vergleich mit deutschschweizer Kantonen. https://www.llv.li/files/sa/pdf-llv-sa-pisa_2000_ergebnisse_fl_im_vergl_mit_deutsch_ch-2.pdf. Zugegriffen: 8. Mai 2020.

Neumann, B., und A. Nünning. 2012. Travelling Concepts as a Model for the Study of Culture. In B. Neumann und A. Nünning (Hrsg.), *Travelling Concepts for the Study of Culture* (Concepts for the Study of Culture (CSC), S. 1–22). s.l.: De Gruyter.

OECD. 2001a. *Knowledge and skills for life. First results from the OECD programme for international student assessment (PISA) 2000* (SourceOECD), Paris.

OECD. 2001b. *Lernen für das Leben. Erste Ergebnisse von PISA 2000*. Paris: OECD.

OECD. 2004a. *Learning for tomorrow's world. First results from PISA,. 2003a. SourceOECD*. Paris: OECD.

OECD. 2004b. *Lernen für die Welt von morgen. Erste Ergebnisse von PISA 2003* (PISA). Paris: Organisation for Economic Co-operation and Development.

OECD. 2006. *Where immigrant students succeed. A comparative review of performance and engagement in PISA 2003* (SourceOECD). Paris: OECD. http://site.ebrary.com/lib/alltitles/docDetail.action?docID=10245406.

OECD. 2007a. *PISA 2006. Naturwissenschaftliche Kompetenzen für die Welt von morgen* (PISA). Paris, Bielefeld: Organisation for Economic Co-operation and Development.

OECD. 2007b. *PISA 2006. Science competencies for tomorrow's world* (PISA 2006). Paris: OECD. http://213.253.134.43/oecd/pdfs/browseit/9807011E.PDF.

OECD. 2010a. *PISA 2009 Ergebnisse. Was Schülerinnen und Schüler wissen und können: Schülerleistungen in Lesekompetenz, Mathematik und Naturwissenschaften (Band 1)* (PISA). Bielefeld: Organisation for Economic Co-operation and Development.

OECD. 2010b. *PISA 2009 Results: Overcoming Social Background: Equity in Learning Opportunities and Outcomes (Volume II)* 1. Aufl. (OECD, Hrsg.) (PISA 2009 Results), s.l. http://gbv.eblib.com/patron/FullRecord.aspx?p=655760.

OECD. 2010c. *PISA 2009 Results: What Students Know and Can Do: Student Performance in Reading, Mathematics and Science (Volume I)* 1. Aufl. (OECD, Hrsg.) (PISA 2009 Results), s.l. http://gbv.eblib.com/patron/FullRecord.aspx?p=655759.

OECD. 2010d. *PISA 2009. Potenziale nutzen und Chancengerechtigkeit sichern (Band 2)* (PISA). Paris: Organisation for Economic Co-operation and Development.

OECD. 2013. *PISA 2012 Results. Excellence through Equity (Volume II)*. Paris.

OECD. 2014a. *PISA 2012 Ergebnisse. Was Schülerinnen und Schüler wissen und können (Band I)* (Überarbeitete Ausgabe, Februar 2014). https://www.wbv.de/openaccess/shop/detail/6/_/0/653/6004399w/facet/6004399w.html?cHash=bd64219cc-21012498453934033c57ae9.

OECD. 2014b. *PISA 2012 Ergebnisse: Exzellenz durch Chancengerechtigkeit. Allen Schülerinnen und Schülern die Voraussetzungen zum Erfolg sichern (Band II)* (PISA 2012 Ergebnisse). Bielefeld: OECD.

OECD. 2014c. *PISA 2012 Results What Students Know and Can Do. (Volume I, Revised edition, February 2014)*, Paris. http://gbv.eblib.com/patron/FullRecord.aspx?p=1683156.

OECD. 2016a. *PISA 2015 Ergebnisse (Band I). Exzellenz und Chancengerechtigkeit in der Bildung* (PISA). Paris: OECD.

OECD. 2016b. *PISA 2015 results. Excellence and equity in education (Vol. I)*. Paris: OECD.

OECD. 2018. *The Resilience of Students with an Immigrant Background.* OECD.

OECD. 2019a. *PISA 2018 Ergebnisse. Was Schülerinnen und Schüler wissen und können (Band I).*

OECD. 2019b. *PISA results 2018. What students know and can do (Vol. I).* https://www.oecd-ilibrary.org/education/pisa-2018-results-volume-i_5f07c754-en.

Porter, T.M. 1995. *Trust in numbers. The pursuit of objectivity in science and public life.* Princeton, N.J.: Princeton University Press.

Prenzel, M. Hrsg. 2005. *PISA 2003. Der zweite Vergleich der Länder in Deutschland ; was wissen und können Jugendliche?* Münster: Waxmann.

Prenzel, M. Hrsg. 2008. *PISA 2006 in Deutschland. Die Kompetenzen der Jugendlichen im dritten Ländervergleich.* Münster: Waxmann.

Prenzel, M., C. Sälzer, E. Klieme, und O. Köller. Hrsg. 2013. *Pisa 2012. Fortschritte und Herausforderungen in Deutschland.* Münster: Waxmann.

Rausa-de Luca, F. 2005. *Die Bevölkerung mit Migrationshintergrund. Ergebnisse des Moduls "Mobilität und Migration" der SAKe 2003* (Demos. Informationen aus der Demografie 4/2004), Neuchâtel. https://www.bfs.admin.ch/bfsstatic/dam/assets/342301/master. Zugegriffen: 6. Aug. 2020.

Reiss, K., C. Sälzer, A. Schiepe-Tiska, E. Klieme, und O. Köller. Hrsg. 2016. *PISA 2015. Eine Studie zwischen Kontinuität und Innovation.* Münster: Waxmann.

Reiss, K., M. Weis, und E. Klieme. Hrsg. 2019. *PISA 2018. Grundbildung im internationalen Vergleich* (Redaktionsschluss: 05.11.2019).

Renard, L. 2019. *Socio-histoire de l'observation statistique de l'altérité: Principes de classification coloniale, nationale et migratoire en France et en Allemagne (1880–2010).* Dissertation, Universität Potsdam/Universität Grenoble Alpes. Potsdam/Grenoble.

Reuter, J. 2002. *Ordnungen des Anderen. Zum Problem des Eigenen in der Soziologie des Fremden.* Bielefeld: transcript Verlag.

Scarvaglieri, C., und C. Zech. 2013. "ganz normale Jugendliche, allerdings meist mit Migrationshintergrund". Eine funktional-semantische Analyse von "Migrationshintergrund". *Zeitschrift für angewandte Linguistik* 58 (1). https://doi.org/10.1515/zfal-2013-0008.

Schreiner, C. 2007. *PISA 2006. Internationaler Vergleich von Schülerleistungen. Erste Ergebnisse. [Naturwissenschaft, Lesen, Mathematik].* Graz: Leykam.

Schreiner, C., und Schwantner, U. Hrsg. 2009. *PISA 2006. Österreichischer Expertenbericht zum Naturwissenschafts-Schwerpunkt.* Graz: Leykam.

Schwantner, U., und C. Schreiner 2010. *PISA 2009. Internationaler Vergleich von Schülerleistungen*. Graz: Leykam.

Schwantner, U., B. Toferer, und C. Schreiner Hrsg. 2013. *PISA 2012. Internationaler Vergleich von Schülerleistungen. Erste Ergebnisse Mathematik, Lesen, Naturwissenschaft*. Graz: Leykam.

Spivak, G. C. (1985). The Rani of Sirmur. An Essay in Reading the Archives. *History and Theory* 24 (3): 247–272.

Stanat, P., H. A. Pant, K. Böhme, und D. Richter. Hrsg. 2012. *Kompetenzen von Schülerinnen und Schülern am Ende der vierten Jahrgangsstufe in den Fächern Deutsch und Mathematik. Ergebnisse des IQB-Ländervergleichs 2011*. Münster: Waxmann.

Statistik Austria. o.D. Bevölkerung in Privathaushalten nach Migrationshintergrund. http://www.statistik.at/web_de/statistiken/menschen_und_gesellschaft/bevoelkerung/bevoelkerungsstruktur/bevoelkerung_nach_migrationshintergrund/index.html. Zugegriffen: 26. Mai 2020.

Statistik Austria. 2020a. Bevölkerung mit Migrationshintergrund seit 2008. https://www.statistik.at/wcm/idc/idcplg?IdcService=GET_PDF_FILE&RevisionSelectionMethod=LatestReleased&dDocName=069443. Zugegriffen: 26. Mai 2020.

Statistik Austria. 2020b. Bevölkerung nach Staatsangehörigkeit und Geburtsland. https://www.statistik.at/web_de/statistiken/menschen_und_gesellschaft/bevoelkerung/bevoelkerungsstruktur/bevoelkerung_nach_staatsangehoerigkeit_geburtsland/index.html. Zugegriffen: 26. Mai 2020.

Statistisches Bundesamt. 2006. *Pressekonferenz: "Leben in Deutschland – Ergebnisse des Mikrozensus 2005". Statement von Präsident Johann Halen*, Wiesbaden. https://web.archive.org/web/20060630171741/http://www.destatis.de/presse/deutsch/pk/2006/Mikrozensus2005_Statement_Hahlen.pdf. Zugegriffen: 30. Nov. 2019.

Statistisches Bundesamt. 2019. Bevölkerung mit Migrationshintergrund. Ergebnisse des Mikrozensus 2018. Fachserie 1 Reihe 2.2. https://www.statistischebibliothek.de/mir/servlets/MCRFileNodeServlet/DEHeft_derivate_00055697/2010220187004_Korr17072020.pdf. Zugegriffen: 11.Nov. 2020.

Statistisches Bundesamt. 2020. Bevölkerung mit Migrationshintergrund. Ergebnisse des Mikrozensus 2019. Fachserie 1 Reihe 2.2. https://www.statistischebibliothek.de/mir/servlets/MCRFileNodeServlet/DEHeft_derivate_00057419/2010220197004-Korrektur_18092020.pdf. Zugegriffen: 11. Nov. 2020.

Stošić, P. (2017a). Kinder mit ‚Migrationshintergrund'. In *Differenz – Ungleichheit – Erziehungswissenschaft. Verhältnisbestimmungen im (Inter-)Disziplinären,* Hrsg. I. Diehm, M. Kuhn und C. Machold S. 81–99. Wiesbaden: Springer VS.

Stošić, P. 2017b. *Kinder mit Migrationshintergrund* (Kinder, Kindheiten und Kindheitsforschung, Band 18) (Dissertation).

Suchan, B. und S. Breit. Hrsg. 2016. *PISA 2015. Grundkompetenzen am Ende der Pflichtschulzeit im internationalen Vergleich*. Graz: Leykam.

Suchan, B., I. Höller, und C. Wallner-Paschon. Hrsg. 2019. *PISA 2018. Grundkompetenzen am Ende der Pflichtschulzeit*. Graz: Leykam.

Traninger, A. 2012. Emergence as a Model for the Study of Culture. In B. Neumann und A. Nünning (Hrsg.), *Travelling Concepts for the Study of Culture* (Concepts for the Study of Culture (CSC), 67–84). s.l.: De Gruyter.

VDSt. 2013. *Migrationshintergrund in der Statistik. Definitionen, Erfassung, Vergleichbarkeit* (Materialien zur Bevölkerungsstatistik Heft 2). Köln: Verband Deutscher Städtestatistiker. https://www.staedtestatistik.de/fileadmin/media/VDSt/Bevoelkerung/PDF/VDSt_-_AG_Bevoelkerung_Migrationshintergrund_in_der_Statistik.pdf. Zugegriffen: 27. Juli 2020.

watson.ch. 2014. Liechtenstein steigt aus. https://cdn6.watson.ch/!809967577. Zugegriffen: 8. Mai 2020.

Will, A.-K. (Mediendienst Integration, Hrsg.). 2018a. Migrationshintergrund im Mikrozensus: Wie werden Zuwanderer und ihre Nachkommen in der Statistik erfasst? https://mediendienst-integration.de/fileadmin/Dateien/Informationspapier_Mediendienst_Integration_Migrationshintergrund_im_Mikrozensus_Aktualisierung_2018.pdf. Zugegriffen: 13. Juli 2019.

Will, A.-K. 2018. Transnational interlacements of statistical categories marking natio-ethnic-cultural "others" in Germany. *Transnational Social Review* 8 (2): 185–202. https://doi.org/10.1080/21931674.2018.1458564.

Will, A.-K. 2019. The German statistical category "migration background": Historical roots, revisions and shortcomings. *Ethnicities* 19 (3): 535–557. https://doi.org/10.1177/1468796819833437.

Will, A.-K. (Bundeszentrale für Politische Bildung, Hrsg.). (2020). Migrationshintergrund – wieso, woher, wohin? https://www.bpb.de/gesellschaft/migration/laenderprofile/304523/migrationshintergrund. Zugegriffen: 30. Juli 2020.

Yanow, D. 2003. *Constructing "race" and "ethnicity" in America. Category-making in public policy and administration*. Armonk, N.Y: M.E. Sharpe.

Zahner, C., A.H. Meyer, U. Moser, C. Brühwiler, M. Coradi Vellacott, M. Huber, T. Malti, E. Ramseier, S.C. Wolter, und M. Zutavern. 2002. *Für das Leben gerüstet? Die Grundkompetenzen der Jugendlichen – Nationaler Bericht der Erhebung PISA 2000 (Bildungsmonitoring Schweiz)*. Neuchâtel: BFS.

Zahner Rossier, C. und J.-P. Antonietti. 2005. *PISA 2003: Kompetenzen für die Zukunft. Zweiter nationaler Bericht* (Bildungsmonitoring Schweiz). Neuchâtel: Bundesamt für Statistik (BFS); Schweizerische Konferenz der Kantonalen Erziehungsdirektoren (EDK).

Zerubavel, E. 2015a. The Five Pilllars of Essential. *Cultural Sociology* 10 (1): 69–76.

Zerubavel, E. 2015b. *Hidden in plain sight. The social structure of irrelevance*. Oxford, NY: Oxford Univ. Press.

Zerubavel, E. 2018. *Taken for granted. The remarkable power of the unremarkable*. Princeton: Princeton University Press.

Wie Kriminalität ‚reist'

Eine Annäherung an die Herausbildung institutionalisierter Wissensformen zu Kriminalität

Bernd Dollinger, Holger Schmidt und Daniel Stein

Wir gehen im Folgenden davon aus, dass Kriminalität sich in besonderer Weise dafür eignet, im Anschluss an Bal (2002) als „travelling concept" analysiert zu werden. Die Rede von Kriminalität impliziert ebenso wie ihre institutionelle Bearbeitung besonderes Wissen, das oftmals zirkuliert, sei es zwischen Personen, Medien, Institutionen, Organisationen o.a.m. Was Kriminalität letztlich ‚ist', wird in derartigen Abläufen festgelegt, und hierauf kann, so unsere im Folgenden näher zu bestimmende Annahme, mit dem Fokus eines „travelling concept" genauer geblickt werden.

Um dies einzulösen, beschreiben wir zunächst Ansatzpunkte einer solchen Perspektive. Sie hat sich insbesondere des Risikos bewusst zu sein, dass ein Fokus auf Reisen ggf. lediglich eine metaphorische, konnotativ in spezifischer Weise ausgerichtete Plausibilität beanspruchen könnte (hierzu Baumbach et al. 2012; Hyvärinen 2013). Die positive, mit Flexibilität, neuen Erfahrungen und freien Entscheidungen einzelner ‚Reisender' verbundene Konnotation mag irritieren, wenn ernst genommen wird, dass Kriminalität mit Inhaftierungen, Punitivität

B. Dollinger (✉)
Fakultät II/Institut für Sozialpädagogik, Universität Siegen, Siegen, Deutschland
E-Mail: bernd.dollinger@uni-siegen.de

H. Schmidt
Fakultät II/Institut für Sozialpädagogik, Universität Siegen, Siegen, Deutschland
E-Mail: holger.schmidt@uni-siegen.de

D. Stein
Fakultät I/Seminar für Anglistik, Universität Siegen, Siegen, Deutschland
E-Mail: stein@anglistik.uni-siegen.de

M. Harbusch (Hrsg.), *Reisendes Wissen*,
https://doi.org/10.1007/978-3-658-45229-2_6

und Vergeltung sowie mit massiven Schädigungen von Personen verbunden sein kann und allgemein eher auf eine Vorstellung von Immobilität als auf eine Bewegung durch Raum und Zeit bezogen wird. Allein die in Teilen der Welt in den vergangenen Jahrzehnten hohen und mitunter steigenden Inhaftierungsraten (Fair und Walsmley 2021; Lappi-Seppälä 2018) können zur Vorsicht bei der Nutzung einer derartigen Metaphorik raten. Es ist deshalb genauer auszuführen, auf welche Weise ein Konzept wie Kriminalität charakterisiert wird, wenn es mit „travelling" assoziiert wird. Wir grenzen dies zunächst näher ein, um dann im zweiten Abschnitt Besonderheiten von Kriminalität zu konkretisieren, die vor Augen führen, dass sie sinnvollerweise als „travelling concept" betrachtet und analysiert werden kann.

Kriminalität als „travelling concept"

Zunächst sei darauf hingewiesen, dass auch und gerade die genannten Phänomene (wie Inhaftierungen u. dgl). besondere Formen von Reisen implizieren. Wenn bspw. ein Gericht eine Entscheidung zur Verurteilung und Inhaftierung einer Person trifft, muss dies begründet werden. Ein-/e Richter*in muss in die jeweiligen Kontexte, in denen dies zur Debatte steht, besonderes Wissen einbringen und es gegen alternative Deutungen durchsetzen (Wolff 2010). Zumindest in rechtsstaatlichen, demokratischen Zusammenhängen sind an derartigen Entscheidungen unterschiedliche Akteur*innen und Institutionen beteiligt, und so könnten, um dies allgemein zu fassen, die mit Kriminalität assoziierten Bedeutungen kaum nachvollzogen werden, wenn sie nicht als durch unterschiedliche, kontextualisierte und aufeinander abgestimmte Praktiken hervorgebracht interpretiert würden. Verurteilungen sind ein kontextabhängiger, mehrstufiger und interpretativer Prozess (Tata 2020), der zudem historischen Veränderungen unterworfen ist. Prozessuale Vorschriften können verändert werden, und im Zeitverlauf kann ursprünglich rechtmäßiges Verhalten als Unrecht neubewertet und verurteilt werden und vice versa.

Ein Fokus auf Reisen nimmt dies ernst und bezieht Kriminalität prinzipiell auf „die mannigfaltigen Interpretations- und Ordnungsleistungen" (Eberle 2007, S. 141) von Akteur*innen und Institutionen, durch die Kriminalität eine spezifische Qualität zu gewinnen vermag. Das Wissen um Kriminalität und die Praktiken ihrer Bearbeitung können nicht getrennt werden; wer Kriminalität thematisiert, thematisiert Vorstellungen einer wünschbaren und gefährdeten gesellschaftlichen Ordnung, von Gut und Böse, von richtigem und falschem Handeln (Härter et al. 2010), und sucht sie verbindlich zu machen, u. a. durch Strafen (Mead

1918/1987). Insofern diese Vorstellungen oftmals strittig und aushandlungsbedürftig sind, vergegenwärtigt Kriminalität eine besonders geeignete und naheliegende Option, die Festschreibung und praktische Durchsetzung spezifischer Vorstellungen zum sozialen Zusammenleben zu rekonstruieren. Wer Kriminalität analysiert, kann Rückschlüsse auf die Art und Weise ziehen, wie Menschen ihr Zusammenleben organisieren und sich hierbei gegenseitig beurteilen.[1] Wenn verdächtigen Personen bestrafungswürdige Taten zur Last gelegt werden, sehen sie sich institutionellen Prozeduren gegenüber, in denen die ‚Strafwürdigkeit' ihrer Person und Tat geprüft und sie ggf. mit Sanktionen belegt werden. Sanktionen sind dabei ihrerseits mit Reisen verbunden, etwa indem eine Person durch Instanzen der Bestrafung ‚reist' (z. B. Svensson und Knutagård 2022) oder im Verlauf einer Reintegration nach Haftentlassung, die Menschen mit der Aufgabe konfrontiert, zeitlich und räumlich verfasste Veränderungen zu bewältigen (McNeill et al. 2022). Dies kann bekanntlich mit einer Statusveränderung assoziiert sein; wer bestraft und inhaftiert wird, verliert ggf. eine frühere Identität als ‚unbescholtene' Person und erfährt einen „bürgerlichen Tod" (Goffman 1977, S. 26; Dollinger und Schmidt 2015). Im Falle neuerlicher Anschuldigungen ändert er/sie den Status zu dem eines/-r Rückfälligen und wird anders beurteilt und behandelt als ein/e Ersttäter*n (Hofinger 2015).[2]

Bereits diese kurzen Hinweise verdeutlichen, dass „travelling" keine nur metaphorische Annäherung an Kriminalität beinhaltet, sondern für sie von konstitutiver Bedeutung ist. „Assessments of any given behavior", so Brown et al. (2019, S. 37), „may vary dramatically across time and space". Es gibt keinen Fixpunkt, von dem aus Kriminalität bestimmt werden könnte. Sie muss, um den Anschein einer ‚harten' Realität zu gewinnen, als gültiges Wissen festgeschrieben werden, wobei Bedeutungsfixierungen zumindest teilweise auch wieder gelöst werden

---

[1] Es geht damit auch um Fragen von (Definitions-)Macht, wie Foucault (1975/1977) es historisch ausarbeitet.

[2] Wer überhaupt als verdächtigt gilt, hängt mit einer ganzen Reihe sozialer Faktoren zusammen, d. h. die ‚Strafwürdigkeit' einer Person ist nicht nur durch rechtliche Kodifizierungen, sondern auch durch Kategorien der Ungleichheit vorgeprägt, zu denen u. a. Sexismus oder auch Rassismus zählen. In der Praxis und mit Blick auf die USA wären u. a. *racial profiling*, *predictive policing* und die sogenannte *school-to-prison pipeline*, durch die disproportional marginalisierte Schüler*innen („youth of color, youth with disabilities, and LGBTQ students") kriminalisiert werden, zu nennen (NYCLU 2023). Auch hier geht es um (unfreiwilliges) Reisen, in diesem Fall von der Schule ins Gefängnis. Die enge Verbindung von Rassismus und Kriminalisierung ist in der Forschung vielfach belegt worden (Gilmore 2007; Alexander 2010).

können: Bestimmte Delikte werden entkriminalisiert, andere – man denke etwa an Drogenkonsum, Abtreibungen oder Sterbehilfe – bleiben dauerhaft umstritten. Einzelne strafrechtliche Urteile können angefochten oder aufgehoben werden (Barton et al. 2018; Böhme 2018). Dieses Schwanken zwischen Flexibilität und Fixierung, das sich für Kriminalität als in hohem Maße charakteristisch erweist, ist eines der Motive, die Mieke Bal (2002, S. 11) mit dem Fokus auf Konzepte verbindet. Konzepte, so führt sie aus, „are the sites of debate, awareness of difference, and tentative exchange. [….] If you use a concept at all, you use it in a particular way so that you can meaningfully disagree on content" (Bal 2002, S. 13). Zahlreiche Institutionen sind damit befasst, jeweils spezifische Bedeutungen von Kriminalität gleichsam zu befestigen, d. h. Reisen einzuschränken oder zu verhindern, indem sie ihr Verständnis von Kriminalität verbindlich zu machen suchen. Kriminalität ist demnach ‚real' und wird ‚real' gemacht, während der von Bal genannte Dissens mitunter erst sichtbar zu machen ist. In der Kriminologie ist er gleichwohl überwiegend anerkannt; Kriminalität wird als „contestable concept with many possible meanings" (Zedner 2004, S. 39) verstanden. Sie ist ein spezifisches Konzept, das oftmals mit Auseinandersetzungen und konkurrierenden Deutungen assoziiert ist; sie ist weder nur ein für sich stehendes Label bzw. Wort noch eine elaborierte Theorie mit spezifischer Kontur. Kriminalität kann zwar als bloßes Wort genutzt werden oder auch in komplexe Theorien involviert werden; allerdings steht sie als Konzept zwischen diesen beiden Ebenen.[3] Mit ihr wird auf unterschiedliche Weise gearbeitet und sie ‚reist' durch Zeiten, Orte, Institutionen und – was mit Bal zu betonen ist – Disziplinen. Dieses Reisen ist mit der Annahme spezifischer Bedeutungen verbunden. Es verweist auf ein Ringen darum, wie Bedeutungen begründet und gegen konkurrierende Zurechnungen verteidigt werden können. Im Zentrum von Kriminalität als „travelling concept" steht diese Zirkulation von Bedeutung; „working with travelling concepts allows us to examine how concepts circulate – or fail to do so –, and how they change as they circulate" (Neumann und Nünning 2012, S. 8). Dabei ist in Rechnung zu stellen,

[3] So evoziert ‚Kriminalität' unweigerlich verschiedene, auch nicht-sprachliche Bedeutungsgehalte, darunter visuelle Vorstellungen davon, wie Täter*innen aussehen mögen. Dies gilt natürlich auch für spezielle Deliktformen wie ‚Gewalt', ‚Drogenhandel', ‚Wirtschaftskriminalität' etc. Die jeweiligen Bedeutungen werden re-/justiert, wenn Fälle durch unterschiedliche Institutionen bearbeitet werden, insofern Institutionen ihrerseits Typisierungen vornehmen bzw. sie in die Fallbearbeitung involvieren (Komter 2014; am Beispiel von Rassismus Frase 2009).

dass Bedeutungen nicht im luftleeren Raum oder gegenstandslos zirkulieren; ‚Reisen' sind stets medial vermittelt, und die entsprechenden Medien sind an der Konstitution von Bedeutungen beteiligt (Lee und LiPuma 2002; Gaonkar und Povinelli 2003; Straw 2010; Aronczyk und Craig 2012). Zu beachten ist ferner, dass Reisen nicht linear ablaufen müssen; etwas kann hin- und in veränderter Weise auch wieder zurückreisen.

Bevor wir spezifizieren, was dieses Reisen konkret impliziert und welche weitergehenden Besonderheiten Kriminalität als „travelling concept" aufweist, sei erwähnt, dass diese Betrachtungsweise für die interdisziplinäre Kriminologie von zentraler Relevanz sein dürfte. Sie ist durch unterschiedliche Theorien, Methoden und Ideologien gekennzeichnet (Bosworth und Hoyle 2011); eine ihrer wichtigsten Konfliktlinien ist, zugespitzt mit Reiner (2016, S. 32) formuliert, die von „constructivism vs. realism". Eine genuin konstruktivistische Position, wie sie in manchen Etikettierungsansätzen eingenommen wird, erkennt nur die Realität von Sprachspielen an (hierzu Dollinger 2013; Woolgar und Pawluch 1985). Welches Verhalten mit welchen Gründen als kriminell etikettiert wird, erscheint letztlich arbiträr; ein materialer Ausgangspunkt oder auch eine Materialisierung im Prozess von Etikettierungen werden, zumindest bei einer konsequent konstruktivistischen Position, ausgeschlossen (kritisch Best 2003). Realistische Positionen gehen demgegenüber von „core behaviours" (Reiner 2016, S. 33) aus, die mit Schaden, Leid und Ungerechtigkeit verbunden seien und die auch dann existierten, wenn sie nicht auf bestimmte Weise etikettiert würden. Kontroversen und Zuschreibungen in der Wahrnehmung von Kriminalität werden damit allerdings ggf. unterschätzt. Zedner (2004, S. 55) bezeichnet die Definition von Schaden in Bezug auf Kriminalität als „political and practical minefield". Der Fokus auf Reisen nimmt in dieser Konfliktlinie eine mittlere Position ein, da nicht negiert wird, dass bestimmte Erscheinungen oder Praktiken ‚real' sind. Sie treten auf und können identifiziert werden, dies aber nicht ohne Voraussetzungen. Im Zeitverlauf materialisieren sich Bedeutungszuschreibungen; Artefakte und verschiedene Dokumente gewinnen eine eigenständige Relevanz in der Konstitution von Kriminalität (Komter 2019). Welche Bedeutung und Legitimität eine materialisierte Form von Wirklichkeit erfahren kann, ist allerdings nicht zu verstehen, ohne die jeweiligen Reisen zu erschließen und hierbei die relevanten Kontexte einzubeziehen, z. B., wenn Akten zu einer Fallkonstitution eingesetzt werden. Den analytischen Ausgangspunkt muss dabei Differenz bilden, nicht die Unterstellung von Konsens (Bal 2002, S. 11). Institutionen, die mit Kriminalität arbeiten, unterscheiden sich erheblich in ihren Aufgaben und Funktionen; Menschen im Alltag sind keine ausgebildeten Strafrechtler*innen; Kriminalität war in der Frühen Neuzeit etwas anderes als gegenwärtig; in einer Fernsehserie ist Kriminalität etwas anderes als in einer Gerichtsverhandlung. Diese und zahlreiche weitere Differenzen bestimmen, wie Kriminalität auftreten und verhandelt werden kann; es erscheint angemessen, deshalb einen Ausgangspunkt in Differenz zu wählen und die Etablierung von Konsens als klärungsbedürftige, praktisch zu realisierende Leistung in den Blick zu nehmen (Dollinger et al. 2014).

Spezifizierungen

Kriminalität als wirklichkeitskonstitutive Größe

Die Rede von Kriminalität vermittelt Wissensinhalte, die oftmals hohe Aufmerksamkeit erfahren und besondere konnotative Gehalte kommunizieren (Groenemeyer 2010, S. 27 f.). Im Anschluss an Bal lässt sich festhalten, dass Kriminalität ein Konzept darstellt, das als „miniature theor[y]" (Bal 2002, S. 22) oder „shorthand theor[y]" (Bal 2002, S. 23) präskriptiv wirken und Wahrnehmungen sowie Handlungen unterschiedlichster Personen und Institutionen anzuleiten und zu orientieren vermag: „Concepts are never simply descriptive; they are also programmatic and normative. Hence, their use has specific effects" (Bal 2002, S. 28). Eine spezielle Wirkung seiner Nutzung mag man darin erkennen, dass es das Konzept „Kriminalität" erlaubt, Erscheinungen des Lebens – Situationen, Personen und Handlungen – in Abhängigkeit von der jeweils verfügbaren Definitionsmacht in einen inhaltlich wie zeitlich spezifisch konturierten Zusammenhang zu setzen, wodurch diese erst als kriminell wahrgenommen werden (können).

Durch die Nutzung kulturell verfügbarer Zuschreibungen werden Täter*innen, Opfer sowie Zeug*innen etc. hervorgebracht und mit Personeneigenschaften sowie Motiven ausgestattet, die sie zu je bestimmten Handlungsabläufen bewegt haben mögen (hierzu Mills 1940).[4] Komter (2014, S. 628) spricht von einem „body of shared knowledge", der in Gerichtsverhandlungen genutzt wird, um spezifische Varianten von Darstellungen zu einem Geschehen plausibel zu machen. Dieser verweist auf Typisierungen von Personen und Handlungsformen, die genutzt werden, um Zuschreibungen zu legitimieren und damit eine spezifische Art von Geschichte zu erzählen („emplotment" nach White 2014, S. 7). Ein poin-

[4] In Abhängigkeit vom jeweiligen Menschen- und Täter*innenbild sowie von Bildern der Gesellschaft stehen auch spezifische Kriminologien (Hess und Scheerer 2003, S. 87; Lilly et al. 2019). Zuschreibungen oft impliziter Art sind natürlich nicht auf den Alltag oder Institutionen der Strafverfolgung beschränkt.

tiertes Beispiel in Bezug auf den Opferstatus liefert Nils Christie (1986, S. 18 f.) mit folgender Episode: „the little old lady [is] on her way home in the middle of the day after having cared for her sick sister. If she is hit on the head by a big man who thereafter grabs her bag and uses the money for liquor or drugs [...] we come [...] close to the ideal victim“. Das Beispiel verdeutlicht, dass Vorstellungen von Kriminalität an kollektive, kulturell geprägte Wissensbestände gebunden sind. Ein (ideales) Opfer ist vulnerabel und handelt arg- und schuldlos; ein (idealer) Täter/eine (ideale) Täterin ist arglistig und böswillig und handelt aus Niedertracht, Habgier etc. (Christie 1986; Lewis et al. 2021). Zudem kann ein (ideales) Opfer vorrangig einer Mehrheitsbevölkerung angehören, ein (idealer) Täter bzw. eine (ideale) Täterin einer Minderheit oder marginalisierten Gruppe.[5] Auch der zeitliche Ablauf der Geschehenssequenz ist an spezifische kulturelle Zuschreibungen geknüpft. So folgt die Nutzung des Geldes für den Drogenkonsum der (Beschaffungs-)Tat und nicht andersherum.

Wie das Beispiel zeigt, beruht Kriminalität als Konzept auf normativ präformierten Ordnungsvorstellungen. Zuschreibungen von Kriminalität folgen der Annahme, dass Leid(en) und/oder Schaden verursacht wird; sie weisen Verantwortlichkeiten zu, affizieren und legen ein moralisches Unwerturteil entsprechend gedeuteter Handlungen nahe. Bei ihrer Entdeckung werden sie (womöglich) zur Anzeige gebracht und bestraft. Beschreibt dies den ermöglichenden Charakter des Konzeptes, so werden andere Handlungsoptionen unmittelbar erschwert (z. B. das Dulden oder Ignorieren) oder ganz ausgeschlossen (z. B. die Nicht-Verfolgung durch Angehörige der Polizei). Die Nutzung des Konzepts Kriminalität *bewirkt* mithin stets etwas (Bal 2016, S. 26); es weist eine spezifische *Affordanz* auf, da Kriminalität nach Anschlussdeutungen und -handlungen ‚verlangt' und diese präjustiert. Man kann mit Kriminalität nicht beliebig verfahren, wobei oftmals Kontingenz besteht. Denn trotz der kulturellen Verwurzelung der „Sinnprovinz Kriminalität“ (Hess und Scheerer 2003, S. 70; Schmidt-Semisch und Hess 2014) und der durch sie nahegelegten Anschlüsse, bleibt das Konzept in einem Zustand

---

[5] So wurde aus einem aufgrund von Hautfarbe und Herkunft kriminalisierten Opfer von Polizeigewalt (dem jungen Afroamerikaner Michael Brown in Ferguson, Missouri, am 9.8.2014) nach Auffassung der zuständigen *Grand Jury* ein ‚idealer' Täter, gegen dessen angeblich brutale Kraft sich der Polizist Darren Wilson nur durch den tödlichen Einsatz seiner Dienstwaffe verteidigen konnte – ein bekanntes rassistisches *emplotment*. Entsprechend beschrieb Wilson den Teenager Brown vor Gericht als „demon“ und sagte aus, er habe sich „like a 5-year-old holding onto Hulk Hogan“ gefühlt, als er den jungen Mann festhalten wollte (Bouie 2014).

relativer Fragilität: Es wirkt nicht allein aus sich heraus, sondern bedarf interpretativer Eigenleistungen und Praktiken beteiligter Akteur*innen, die je nach Kontext und Interessen sehr unterschiedlich ausfallen können.

Prozessdimension und Verbreitung

Kriminalität ist im Sinne unserer bisherigen Ausführungen nicht einfach gegeben. Insbesondere ist sie nicht eine bloße – ggf. Schaden oder Leid verursachende – Handlung, sondern, wie Becker (1973) beschrieben hatte, eine Folge der Zuschreibung besonderer Handlungs- und Personqualitäten. Damit Kriminalität dauerhaft etabliert und zu informellen oder formellen Sanktionen führen kann, müssen Handlungen mit Bedeutungen versehen und diese in besonderer Weise beglaubigt werden, während ein Fokus auf eine bloße Handlung diesen Prozess und die Entscheidungen, die auf der Reise von verschiedenen Akteur*innen getroffen werden, „verschleiern" (Bal 2016, S. 26) würde. Es zeigt sich eine performative Bedeutungsproduktion: Kriminalität wird von unterschiedlichen Akteur*innen in unterschiedlichen Zusammenhängen in unterschiedlicher Weise genutzt. Eine diesbezüglich wichtige Unterscheidung differenziert rechtliche Bestimmungen von tatsächlichen Rechtsanwendungen (Lacey und Zedner 2023). So liegt Kriminalität einerseits in Vorgaben vor, wie sie in formellen und materiellen rechtlichen Bestimmungen sichtbar werden. Etwa richterliche Entscheidungen müssen diesen entsprechen und sich durch sie legitimieren. Kriminalität präsentiert sich hier als verfestigte Realität. Andererseits ist Kriminalität gebunden an Personen und Institutionen, in und zwischen denen sie je unterschiedlich aufgegriffen und ausgedeutet wird. Besondere Relevanz kommt in diesen Übergangsprozessen gemäß Best (2001, S. 11) sog. „adopters" zu, also Akteur*innen, die Konzepte aufgreifen, in ihre jeweiligen Wirkungszusammenhänge einspeisen und bearbeiten. Dabei kommt es zu selektiven Eigenleistungen. Adopter können, „to some degree, pick and choose among the available characteristics presented in various claims, adopting some and ignoring others" (Best 2001, S. 9 f.). Selbst bei gerichtlichen Entscheidungen kommen – unabhängig von der Frage, ob sie ‚richtig' sein mögen oder nicht (Eberle 2021) – Einflüsse zum Tragen, die außerhalb rein rechtlicher Bestimmung liegen, bspw. Medieneinflüsse, Organisationslogiken, lange etablierte Entscheidungsgewohnheiten, stereotype Vorstellungen etc. (Garfinkel 1967, 104 ff.; Lacey und Zedner 2023, S. 55). Ein einschlägiges Beispiel gibt Martha Komter (2012, 2019). Sie analysiert im Rahmen des niederländischen Rechtssystems, „how a suspect's statement travels through two stages of the criminal law process: the police interrogation and the trial" (Komter 2012, S. 731). Ihre konversationsanalytische Untersuchung belegt im Detail, dass auf der Reise zwischen polizeilicher Vernehmung, deren Übertragung in entsprechende Textdokumente sowie der auf diesen aufbauenden Gerichtsverhandlung markante Veränderungen dessen sichtbar werden, was von der angeklagten Person gesagt wurde, und dem, was als Repräsentation von Tathergängen festgelegt und weiter verwendet wird. Diese – für die Angeklagten mitunter folgenschweren – Transformationen sind nicht, wie man möglicherweise annehmen könnte, einzig oder vorrangig auf die Unterschiedlichkeit von gesprochenem und geschriebenem Wort zurückzuführen. Aussagen gehen nicht gleichsam von sich aus *lost in translation.* Vielmehr tragen diese Wandlungen regelhafte Züge in sich: Sie verweisen auf mannigfaltige, situierte „epistemische Praktiken" (Bergmann 2014, S. 424), mittels derer aus dem Gesagten ein ‚Fall' von Kriminalität gemacht wird, der in der Folge institutionell bearbeitet werden kann. Als wesentlich sind dabei Prozesse der *Entextualisierung* zu erachten. Gemeint ist dies: Diskursabschnitte werden aus ihrem originären Entstehungszusammenhang (z. B. der Vernehmung) herausgelöst und in eine neue, auch in anderen Zusammenhängen (z. B. vor Gericht) als akzeptabel geltende Einheit (z. B. eines Polizeiberichts) umgewandelt. In dieser Form fungieren etwa Polizeiberichte als „‚self-explicating documents'" (Komter 2019, S. 21), die ihren Nutzer*innen implizite Instruktionen an die Hand geben, wie sie zu lesen und auszudeuten sind. Durchzogen ist dieser Vorgang von stetigen *De-* und *Re-Kontextualisierungen* (Komter 2012; s.a. Neumann und Nünning 2012, S. 14 f.), in denen Äußerungen u. a. durch rechtliche Vorgaben, technische Gegebenheiten sowie spezifische Befragungsstile (Monolog- vs. Frage-Antwort-Stil; Komter 2019) zu etwas geformt werden, das bisweilen nur noch wenig Gemeinsamkeiten mit dem ursprünglich Gesagten aufweist. Markierungen von (strafrechtlicher) Bedeutsamkeit finden sich dabei selbst in ‚scheinbar unscheinbaren' Sachverhalten, etwa in der Frage, welcher Teil einer mündlichen Aussage von der bzw. dem protokollierenden Polizist*in wann und in welcher Weise verschriftlicht wird. Im Abgleich zwischen Tonaufnahmen und Transkription sichtbar werdende Auslassungen weisen darauf hin, was von der übersetzenden Person (als Stellvertreter*in einer Institution) in Antizipation des zukünftigen Dokumentengebrauchs als strafrechtlich relevant erachtet wird – und was wiederum nicht. Angesichts dessen ließe sich pointiert formuliert festhalten, dass sich der Produktionsprozess auch selbst in die vermeintlich ermittelte Kriminalitätswirklichkeit einschreibt.

Auf der Reise zwischen verschiedenen Personen, Institutionen und über Zeiten hinweg werden dadurch fortlaufend neue Bedeutungen generiert, während sich andere wiederum verlaufen, ablegt oder negiert werden, sodass sukzessive die spezifische Realität eines Falles konstituiert wird. Eine auf diese Weise zirkulierende ‚Kriminalität' trifft dabei an den ‚Ankunftsorten' von Reisen auf jeweils bereits bestehende, aber womöglich gegenläufige Annahmen darüber, wie ein Fall zu verstehen und zu deuten und damit auch (nicht) zu bearbeiten ist (Neumann und Nünning 2012, S. 2 f.).[6]

Epistemische Konkurrenz

Geht man davon aus, dass hier regelhaft Akteur*innen aufeinandertreffen, die in differierende Wissenskulturen eingebunden sind, ist von einer je spezifisch verfassten Konstitution von Wirklichkeit auszugehen, in der die Beteiligten „are likely to transform concepts according to very particular intellectual, epistemological, political and historical requirements" (Neumann und Nünning 2012, S. 9). Dies bedingt, dass (potenziell) divergente Kriminalitätsdeutungen verhandelt und Einigungen darüber erzielt werden müssen, welche dieser Bedeutungen zutreffend sind und ggf. welche spezifischen Sanktionen – seien sie eher helfender und/oder strafender Art – angewandt werden sollen. Vor diesem Hintergrund erfährt die Frage, „whose view is the more significant or more authoritative with respect to the matter at hand" (Heritage und Raymond 2005, S. 15) besondere Bedeutung. Wenngleich diverse (situierte) Möglichkeiten existieren, kommunikativ einen ‚Fuß in die Tür' zu bekommen, also das eigene Verständnis eines Sachverhalts gegenüber Anderen zu stärken und so an *epistemischer Autorität* zu gewinnen, zeigt sich zugleich, dass dies im Kontext von Kriminalität besonderen Bedingungen unterliegt.

Dies lässt sich am Beispiel der Jugendgerichtshilfe bzw. der Mitwirkung der Jugendhilfe in Verfahren nach dem Jugendgerichtsgesetz verdeutlichen. Sie agiert an einer jener Schnittstellen, an denen Akteur*innen der Sozialpädagogik und der Strafjustiz mit ihren je „spezifischen Logiken und Konsequenzen" (Müller 1993, S. 225) aufeinandertreffen. Folgt man einem in der sozialpädagogischen Litera-

[6] Hinsichtlich einer Wissenssoziologie sozialer Probleme hebt bereits Michael Schetsche (2000, S. 123) die Bedeutung derartiger Prozesse hervor, wenn er vermutet, „[…] daß Wissen von der jeweiligen Sinnprovinz, in der es entstanden ist bzw. zu der es gehört, in spezifischer Weise präformiert wird und daß beim Übergang von der einen Sinnprovinz zur anderen Anpassungsprozesse notwendig sind". Darauf aufbauend erkennt er eine der vorrangigsten Aufgaben der Wissenssoziologie darin, „Veränderungen im Wissen zu untersuchen, die sich aus dem Übergang zwischen den verschiedenen Sinnprovinzen ergeben" (Schetsche 2000, FN 145).

tur gängigen Sprachbild, sind Professionelle der Sozialen Arbeit mit einem ihnen eigenen ‚sozialpädagogischen Blick‘ ausgestattet, der „zwischen ‚Feld- und Bildungsbezug‘, zwischen Subjekt- und Strukturperspektive, zwischen institutionellen und personellen Aspekten seinen Horizont entwickelt“ (Thole 2012, S. 46). Gemäß dieser Programmatik werden Problemlagen der Adressat*innen, etwa die Begehung von Straftaten, als durch ungünstige und/oder benachteiligende Lebenssituationen begründete Phänomene erachtet, auf die Soziale Arbeit kompensatorisch einwirken könne, indem sie psychosoziale Ressourcen vermittelt, berät, begleitet etc. Im Kontext der Jugendgerichtshilfe soll sich dies in einer anwaltschaftlichen Tätigkeit dokumentieren, mithilfe derer die Belange junger Menschen zur Geltung gebracht und in einer Weise auf das Gericht eingewirkt werden soll, dass der Sachverhalt vorrangig als Erziehungsproblem interpretiert und damit womöglich nachsichtiger bewertet wird. Mit dieser Deutungsanlage steht sie, zumindest programmatisch, in Konkurrenz zu polizeilichen und justiziellen Wahrnehmungsstrukturen, in denen die Problemverantwortung eher auf das intentionale Handeln einer Person attribuiert wird (zur Polizei entsprechend Derin und Singelnstein 2022, S. 54). Wiewohl Akteur*innen der Kriminaljustiz zwar gleichermaßen von Erziehung sprechen – dies vorrangig begrenzt auf Erziehung als Mittel der Förderung von Legalbewährung (gem. § 2 Abs. 1 JGG) –, so konstituiert den vorrangigen Bezugspunkt für sie jedoch die Normverletzung, der mit Kontroll- und Strafansprüchen zu begegnen ist. Vergegenwärtigt man sich darüber hinaus, dass die Sozialpädagogik ein eher unterdurchschnittliches professionelles Prestige aufweist – sie bewege sich, so Müller (1993), „im Souterrain der Justiz“ –, ist davon auszugehen, dass in auf Zusammenarbeit ausgelegten Arrangements sozialpädagogische Kriminalitätsdeutungen unter Umständen eher schwierig durchsetzbar sein könnten (so auch Karolczak 2015).

Reisen sind in diesem Sinne nicht ‚unbeschwert‘. Es gibt unterschiedliche Startbedingungen und Chancen, die jeweiligen Ziele zu erreichen. Dies nachzuzeichnen, macht genaue Analysen notwendig, denn in jedem Einzelfall muss begründet werden, dass spezifische Wissensformen zutreffend und anderen überlegen sind. Aus pauschalen Urteilen über die Dominanz einzelner Institutionen lässt sich nicht folgern, wie Reisen in konkreten, oftmals komplexen Fällen möglich gemacht wird – ebenso wenig, wie aus abstrakten rechtlichen Bestimmungen (‚law in the books‘) auf die konkrete Rechtsanwendung im Einzelfall (‚law in action‘) geschlossen werden kann (Dupret 2016). Sofern Personen ein Interesse daran haben, ihre Sicht der Dinge durchzusetzen – was bei Kriminalität oftmals der Fall sein dürfte, entweder da Personen von Entscheidungen betroffen sind oder qua ihres Amtes –, so ist empirisch im Detail den jeweiligen epistemischen Praktiken nachzugehen, mit denen „Über- oder Unterlegenheit“ (Messmer

2023, S. 61) hergestellt und damit Reisen als Befestigung spezifischer Kriminalitätsbedeutungen ermöglicht wird. Reisen erfolgt bei Kriminalität in Auseinandersetzung mit sowie in Abgrenzung von konkurrierenden Akteur*innen und ist grundlegend mit der Hervorbringung, Aufrechterhaltung und Verteidigung epistemischer Autorität assoziiert.

Ein theoretischer und methodologischer Fokus, der sich für derartige Analysen besonders eignet, ist aus unserer Sicht eine narrative Herangehensweise, denn Narrationen sind konstitutiv darauf angelegt, Plausibilität zu vermitteln und zu überzeugen (u. a. Sukalla 2019). Dies erfolgt oftmals im Konflikt, denn nicht selten gibt es Geschichten und Gegen-Geschichten (Althoff et al. 2020) oder auch, wie Abbott (2010) dies nennt, Narrationen, die mit „shadow stories" ringen. Mit letzterem bezeichnet Abbott Erzählungen, die nicht einmal zwingend vollständig sein müssen, um narrative Lücken zu füllen, Zweifel an Sachverhaltsdarstellungen zu säen und alternative Deutungsmöglichkeiten aufzumachen und zu etablieren. Das Reisen von Kriminalität nachzuvollziehen impliziert, diese zumindest möglichen Konflikte anzuerkennen, denn Reisen erfolgt oftmals nicht unilinear und konsensuell; vielmehr handelt es sich um einen empirisch nachzuzeichnenden „multilayered, complex and conflictual process which generates difference and defies tendencies towards homogenisation and universalisation" (Neumann und Nünning 2012, S. 7). Gerade Kriminalität ist von Differenz und Konflikten geprägt. Und dennoch, und dies macht sie als Forschungsgegenstand für Reise-Forschende besonders spannend, wird Konsens hergestellt und durchgesetzt: Durch die Etablierung spezifischer Geschichten und die Delegitimierung von Gegen-Geschichten werden spezifische Fälle narrativ hervorgebracht. Mit besonderen Geschichten zu Kriminalität und ihrer jeweils kontextabhängigen Beglaubigung wird ihr eine – wenn auch z. T. nur temporäre und widerlegbare – ‚gültige' Bedeutung gegeben. So ‚ist' Jugendgewalt in einem Fall bspw. eine Frage defizitärer Erziehungsleistungen, die eher milde Nacherziehung verlangt, in einem anderen hingegen eine Frage individueller Böswilligkeit, auf die mit ‚Härte' geantwortet werden soll. So ‚ist' Drogenkonsum eine illegale Handlung oder Privatsache, eine Abtreibung kriminell oder nicht. Die Aufzählung ließe sich nahezu endlos verlängern.

Fazit

Die vorausgehenden Ausführungen sollten deutlich machen, dass Kriminalität stets ‚reist'. Sie als „travelling concept" zu fassen, ist mithin keine Einpassung in eine nur mehr oder weniger adäquate metaphorische Umschreibung, sondern

Kriminalität wird als anschlussfähige Realität konstituiert, indem sie durch Zeit und Raum ‚reist'. Dies wird vorrangig durch institutionelle Zusammenhänge vorangetrieben und durch mediale Vermittlungen prozessiert, die ihren Niederschlag in materialisierten Gehalten dessen finden, was als Kriminalität bestimmt wird. Ein wesentlicher Grund, weshalb diese prozessuale Dimension oftmals nicht gesehen wird bzw. bislang nicht umfassend ausgearbeitet wurde, dürfte darin liegen, dass ein putativ eindeutiger, immobiler Zustand von Kriminalität letztlich jenen Institutionen entspricht, die spezifische Bedeutungen festzuschreiben suchen.[7] So ‚ist' Kriminalität zuletzt, was ein Gericht als solches bestimmt, während die Tatsache, dass bis zu einem Urteil vielfältige Formen der Aushandlung von Interessen, Wahrheiten und Strategien der Fall- und Selbstdarstellung vollzogen werden müssen, hinter den Anschein zurücktritt, in einem Urteil würde lediglich die Realität eines Falles zur Sprache gebracht. Am Ende einer Verhandlung steht für die Richter*innen, trotz aller Überzeugungsarbeit und notwendiger Aushandlungen, „the certainty of their verdict" (Komter 1998, S. 133). Dies gilt nicht nur für das Gericht: Auch die Kriminalpolitik dürfte es sich kaum leisten können, die Kontingenz und Perspektivität der Definition von Kriminalität allzu deutlich werden zu lassen, und selbst im Fernsehkrimi und im Kriminalroman wäre es für Zuschauende und Lesende ggf. wenig überzeugend, wenn am Ende gänzlich unklar bliebe, ob tatsächlich die richtige Person für ein Delikt verhaftet und verurteilt wird.[8] Ein Fokus auf „travelling" macht im Gegenzug zu dieser Fixierungsarbeit die komplexen Prozesse sichtbar, die notwendig sind, bis eine Bedeutung zumindest vorübergehend stabilisiert werden kann – eine Bedeutung, die oftmals besonderes ‚Gepäck' vor Augen führt, da Kriminalität institutionell typisiert und mit Zuschreibungen aufgeladen wird, die neben rechtlichen auch weitere, insbesondere mit sozialen Differenzkategorien (wie Gender, Ethnizität etc.) verwobene Implikationen enthalten.

---

[7] In (selbst-)reflexiver Weise ließe sich dies auch auf (bestimmte) Analysen von Kriminalität beziehen, zumindest sofern sie daran interessiert sind, die Ursachen, Beweggründe oder das Vorkommen strafrechtlich relevanter Handlungen zu erschließen.

[8] Fiktionale Formen der Auseinandersetzungen mit Kriminalität, wie TV-Serien, Literatur, Comics, Computerspiele usw., setzen genau hier an: Sie können die von Komter genannte gerichtliche Sicherheit über die Korrektheit von Urteilen unterstützen und für die Akzeptanz gängiger Kriminalitätskonstruktionen werben, diese aber auch unterwandern, indem sie die einzelnen Interessen, Wahrheiten und Strategien anders als die in den Prozess involvierten institutionalisierten Akteur*innen bewerten. Darin liegt ihre besondere Vermittlungsfunktion, und das macht sie zu einer wichtigen Instanz für das „travelling concept" von Kriminalität. Ohnehin arbeiten verschiedene (auch als ‚postmodern' bezeichnete) Autor*innen und Regisseur*innen mit Vexierspielen der Kontingenz.

Popitz (1968) hatte in einem klassischen Vortrag eine „Präventivwirkung des Nichtwissens“ diagnostiziert; es sei für die dauerhafte Existenz von Normgeltungen konstitutiv, dass nicht bekannt wird, wie häufig die betreffenden Normen unterlaufen werden. Man kann diesen Gedanken weiterführen zu der Aussage, dass die Darstellung einer Kriminalitätswirklichkeit oftmals davon zehrt, dass ihr Zustandekommen kaum sichtbar ist, und hier liegt das besondere Potenzial, Kriminalität als „travelling concept“ zu beschreiben und zu analysieren.

Literatur

Abbott, H. S. 2010. *The Cambridge Introduction to Narrative*. 2. Aufl., 6. Druck. Cambridge.

Alexander, Michelle. 2010. *The New Jim Crow. Mass Incarceration in the Age of Colorblindness*. New York: The New Press.

Althoff, M., B. Dollinger, und H. Schmidt. 2020. *Conflicting Narratives of Crime and Punishment*. Basingstoke: Palgrave McMillan.

Aronczyk, M., und A. Craig. 2012. Introduction. Cultures of Circulation. In *Cultures of Circulation*, Hrsg. M. Aronczyk und A. Craig, Themenheft *Poetics* 40.2, 93–100.

Bal, M. 2002. *Travelling Concepts in the Humanities*. Toronto: University of Toronto Press.

Bal, M. 2016. Culture – Concept. In *Lexikon der Kulturanalyse*, Hrsg. M. Bal, 23–28. Wien/Berlin: Verlag Turia + Kant.

Barton, S., M. J. Dubelaar, R. Kölbel, M. Lindemann, Hrsg. 2018. *„Vom hochgemuten, voreiligen Griff nach der Wahrheit“*. Baden-Baden: Fehlurteile im Strafprozess.

Baumbach, S., B. Michaelis, und A. Nünning. 2012. Introducing Travelling Concepets and the Metaphor of Travelling. In *Travelling Concepts, Metaphors, and Narratives*, Hrsg. S. Baumbach, B. Michaelis, und A. Nünning. 1–21. Trier: WVT Wissenschaftlicher Verlag Trier.

Becker, H. S. 1973. *Outsiders*. New York: Free Press.

Bergmann, J. 2014. Der Fall als epistemisches Objekt. In *„Der Fall": Studien zur epistemischen Praxis professionellen Handelns*, Hrsg. J. Bergmann, U. Dausendschön-Gay, und F. Oberzaucher, 423–440. Bielefeld: Transcript.

Best, J. 2001. The Diffusion of Social Problems. In *How Claims Spread. Cross-National Diffusion of Social Problems*, Hrsg. J. Best, 1–18. New York: De Gruyter.

Best, J. 2003. But Seriously Folks. The Limitations of the Strict Constructionist Interpretation of Social Problems. In *Challenges and Choices. Constructionist Perspectives on Social Problems*, Hrsg. J. A. Holstein und G. Miller, 51–69. New York: de Gruyter.

Bouie, J. 2014. Michael Brown Wasn't a Superhuman Demon. But Darren Wilson's Racial Prejudice Told Him Otherwise. In *Slate* 26.11.2014. https://www.slate.com/news-and-politics/2014/11/darren-wilsons-racial-portrayal-of-michael-brown-as-a-superhuman-demon-the-ferguson-police-officers-account-is-a-common-projection-of-racial-fears.html.

Böhme, T. 2018. *Das strafgerichtliche Fehlurteil – Systemimmanenz oder vermeidbares Unrecht?* Baden-Baden: Nomos.

Bosworth, M., und C. Hoyle, Hrsg. 2011. *What is Criminology?* Oxford: Oxford University Press.

Brown, S. E., E. Finn-Aage, und G. Geis. 2019. *Criminology*. 10. Aufl., New York: Routledge.

Christie, N. 1986. The Ideal Victim. In *From Crime Policy to Victim Policy. Reorienting the Justice System*, Hrsg. E. A. Fattah, 17–30. Basingstoke: Palgrave McMillan.

Derin, B., und T. Singelnstein. 2022. *Die Polizei*. Berlin: Econ Verlag.

Dollinger, B. 2013. Kritik als Label? Die Provokation der Sozialen Arbeit durch den „Labeling Approach". In *Was ist und wozu betreiben wir Kritik in der Sozialen Arbeit?* Hrsg. B. Hünersdorf und J. Hartmann, 69–84. Wiesbaden: Springer VS.

Dollinger, B., M. Rudolph, H. Schmidt-Semisch, M. Urban. 2014. Konturen einer Allgemeinen Theorie der Kriminalität als kulturelle Praxis (ATKAP). In *Kriminologisches Journal*, 46. Jg., 67–88.

Dollinger, B., und H. Schmidt. 2015. Zur Aktualität von Goffmans Konzept „totaler Institutionen" – Empirische Befunde zur gegenwärtigen Situation des „Unterlebens" in Gefängnissen. In *Handbuch Jugendstrafvollzug – Handlungsfelder und Konzepte*, Hrsg. M. Schweder, 245–259. Weinheim: Beltz Juventa.

Dupret, B. 2016. *Adjudication in Action*. London: Routledge.

Eberle, T. S. 2007. Ethnomethodologie und Konversationsanalyse. In *Handbuch Wissenssoziologie und Wissensforschung*, Hrsg. R. Schützeichel, 139–160. Konstanz: UVK.

Eberle, T.S. 2021. Was macht Geschworene zu Geschworenen? Zur Genese der Ethnomethodologie. In *Ethnomethodologie reloaded*, Hrsg. J.R. Bergmann und C. Meyer, 101–118. Germany: Bielefeld.

Fair, H., und R. Walmsley. 2021. World Prison Population List. https://www.prisonstudies.org/resources/world-prison-population-list-13th-edition. Zugriff am: 28. Oktober 2023.

Foucault, M. 1975/1977. *Überwachen und Strafen. Die Geburt des Gefängnisses*. Aus dem Französischen von Walter Seitter. Frankfurt a. M.: Suhrkamp.

Frase, R. S. 2009. What Explains Persistent Racial Disproportionality in Minnesota's Prison and Jail Populations? In *Crime and Justice*, 38. Jg., 201 280.

Garfinkel, H. 1967. *Studies in Ethnomethodology*. Englewood Cliffs: Prentice-Hall

Gaonkar, D.P., und E.A. Povinelli. 2003. Technologies of Public Forms. Circulation, Transfiguration. Recognition. In *Public Culture* 15 (3): 385–397.

Gilmore, R.W. 2007. *Golden Gulag. Prisons, Surplus, Crisis, and Opposition in Globalizing California*. California: University of California Press.

Goffman, E. 1977. *Asyle: Über die soziale Situation psychiatrischer Patienten und anderer Insassen*. Frankfurt a. M.: Suhrkamp.

Groenemeyer, A. 2010. Doing Social Problems – Doing Social Control. Mikroanalysen der Konstruktion sozialer Probleme in institutionellen Kontexten – Ein Forschungsprogramm. In *Doing Social Problems. Mikroanalysen der Konstruktion sozialer Probleme und sozialer Kontrolle in institutionellen Kontexten*, Hrsg. A. Groenemeyer, 13–56. Wiesbaden: VS Verlag.

Härter, K., G. Sälter, und E. Wiebel. 2010. Repräsentationen von Kriminalität und öffentlicher Sicherheit. In *Repräsentationen von Kriminalität und öffentlicher Sicherheit*, Hrsg. K. Härter, G. Sälter, und E. Wiebel, 1–23. Frankfurt a. M.: Vittorio Klostermann.

Heritage, J., und G. Raymond. 2005. The Terms of Agreement. Indexing Epistemic Authority and Subordination in Talk-in-interaction. *Social Psychology Quarterly* 68 (1): 15–38.

Hess, H., und S. Scheerer. 2003. Theorie der Kriminalität. In *Soziologie der Kriminalität. Sonderheft 43 der Kölner Zeitschrift für Soziologie und Sozialpsychologie*, Hrsg. D. Oberwittler und S. Karstedt, 69–92. Wiesbaden: VS Verlag.

Hofinger, V. 2015. *Die Konstruktion des Rückfalltäters*. Weinheim: Beltz Juventa.

Hyvärinen, M. 2013. Travelling Metaphors, Transforming Concepts. In *The Travelling Concepts of Narrative*, Hrsg. M. Hyvärinen, M. Hatavara, und L.-C. Hydén, 13–42. Amsterdam: John Benjamins Publishing.

Karolczak, M. 2015. Sozialpädagogische Praxis in der Interinstitutionellen Kooperation – Das Beispiel der Bearbeitung von Jugendgewalt auf den Hamburger „Gemeinsamen Fallkonferenzen". In *Sozialpädagogische Perspektiven auf Devianz*, Hrsg. B. Dollinger und N. Oelkers, 224–240. Weinheim: Beltz Juventa.

Komter, M. 1998. *Dilemmas in the Courtroom*. London: Routledge.

Komter, M. 2012. The Career of a Suspect's Statement. Talk, Text, Context. *Discourse Studies* 14 (6): 731–752.

Komter, M. 2014. Conversation Analysis in the Courtroom. In *The Handbook of Conversation Analysis*, Hrsg. J. Sidnell und T. Stivers, 612–629. Hoboken: Wiley-Blackwell.

Komter, M. 2019. *The Suspect's Statement. Talk and Text in the Criminal Process*. Cambridge: Cambridge University Press.

Lacey, N., und L. Zedner. 2023. Criminalization. Historical, Legal, and Criminological Perspectives. In *The Oxford Handbook of Criminology*, Hrsg. A. Liebling, S. Maruna, und L. McAra, 7. Aufl., 53–74. Oxford: Oxford University Press.

Lappi-Seppälä, T. 2018. American Exceptionalism in Comparative Perspective. In *American Exceptionalism in Crime and Punishment*, Hrsg. K. R. Reitz, 195–271. New York: Oxford University Press.

Lee, B., und E. LiPuma. 2002. Cultures of Circulation. The Imaginations of Modernity. *Public Culture* 14 (1): 191–213.

Lewis, J.A., J.C. Hamilton, und J.D. Elmore. 2021. Describing the Ideal Victim. A Linguistic Analysis of Victim Descriptions. *Current Psychology* 40: 4324–4332.

Lilly, J. R., F. T. Cullen, und R. A. Ball. 2019. *Criminological theory*. 7. Aufl., Thousand Oaks, California: Sage.

McNeill, Fergus u.a. 2022. Time After Time. Imprisonment, Re-entry and Enduring Temporariness. In *Time and Punishment*, Hrsg. Nicola Carr und Gwen Robinson, 171–201. Basingstoke: Palgrave McMillan.

Mead, G. H. 1918/1987. Psychologie der Strafjustiz. In *Gesammelte Aufsätze*, Hrsg. G. H. Mead, Bd. 1, 253–284. Frankfurt a. M.: Suhrkamp.

Messmer, H. 2023. *Wissen wie es gemacht wird*. Opladen: Verlag Barbara Budrich.

Mills, C. W. 1940. Situated Actions and Vocabularies of Motive. In *American Sociological Review*, 5. Jg., 904–913.

Müller, S. 1993. Erziehen – Helfen – Strafen. Zur Klärung des Erziehungsbegriffs im Jugendstrafrecht aus pädagogischer Sicht. In *Muß Strafe sein? Zur Analyse und Kritik strafrechtlicher Praxis*, Hrsg. H. Peters, 217–232. Opladen: Westdeutscher Verlag.

Neumann, B., und A. Nünning. 2012. Travelling Concepts as a Model for the Study of Culture. In *Travelling Concepts for the Study of Culture*, Hrsg. B. Neumann und A. Nünning, 1–22. Berlin: de Gruyter.

NYLCU/ACLU of New York. 2023. *School-to-Prison Pipeline*. https://www.nyclu.org/en/issues/racial-justice/school-prison-pipeline.

Popitz, H. 1968. *Über die Präventivwirkung des Nichtwissens*. Tübingen: Mohr.

Reiner, R. 2016. *Crime*. Malden, MA: Polity Press.

Schetsche, M. 2000. *Wissenssoziologie sozialer Probleme. Grundlegung einer relativistischen Problemtheorie*. Wiesbaden: Westdeutscher Verlag.

Schmidt-Semisch, H., und H. Hess. 2014. *Die Sinnprovinz der Kriminalität Zur Dynamik eines sozialen Feldes*. Wiesbaden: Springer.

Straw, W. 2010. The Circulatory Turn. In *The Wireless Spectrum. The Politics, Practices and Poetics of Mobile Media*, Hrsg. B. Crow, M. Longford, und K. Sawchuk, 17–28. Toronto: University of Toronto Press.

Sukalla, F. 2019. *Narrative Persuasion*. Baden-Baden: Nomos.

Svensson, Kerstin, und Marcus Knutagård. 2022. Time in Motion. Transport between Prisons as Planned, Lived and Experienced Time. In *Time and Punishment*, Hrsg. Nicola Carr und Gwen Robinson, 117–142. Basingstoke: Palgrave McMillan.

Tata, C. 2020. *Sentencing. A Social Process*. Basingstoke: Palgrave McMillan.

Thole, W. 2012. Die Soziale Arbeit – Praxis, Theorie, Forschung und Ausbildung. Versuch einer Standortbestimmung. In *Grundriss Soziale Arbeit*, Hrsg. W. Thole, 19–70. Wiesbaden: Springer VS.

White, H. 2014. *Metahistory*. Baltimore: John Hopkins University Press.

Wolff, Stephan. 2010. Defensives Wissensmanagement im Strafverfahren. In *Wissen in (Inter-)Aktion. Verfahren der Wissensgenerierung in unterschiedlichen Praxisfeldern*, Hrsg. Ulrich Dausendschön-Gay, Christine Domke, und Sören Ohlhus, 71–90. Berlin, New York: de Gruyter.

Woolgar, S., und D. Pawluch. 1985. Ontological Gerrymandering. The Anatomy of Social Problems Explanations. In *Social Problems*, 32. Jg., 214–227.

Zedner, L. H. 2004. *Criminal Justice*. Oxford: Oxford University Press.

Teil II: Gehen

Reisendes Wissen – als Moment der Übersetzung?

Konzeptuelle Überlegungen zu traveling concepts am Beispiel der multiplen Übersetzung des Alevitentums

Elif Yıldızlı

Wer viel reist oder wer viel liest weiß mehr? Diese Redewendung aus dem Türkischen weist bereits auf verschiedene Formen und Formate von Wissen, dass durch die Reise gewonnen werden kann aber ebenso auf dessen Kontextspezifität hin. Mit Blick auf verschiedene Formen und Formate des Wissens ist aus soziologischer Perspektive besonders die in der Türkei nicht anerkannte und im Kontext des Islams historisch gewachsene Glaubensgemeinschaft der Aleviten interessant. Denn sie ist überwiegend in dörflichen Strukturen *milieuförmig* organisiert und verfügt über ein spezifisches *religiöses Wissen.* Es stellt sich aber zunächst die Frage wer Aleviten überhaupt sind und was sie ausmacht, um dann auf ihre besondere organisations- und milieuspezifische Lage in der Türkei einzugehen. Mit der Migration in die Städte veränderte sich die Tradierung(sform) des religiösen

---

Dieser Beitrag ist eine überarbeitete und stark gekürzte Version eines Fallbeispiels aus einem Teilkapitel der eigenen Dissertation, die am 21.05.2021 an der Universität in Münster mit dem Titel „Multiple Übersetzung der Religion. Zu Formen und Formaten alevitischer Religiosität" eingereicht und 2023 veröffentlicht wurde. Wie die übersetzungstheoretisch vorbereitete Analyse des Fallbeispiels mit dem Konzept des *Reisendes Wissens* zusammengedacht werden kann, wird im Schlussteil des Beitrages skizziert.

E. Yıldızlı (✉)
University of Münster, Institute of Sociology, Attendorn, Deutschland
E-Mail: yildizlielif@gmail.com

M. Harbusch (Hrsg.), *Reisendes Wissen,*
https://doi.org/10.1007/978-3-658-45229-2_7

Wissens aber auch die Form der Organisation der Aleviten vor dem Hintergrund von Anerkennungs- und Aushandlungsprozessen in einer mehrheitlich türkisch-sunnitischen Gesellschaft.

In diesem Beitrag wird das Konzept *Reisende Wissen* (als eine Form des Wissens) im Horizont einer soziologischen Übersetzungstheorie (Renn 2006; 2014) *(neu)* betrachtet, nämlich *als Moment der Übersetzung. Übersetzen* bedeutet in Anlehnung an Joachim Renn in der differenzierungstheoretischen Sprache die *Veränderung der Form* bzw. eine „Sinn-*Transformation*" (Renn 2018, S. 165) von unterschiedlichen Formen der Imperative, die handlungskoordinierend wirken. Der Beitrag konzentriert sich in erster Linie darauf einige konzeptuelle Überlegungen zum *Reisenden Wissen* am Beispiel der *Multiplen Übersetzung des Alevitentums* (Yıldızlı 2023) zu unterbreiten. Dabei werden die spezifischen Übersetzungsverhältnisse zwischen den differenzierungstheoretisch vorgenommenen Unterscheidungen zwischen *Milieu* und *Organisation* exemplarisch anhand von ausgewählten Sequenzen qualitativer Interviews mit Vertreter:innen[1] der alevitischen Glaubensgemeinschaft im urbanen Kontext (Istanbul) unter Applikation der Auswertungsmethode „makroanalytische Tiefenhermeneutik" (Renn 2018) ausgearbeitet.

Wer sind Aleviten und was macht sie aus?

Aleviten sind eine mehrheitlich in der Türkei lebende Glaubensgemeinschaft, die ca. 15 bis 25 % der türkischen Bevölkerung ausmachen.[2] Eine genaue definitorische Beschreibung sowie ein exakter Entstehungszeitraum des Alevitentums ist aufgrund historisch (vgl.: Dressler 2013a, S. 186, 238, b) bedingter und divergierender Selbstbeschreibungen (vgl.: Dressler 2019, S. 65) erschwert (vgl. Mélikoff 1998; Sökefeld 2003, S. 246, 2005c, S. 128–147; Yaman 2004). Die bis heute nicht abgeschlossene Frage nach dem Ursprung und der Verortung sowie die Glaubenspraxis prägen die Diskurse über das Alevitentum (vgl. auch: Dressler 2013a 2002; Massicard 2005;

[1] Die vorliegende Arbeit wird explizit die inklusive Schreibweise *Gender-Doppelpunkt* verwenden. Damit sollen verschiedene Geschlechteridentitäten in einer typografischen Form *sichtbar* gemacht werden. Falls eine inkludierende Abkürzung nicht möglich ist, sind alle Geschlechter ausdrücklich mitgedacht.

[2] Die ungenaue Zahl gründet in der fehlenden Differenzierung nach Glaubensrichtungen bei der türkischen Volkszählung. Vgl. USCIRF (2020, 2012); USDSOIRF (2019); Minority Rights Group International (2018).

Kehl Bodrogi 1993). In der Forschungsliteratur ist die dominante Meinung, dass der Glaube grundsätzlich über einen längeren Zeitraum „im Kontext des Islam entstanden ist" (Sökefeld 2003, S. 246) und daher islamische Elemente nachzuweisen sind (vgl. Dressler 2013a, S. xi-xii; Vorhoff 1995, S. 185; Yıldırım 2018 sowie: Spuler Stegemann 2003). Die überwiegende Mehrheit der *Alevi* (vgl.: Kanar 2010, S. 459; Devellioğlu 2007, S. 28; Dressler 2013a, S. 1) führt ihre Abstammung auf den Cousin des Propheten Mohammed *Imam Ali* und der *Ehlibeyt*[3] (vgl. Dressler 2013a, S. 1; 5). zurück. Unter Berücksichtigung der geographischen Lage gibt es zaza-, kurmanci-, kurdisch- und türkischsprachige Aleviten (Sökefeld 2005c, S. 131), die sich untereinander hinsichtlich spezifischer religiöser Praktiken bzw. Rituale unterscheiden können (vgl. Kehl 1988).

Die zentralen Glaubenselemente des Alevitentums sind u. a.: *dede* und *ocak,* die *dede-talip*-Beziehung, *müsahiplik*[4], *cem,* die Fastenzeit *muharrem,* der Besuch von Heiligenstädten und Opfer (vgl. Yıldırım 2018, S. 80). Bei den *dede*s und ihren Ehefrauen, die als *ana* bezeichnet werden, handelt es sich um genealogisch legitimierte religiöse Autoritäten, die unterschiedlichen „„heilige[n] Clans"" (Sökefeld 2005a, S. 207) *(tr.: ocak)* angehören und das religiöse Wissen generationenübergreifend weitergeben. Diese generationenübergreifende Tradierung von spezifischen religiösen Inhalten und Praktiken sowie (besonders) die *gelebte Religiosität* bildete im Grunde die nicht formalisierte „Ausbildung" zu einem *dede* oder *ana* – bei gleichzeitigem Fehlen von Texten zum Alevitentum oder (bisher) sehr beschränktem Zugang zu einigen wenigen religiösen Quellen. In der Sprache des *milieuförmigen Alevitentums* kann und wird nicht von einer „Ausbildung" gesprochen. Es ist vielmehr ein *beschreiten des Weges* oder mit anderen Worten die *religiöse Performanz als Lebensform* sowie die Praxis des religiösen Kollektivs, die für die (Heraus-)Bildung einer religiösen alevitischen Autorität kennzeichnend ist. Je nach Zugehörigkeit zu einem *ocak,* kann der Zugang zu religiösen Textquellen, Vermittlung von religiösem Wissen besondere mehrdimensionale Pfadabhängigkeiten aufweisen und divergent sein. Das Verhältnis zwischen den *ocak*s zeichnet sich weniger durch eine hierarchische als vielmehr durch seine zirkuläre Wechselbeziehung aus. Jeder Alevite ist (gleichzeitig) ein

[3] Tr.: *ehl-i beyt,* d. h. die Familie des Propheten (Dressler 2013a, S. 5).

[4] Die Glaubensbrüderschaft (*tr.: müsahiplik*) im Alevitentum ist eine Wahlverwandtschaft zwischen zwei Männer mit ihren Ehefrauen, die Zeit Lebens füreinander in allen sozialen und finanziellen (Not-) Lagen oder bei begangenen Fehlern verantwortlich sind. Ferner gilt ein Heiratsverbot für die Kinder dieser Familien, die nunmehr Geschwister sind (Kehl-Bodrogi 2017 [1988], S. 168-197, 1988; Aksünger-Kizil/Kahraman 2018).

talip (dt.: i. ü. S. ein *Lernender*). Die *dede-talip*-Beziehung ist wechselseitig erblich, bei dem die *dede*s eine umfassende Verantwortung für ihre *talip*s haben – sie schließt sowohl die religiöse als auch die moralische Lebensführung mit ein (ebd., S. 208).

Die Tradierung des notwendigen *religiösen Wissens* über das Alevitentum und seine rituellen Pflichten erfolgte in der Vergangenheit überwiegend mündlich in einem nicht formellen Lehrer-Schüler-Verhältnis durch *dede*s (vgl. Sökefeld 2005c, S. 130) im gemeinschaftlichen Ritual *cem* (arab.: „‚Gemeinschaft', ‚Gemeinde', ‚Zusammenkunft" (Sökefeld 2005a, S. 208)), das gegenwärtig meist im gleichnamigen *cemevi* stattfindet, von einem *dede* geleitet und unter gemeinsamer Teilnahme von Männern und Frauen, ohne räumliche Trennung, vollzogen wird. Die Praktizierung des Rituals erfolgte im dörflichen Kontext im größten zur Verfügung stehenden Raum, der nicht ausschließlich für das Religiöse reserviert war (vgl. ebd.). In vielen Orten in der Türkei ist eine wöchentliche Praktizierung des *cem*s in einem *cemevi* nunmehr möglich und die entsprechenden Räumlichkeiten verfügbar. Wenngleich die Vereinsgebäude *cemevi* heißen, ist damit jener spezifische Gebäudeteil der Vereine gemeint, der für die Praktizierung des *cem*s vorgesehen ist (vgl. Sökefeld 2005a, S. 222).

Das alevitische Glaubenssystem entwickelte und etablierte sich bis zu den 1950er Jahren innerhalb eines geschlossenen, vertrauten und eher familiären dörflichen Kontextes (vgl. Yıldırım 2018, S. 79). Mit der Migration in die Stadt begann sich die alevitische Glaubensgemeinschaft im Horizont von makrosozialen und -strukturellen Konstellationen in der Türkei zu transformieren. Insofern sind die im Folgenden näher zu erläuternden türkeispezifischen ideologischen, religiös-politischen, ökonomischen Makrodimensionen in den 1970er bis 1990er Jahren und die soziale Marginalisierung der Aleviten auf verschiedenen Ebenen und Lebensbereichen prägende, folgenreiche Faktoren[5] im Anerkennungs- und Aushandlungsprozess der Aleviten sowie ihrem Kampf um Sichtbarkeit in der Öffentlichkeit (vgl. Şahin 2005). Dabei führt Letzteres einerseits zum Wandel von Orten alevitischer Glaubenspraxis sowie der Veränderung von Tradierungsformen des religiösen Wissens und andererseits zur Umwandlung der einst unsichtbaren religiösen Glaubensrichtung selbst und trägt letztlich zur Herausbildung von alevitischen Organisationen bei (vgl. Massicard 2007).

[5] An dieser Stelle sei auf die Arbeit von Massicard (2007, S. 72-73) verwiesen. Dieser Beitrag schließt sich ihrer Vermutung an, dass die Marginalisierung von Aleviten bei ihrer Organisierung eine Rolle gespielt hat. Ziel ist es aber diese Überlegung hier differenziert mit entsprechenden soziologischen Instrumenten am Fallbeispiel zu analysieren und zu erweitern.

Organisations- und milieuspezifische Lage der Aleviten in der Türkei

Im 16. Jahrhundert verlagerte sich das Gemeinschaftsleben sowie die Glaubenspraxis der Aleviten, die für das Osmanische Reich eine „fehlgeleitete Sekte" (Sökefeld 2003, S. 248) waren, „den Weg des rechten Glaubens verlassen hatten und dafür mit dem Tod bestraft werden konnten" (ebd.), in die Abgeschiedenheit (vgl. Massicard 2007, S. 36). Sie verbargen ihre religiöse Zugehörigkeit und sahen in der Unsichtbarkeit einen Ausweg, um zu überleben. So wurde es Teil alevitischer Lebensführung, bei Gefahr den Glauben zu verheimlichen, rituelle Pflichten nicht einhalten zu können, diese temporär gänzlich abzulegen oder andere Rituale z. B. sunnitische zu imitieren (ebd.). Aufgrund fehlender organisatorischer Einheit hat sich eine zentrale alevitische Schriftenkultur und eine institutionalisierte Lehrautorität zur Wissensvermittlung, -verbreitung und -sicherung nicht entwickeln können (vgl. Bozkurt 2006, S. 203).

Mit der einsetzenden Industrialisierung und der schnellen Urbanisierung kam es zu grundlegenden wirtschaftlichen und sozialen Umwälzungen in der Türkei, die sich auch auf die Aleviten auswirkten. Während sie in dörflichen Strukturen gewisse Abgrenzungsmechanismen aufrechterhalten konnten, die sich mit der ab 1950 einsetzenden Migration in die Städte auflöste, war es ihnen in den Großstädten kaum mehr möglich, ihre religiösen Praktiken fortzusetzen (vgl. Subaşı 2002), die Binnenkohäsion ihrer Gemeinschaft aufrechtzuerhalten (vgl. Gümüş 2007) und sich gegen äußere Einflüsse abzuschirmen (vgl. Vorhoff 1999, S. 31). Die Migration hatte folglich „die Auflösung spezifisch alevitischer Sozialstrukturen zur Folge" (Sökefeld 2005b, S. 51) und führte allgemein zum Verlust oder Verblassen religiösen Wissens sowie zur Vernachlässigung von religiösen Ritualen.[6]

Während der Militärdiktatur in den 1980er Jahren spitze sich die Lage zu: Aus Angst der Aleviten vor staatlichen Repressionen kam es zur endgültigen Verlagerung der religiösen Praktiken ins Private (vgl. Sökefeld 2005a, c). Zwar wurde in der Stadt zunächst versucht, das *cem* in den privaten Räumlichkeiten (wie es zuvor die gängige Praxis im Dorf war) ausschließlich alevitischer Mehrfamilienhäuser zu verwirklichen. Aber in den anonymen mehrstöckigen Wohnkomplexen in einer ethnisch und religiös gemischten Nachbarschaft war die Praktizierung religiöse Rituale aus Angst vor Mietkündigung nicht mehr möglich. Im urbanen

[6] Zu den migrationsbedingten Wirkungen u. a. auf die Glaubenspraxis der Aleviten s.: Massicard (2007, S. 53-54).

Kontext war gleichzeitig die Erreichbarkeit eines *dede*s für ein *cem* aufgrund von großen Distanzen erschwert, sodass viele Aleviten allmählich auch räumlich eine Distanz zum Glauben aufbauten.

Das Großstadtleben veränderte v. a. die Bedeutung und Funktion des *dede*s (vgl. Kehl-Bodrogi 2017 [1988], S. 43) und führte zudem zu einer zunehmenden Veränderung des *cem*s: Während im dörflichen Kontext Konflikte durch *dede*s im *cem* geschlichtet[7] und im Einvernehmen mit der *communitas* bestraft wurden, ist in der Stadt die Umsetzung des effektivsten Sanktionselements des Alevitentums, nämlich *der Ausschluss* aus der alevitischen Gemeinschaft (*tr.: düşkünlük*), wie einst im Dorf, in dieser Form nicht mehr möglich und nimmt eine hauptsächlich symbolische Gestalt an (vgl. Yıldırım 2018, S. 84). In der urbanen Moderne herrscht im Gegensatz zum zuvor sehr vertrauten Dorf-*cem* Anonymität (Sökefeld 2005a, S. 210) und ein Ritualausschluss von Teilnehmer:innen bei religiösen Normverstößen ist ohne Weiteres nicht mehr möglich. Zudem grenzten sich unter urbanen Bedingungen viele junge Aleviten von religiösen Traditionen ab und schlossen sich den für sie als modern und vernunftorientiert geltenden linksorientierten Bewegungen an (vgl. Laçiner 1989, S. 239–240; Steinbach 1996, S. 379; Kehl-Bodrogi 1993, S. 271; Sökefeld 2005a, S. 205). Diese Bewegungen sahen in den Aleviten aufgrund ihrer marginalisierten und finanziell schwachen Situation Verbündete (vgl. Massicard 2013, S. 25–27). In der politisch für die Türkei sehr turbulenten Zeit ab den 1960er Jahren wurde Aleviten vorgeworfen, einer Ideologie anzuhängen, die atheistisch sei und die türkische Nation gefährde (vgl. ebd., S. 47). So wurde „[d]ie religiöse Differenz […] in einen politischen Antagonismus transformiert […]" (Gorzewksi 2010, S. 45). Folglich führte dies auf der einen Seite zur „Gleichsetzung der Sunniten mit türkischem Nationalismus, Islamismus und allgemein rechtlicher Orientierung" (ebd.) und auf der anderen Seite „der Gleichsetzung von Aleviten mit Laizismus und allgemein linker, revolutionärer politischer Orientierung" (ebd.).[8] Das im dörflichen Kontext gelebte Alevitentum oder auch „traditionelle Alevitentum" (Yıldırım 2018) erfuhr somit bis 1970 und 1980 eine religiöse Erosion (vgl. Erdemir 2007).

Nach den 1990er Jahren begann eine Phase der Rückbesinnung der Aleviten auf ihre religiösen Traditionen, die auch als „religious revitalisation" (Dressler

[7] Aleviten vermieden es osmanische Gerichte oder Muftis zu konsultieren, weil sie unter den Repressalien des Osmanischen Reichs litten und nicht zusätzlich auffallen wollten. Nach außen sollte Stärke, Unabhängigkeit und eine friedlich lebende Einheit erzeugt werden (Massicard 2007, S. 38).

[8] Siehe auch: Laçiner 1989, S. 241-254; Seufert 1999, S. 75.

2008) bezeichnet wird. So waren innerreligiöse und -politische Diskurse sowie religiös-politisch motivierte Übergriffe[9] und tödliche Anschläge[10] auf Aleviten (vgl. Sinclair-Webb 2003; Kaya 1998) in der Türkei für die Wahrnehmung als religiöse Schicksalsgemeinschaft und für die *Wieder*hervorhebung der religiösen Glaubensinhalte ausschlaggebend (vgl. Dressler 2002, S. 175–176).

Bei genauerer Betrachtung ist diese Strukturtransformation von einer säkularen, politischen Gruppe zu einer (wieder) religiösen Gemeinschaft, die sich zu ihren religiösen Traditionen bekennt und eine aktive, öffentliche Gestaltungs- und Partizipationshaltung[11] einnimmt, erstens eine Antwort auf die fehlende rechtsstaatliche Reaktion bei Anschlägen auf Aleviten und zweitens eine Reaktion aus Angst vor Identitätsverlust. In Deutschland schlossen sich im Zuge dessen zahlreiche Aleviten den neu gegründeten alevitischen Vereinen an. Nach der „Alevitischen Erklärung" vom Alevitischen Kulturverein in Hamburg (Sökefeld 2005b) veränderte sich das Narrativ eines *unsichtbaren* Alevitentums: Innerhalb kurzer Zeit formierte sich eine alevitisch-identitäre Bewegung, die sich für die Sichtbarkeit (vgl. Şahin 2005, S. 465) und Anerkennung des Alevitentums[12] (vgl. Özkul 2019; Sökefeld 2005c, S. 138) öffentlich einsetzte.[13] Denn auch in Deutschland waren Aleviten hinsichtlich ihrer religiösen Identität in der öffentlichen Arena weitestgehend unauffällig. Die Entwicklungen in Deutschland prägten die nahezu zeitgleich entstandene alevitische Bewegung in der Türkei (vgl. Özyürek 2009; Avcı 2005), die aber „stärker zersplittert und diversifiziert [ist] […], da sich keine starke, übergreifende Dachorganisation entwickelt hat" (Sökefeld 2005c, S. 137).

Insgesamt hat die alevitische Bewegung einen prägenden Einfluss auf die Veränderung des Alevitentums „von einer verborgenen zu einer öffentlichen […]" (ebd.) Form der Religiosität, wobei der Weg zu einer Organisation(sform) in der

[9] Wie diese Übergriffe die Haltung der Aleviten veränderten und prägten s.: Massicard 2007, S. 84-88.

[10] Zum Beispiel im Jahre 1993 in der türkischen Stadt Sivas, 1980 in Çorum und 1978 in Maraş.

[11] Nach Massicard (2007, S. 222) sei es der alevitische Bewegung nicht gelungen, ein sprech- und handlungsfähiger politischer Akteur zu werden. Die politische Beteiligung habe zur Zersplitterung der Aleviten geführt (ebd.).

[12] Zur Anerkennung der Aleviten als Religionsgemeinschaft im Kontext von integrationspolitischen Fragen in Deutschland siehe einschlägig: Sökefeld (2008).

[13] Der alevitischen Gemeinde in Nordrhein-Westfalen wird im Jahr 2020 auf Bundesebene erstmals der Status „Körperschaft des öffentlichen Rechts" (Ministerium des Innern des Landes Nordrhein-Westfalen 2021) verliehen.

Türkei aufgrund fehlender rechtlicher Grundlagen[14] erschwert war. Denn im türkischen Vereinsrecht wird „jede Form der Organisation auf Basis kultureller, ethnischer oder religiöser Differenz als Angriff auf die Einheit von Staat und Nation" (Sökefeld 2005b, S. 51) betrachtet und insofern „als potentielle[r] Separatismus" (ebd.) eingestuft.[15] Dies führte in der Stadt zur Bildung einer hybriden Organisationsform der Aleviten: die Fusion von *cemevi* und Verein (vgl. Yıldırım 2018, S. 85–86) zu *alevitischen Kultur- und Glaubenszentren*. Diese ersten sozial und sakral genutzten Räumlichkeiten der Aleviten in zunächst umfunktionierten Gebäuden stellen eine räumlich-symbolische Dimension alevitischer Glaubenspraxis im urbanen Milieu dar und führten zur Transformation von religiösen Praktiken[16] der Aleviten, womit primär die soziale Struktur sowie die Form der Durchführung von Ritualen gemeint ist und weniger die Transformation des Rituals selbst (vgl. Sökefeld 2005a, S. 208).

Mit der Migration in die Stadt wandelte sich der zuvor räumlich nicht fassbare, lokal im dörflichen Kontext gelebte Glaube in die Form eines sichtbaren, formal organisierten Glaubens im urbanen Milieu, nämlich in alevitische Organisation(sform)en. Gleichzeitig verlor aber das *religiöse Wissen,* das im dörflichen Kontext sehr präsent war, nunmehr im städtischen Kontext an Kontur. Durch diese in den 1990er Jahren gegründeten alevitischen Organisationen, Stiftungen, Institute, Netzwerke auf lokaler, nationaler Ebene und die Kommunikation sowie Kooperation mit politischen Akteuren rückte das Alevitentum in den Fokus medialer Aufmerksamkeit. Aleviten hatten mit der Privatisierung der Medien in der Türkei und den damit möglichen alevitischen Radio- und Fernsehsendern die Chance, ihre problematische Situation öffentlich zu diskutieren und auf rechtsstaatliche Defizite aufmerksam zu machen (vgl. Gurcan 2013; vgl. Şahin 2005).

Auch „das *dede*-Amt [überlebte] an sich, und zwar i. d. R. als traditionell erbliche und nicht als erworbene Funktion, doch Funktion und Definition wurden

[14] Vgl. türkisches Vereinsgesetz von 1983 (Türkiye Cumhuriyeti Kültür ve Turizim Bakanlığı Teftiş Kurulu Başkanlığı 2019). Das Verbot bezog sich nicht nur auf Vereine (2908. Vereinsgesetz, Abs. 2 und 5), sondern ebenso waren Stiftungsgründungen verboten (4721. Zivilgesetz, Abs. 101, tr.: T.C. Resmî Gazete 2001).

[15] Zum misstrauischen Verhältnis des türkischen Staates zu Aleviten vgl. İçduygu und Soner (2006).

[16] Die vertrauten Dorfgemeinschaften, die enge *dede-talip*-Beziehung und „dieser *[d]ede*, dem alle Angehörigen der Gemeinschaft zugeordnet waren, das Ritual leitete, gehören [...] der Vergangenheit an" (Sökfeld 2005a, S. 210-211, Hvg. E.U.).

stark eingeengt"[17] (Hendrich 2011, S. 15, Hvg. i. O.). Dies bedeutet für die innerorganisatorische Einheit einer alevitischen Organisation in der Urbanität die Umverteilung von Kompetenzbereichen zwischen *dede* und Vereinsvorstand, die nun über *spezifisches Wissen* und Fähigkeiten sowie Ressourcen verfügen, um „neue Netzwerke zu erstellen, moderne Kommunikationsstrategien einzusetzen und entsprechend der jeweiligen rechtlichen und sozialen Gegebenheiten zu agieren" (ebd.). Die *Qualität des Wissens*[18] transformierte sich und die Verlagerung des Wissenstransfers und der Entscheidungskompetenzen auf die Organisationsleitung führte zu Spannungen bei der Tradierung des Alevitentums und überwiegend zum „Verlust alevitischen Wissens" (Sökefeld 2005a, S. 215). Für die *dede*s[19] verringert sich ihr Handlungs- und Einsatzradius auf die Leitung des *cem*s, „und zwar oft *auf Einladung* durch den Verein" (ebd.).

Im urbanen Milieu trat anstelle der Betonung der *dede-talip*-Beziehung nun die *Zugehörigkeit* der Personen zum *cemevi* und manifestiert sich in der Sprache: Die einst im Dorf einem *dede* zugehörigen *talip*s gehen in der Stadt zum *cemevi* in ihrer Nähe, wo sie *Mitglieder* der alevitischen Organisation sind und je nach Belieben das *cemevi* verlassen und ein anderes besuchen (vgl. Yıldırım 2018, S. 87–88). Der Begriff *talip von einem dede* ändert sich in der Stadt zu *Mitglied eines cemevi*s und steht folglich für den Wandel zu einer Zugehörigkeit zu einer Glaubensgemeinschaft qua Mitgliedschaft. Der Übergang zur Form der bezahlten Mitgliedschaft in einer alevitischen Organisation erzeugt eine neue Interaktionsdimension: zwischen Vereinsmitgliedern und -leitung, die unter Leistungsdruck steht, von denen Dienstleistungen wie z. B. Krankenbesuche oder Streitschlichtung erwartet werden „wie sie auch ein nicht religiös orientierter landsmannschaftlicher Verein erbringen würde" (Hendrich 2011, S. 8) und die den Vereinsmitgliedern Rechenschaft ablegen muss. Für die weiteren Überlegun-

[17] Gemeint ist: *dedelik;* dt.: das *dede-sein.* Mit der Bezeichnung *Amt* geht eine eher institutionalisierte Position einher, die, so die Annahme, bei der alevitischen Glaubensgemeinschaft derzeit (noch) nicht in dieser Form vorliegt.

[18] Eine Umfrage mit 370 Aleviten aus dem städtischen und ländlichen Kontext nach ihrer Einstellung zu *dede*s ergab, dass ca. 72 % die Qualifikation von *dede*s nicht als ausreichend erachteten. Allerdings betonten ca. 73 % die Relevanz und Notwendigkeit des *dedelik*s für die Vitalität des Alevitentums (vgl. Yılmaz 2005, S. 213). Wenngleich diese Zahlen eine geringe statistische Repräsentativität haben, scheinen sie dennoch „eine akkurate Widerspiegelung der alevitischen Meinung zu dieser Frage zu sein" (Dressler 2013b, S. 253).

[19] Zum Wandel der religiösen Autorität des *dede*s in der Moderne vgl.: Dressler 2013b.

gen bedeutet das, dass nicht nur Makrostrukturen auf Aleviten und alevitische Organisationen von außen einwirken und eine *intern latent desintegrative Wirkung* haben können, sondern (interne) Organisationsstrukturen wie z. B. Interdependenzen zwischen Vereinsleitung und *dede* unter Berücksichtigung unterschiedlicher Formen und Formate von Wissen zu spezifischen (konfliktgeladenen) Spannungen führen.

Multiple Übersetzungsverhältnisse und ein sinnrekonstruktiver Zugang zum Fall

Im Zuge der Feldforschung im Zeitraum von 2017 bis 2020 wurden in Istanbul/Türkei zum Zweck der Rekonstruktion von multiplen Formen und Formaten alevitischer Religiosität Interviews mit alevitischen Geistlichen und Vereinsfunktionären geführt (Yıldızlı 2023). Die Interviews fanden alle in den Räumlichkeiten der jeweiligen Alevitischen Organisation statt. Die Interviewpartner:innen wurden mit leitfadengestützten Interviews mit starken narrativen Elementen gebeten von ihrer Rolle und Aufgaben innerhalb der Alevitischen Organisation zu berichten. Im Rahmen der Erzählungen bot es sich an durch vereinzelte Zwischenfragen tiefer auf bestimmte Aspekte wie zum Beispiel auf lokale Zusammenarbeiten der Alevitischen Organisationen mit anderen (politischen/religiösen) Akteuren einzugehen. Die Entwicklungen, der Wandel und die Herausforderungen im Zuge der Anerkennungs- und Aushandlungsprozesse der Aleviten in der Türkei und des Alevitentums auf dem Weg in die gegenwärtige religiöse Organisationsform sind nicht explizit sichtbar und den Sprecher:innen nicht unbedingt intentional präsent. Insofern wurde das erhobene Material mit dem Ziel die tiefer liegenden Sinnstrukturen zu identifizieren bzw. zu rekonstruieren mit der Auswertungsmethode der *makroanalytischen Tiefenhermeneutik*[20] (vgl. Renn 2018) ausgewertet und vor dem Hintergrund der *Übersetzungstheorie* (ders.2006, 2014) gedeutet.

Mit der Auswertungsmethode ist es möglich die Beziehungen zwischen der Mikro- und Makroebene – um den theoretischen Ausgangspunkt zu skizzieren –

[20] Der Beitrag muss sich hier auf eine kursorische Darstellung der zentralen theoretisch-methodischen Aspekte beschränken. Für die ausführliche Herleitung, Entfaltung und Begründung der Methode siehe: Renn (2018, 2006).

„differenzierungstheoretisch als unterschiedliche Formen sozialer Übersetzung" aufzufassen (Renn 2018, S. 199). Davon ausgehend bestehen zwischen verschiedenen gesellschaftlichen Integrationsebenen wie System, Organisation, Milieu und Person *Übersetzungsbeziehungen,* d. h., es muss sowohl zwischen als auch innerhalb dieser Integrationsebenen übersetzt werden. Allerdings lassen sich

> die Spuren der *indirekten* Beziehungen zwischen Mikro- und Makroebene [...] auch nur indirekt erschließen [...], indem aus ‚latenten' Sinnschichten von innerhalb spezifischen Sinnhorizonten ‚manifesten' Sinngehalten die Spuren jener indirekten Beziehungen innerhalb von ‚Übersetzungsverhältnissen' [...], tiefenhermeneutisch' erschlossen werden. (Ebd., Hvg. i. O.)

Mit Blick auf die Reise des Wissens war es dabei zentral, jene Interviewsequenzen heranzuziehen, die die Übersetzungsleistung zentraler religiöser Instanzen verdeutlichen und mit ihrer Übersetzungsarbeit Wege für eine Reise des Wissens in einen räumlichen aber ebenso in einem historischen Transformationsprozess ebenen. Dabei war es interessant, welche Deutungen und Praktiken die Interviewten entwickeln, um die Kluft zwischen den traditionellen Wurzeln des Alevitentums und den Herausforderungen einer modernen, urbanen, zeitgenössischen Deutung aufrechterhalten zu können. Insofern wird im Material nicht nur die komplexe Struktur der alevitischen Organisation bzw. des alevitischen Milieus sichtbar, sondern ebenso dessen multidimensionale und regional unterschiedliche Verflechtung, makrostrukturelle Lage und die damit verbundenen Schwierigkeiten/Spannungen der (traditionellen, zuvor in dörflichen Strukturen organisierten) Aleviten auf dem Weg in die (religiöse) Organisationsform, die am Fallbeispiel exemplarisch untersucht werden.

Da die wechselseitigen Einflüsse der verschiedenen Kontexte sich im Modus der Interdependenzunterbrechung vollziehen und sich die Übersetzungsverhältnisse im Material nachweisen lassen, konzentriert sich die Analyse darauf, *wie Bedeutungsbrüche zwischen (welchen) Sinnhorizonten zum Ausdruck kommen* und *was sich für Folgerungen im Lichte der theoretischen und methodischen Ausrichtung* des Beitrages ergeben. Denn genau diese Bedeutungsbrüche verweisen auf das Zusammentreffen von unterschiedlichen Sinnhorizonten, die gegeneinander Grenzen gebildet haben. In Bezug auf das Konzept des *Reisenden Wissen* könnten eben diese Brüche auch als Hinweise für verschiedene Wissenshorizonten gedeutet werden, die die Spur für den Grenzübertritt einer Form des Wissens in eine andere Wissensordnung legt. Der metaphorische Begriff der Reise im Kontext des Wissens erscheint im Material (in den hier gezeigten Sequenzen) als Transit von einer Wissensordnung in eine andere verstanden werden, dessen

Übergang aber nicht offensichtlich ist, sondern mittels Bedeutungsbrüche identifiziert und methodisch rekonstruiert werden müsste.[21]

Zu Formen von multiplen Übersetzungen alevitischer Religiosität – Ein Fallbeispiel

Bei dem hier vorgestellten sequenzanalytisch analysierten *Fall* handelt es sich um ein Gespräch mit einem jungen *dede* von einem unabhängigen, keiner Stiftung oder Föderation angegliederten *cemevi* in Istanbul/Türkei. Der Befragte studierte Turkologie, absolvierte seinen Master in türkischer Volkskunde und bereite seine Promotion vorbereiten. In der Eingangspassage folgen auf die Aufzählung seiner Bildungsabschlüsse seine Aufgaben als *dede* im *cemevi,* wobei er sich und andere als *dede-Kandidaten* bezeichnet: „[…] ehrlich gesagt sagen wir nicht, dass wir *dedes* sind. Wir sind *dede Kandidaten.* […]".[22] So seien sie „eigentlich keine *dede*", sondern würden noch lernen:

> [...] wir [sind] eigentlich keine *dede* wir lernen *dede* zu sein. Nach der familiären Abstammung ja sind wir *dede*, wobei wir das natürlich nicht nur auf die Abstammung zurück führen natürlich. Man ist nicht *dede* nur aufgrund der Abstammung aus einer *dede* Familie. [...]

Denn es reiche nicht aus, einer *dede*-Familie anzugehören, um ein *dede* zu sein. Vielmehr müsse ein *dede* neben seiner Abstammung auch kulturelles und „notwendiges Wissen" vorweisen:

> [...] Bei dieser Sache eh muss man im kulturellen Sinne eh ausgestattet sein muss man notwendiges Wissen haben. Du musst die Wünsche und Forderungen der

[21] Die Ergebnisauswertung (Übersetzung des türkischen Materials ins Deutsche d. E.Y.) erfolgte mit den Mitgliedern der Auswertungsgruppe „Makroanalytische Tiefenhermeneutik" bei Prof. Dr. Joachim Renn in Münster. Zusätzlich wurde das türkische Material (Transkription d. E.Y.) im interdisziplinären Kolloquium „Alevi-Studies" unter der Leitung von Prof. Dr. Markus Dressler interpretiert, verglichen und erweitert. So wurden die Ergebnisse in verschiedenen Kreisen mehrfacher Probe unterzogen, was eine kommunikative Validierung der Ergebnisse ermöglichte.

[22] Die im folgenden zitierten Interviewpassagen stammen aus dem Interviewmaterial, das in der oben bereits erwähnten Dissertation (Yıldızlı i. E.) eingereicht wurde. Allerdings wird das Material hier vor dem Hintergrund der Fragestellung dieses Beitrages neu bewertet und interpretiert.

> Bürger eh erfüllen können dafür sind wir hier. Ich kann sagen, dass wir hier eigentlich Schüler sind [lacht], weil wir lernen hier sehr viel beim Lehren lernen wir auch. [...] Ja unsere Aufgabe hier eh (.) wenn Sie offiziell fragen, offiziell bin ich die Vertretung des Vorstandsvorsitzenden. [...]

Diese Qualifikationen drücken bereits in dieser Anfangspassage ein modernes Verständnis von einem *dede* aus, da hier die genealogische Abstammung nicht ausreicht, um als *dede* bezeichnet zu werden. In der Rolle der *dede*s drücken sich hier verschiedene Wissensformen (weltliches Wissen und religiösen, alevitisch-religiöses Wissen) aus. Denn *dede*s sind nicht ausschließlich in die alevitische Organisation und das alevitische Milieu als religiöser Experte inkludiert. Sie sind gleichzeitig auch in das Bildungssystem oder in die Arbeitswelt (je nach Beruf) integriert (*„Mehrfachzugehörigkeit“*,, Renn 2018, S. 215) und müssen je nach Milieuumgebung über ein *praktisch-milieuspezifisches Wissen* verfügen, das ihr soziales Handeln koordiniert (*zu wissen, „wie denn ‚genau‘ einer Regel zu folgen ist“*, ebd., S. 221).[23]

In dieser Sequenz wird das Bild eines *dede*s als Dienstleister inszeniert, dessen Aufgabe die Zufriedenstellung der Bürger:innen sei. Der Begriff „Bürger“ impliziert hier systemische Imperative und drückt eine Übersetzung von politischen Implikationen im Kontext eines religiösen Milieus, einer religiösen Organisation aus. Anstatt von Gläubigen, *talip*s oder entsprechend der Form der Organisationsform von Mitgliedern zu sprechen, wirkt hier ein politischer Sinnhorizont mit entsprechender sprachlicher Formatierung.

Der Befragte sagt, sie seien keine *dede*s, behauptet mit gleicher Bestimmtheit, dass sie „hier eigentlich Schüler“ seien. Zudem habe der *dede*-Kandidat *offiziell* das Amt der Vorstandsvertretung inne und bringe damit nicht nur seine personale Identität, sondern auch den damit zusammenhängenden milieuspezifischen Wissensbestand zum Ausdruck: „generell bin ich hier immer mit meiner Identität eh als *dede* mit meiner Identität als *dede* versuche ich zu dienen“:

---

[23] Aus der teilnehmenden Beobachtung 2017-2020 in Alevitischen Organisationen in Istanbul/Türkei (Yıldızlı i. E.): Verschiedene Wissensformen bilden für die jungen *dede*s eine Ressource. So ist beispielsweise das *säkulare* Wissen eine Ressource für die religiösen Unterhaltungen während des *cem*s, um gewisse religiöse Inhalte für die Jugend anschaulicher und mit einem Bezug zu aktuellen Ereignissen erläutern zu können. Damit wird versucht, die Neugier der Jugend zu wecken, ihre Aufmerksamkeit für religiöse Themen zu gewinnen. *Säkulares Wissen* (im Feld als Philosophie, Geschichte, andere Disziplinen bezeichnet) wird in den Gesprächen vor dem *cem* zunehmend zentraler und mit großer Aufmerksamkeit verfolgt.

> [...] Aber eh generell bin ich hier immer mit meiner Identität eh als *dede* mit meiner Identität als *dede* versuche ich zu dienen. Wir helfen der Jugend bei ihrem Zwölf-dienste-Unterricht. Ich helfe bei den *semah* Kursen aus (.) eins zu eins. Eh außerdem helfen wir auch bei den geisteswissenschaftlichen Fächern natürlich Literatur Türkisch eh Geschichte manchmal Erdkunde so ein aktives (.) eh (.) Verständnis vom Dienen haben wir hier.

Durch diese unklaren und wechselnden Beschreibungen seiner Position sowie Aufgabe im *cemevi,* die besonders die Identität und das Dienen betonen, offenbart sich eine nicht abgeschlossene Ausbildung zum *dede,* was in der Formulierung „eigentlich keine *dede* wir lernen *dede* zu sein" deutlich wird und den Eindruck entstehen lässt, als sei das *dedelik* eine weitere Qualifikation neben seinen bisher genannten Universitätsabschlüssen. Dieser Lesart folgend, scheint das *cemevi* eine Einrichtung zu sein, die mechanisch wie ein Dienstleister *dede*s ausbildet. Hier äußern sich im Motiv des *dede-Kandidaten* und dem Lernprozess indirekt Imperative eines Bildungssystems und die damit zusammenhängenden Qualifikationsstufen, die im praktischen Vollzugskontext performativ sichtbar werden.

Durch die Thematisierung der Wirkkraft und -macht des *dede*s, seiner Wechselbeziehung zu den *talip*s sowie anhand der Beschreibung des *dedelik*s ist es möglich, Rückschlüsse auf die Aufgabenbereiche und die Funktion eines *dede*s zu ziehen, „weil unsere Aufgabe als *dede*s ist nicht nur das Gebet und die Durchführung von religiösen Ritualen auch hinsichtlich der Verwaltung haben wir dafür zu sorgen, dass es in den *cemevi*s funktioniert". Hier betont der Befragte die besondere *Doppelfunktion* bzw. *Multifunktionalität* des *dede*s. Denn dieser kümmert sich um religiöse Fragen, leitet aber auch nichtreligiöse verwaltungstechnische Angelegenheiten, damit das *cemevi* „funktioniert". Diese *multiple Identität* des *dede*s verweist auf eine *multipel differenzierte Gesellschaft* (vgl. Renn 2006, 2014) der Moderne, in der vielfältige Inklusionsprofile nebeneinander existieren können und die Verwaltung sowie Koordination verschiedener Formen von Wissen der Regie der Person selbst obliegt. So, wie der *dede* nicht ausschließlich für das Gebet zuständig sei, sei auch *das cemevi nicht ausschließlich ein Ort für das Beten,* sondern auch ein Ort der Selbstentfaltung und -verwirklichung:

> Na die Menschen verstehen folgendes *cemevis* sind halt gebaut wurden, um dort zu beten nein ganz im Gegenteil (.) das sind Orte, wo alle soziale Aktivitäten (.) eh die nationalen Feiertage, die religiösen Feiertage der Menschen, ihre religiösen Einstellungen und außerdem wo auf die Bildung der Kinder geachtet werden kann. [...] Das sind Orte, wo sie sich selbst entfalten können wo sie sich selbst verwirklichen können wo sie sagen können wir haben auch einen Ort ehrlich gesagt sehe ich das so [...].

Es zeigt hier die identitätsstiftende Dimension eines religiösen Ortes, der sich auf alle Lebensbereiche bezieht und an dem auch und besonders soziale Aktivitäten immer mehr an Bedeutung gewinnen. Das Fehlen dieser *cemevi*s bzw. Vereine führe zur Entfremdung der „Gesellschaft von ihrer eigenen Identität". Die Darstellung des *dedelik* und des *cemevi*s als nicht primär religiöse, sondern ebenso soziale, kulturelle und identitätsstiftende Institutionen könnte eine Reaktion auf die Umgebungskontexte, nämlich den urbanen Raum, sein und als Ausdifferenzierung der Funktion und Bedeutung des *dede*s und des *cemevi*s interpretiert werden. Diese Ausdifferenzierung könnte auch als eine organisations- und milieuspezifische Übersetzung von Umgebungsfaktoren bzw. als eine milieuinterne Übersetzung äußerer Umgebungsimperative gedeutet werden.

Insofern verändert die urbanen Wissensordnungen sowie die institutionellen Rahmenbedingungen die Form und das Selbstverständnis der *dede*s sowie das Wissen darüber, *wie* die religiöse Praktik auszuüben ist. Die Auswirkungen der *neuen* lokalen Kontexte in der Urbanität und die damit verbundenen Sinnstrukturen sind indirekt über Denk- und Arbeitsweise der Religionsausüber rekonstruierbar. Letztlich muss das Alevitentum im neuen urbanen Kontext die Strukturen und neuen Formen des Wissenstransfers adaptieren – bzw. es muss *übersetzt* werden zwischen dem milieuförmigen und dem organisationalen Alevitentum.

Neben der Aufgabe als religiöser Führer die *cem*s zu leiten, gehöre zur *multiplen Identität* des *dede*s, ein „Sprachrohr" zu sein. So könne es durchaus vorkommen, dass tagesaktuelle politische Geschehnisse oder aber auch Ereignisse aus dem „sozialen Leben" eine Reaktion erfordern, die der Befragte als „Bürger" äußern wolle und dabei „die *dede*-Identität dann auch zur Seite" lege. Die Menschen im *cemevi* hätten entsprechende Erwartungen gegenüber dem *dede:* „Sie wollen, dass du sprichst. Sie wollen, dass du ihr Sprachrohr bist":

> [...] vor drei vier Jahren gab es die *Soma* Katastrophe in der Türkei wissen Sie 300 Menschen eh wurden zu Märtyrer sind dabei ums Leben gekommen [...] an dem Tag kommst du zum *cem* [...] und du bist sauer. Es gibt Dinge, die du sagen möchtest. [...] Eh weil du hier als Bürger und du legst die dede Identität dann auch zur Seite als Bürger musst du darauf reagieren und musst auch die Reaktion der Menschen dir gegenüber aussprechen. [...] Die Bürger sind so sie kommen hier hin (.) es kann an dem Tag etwas passiert sein (.) was eine Reaktion erfordert [...] man möchte darauf reagieren. [...] Und diese Reaktion zeigt er hier. [...] Aber nicht indem er spricht. Sie wollen, dass du sprichst. Sie wollen, dass du ihr Sprachrohr bist (.) eh nun manchmal äußerst du dich sehr hart dann sagen sie *dede* heute warst du sehr hart. [...] Eh das kommt vor [...] letztendlich kann ja auch nicht jedes Thema angenehm sein, weil der Glaube selbst ist hart.

Mit der Verwendung des Bürger:innen-Begriffs und dem *Ablegen der dede-Identität,* die hier als Metapher gelesen werden kann, impliziert der Befragte den Wechsel zwischen unterschiedlichen Sinnhorizonten und Handlungsimperativen und erweckt damit den Eindruck eines Versuchs, sprachlich zwischen seinen Rechten und Pflichten als politisch-gesellschaftlich interessierter Staatsbürger:innen und seiner religiösen Verantwortung als *dede* zu trennen. Gleichzeitig impliziert der Versuch dieser Trennung der religiösen und politischen Sphäre eine Übersetzung politischer Imperative in den (religiösen) Milieuhorizont. Diese Interaktion vor dem *cem* über tagesaktuelle politische Themen und der anschließende Übergang zum Gebet inszeniert allerdings einen *Sinnhorizonte und -grenzen überschreitenden (reisenden) dede*, der einem Publikum dient und dessen Erwartungen und Interessen zu erfüllen versucht, die vermutlich mehr in den politischen Diskussionen als in der religiösen Zeremonie bestehen (und um Aufruf von verschiedenen wirkmächtige Wissenshorizonten zwingt). Nach außen werden (u. a. auch an die sunnitische Mehrheitsgesellschaft) religiöse Motive mitgeteilt und versprachlicht, aber nach innen herrscht nach wie vor ein politisches Interesse und es wirken politische Motive. Indizien für diese Vermutung finden sich in folgender Passage, bei der der junge *dede* die politische Verstrickung der Aleviten in den 1970er Jahren und ihre Abkehr vom Glauben thematisiert:

> [...] jetzt damals waren sie ständig mit dem *dede* zusammen haben ihre *cem* zusammen gemacht haben zusammen gebetet. Aber jetzt hat sich die Gesellschaft verändert. Diese Gesellschaft in den 60ern 50ern beginnt die Migration nach *Istanbul* besser gesagt beginnt die Migration in die Stadt mit den 60ern beginnt die Bürgermeisterzeit in politischer Hinsicht. Eh nun, wenn du in den 70ern angekommen bist die Aleviten rutschen ein bisschen mehr nach links (…) weil links waren wir niemals das muss man so offen sagen. Sie rutschen nach links aber mit dem abrutschen auf die linke marginalisierte Seite entfernen sie sich auch vom Glauben. Nun haben diese Menschen, die sich entfernt haben, Kinder (..). Jetzt versuchen wir den Kindern ein *dede* zu sein versuchen ihnen den Glauben beizubringen. Ob man will oder nicht es ist schwierig. Und ihnen du kannst dem Kind nicht etwas beibringen, was die Wissenschaft nun einmal abgelehnt hat (…). Ich sage, dass sie etwas Neues wollen, nun ich will die *dedes* nicht kritisieren, die aus der Tradition kommen eigentlich kritisiere ich die Jugend (.) sie verstehen die *dedes* nicht. Eh und weil sie es auch nicht verstehen, also weil unser Dings ist mehr Mystik ja eh sie verstehen die Mystik nicht da haben sie auch Recht (..) also wir erwarten das eh nicht, dass sie das in diesem Alter verstehen. Aber halt es gibt die Sache mit der Sprache nun zwischen einem 70-jährigen 60, 40-jährigen *dede* und zwischen einem zwischen 15- und 20-jährigen Kind gibt es die Sache mit der Sprache. Wir schaffen es nicht die Sprache hier hin zu bringen (..) nun hier erzählt er [...] der Imam Ali hat das Schloss *Hayber* eh gepackt und hat es in den Himmel geworfen. Wie viele Meter weit hat er das geworfen ja halt er hat das gepackt und weggeschleudert man hat weder Anfang

> noch Ende gesehen [...] Sie fragen den *dede* hier folgendes *dede* ich bin eh Physiker und so etwas gibt es in der Physik [...] nicht (..) und er sagt [...] das ist das Wunder von dem Imam Ali sagt er dann [...]

Während „damals“ (gemeint ist: im alevitischen Dorf) die Menschen „ständig mit dem *dede* zusammen“ gewesen wären, was auf eine intensive *dede-talip*-Beziehung schließen lässt, und gemeinsam *cem*s abgehalten hätten, habe sich jetzt „die Gesellschaft verändert“. Hier äußert sich eine moderne und fortgeschrittene Reflexionsfähigkeit des Befragten. Mit der Migration in die Stadt habe auch die politische Phase begonnen und die in den 1970ern in die Städte migrierten „Aleviten rutschen ein bisschen mehr nach links“. Die politisch linke Einstellung und Aktivität der Aleviten habe Folgen in Bezug auf die Identifikation mit religiösen Inhalten und auf die Zugehörigkeit zum Alevitentum. Denn „mit dem Abrutschen auf die linke marginalisierte Seite entfernen sie sich auch vom Glauben“. An dieser Stelle des Gesprächs wird mit der Migration in den urbanen Raum sowohl die Politisierung der Aleviten manifest als auch ihre Abkehr vom Glauben in dieser Phase – es könnte als Indiz für das Verblassen bzw. als Aktualitätsverlust des religiösen Wissens gedeutet werden. Eine mögliche Schlussfolgerung hieraus wäre, dass die in den 1970er Jahren vom Dorf in die Stadt migrierte Generation heute noch immer keine große Nähe zum Glauben haben und wenn doch, dann könnten trotzdem politische Themen im *cemevi*, auf die der *dede* wie das Beispiel oben zeigt einzugehen versucht, für sie von Bedeutung sein.[24] Dieser Versuch impliziert gleichzeitig eine Übersetzungsarbeit zwischen der politischen und religiösen Generation, weil „diese Menschen, die sich entfernt haben, Kinder (…). Jetzt versuchen wir den Kindern ein *dede* zu sein versuchen ihnen den Glauben beizubringen“. Allerdings problematisiert der *dede* hier die Vermittlung des religiösen Wissens bzw. des Glaubens an die Kinder einer politisch engagierten und vom Glauben abgewandten Elterngeneration und beschreibt dies als schwierig, weil „die Jugend (.) sie verstehen die *dede*s nicht“ und „sie verstehen die Mystik nicht“. So handelt es sich nicht ausschließlich um die Herausforderung, zwischen einer Elterngeneration und einer neuen, jungen Generation zu vermitteln. Vielmehr erweckt es den Eindruck, als sei die Differenz zwischen einer Generation, die die Tradition kennt (aber sich aus politischen Gründen abgewandt hat), und jener Generation,

[24] Das würde bedeuten, dass eine absolute Strukturtransformation von einer politischen hin zu einer religiösen Gruppe der Aleviten sich nicht vollzogen hat, sondern noch immer rudimentäre Überreste der politischen Involviertheit bzw. der politischen Identität innerhalb der alevitischen Gruppe existent sind (Yıldızlı i. E.).

die mit Wissenschaft aufgewachsen ist, aber religiösen Inhalten gegenüber offen ist, herausfordernd und manifestiere sich besonders in der Sprache. Der Befragte stellt die traditionellen *dede*s einer jungen Generation gegenüber, die neues fordert, worin sich implizit der Gegensatz traditionell und modern ausdrückt. Die Differenz zwischen diesen zwei Sinnhorizonten (traditionell und modern, alt und jung aber ebenso zwischen verschiedenen Formen des Wissens) wird in der Sprache sichtbar und manifestiert sich im Horizont der subjektiven Handlungspraktik wie beispielsweise eine ablehnende und stark hinterfragende Jugend im Gegensatz zu älteren, traditionellen *dede*s sowohl im Dorf als auch in der Stadt: „Eh nun der Grund, weswegen die neuen *dede*s und die alten *dede*s sich (..) streiten ist genau dieser Punkt", nämlich der Aspekt der Sprache und damit die wechselseitige Ausbildung von Sinngrenzen, deren Austausch im Modus von Übersetzungen abzuwickeln sind. In diesem Zusammenhang kristallisiert sich heraus, dass es offensichtlich eine Sprache der traditionellen (dörflichen) *dede*s gibt, die nicht konform mit der Sprache der Jugend im urbanen Kontext zu sein scheint und zu Sinnbrüchen führt: „[D]ie Jugend (.) sie verstehen die *dede*s nicht":

> [...] Die Älteren haben das Wesen verstanden (…) weil sie mit der Tradition aufgewachsen sind ich erzähle Ihnen zum Beispiel (.) der geehrte Ali hat mit seinem Schwert vier eh 40000 Personen umgebracht erzähle ich. Als eine Person, in der Tradition aufgewachsen ist wirst du sagen ahh der Heilige hat das so gemacht ja sagst du. [...] Aber er verstehst das (…) Folgendermaßen versteht er das (.) ja er sagt, dass das Schwert hier seine Sprache ist (…) mit einem Wort konnte er selbst 40000 Personen aufhalten.

Die ältere Generation verstehe die Mystik und die religiös-metaphorische Sprache, weil sie mit der Tradition aufgewachsen sei und damit über ein *implizit habitualisiertes Wissen* verfügt. Im Gegensatz dazu seien die Kinder aus der heutigen Zeit nicht mit der Tradition sozialisiert und daher fehle auch der Zugang zum religiösen Wissen: „Aber jetzt sind die Kinder weit entfernt davon […] der Vater ist auf die linke marginalisierte Seite gerutscht":

> I: Die Älteren haben das verstanden?
> B: Natürlich die Älteren verstehen das. Sehr weil er ist in der Tradition großgeworden weil du früher ständig in den *cems* mit den *dedes* zusammen warst, konntest du die Mystik entziffern. (..) [...] Aber jetzt sind die Kinder weit entfernt davon [...] der Vater ist auf die linke marginalisierte Seite gerutscht [...]

Die Ausführungen indizieren, dass es offenbar eine spezifische *traditionell-religiöse Sprache im Dorf* (Yıldızlı 2023, S. 117 ff.) gegeben habe, die, wenn sie nicht gelernt und vermittelt werde, wie das Beispiel der politisch aktiven und vom Glauben distanzierten Elterngeneration verdeutlicht, nicht anschlussfähig sei und von der Nachfolgegeneration in der Stadt weder gesprochen noch verstanden werde. Dementsprechend müsse sich auch die *Tradierung des religiösen Wissens wandeln* oder entsprechend anpassen: „Und ihnen du kannst dem Kind nicht etwas beibringen, was die Wissenschaft nun einmal abgelehnt hat (…). Ich sage, dass sie etwas Neues wollen, nun ich will die *Dede*s nicht kritisieren, die aus der Tradition kommen". In diesem Kontext offenbart sich neben dem Bruch zwischen einer traditionell religiösen Dorfsprache und einer neuen religiösen Stadtsprache, so dass es einer Übersetzung bedarf, auch der Konflikt zwischen den *jungen, progressiven dede*s (-Kandidaten) in der Stadt und den *älteren, traditionellen dede*s sowohl in der Stadt als auch im Dorf und ihr jeweiliges spezifisches religiöses Wissen.

Der Generationenkonflikt zwischen der politisierten Elterngeneration und den Kindern wird in den folgenden Zeilen manifest, in denen der Grund für die Distanz der Eltern zum Glauben erläutert wird:

> [...] Na, das *cemevi* ja (.) sie hatten [...] Distanz zum Glauben, weil sie vom Dorf hier her migriert sind sie hatten *dedes* oder hatten auch keinen das war eine große Lücke (.) sie konnten ihren Glauben nicht ausleben, weil es gab die Orte nicht dafür diese Menschen haben letztendlich die 80er erlebt das sind Menschen, die die 90er erlebt haben (.) eh als die Kinder hierherkamen fing die Familie auch an zu kommen (..) anfangs hatten wir Probleme die Kinder kamen und die Familien kamen nicht (.) eh drei vier Monate später als die Kinder ständig davon erzählt haben haben die Familien [...] gesagt gehen wir auch mal hin und schauen uns das mal an [...] jetzt kommen sie ständig.

Der Befragte thematisiert hier die Situation der Elterngeneration nach der Migration in die Städte, wobei an dieser Stelle das Fehlen der *dede*s und der Orte zum Beten in der Stadt als Grund für die Distanz zum Glauben angeführt wird, nicht das politische Engagement. Diese Textpassage verdeutlicht einen dynamischen Prozess: Mit der Migration einer im traditionell-religiösen Dorf sozialisierten Generation in die Stadt, wo sie „ihren Glauben nicht ausleben, weil es gab die Orte nicht dafür" entsteht „eine große Lücke". Diese Lücke wird mit dem oben thematisierten Interesse an der Politik kompensiert. Die Nachfolgegeneration, die die Existenz und auch (Neu-) Eröffnungen von alevitischen Glaubenshäusern bzw. Organisationen im urbanen Kontext wahrnimmt und erlebt, komme mit den *cemevis* und dem Alevitentum eher in Kontakt, suche die *cemevi*s auf und „sichert hier den Zusammenhalt. Also sie schaffen es auch die Familie hierherzubringen (..) solch eine Struktur gibt es hier". Durch diese Darstellung wird die Zentralität des *cemevis* als Ort betont, das vor der Distanzierung vom Glauben und der Hinwendung zur Politik schütze. Der Befragte inszeniert damit das *cemevi als Garantie für* das Fortbestehen des Alevitentums und den *religiösen Wissenstransfer* (evtl. als reisendes Wissen zu verstehen). Dementsprechend könnte der Generationenkonflikt ein Motiv sein, durch das indirekt ein Zugang zur latenten Ebene und im weitesten Sinne auch zum *Reisenden Wissen* möglich wird: die familiären Aushandlungsprozesse zwischen Eltern und Kindern um die Deutungshoheit politischen oder religiösen Wissens. Im Weiteren wird das Sprach- und Generationenproblem erneut thematisiert:

> [...] abgesehen davon ein Sprachproblem ein Generationenproblem haben wir (..) das Alevitentum eins zu ein [...] es gibt ein traditionelles Alevitentum (...) was sich im 16. Jahrhundert gebildet hat [hustet leicht] es gibt ein *buyruk*, was in dieser Zeit entstand. Das *buyruk* ist halt das Grundgesetz des Alevitentums (.) wir versuchen noch immer dieses Alevitentum, was dort beschrieben wird zu leben (..). Wir versuchen noch immer das Alevitentum vom 16. [...] 13. Jahrhundert zu leben, aber wenn wir das mal logisch betrachten, wir sind nicht im 16. Jahrhundert wir sind in 2018 (..) wir sind im 21. Jahrhundert (…). Meiner Meinung nach gibt es auch nicht mehr den Begriff Jahrhundert (.) also (..) inzwischen (..) haben wir das überwunden (…).

Hier drückt sich implizit der Grund für das Sprach- und Generationenproblem aus, nämlich das traditionelle Alevitentum vom 13. bis zum 16. Jahrhundert, das in dieser Form (im urbanen Raum) gegenwärtig so nicht mehr praktiziert werden könne. Damit bringt der *dede* gleichzeitig implizit zum Ausdruck, dass es einer Reform oder Transformation des Alevitentums bzw. der alevitischen Glaubenslehre und -praktik bedürfe oder aber einer *Übersetzung des traditionellen Alevitentums in eine neue, posttraditionelle Form*, um das Problem der Sprache und der Generationen zu lösen. Das heißt, das Alevitentum müsste von einer *traditionell-dörflichen Sprache,* mit der eine hermeneutische Interpretation der Mystik möglich war, in eine *urbane-wissenschaftskonforme Sprache* übersetzt werden, womit gleichzeitig eine Übersetzung zwischen verschiedenen *Wissenshorizonten* einhergeht oder eben von der *Reise des Wissens* bzw. vom *Reisenden Wissen* gesprochen werden könnte.

Wenngleich die Jugend die Mystik nicht verstehe, hätte sie im *cemevi* in der Stadt religiöses Wissen zur Praktizierung religiöser Rituale gelernt und „in ihren Dörfern haben sie einen Unterschied bewirkt". Ferner, so der Befragte, würde die Jugend aufgrund ihres religiösen Wissens (konkret in Bezug auf die Ritualpraktik) von den Älteren im Dorf akzeptiert werden. Folglich verfüge sie über ein *milieuspezifisches Wissen, wie* in einem bestimmten religiösen Kontext beispielsweise *im Ritual zu handeln ist*, oder mit anderen Worten: sie weise ein spezifisches *Wissen* vor, das als eine *er-lernbare* Handlungsanleitung und -praktik interpretiert werden kann:

> [...] wenn diese Kinder zu den *cems* im Dorf gehen (.) wenn Sie sich die *cems* im Dorf anschauen dann gibt es die 12 Dienste sie müssen 12 Dienste machen es gibt nicht viele, die das machen können, weil die Menschen interessieren sich nicht mehr dafür die Älteren sagen wir vergessen es wir können das nicht mehr machen die Jugend sie wenden sich an die Jugend die Jugend an die sie sich wenden sind junge Menschen, die hier erzogen werden (.) und im Dorf macht sich ein Unterschied bemerkbar. In welches *cemevi* geht ihr (.) zu welchen *dedes* geht ihr oder woher habt ihr das gelernt so etwa nun die Jugend kommt dadurch auch in die Gesellschaft. Finden Akzeptanz. Das sind Menschen im Alter von 14, 15 Jahren na ich spreche nicht von 30 Jahren oder 35 Jahren.

Dies könnte so gedeutet werden, dass gewisse Ritualpraktiken zwar erlernt und praktiziert werden können, aber das religiöse Wissen zum Verständnis der spezifisch alevitischen Mystik eben nicht ohne Weiteres tradiert werden kann, gerade weil dieses *spezifisch alevitische ein habitualisiertes implizites Wissen* ist (das Dorf-Alevitentum).

Aber bereits die bloße Nachahmung von religiösen Praktiken und die Einhaltung der religiösen Gebote und Vorschriften sind nach außen wirkmächtig. Die jüngere Generation aus der Stadt wandelt sich im Dorf zu *religiösen Expert:innen* und „findet Gehör".

Im Gespräch wird zwar die *hermeneutische Interpretation der Mystik* im traditionellen alevitischen Dorf verortet und der älteren Generation und den *dede*s zugeschrieben, mit der Migration in die Stadt sei diese Mystik aber verloren oder gar gegen die Politik eingetauscht worden. Allerdings zeigt sich an dieser Stelle, dass (auch) im Dorf ein *Prozess des Vergessens* eingetreten ist, die Rituale jedoch durch die zwar in der Stadt und nicht in der Tradition großgewordenen, aber mit dem *religiösen Wissen zur Ritualpraktik* sozialisierten Jugend wiederbelebt werden. Daraus folgt, dass die Ritualpraktik mit ihren sichtbaren, beobachtbaren und nachahmbaren Elementen im Gegensatz zur Sprache der (religiösen) Geschichten oder Mystik erlernbar ist. Das *implizite Wissen,* wie z. B. die hermeneutische Interpretation der alevitischen Mystik und das Verständnis der Dorfsprache, scheint von der älteren Generation im Dorf internalisiert worden zu sein, was allmählich in Vergessenheit gerät, über die Sprache nicht an die jüngere Generation vermittelbar zu sein scheint und im urbanen Kontext zu Deutungsbrüchen zwischen traditionellem und urbanem Alevitentum führt. Ob diese Passungenauigkeit des traditionellen Alevitentums aus dem 13. Jahrhundert mit der urbanen religiösen Lebensform zur allmählichen Auflösung des traditionellen Alevitentums führt, lässt sich an dieser Stelle nicht genau beantworten. Diese Passungenauigkeit zwischen dem *organisierten Alevitentum in der Stadt* und dem eher *milieuförmigem Alevitentum* ist aber über das Motiv der Sprach- und Generationenprobleme indirekt rekonstruierbar. In diesem Zusammenhang problematisiert der Befragte weitere Aspekte und thematisiert erneut das nicht vorhandene spezifische religiöse Milieuwissen über das Alevitentum. Demnach hätten die Aleviten „keinen Zugang zu den Quellen" und würden das Alevitentum nicht kennen:

> Das Problem der Aleviten ist es das Alevitentum nicht zu kennen. (.) [...] Sie wissen nicht, was das Alevitentum ist. Sie haben keinen Zugang zu den Quellen (…). Sehen Sie keinen Zugang zu Quellen haben. Sie sperren sich in politische Ideologien ein (..) [...] Wir sind gefangen also wir sind in einer politischen Ideologie gefangen und treten aus dem Glauben aus. Ach, eine Partei was soll ich damit machen glaub mir einige *cemevis* sind die Hintergärten von Parteien geworden (.) [...] Warum. Was soll das das hier ist der Glaube der Glaube. Das hier ist der Ort, wo sich Unschuldige und Schuldige trennen. Aber so etwas gibt es nicht in der Politik.

Der *dede* versucht hier, das politische Engagement von Aleviten zu rechtfertigen und erzeugt ein Bild von *nichtwissenden Aleviten* („[d]as ist auch das Problem, was die Aleviten haben *keine Ahnung von gar nichts* haben *wir haben keine Ahnung*" (Hvg. E.Y.), die aufgrund fehlenden Zugangs zu Quellen das Alevitentum nicht kennen und in der Folge politischen Ideologien anhängen würden: „Sie sperren sich in politische Ideologien ein". Das Bild des Gefangenseins in einer politischen Ideologie birgt in sich einen *passiven Moment* und eine Viktimisierung der Aleviten durch politische Ideologien, was im Folgenden expliziter, diesmal in der *Wir*-Form zum Ausdruck kommt: „Wir sind gefangen also wir sind in einer politischen Ideologie gefangen und treten aus dem Glauben aus". Die alevitische Gruppe klagt als Opfergruppe Solidarität ein. Es zeigt sich hier erneut die Problematisierung der Beziehung der Aleviten zur Politik und zu politischen Ideologien, die letztendlich auch der Grund für die Abwendung vom Glauben sei. Folglich drückt sich in dieser Interviewpassage indirekt eine Spannung zwischen dem Glauben (Alevitentum) und der Politik aus, bzw. es deutet sich eine Unvereinbarkeit von Politik und Religion an, weil die politische Aktivität zur Abwendung vom Glauben führe. Letztendlich ist das eigentliche Problem aber nicht der Staat oder das Alevitentum an sich, sondern dass die Mitglieder der alevitischen Organisationen *multipel differenzierte Lebensformen* (vgl. Renn 2018) sind, die in verschiedene Teilkontexte der türkischen Gesellschaft unter den Bedingungen der Moderne integriert sind. Sie kennen alle das imaginierte, *wahre* dörfliche Alevitentum nur aus zweiter Hand: „Das ist auch das Problem, […] *die Aleviten haben keine Ahnung von gar nichts* […] *wir haben keine Ahnung*" (Hvg. E.Y.).

Reisendes Wissen – ein Moment der Übersetzung?

Die exemplarische sinnrekonstruktive Fallanalyse von Interviewsequenzen verdeutlichte die spezifische organisationale sowie milieuhafte Lage der alevitischen Glaubensgemeinschaft in der Türkei. Die dabei betrachteten besonderen Übersetzungsverhältnisse zwischen den differenzierungstheoretisch vorgenommenen Unterscheidungen der Integrationseinheiten *Organisation* und *Milieu* zeigen, dass das *urbane* sowie das *milieuförmige Alevitentum* Formen und Formate alevitischer Religiösität sind (Yıldızlı 2023, S. 247 ff.). Der aufwendige Umweg über die theoretisch-heuristischen Überlegungen zur *Multiplen Übersetzung des Alevitentums* (ebd.) exemplarisch anhand von einem empirischen Fall analysiert, war Notwendigkeit und Bedingung zugleich für übersetzungstheoretisch angereicherte konzeptionelle Überlegungen über (lebensweltliche) Zusammenhänge Reisenden Wissens im Allgemeinen und dem Moment der Übersetzung von Wissen im Besonderem. Dabei kann und will der Beitrag an dieser Stelle keine ausgereifte theoretische Begriffsarchitektur entfalten aber doch einige Denkanstöße sowie Überlegungen mit gewissen differenzierungstheoretischen Implikationen und mit den jeweiligen begrifflichen Werkzeugen der Übersetzungstheorie (Renn 2006, 2018) zum Konzept des *Reisenden Wissens* und zur *Sichtbarwerdung* dessen anstellen. So möchte der Beitrag den Vorschlag unterbreiten das Konzept des *Reisenden Wissens* als den *Weg des Wissens*, der die Grenzen von Wissensordnungen oder Interdependenzen zwischen Integrationseinheiten *sichtbar* macht, zu verstehen. Das Reisende Wissen kann metaphorisch als Weg des Wissens von einem spezifischen Kontext in einen anderen verstanden werden und dabei eine gewisse Umwandlung bzw. spezifische Formen von Wissenstransformation erfahren. Diese Umwandlung/-formung oder die Veränderung der Aggregatzustände des Wissens ist differenzierungstheoretisch aufbereitet als eine Form von komplexen *Übersetzungsverhältnissen* zu verstehen: Makroskopisch gebaute, abstrakte Formen des Wissens werden auf Bodenhöhe lokaler sozialer Praktiken *übersetzt* und wirken indirekt als pfadabhängige bedeutungsverschiebende Sinnhorizonte auf die Handlungskoordination (ebd.).

In diesem Zusammenhang ist das Konzept des Reisenden Wissens begriffstechnisch interessant: *Reisendes Wissen* als ein *Moment der Übersetzung* konzipiert, als Zeitpunkt des Übersetzungsvollzugs impliziert neben Transformations- auch Aushandlungsprozesse von Wissen(sbeständen) und Formen des Wissens innerhalb von spezifischen Integrationsordnungen bei dem sowohl der Inhalt als auch die Form sich verändern können. Diese Überlegungen gewinnen mit dem Beispiel *multipler Übersetzung des Alevitentums* und dem in diesem Zusammenhang oben vorgestelltem Fallbeispiel an Schärfe: Denn die Gruppe der Aleviten, die überwiegend in dörflichen Strukturen milieuförmig organisiert waren/sind und über ein spezifisches religiöses Wissen verfügen „reist" (bzw. migrierte) vom Dorf in die Stadt, d. h. es erfolgte ein tatsächlicher geographischer Ortswechsel der Gruppe. Mit der Migration in die Städte blieb die Gruppe zunächst (dem Anschein nach, auf den ersten Blick) dieselbe, wohnte im städtischen Kontext mehrheitlich in alevitischer Nachbarschaft. Allerdings veränderte sich durch die Migration in die konfessionell-ethnisch sehr gemischte sowie politisch-rechtlich spannungsgeladene Urbanität die *Tradierung(sform) des religiösen Wissens*. Aber auch die Form der Organisation der Aleviten erfuhr einen Wandel vor dem Hintergrund von Anerkennungs- und Aushandlungsprozessen in einer mehrheitlich sunnitischen Gesellschaft in der Türkei, das sich im Lichte einer differenzierungstheoretischen Heuristik mittels einer *tiefenhermeneutischen* Auswertungsmethode, und zwar der „makroanalytischen Tiefenhermeneutik" (Renn 2018), am erhobenen Material freizulegender latenter Sinndimensionen herausarbeiten ließ. Denn mit dieser Methode ist es möglich, die Spuren dieser indirekt und schwer zugänglichen größer gebauten Faktoren oder Umgebungskontexte auf der mikroebene des *latenten Sinnes* im empirischen Material zu finden. In diesem Sinne handelt es sich hierbei also *nicht* um die „Reise des Wissens" an sich in einen anderen Kontext oder in eine andere Kultur, wie es das dynamische kulturwissenschaftliche Konzept *traveling Concepts* (vgl. Neumann und Nünning 2012) meint und bei dem die transkulturelle Reise des Wissens, d. h. durch verschiedene kulturelle oder „diverse academic contexts" (Neumann und Nünning 2012, S. 3) im Vordergrund steht bzw. wie Mieke Bal argumentiert, dass Konzepte „between disciplines, between individual scholars, between historical periods, and between geographically dispersed academic communities" (Bal 2002, S. 24) im Prinzip *reisen*.

Reise durch die fallspezifischen latenten Sinndimensionen und zur multiplen Übersetzung des Alevitentums

Die Fallanalyse zeigt einen Ausschnitt einer Vielzahl von Umgangstypen (als indirekte Wirkungsfolge sowie Übersetzungsreaktion) der alevitischen Glaubensgemeinschaft mit den türkeispezifischen Spannungen zwischen der Tradition und den modernen, urbanen Umweltbedingungen. Durch die indirekt rekonstruierten Lage der religiösen Autoritäten, nämlich hier am Beispiel des *dede*s, konnte gezeigt werden, dass sowohl Sinnhorizonte zur Erhaltung der Tradition als auch die formale Rolle der Geschäftsführung im städtischen Kontext für die Erhaltung des *urbanen Alevitentums* notwendig und mittlerweile charakteristisch sind: Die Integrationspraxis sowie die -form des Alevitentums befindet sich in einer Lage zwischen milieuförmiger, habitueller Vergemeinschaftung und dem Druck zu einer expliziten Form der Organisation mit optionaler Mitgliedschaft. Durch die differenzierungstheoretisch detaillierte mehrdimensional angelegte Analyse der komplexen sozialen Zusammenhänge, in die die verschiedenen Formen und Formate der Religion oder Religiosität eingebettet sind, kann die *kollektive religiöse Lebensform* von Aleviten rekonstruiert werden (Yıldızlı 2023, S. 275).

In diesem Zusammenhang kann das Konzept des Reisendes Wissens als eine Form der Übersetzung bzw. als Moment der Übersetzung verstanden werden und lässt sich mittels der Konkurrenz religiöser Metaphern in einer multiperspektivistischen urbanen Umgebung mit weiteren unterschiedlichen (politischen/wissenschaftlichen) Wissensordnungen rekonstruieren. Die Spuren des Reisenden Wissens sind ebenso in der Anpassung ehemaliger, traditioneller Deutungen in diesen neueren Ordnungen (organisiertes Alevitentum) erkennbar: Denn innerhalb der Alevitischen Organisationen muss und wird das religiöse Wissen und die Deutungsmacht über das Alevitische Wissen umgedeutet, sodass nicht mehr ausschließlich *dede*s über ein exklusives Wissen verfügen, sondern jedes Mitglied des Vereins kann über unterschiedliche Kanäle aber (und das ist neu) durch Besuch unterschiedlicher Alevitischer Organisationen Wissen erlangen. Dementsprechend haben sich auch die Kommunikationsformen und -formate verändert. In diesem Zuge stehen die *dede*s in den alevitischen Organisationen in der Stadt der *neuen* Herausforderung gegenüber als *Übersetzer* zwischen unterschiedlichen Wissensordnungen des Alevitentums zu fungieren. Insofern verändert das Wissen durch die Reise von einer Wissensordnung in eine andere nicht nur die (religiöse) Handlungspraxis (bzw. das Wissen über die religiöse Praktik), sondern ebenso die *alten* oder milieuförmigen traditionellen Rollenmuster der *dede*s.

Die theoretische Einbettung der Analyse lässt die *Praxis der Lebensform* (vgl. Renn 2018) der Aleviten als *Übersetzung* verstehen. Dies kann am eindrücklichsten mit dem *Motiv des alevitischen Dorfes* herausarbeitet werden, dass auf der manifesten Ebene ein Hinweis auf latente Sinnspannungen ist und indirekt auf die Abstandsvergrößerung zwischen dem organisierten und milieuförmigen Alevitentum hindeutet. So wird einerseits auf das Dorf als Ursprungskontext direkt verwiesen, der biografische Erinnerungen repräsentiert. Andererseits stellt das *Dorf* auf der latenten Ebene, als Topos eine Projektionsfläche dar und ist eine Metapher für das *wahre, idealisierte* Alevitentum (eine Fiktion der *kollektiven religiösen Identität*). Die differenzierten Formen der dynamischen Referenz auf das *Dorf* sind die *multiple Differenzierung des Alevitentums* bzw. die *multiple Übersetzung der alevitischen Religiosität* (Yıldızlı 2023, S. 281). Nach außen hat das Alevitentum die Struktur einer Organisation und stellt die organisierten Aleviten dar *(urbane*

Alevitentum),[25] die aber nicht das wahre Alevitentum repräsentiert. Beim wahren Alevitentum handelt es sich um das *milieuförmige* Alevitentum im Dorf (ebd.). Insofern ist das Dorf semantisch die *Repräsentation des wahren Alevitentums.* Unter den Bedingungen einer pluralisierten Gesellschaft *ko-existieren* – aufgrund und wegen der Auskopplung von verschiedenen Formen der Differenzierung aus zuvor verschmolzenen Lagen – überwiegend unabhängig voneinander verschiedene Formen alevitisch-religiöser Lebensführung, die sich alle auf das *milieuförmige Alevitentum* (das Motiv des Dorfes) beziehen. Das ist es auch, was das Alevitentum in der Stadt noch zusammenhält: die *Referenz auf das Dorf.* Obgleich die Organisationsform für das *wahre,* dörfliche Alevitentum eine nicht passgenaue Form des institutionalisierten religiösen Wissens ist, gewinnt der *dede* erst im expliziten institutionalisierten Sinnhorizont *wieder* Bedeutung, und es kann über die Organisation bei gleichzeitigem *moralischen Verfall* (religiös-normative Fehltritte) der alevitischen Glaubensgemeinschaft eine gewisse *normative Verbindlichkeit* hergestellt werden. Die Person *(talip)* hat im urbanen Kontext durch die Organisation eine Beziehung zum *dede* und zum Alevitentum aber kann (im Gegensatz zu den familiären Strukturen im alevitischen Dorf) mehreren alevitischen Organisationen *optional* angehören („transitorische Identität“, Renn und Straub 2002). Die Inklusion der Person, die mit Blick auf das Konzept Reisende Wissen auch als *der/die Reisende* bezeichnet werden kann, erfolgt unter den Bedingungen der urbanen Moderne durch die Mitgliedschaft. Mit dem Konzept des Reisenden Wissens ist es möglich die Grenzen der Wissenshorizonte zu entziffern und die Reise der Person zwischen Wissenshorizonten nachzuvollziehen. Allerdings wird die Person beim *wahren,* dem milieuförmigen Alevitentum durch die Zugehörigkeit qua Geburt und ein *implizites, habitualisiertes Wissen* integriert. Dementsprechend erweist sich die Inklusion der personalen Identität in der modernen Gesellschaft in religiöse Organisationen und religiöse Milieus als facettenreich, liegt in der Regie der Person selbst und muss von dieser unter Dauerbemühung ausgelegt werden (ebd.). Die Mehrfachzugehörigkeit ist daher nicht Sonder-, sondern *Normalfall* und weniger ein Problem als ein Kennzeichen der multipel differenzierten Moderne (Renn 2018), dass hier anhand der *kollektiven religiösen Lebensform* von Aleviten und ihrer milieu- und organisationsspezifischen Lage verdeutlicht wurde.

[25] Hier (von E.Y.) als vorgeschlagene Begriffsalternative bzw. als Ergänzung und Erweiterung zum *traditionellen/modernen* Alevitentum (vgl. Yıldırım 2018).

Von der multiplen Übersetzung des Alevitentums zum Reisenden Wissen als Moment der Übersetzung?

Mit der Entfaltung einer übersetzungstheoretisch vorbereiteten und der sich daraus ergebenden Notwendigkeit einer tiefenhermeneutischen Fallanalyse, mit dem Anspruch sie auf die Makroebene zu heben, ergeben sich thematische Möglichkeitsräume für konzeptionelle Überlegungen zum *Reisenden Wissen*. Insgesamt, das zeigen die Ergebnisse der Materialauswertung aus einer soziologischen Perspektive, ist das Konzept des Reisenden Wissens komplexer und vielschichtiger als bisher vonseiten der Kulturwissenschaften betrachtet und angenommen: Auf Basis der sequenziellen Interviewauswertung kann ein Zusammenhang einer räumlichen/historischen Veränderung (I), einer strukturellen Veränderung der Ordnung der Religion (II) sowie die Transformation bzw. Neuthematisierung von zentralen religiösen Rollen bzw. religiösen Autoritäten (III) gezeigt werden. Durch die Fallanalyse ist es ferner möglich nicht nur die Reise von Kategorien selbst zu rekonstruieren, die im städtischen Kontext einem Wandel unterzogen sind, sondern ebenso die Punkte im *urbanen Raum* zu identifizieren, wie zum Beispiel die Alevitische Organisation, die die Notwendigkeit der Reise des Wissens zeigen. Denn die Migration der Aleviten vom Dorf in die Stadt bewirkte bzw. erfordert eine Veränderung der Tradierungsform des religiösen Wissens: Das milieuförmige, implizit habituell integrierte Alevitentum muss in der Stadt überführt, oder übersetzt werden in die Form der Organisation, um überleben zu können. Das urbane Alevitentum mit der entsprechend formellen Organisationsform ruft andere Formen des Wissens hervor. Ferner konnte mit den komplexen Funktionen und Beziehungsgeflechten des *dede*s zwischen Organisation und Milieu, zwischen Dorf und Stadt, zwischen verschiedenen Generationen gezeigt werden, welche Konsequenzen die Reise des Wissens insbesondere für die Rolle und Funktion der *dede*s aber auch für alle Beteiligten hat. Der *dede* als *Reisender zwischen Wissensordnung* im städtischen Kontext muss sowohl die Vereinsleitung übernehmen als auch in der Form einer religiösen Autorität die traditionelle Führung der Glaubensgemeinschaft organisieren, was einen Rekurs auf je spezifische Formen des Wissens notwendig macht.

Das Konzept des Reisenden Wissen als Kategorie, wie der Versuch einiger konzeptueller Überlegungen hier zeigt, ermöglicht die spezifischen Übersetzungsverhältnisse und die jeweiligen Wandlungsprozesse nachzuverfolgen und v. a. mit feinjustierten – differenzierungstheoretisch angelegten – begrifflichen Werkzeugen zu analysieren. Dass eben jene Reise auch als *Moment der (multiplen) Übersetzung des Alevitentums* gedacht werden kann, war der konzeptionelle Versuch des vorliegenden Beitrages.

Literatur

Aksünger-Kızıl, Handan, und Kahraman, Yılmaz. 2018. *Das anatolische Alevitentum. Geschichte und Gegenwart einer in Deutschland anerkannten Religionsgemeinschaft, Landeszentrale für Politische Bildung,* 78–79. https://www.hamburg.de/contentblob/12543602/969ab7521b94dc133fdeeaf78cad556c/data/das-anatolische-alevitentum.pdf . Zugegriffen: 30. Nov. 2019.

Avcı, Gamze. 2005. Religion, Transnationalism and Turks in Europe. *Turkish Studies* Jg. 6 (Nr. 2): 201–213.

Bal, Mieke. 2002. *Traveling Concepts in the Humanities*. Toronto: A Rough Guide.

Bozkurt, Fuat. 2006. *Çağdaşlaşma Sürecinde Alevilik*. İstanbul: Kapı Yayınları.

Devellioğlu, Ferit. 2007. *Osmanlıca-Türkçe Ansiklopedik Lûgat.* Ankara: Aydın Kitapevi Yayınları.

Dressler, Markus. 2002. *Die alevitische Religion. Traditionslinien und Neubestimmungen.* Würzburg: Ergon.

Dressler, Markus. 2008. *Alevis, in: Encyclopedia of Islam*, 3rd, 93–121, Ed. 1. Leiden: Brill.

Dressler, Markus. 2013a. *Writing Religion. The Making of Turkish Alevi Islam.* Oxford/New York: Oxford University Press.

Dressler, Markus. 2013b. Der moderne dede: Religiöse Autorität im Wandel. In Karolewski, Janina; Langer, Robert; Motika, Raoul (Hg.): *Ocak und Dedelik: Institutionen religiösen Spezialistentums bei den Aleviten.* Frankfurt a. M.: Peter Lang, S. 241–266.

Dressler, Markus. 2019. Religion und religiöse Tradition: Unterscheidungsdiskurse zu den Grenzen des Islams. *Zeitschrift für Religionswissenschaft* 27 (H. 1): 48–77.

Erdemir, Aykan. 2007. *Incorporating Alevis. The transformation of governance and faith-based collective action in Turkey.* Ann Arbor/Michigan: UMI Dissertation Service.

Gorzewksi, Andreas. 2010. *Das Alevitentum in seinen divergierenden Verhältnisbestimmungen zum Islam. Bonner Islamstudien,* Bd. 17, Berlin: EB-Verlag.

Gümüş, Burak. 2007. *Die Wiederkehr des Alevitentums in der Türkei und in Deutschland. Konstanzer Schriften zur Sozialwissenschaft,* Bd. 73, Konstanz: Hartung-Gorre.

Gurcan, Ayse Ezgi. 2013. *Articulating and Aggregating Sectarian Interests: The Case of Alevis in Turkey.* Diss: Sabancı University.

Hendrich, Beatrice. 2011. Alevitische Organisationen auf Zypern – Landsmannschaften, soziale Netzwerke und Suche nach Spiritualität. *European Journal of Turkish Studies* Jg. 13:1–27. Online erschienen: 03.12.2012. http://ejts.revues.org/4528 . Zugegriffen: 01. Sept .2019.

İçduygu, Ahmet, und Ali Soner. 2006. Turkish Minority Rights Regime: Between Difference and Equality. *Middle Eastern Studies* Jg. 42 (Nr. 3): 447–468.

Kanar, Mehmet. 2010. *Arap Harfli Alfabetik Osmanlı Türkçesi Sözlüğü.* Ankara: Say Yayınları.

Kaya, Ayhan. 1998. Multicultural Clientelism and Alevi Resurgence in the Turkish Diaspora: Berlin Alevis. *New Perspectives on Turkey* Jg. 18:23–49.

Kehl, Krisztina. 1988. *Die Kızılbaş-Aleviten. Untersuchungen über eine esoterische Glaubensgemeinschaft in Anatolien.* Islamkundliche Untersuchungen, Bd. 126, Freie Univ. Berlin, Diss., Halle/Saale/Berlin: Universitäts- und Landesbibliothek Sachsen-Anhalt: Schwarz.

Kehl-Bodrogi, Krisztina. 1993. Die ‚Wiederfindung' des Alevitums in der Türkei. Geschichtsmythos und kollektive Identität. *Orient* Jg. 34. (H. 2): 267–282.

Kehl-Bodrogi, Krisztina. 2017 [1988]. *Kızılbaşlar/Aleviler. Anadolu'da yaşayan ezoterik bir inanç topluluğu üzerine araştırma. Almancadan Çevirenler Oktay Değirmenci und Bilge Ege Aybudak* 2. Aufl., İstanbul: Ayrıntı Yayınları.

Laçiner, Ömer. 1989. Der Konflikt zwischen Sunniten und Aleviten in der Türkei. In *Islam und Politik in der Türkei,* Hrsg. Joachen Blaschke, Martin Van Bruinessen, 233–254. Berlin: Edition Parabolis.

Massicard, Élise. 2005. *L'autre Turquie. Le mouvement aléviste et ses territoires*. Paris: Presses Universitaires des France.

Massicard, Élise. 2007. *Türkiye'den Avrupa'ya Alevi Hareketinin Siyasallaşması*. İstanbul: İletişim.

Massicard, Élise. 2013. *The Alevis in Turkey and Europe. Identity and managing territorial diversity*. London/New York: Routledge.

Mélikoff, Irène. 1998. *Hadji Bektach: Un mythe et ses avatars. Genèse du soufisme populaire en Turquie*. Brill: Leiden.

Minority Rights Group International. 2018. *Alevis*. https://minorityrights.org/minorities/alevis/. Zugegriffen: 12. Juli 2020.

Ministerium des Innern des Landes Nordrhein-Westfalen. 2021. Verordnung zur Verleihung der Rechte einer Körperschaft des öffentlichen Rechts an die Alevitische Gemeinde Deutschland mit Sitz in Köln. Gesetz- und Verordnungsblatt (GV. NRW.), Ausg. 2020, Nr. 57, S. 1137–1210. Online erschienen: 16.12.2020. https://recht.nrw.de/lmi/owa/br_vbl_detail_text?anw_nr=6&vd_id=18981&ver&val=18981&sg=0&menu=1&vd_back=N. Zugegriffen: 9. Febr. 2021.

Neumann, Birgit und Ansgar Nünning, Hrsg. 2012. *Traveling Concepts for the Study of Culture*. Berlin: De Gruyter.

Özkul, Derya. 2019. The making of a Transnational Religion: Alevi Movement in Germany and the World Alevi Union. *British Journal of Middle Eastern Studies,* Jg. 46 (Nr. 2): 259–273.

Özyürek, Esra. 2009. The Light of Alevi Fire Was Lit in Germany and Then Spread to Turkey: The Debate about the Relationship between Alevism and Islam. *Turkish Studies* Jg. 10 (Nr. 2): 233–253.

Seufert, Günter. 1999. *Café Istanbul. Alltag, Religion und Politik in der modernen Türkei*. München: Beck.

Sinclair-Webb, Emma. 2003. Sectarian Violence, the Alevi Minority and the Left: Kahramanmaraş 1978. In *Turkey's Alevi Enigma: A Comprehensive Overview,* Hrsg. Paul White und Joost Jongerden, 215–235. Leiden: Brill.

Sökefeld, Martin. 2003. „Wir sind auch da!" Aleviten in Hamburg und ihr Kampf um Anerkennung. In *„Wir sind auch da!" Über das Leben von und mit Migranten in europäischen Großstädten. Forum Zeitgeschichte,* Hrsg. Angelika Eder, Bd. 14, 243–265. Hamburg: Dölling und Galitz. https://epub.ub.uni-muenchen.de/29325/1/Martin_Soekefeld_Wir_sind_auch_da.pdf . Zugegriffen: 28. Aug. 2019.

Sökefeld, Martin. 2005a. Cem in Deutschland. Transformation eines Rituals im Kontext der alevitischen Bewegung. In *Migration und Ritualtransfer. Religiöse Praxis der Aleviten, Jesiden und Nusairier zwischen Vorderem Orient und Westeuropa. Heidelberger Studien zur Geschichte und Kultur des modernen Vorderen Orients,* Hrsg. Robert Langer, Raoul Motika und Michael Ursinus, Bd. 33, 203–226. Frankfurt a. M.: Peter Lang. https://epub.ub.uni-muenchen.de/29304/1/Martin_Soekefeld_Cem_in_Deutschland.pdf. Zugegriffen: 31. Aug. 2019.

Sökefeld, Martin. 2005b. Integration und transnationale Orientierung. Alevitische Vereine in Deutschland. In *SelbstHilfe. Wie Migranten Netzwerke knüpfen und soziales Kapital schaffen,* Hrsg. Karin Weiss und Dietrich Thränhardt, 47–246. Freiburg: Lambertus Verlag. https://epub.ub.uni-muenchen.de/29305/1/Martin_Soekefeld_Integration_und_transnationale_Orientierung.pdf. Zugegriffen: 31. Aug. 2019.

Sökefeld, Martin. 2005c. Sind Aleviten Muslime? Aspekte einer Debatte unter Aleviten in Deutschland. Ethnoscripts, Bd. 7, Nr. 2, S. 128–162. https://epub.ub.uni-muenchen.de/22316/2/Soekefeld_Sind_Aleviten_Muslime.pdfZugegriffen: 01. Sept. 2019.

Sökefeld, Martin. 2008. *Struggling for Recognition: The Alevi Movement in Germany and in Transnational Space*. Oxford: Berghahn.

Spuler-Stegemann, Ursula. 2003. *Ist die Alevitische Gemeinde Deutschland e. V. eine Religionsgemeinschaft?* Religionswissenschaftliches Gutachten erstattet dem Ministerium für Schule, Jugend und Kinder des Landes Nordrhein-Westfalen. Marburg.

Steinbach, Udo. 1996. *Die Türkei im 20. Jahrhundert. Schwieriger Partner Europas.* Bergisch-Gladbach: Gustav Lübbe Verlag.

Subaşı, Necdet. 2002. Türk Modernleşmesi ve Alevilik. *Folklor/Edebiyat, Alevilik Özel Sayısı-I* VIII/XXIX:91–122.

Şahin, Şehriban. 2005. The Rise of Alevism as a Public Religion. Current Sociology, Jg. 53. *Nr.* 3:465–485.

Renn, Joachim. 2006. *Übersetzungsverhältnisse. Perspektiven einer pragmatischen Gesellschaftstheorie*. Göttingen: Velbrück.

Renn, Joachim. 2014. *Performative Kultur und multiple Differenzierung. Soziologische Übersetzungen I.* Bielefeld: Transcript.

Renn, Joachim. 2018. Makroanalytische Tiefenhermeneutik. Qualitative Sinnrekonstruktion als Gesellschaftsanalyse. In *Milieu-Revisited,* Hrsg. Stella Muller und Jens Zimmerman, 157–246. Wiesbaden: Springer.

Renn, Joachim, und Jürgen Straub, Hrsg. 2002. *Transitorische Identität. Der Prozesscharakter des modernen Selbst.* Frankfurt a. M./New York: Campus.

T.C. Resmî Gazete. 2001. Türk Medeni Kanunu, Nr. 24607. Online erschienen: 8.12.2001. https://www.mevzuat.gov.tr/MevzuatMetin/1.5.4721.pdf . Zugegriffen: 7. Aug. 2020.

Türkiye Cumhuriyeti Kültür ve Turizim Bakanlığı Teftiş Kurulu Başkanlığı. 2019. 2908 Sayılı Eski Dernekler Kanunu. Online: https://teftis.ktb.gov.tr/TR-14875/2908-sayili-eski-dernekler-kanunu.html . Zugegriffen: 7. Sept. 2019.

USDSOIRF [U.S. Department of the State Office of International Religious Freedom]. 2019. 2019 Report on International Religious Freedom: Turkey. Executive Summary. Online: https://www.state.gov/reports/2019-report-on-international-religious-freedom/turkey/ . Zugegriffen: 13. Juli 2020.

USCIRF [U.S. Commission on International Religious Freedom]. 2012. USCIRF Annual Report 2012. Countries of Particular Concern: Turkey. Online: https://wwwrefworld.org/docid/4f71a67011.html. Zugegriffen: 12. Juli 2020.

USCIRF [U.S. Commission on International Religious Freedom]. 2020. USCIRF Annual Report 2020. Turkey. USCIRF-Recommend for Special Watch List. https://www.uscirf.gov/sites/default/files/Turkey.pdf. Zugegriffen: 12. Juli 2020.

Vorhoff, Karin. 1995. *Zwischen Glaube, Nation und neuer Gemeinschaft: Alevitische Identität in der Türkei der Gegenwart*. Berlin: Klaus Schwarz.
Vorhoff, Karin. 1999. *Die Aleviten. Eine Glaubensgemeinschaft in Anatolien. Orient-Institut der Deutschen Morgenländischen* Gesellschaft: Istanbul. https://perspectivia.net/servlets/MCRFileNodeServlet/ploneimport_derivate_00012243/vorhoff_aleviten.pdf. Zugegriffen: 21. Apr. 2020.
Yaman, Ali. 2004. *Alevilikte Dedelik ve Ocaklar*. İstanbul: Karacaahmet Sultan Derneği Yayınları.
Yıldırım, Rıza. 2018. *Geleneksel Alevilik. İnanç, İbadet, Kurumlar, Toplumsal Yapı, Kolektif Bellek*. İstanbul: İletişim.
Yıldızlı, Elif. 2023. *Multiple Übersetzung der Religion. Eine theoretisch-empirische Analyse zu Formen und Formaten alevitischer Religiosität*. Wiesbaden: Springer VS.
Yılmaz, Nail. 2005. *Kentin Alevileri. Reşadiye-İkitelli Örneği*. İstanbul: İstanbul Kitabevi Yayınları.

Zu den Reisen einer Methode

Über die Auslassungen in der transatlantischen Ethnografierezeption oder ‚Wie schreibe ich (k)einen ethnografischen Bestseller?'

Debora Niermann

Für mitreisende Leser_innen ...

Ausgangspunkt der folgenden Ausführungen ist das Verständnis der Ethnografie als einer per se reisenden Methode. In diesem Beitrag praktizieren wir mit der transatlantischen Perspektive eine spezifische Reisebewegung der Ethnografie – im Modus des Schreibens und Lesens[1]. Dieser auf Deutsch verfasste Text beschäftigt sich mit einem wissenschaftlichen Artefakt, das in Geschichte und Gegenwart der US-Soziologie einschlägige Prominenz und disziplinären Stellenwert besitzt: Dem ethnografischen Bestseller. In den USA fester Lese-Bestandteil akademischer Ausbildung, sind diese Monografien im deutschsprachigen Raum kaum präsent, bzw. bekannt. Im Zentrum dieses Beitrags steht damit ein über den Atlantik bislang kaum gereister Gegenstand – es handelt sich geradezu um ein *non-traveling object*. Nicht allein dieser Leerstelle wegen verdienen US-ameri-

[1] Die folgenden Ausführungen stützen sich auf Forschungsarbeiten im Rahmen der Studie: „Etablierte Außenseiter. Zur Reproduktion und Transformation ethnografischen Wissens in der gegenwärtigen US-amerikanischen Soziologie", Projektleitung: Prof. Dr. Nina Degele, Albert-Ludwigs-Universität Freiburg, Laufzeit: 8/2017–03/2021, Deutsche Forschungsgemeinschaft (DFG).

D. Niermann (✉)
Abteilung Bildungswissenschaftliche Forschung, Pädagogische Hochschule Zürich, Zürich, Schweiz
E-Mail: debora.niermann@phzh.ch

M. Harbusch (Hrsg.), *Reisendes Wissen*,
https://doi.org/10.1007/978-3-658-45229-2_8

kanische ethnografische Bestseller hierzulande Aufmerksamkeit, mehr als das eignen sie sich als *kommunikative Brückenobjekte* für die Sichtbarmachung der je eigenen ethnografischen Wissenschaftskulturen dies- und jenseits des Teichs sowie ihrer (Un-)Verbundenheit. Diesen Beitrag beginne ich daher 1) mit einer reflexiven Kontextualisierung der Ethnografie als bewanderter Kosmopolitin. Daraufhin begründe ich 2) die notwendige Beschäftigung mit den Auslassungen in der transatlantischen Ethnografierezeption, um 3) das gegenwärtige Repertoire ethnografischer Genres mit ihren Theorie- bzw. Öffentlichkeitsakzentuierungen aufzuzeigen. Im Anschluss 4) werden *drei Grundprinzipien* zur textuellen Produktion einer erfolgreichen ethnografischen Monografie formuliert, die weiterhin jenseits aller US-amerikanischer Binnendifferenzierung ethnografischer Ansätze wirksam sind. Den Abschluss 5) bilden Überlegungen zum ethnografischen Reisen – in Raum und Zeit.

Die Ethnografie als bewanderte Kosmopolitin

Würde sich eine wissenschaftshistorische Kommission dazu aufmachen, sozialwissenschaftliche Methoden auf ihre Umtriebigkeit und Vielgereistheit hin zu klassifizieren, rangierte die Ethnografie zweifellos auf einer Spitzenposition. Wer kann schon von sich behaupten, in den 1920er Jahren in westlicher Mission auf den pazifischen Trobriandinseln herumgestreift zu sein – mag es auch in einem sehr kolonial anmutenden weißen Tropenanzug unter den so anders bekleideten Einheimischen gewesen sein (Malinowski 1979 [1922])? Wem ist schon einmal ausgerechnet über die geglückte Flucht nach einem illegal abgehaltenen Hahnenkampf der Zugang zur bis dato verschlossenen indonesischen Dorfbevölkerung gelungen (Geertz 1987)? Wer hat das Sterben unzähliger Säuglinge und unterernährter Kinder in einer der ärmsten Regionen Brasiliens bezeugt (Scheper-Hughes 1992)? Wer hat sich in Samoa von heranwachsenden kichernden Teenagerinnen (teils erfundene) Geschichten über ihr Sexualleben erzählen lassen (Mead 2001; [1928], Freeman 1983) oder wurde im Sudan in die geheime Welt der Zauberriten und ihrer eigentlichen sozialstrukturellen Bedeutung eingeweiht (Evans-Pritchard 1937)? Die Methode der Ethnografie, ursprünglich entwickelt als Form der Berichterstattung, die in Zeiten des Imperialismus den Kolonialherren dazu diente, relevante Informationen über die indigene Bevölkerung und die Möglichkeiten des Zugangs zu deren Ressourcen zu sammeln, ist von ihrem Beginn an von reisender Gestalt.

Mit der disziplinären Etablierung der Anthropologie, in der die Ethnografie als empirischer Zugang par excellence beheimatet ist, gelingt es der Methode, sich sukzessive aus ihren politischen Verstrickungen zu lösen und von der „Verandasoziologie“ (Girtler 2004, S. 9) zu emanzipieren. Das ist ein Schritt, der für das epistemologische Kerncharakteristikum dieser Methodik entscheidend sein wird. Als der Philosoph William James 1900 in Rom den ersten Lehrstuhlinhaber Großbritanniens für Anthropologie, James Frazer, zum Abendessen trifft und fragt: „Tell me, Doctor Frazer, have you ever met these natives of whom you write so assiduously?“ antwortet dieser, zumindest der Überlieferung nach, noch mit einem entrüsteten: “But heaven forbid!“ (Fraser 1990, S. 4). Ganz anders liest sich da das von Malinowski 1915 formulierte Methodenpostulat: „Wir brauchen ganz unzweifelhaft eine neue Methode für das Sammeln von Beweisen. Der Sozialanthropologe muss seine bequeme Position im Sessel auf der Veranda der Missions- oder Regierungsstation aufgeben, wo er bewaffnet mit Block und Bleistift und zuweilen mit einem Whisky und Soda die Erklärungen von Informanten entgegennimmt. Er muss stattdessen hinausgehen in die Dörfer und bei der Arbeit in Gärten, am Strand und im Dschungel zusehen (…) Die Information muss aus dem vollkommen beobachteten Leben der Eingeborenen kommen“ (Malinowski 1979, S. 218). Wie zukunftsweisend für die Anthropologie und disziplinär selbstverständlich dieses Plädoyer werden wird, sich selbst auf Reisen zu begeben, um die Fremde aus der Binnenperspektive heraus zu beschreiben, dürften die hier eingangs zitierten und in den folgenden Jahren entstehenden ethnologischen Klassiker (Evans-Pritchard 1937; Geertz 1987 [1973], Scheper-Hughes 1992) belegen.

Reisebewegungen – mit und ohne räumliche Distanz

Für die Ethnografie lassen sich eine ganze Reihe von historisch gewachsenen Bewegungsfiguren sowie in jüngerer Zeit neu entwickelten Formen konstatieren (Müller 2016b, S. 36; Amann und Hirschauer 1997). Die geografisch längste Reiseroute wird dabei sicherlich beim Praktizieren der zuvor skizzierten ethnologischen Tradition zurückgelegt: Nach intensivem Eintauchen in fremde, exotische Welten kehren die Ethnograf_innen via Flugzeug, Bahn, Auto, Schiff etc. wieder in ihre zumindest einstmals vertraute Heimat zurück. Auf wiederum deutlich kürzeren, fußgängerisch bewältigbaren Wegen widmet sich die soziologische Ethnografie im Geist der Chicago School hingegen der Entdeckung des Abenteuers hinter der nächsten Straßenecke und beschreibt das multikulturelle Leben vor der eigenen Haustür. Noch radikaler hat Erving Goffman mit seinen alltagssoziologischen Beobachtungen, die ansonsten in der Ethnografie üblicherweise vorhandene geografische Reisedistanz verkürzt, wenn nicht gar aufgehoben (E. Goffman

1974), und damit auch die Konstruktion des ‚Feldes' als einer der Forscherperson außerhalb liegenden Sphäre (Müller 2016b, S. 37).

Ethnografische Weiterentwicklungen jüngerer Zeit rühren bezeichnenderweise gerade an Fragen physikalisch-räumlicher Distanz: Multi-sited ethnography (Marcus 1995, 1998; Hine 2007; Falzon 2009) ist dabei mit ihrer gesteigerten Reisetätigkeit an unterschiedliche Orte eine praktische wie adäquate Lösung für die Beforschung solcher sozialen Phänomene, die sich eben nicht (mehr) nur lokal an *einer*, sondern an verschiedenen fieldsite(s) ereignen. Aufgesucht und beobachtet werden von den Ethnograf_innen daher diverse Orte, die sich im Verlauf des Forschungsprozesses für das untersuchte Phänomen als relevant erweisen. Jenseits der Multi-sited-ethnography geht der Trend jedoch in der soziologischen Ethnografie zur Minimalisierung oder aber vollständigen Aufhebung räumlicher Distanz. Das begründet sich unter anderem in Wandlungsprozessen, in denen sich soziale Realitäten zunehmend von lokalen Gebundenheiten verabschieden und im virtuellen Raum abspielen. Letztere gilt es, wie alle anderen Gegenstände qualitativer Sozialforschung, gegenstandsangemessen und damit in ihrer spezifischen physikalisch-(sozial-)räumlichen Gestalt zu untersuchen. Für diese Art der Ethnografie braucht es vor allem eines – virtuelle Ko-Präsenz, die problemlos auch vom heimischen Schreibtisch aus hergestellt werden kann (Kirschner 2015; Dellwing et al. 2020). Autoethnografische Praktiken, in denen Ethnograf_innen das eigene Erleben als radikalen Verstehenszugang nutzen und sich somit selbst zum Feld machen, finden sich gegenwärtig am stärksten in der Bearbeitung körpersoziologischer Themen wie in der lebensweltorientierten Ethnografie von Honer und Hitzler (2015) oder bei dezidiert in der Goffmanschen Tradition verankerten Arbeiten wie von Müller (2016a), Staack (2019) oder Boll (2019). Am deutlichsten methodologisch eingeschrieben ist diese „starke Reflexivität" (Ploder und Stadelbauer 2016, S. 421) jedoch in den interdisziplinär verankerten Ansätzen der Ethnopsychoanalyse (Bonz und Eisch-Angus 2017) und der Autoethnografie (Ellis und Bochner 2000).

Im Zentrum dieses Beitrags steht mit der transatlantischen Ethnografierezeption der Blick auf eine spezifische Reiseroute einer an sich bewegten Methode. Mag auf ihren transatlantischen Wegen die geografische Distanz historisch noch eine größere Rolle gespielt haben, ist diese jedoch auch jetzt angesichts der deutlich kürzeren Verbindungen in der global-digitalisierten Wissenschaftskommunikation keinesfalls bedeutungslos. Vielmehr sind die vielgestaltigen (nicht-)wahrgenommenen Übermittlungswege zueinander in Relation zu setzen. Dabei gilt: Wie alle Methoden ist auch die Ethnografie darauf angewiesen, dass Praktiken interaktiv (immer wieder neu) hergestellt, ausagiert und dabei in den jeweils eigenen Handlungszusammenhängen weiterentwickelt werden. Dabei kann es sich um menschliche Akteur_innen als Wissensträger_innen oder aber auch um Briefwechsel, ethnografische Monografien, Methodenbücher, Podcasts, TED Talks, Tweets, Filme, museale Exponate oder sonstige Artefakte handeln. Die Arten von „Texten" (Ricoeur 1973) und damit Medien, in denen sich ethnografische Wissensproduktion ausdrücken kann, soll und darf, sind vielgestaltig und in den jeweiligen disziplinären Kontexten, insbesondere aber in der Anthropologie, den Kulturwissenschaften und der Soziologie, von unterschiedlicher wissenschaftlicher Legitimität.

Transatlantische (Un-)Verbundenheiten in Grounded Theory & Ethnografie

Für die qualitativen Methodenkulturen dies- und jenseits des Atlantiks lässt der Fokus auf die Ethnografie die selektive Gestalt der gegenwärtigen (Un-)Verbundenheiten sichtbar werden.

Im transatlantischen Methodenverhältnis finden sich wechselseitige Bezüge und gemeinsame Publikationen gegenwärtig am stärksten in der Grounded-Theory-Methodologie (GTM) (z. B. Bryant und Charmaz 2010; Clarke 2012; Mey und Mruck 2011) und zwischen den Leitfiguren der zweiten Generation der Chicago School. Das ist den zahlreichen deutschsprachigen Schüler_innen und Kollaborationspartner_innen von Anselm Strauss wie Uta Gerhardt, Heiner Legewie, Gerhard Riemann, Wolfram Fischer, Fritz Schütze, Hans Georg Soeffner, Bruno Hildenbrandt u.v.m. zu verdanken. Teils reisten sie in den 70er und 80er Jahren mehrfach nach San Francisco, nahmen an Strauss' Forschungskolloquien teil oder/und standen mit ihm in anderweitigem Austausch (Ploder 2017; Riemann 2005, 2011). So ist es wenig verwunderlich, dass sich in den um 1970 herausbildenden eigenen Ansätzen der deutschsprachigen qualitativen Sozialforschung zentrale Elemente der Grounded-Theory-Methodologie (GTM) wiederfinden, wie in der Narrationsanalyse (Schütze 1976) oder der hermeneutischen Wissenssoziologie (Soeffner 1989). Die GTM-Zusammenhänge wurden dabei auch zu einem der Transportwege eines anderen transatlantischen Importprodukts: Maßgeblich inspiriert von Strauss „data sessions" (Riemann 2005) etablieren Riemann, Schütze u. a. hierzulande vergleichbare Forschungswerkstätten und situieren damit Forschungsarbeit im Geist der Chicago School als einen kommunikativ-kollaborativen Zusammenhang (Strauss 1987). Heute gelten Interpretationsgruppen schulenübergreifend als bewährte Arbeitsform der interpretativen Sozialforschung (Reichertz 2013).

In der transatlantischen Verbindungslinie der Grounded Theory hat sich zwischenzeitlich eine eigene Second Generation herausgebildet. Reiner Keller, Günter Mey, Katja Mruck, Jörg Strübing u. a. betreiben seit Jahren einen engagierten Dialog (Bryant und Charmaz 2010; Charmaz und Keller 2016), insbesondere mit Adele Clarke und Kathy Charmaz; beide haben mit „Situational Analysis" (Clarke 2012) und „Constructing Grounded Theory" (Charmaz 2014) Weiterentwicklungen der GTM vorgelegt, die sich deutlich vom positivistischen Erbe distanzieren und zunehmend im deutschsprachigen Raum Resonanz finden. Der ‚Fall' Grounded Theory ist vor diesem Hintergrund insofern von besonderer Bedeutung, als er es ermöglicht, die spezifischen Gelingensbedingungen für einen transatlantischen Dialog zwischen qualitativen Methodenkulturen zu analysieren. Deutlich wird dabei jedoch auch, dass die GTM trotz ihres „All-is-Data"-Verständnisses in der deutschsprachigen Soziologie vor allem Anschlüsse zu sprachbasierten Forschungszugängen gefunden hat und wenig Bezugspunkte zu ethnografischen Beobachtungsverfahren aufweist (Bethmann und Niermann 2015).

Während also in der Grounded-Theory-Methodologie enge transatlantische Austauschbeziehungen für gegenseitige Bezugnahmen gesorgt haben und diese Forschungsprogrammatik im transatlantischen Dialog eine teils kollaborative Weiterentwicklung (Clarke 2012) erfahren hat, ist für die Methode der Ethnografie Vergleichbares nicht zu konstatieren. Zwar werden Verweise auf die Gründungszusammenhänge der soziologischen Ethnografie in der Chicago School-Tradition in der deutschsprachigen qualitativen Methodenlandschaft rhetorisch hochgehalten, jenseits dessen finden sich jedoch kaum Referenzen. Bezugnahmen auf die in den USA zwischenzeitlich stattgefundene Ausdifferenzierung ethnografischer Ansätze oder die dort in jüngerer Zeit hochkontrovers verhandelten Ethnografie-Debatten bleiben hierzulande aus (Niermann 2020). Auch die breite öffentlichkeitswirksame Resonanz auf einschlägige Ethnografien, die es in den vergangenen zwanzig Jahren auf die Bestsellerlisten der New York Times geschafft haben[2], wird hierzulande nicht thematisiert. Umgekehrt finden sich wiederum auch die Namen der deutschsprachigen Vertreter_innen ethnografischer Arbeiten (u. a. Honer und Hitzler 2015; Amann und Hirschauer 1997; Breidenstein et al. 2015; Knoblauch 2001) kaum in US-amerikanischen Ethnografiekontexten.

Anders verhält es sich beispielsweise bei den im anglo-amerikanischen Raum beheimateten Paul Atkinson und Sarah Delamont, denen eine Brückenfunktion im

[2] Wie Matthew Desmond (2016) und Sudhir Venkatesh (2008).

transatlantischen Verhältnis sicherlich am stärksten zukommt. Das mag (auch) in der sprachlichen Gemeinsamkeit begründet liegen, entscheidender jedoch dürften die klare Selbstpositionierung und dezidierte Identifikation mit dem „open exploratory spirit“ (Faris 1967, S. 130) der Chicago School sein. Dieser wird bewusst handlungsleitend für die Entwicklung des eigenen Amalgams der in den 1970er Jahren gegründeten Cardiff School eingesetzt: „Indeed the specific theoretical openness (…) – a mixture of American and European theories – is exactly the theoretical openness we have striven for in Cardiff“ (Delamont et al. 2001, S. 3). Wie selbstverständlich hier der Aktualitätsbezug zu US-amerikanischen Entwicklungen ist, zeigt auch, dass die Autor_innen erste soziologiegeschichtliche Revisionen, u. a. zur Bedeutsamkeit von Protagonistinnen wie Jane Addams (Deegan 1988), in der ansonsten mythologisierten Erzählung der Chicagoer Gründerjahre zeitnah integriert haben. Hierzulande verweist in den qualitativen Methodenbüchern allein Reiner Keller auf Deegans Arbeiten (Keller 2012). Eine andere, in jüngerer Zeit vorgenommene Revision, die Robert Ezra Parks Rolle aus rassismuskritischer Perspektive in ein anderes Licht setzt, wird im weiteren Verlauf dieser Ausführungen thematisiert.

Ist der transatlantische Brückenschlag in Großbritannien zumindest in den Zusammenhängen der Cardiff School geglückt, gilt mit Blick auf die deutschsprachige Methodenlandschaft wiederum: Ausgerechnet der viel reisenden Ethnografie scheint es im transatlantischen Verhältnis nicht gelungen zu sein, im Kontakt zu bleiben. Eine Bewertung der fehlenden Austauschbeziehung, die hier als Scheitern formuliert ist, gilt es jedoch direkt zu Beginn dieses Beitrags über „Auslassungen in der transatlantischen Ethnografierezeption“ zu hinterfragen. Ist es denn notwendig oder überhaupt gerechtfertigt, diese Leerstellen per se normativ-problematisierend zu deuten? Denn zweifellos kann die deutschsprachige Methodenlandschaft auf eine eigene Erfolgsgeschichte blicken, in der ihr über die genuine Setzung methodologiestarker Akzente die Etablierung qualitativer Forschungszugänge in den verschiedensten Disziplinen, insbesondere jedoch in der Soziologie, gelungen ist.

Sind die weitgehend abwesenden Bezüge auf gegenwärtige US-Ethnografie-Debatten dann nicht vielleicht schlicht als positives Signal zu lesen und eben als Ausdruck der im deutschsprachigen Raum geleisteten eigenen methodologisch gut fundierten und forschungsanleitend wirksamen Methodenentwicklungen der vergangenen Jahrzehnte? Dem nachzugehen, ob und inwiefern die Beschäftigung mit der gegenwärtigen Ethnografielandschaft jenseits des Atlantiks dennoch eine vielversprechende sein könnte, bedeutet eine grundlegendere Frage zu stellen: Warum auf das blicken, was nicht da ist?

Warum auf das blicken, was nicht da ist?

„Who now reads Luhmann?", fragt Shamus Khan, Soziologieprofessor und Ethnograf an der Columbia University in seinem Review von „Theory of Society" und folgert dann: „Yet I still believe Luhmann deserves our attention – not because we might all become Luhmannian, but because reading his work helps us better understand the kinds of questions we don't ask, and an intellectual trajectory we have not taken. Such absence helps us better see the present state of American sociology[3]." Was Khan hier aus einer Wissenschaftskultur der Middle-Range-Theory über den klassischen Grand-Theory-Produzenten Luhmann formuliert, dient in der Denkbewegung dem vorliegenden Beitrag als Rahmung. Wer liest hierzulande die in jüngerer Zeit entstandenen US-amerikanischen Ethnografie-Besteller? Wer liest und diskutiert die Arbeiten von Matthew Desmond (2016), Alice Goffman (2014), Sudhir Venkatesh (2008), Erik Klinenberg (2002) und einigen anderen? Wem und warum sind diese Namen überhaupt (nicht) vertraut? Diese Bestseller verdienen auch in der deutschsprachigen Ethnografielandschaft Aufmerksamkeit. Und zwar nicht, um sie zur idealisierenden Imitationsvorlage zu erklären, sondern weil auch an dieser Stelle die Wahrnehmung des Fremden, also die Bewusstmachung der nicht gegangenen Wege in der Wissensproduktion, das Eigene sichtbar, benennbar und damit verstehbar werden lässt.

Blicken wir bilanzierend auf die mehr als 120jährige transatlantische Rezeptionsgeschichte zur soziologischen Ethnografie, wird deutlich, was (nicht) da ist: Die Strahlkraft des Gründungsmythos der Chicago School ist im deutschsprachigen Raum nahezu ungebrochen. Zahlreiche soziologiegeschichtliche Aufarbeitungen liegen nicht nur von US-amerikanischer Seite, sondern auch hierzulande vor (u. a. Fleck 2007). Wissenschaftshistorische Zugänge (u. a. Chapoulie 2001) beschäftigen sich bis dato mit Rekonstruktionen der genealogisch erzählten Formierung eines unbestritten prägenden Wissenschaftskollektivs. Dabei zeigt die Beobachtung der fortwährenden Historisierung hierzulande folgendes:

Erstens können die Geschichtsschreiber_innen der Chicago School sich teils selbst dem Charisma dieser Erzählung kaum entziehen und tragen so zur weiteren Mythologisierung einer ‚Schule' bei, die sich immanent nie als eine solche verstanden hat (Niermann 2020). Von so unbestrittenem Wert soziologiegeschichtliche Beiträge als solche und auch im Blick auf ihre gegenwartsstruktu-

[3] https://shamuskhan.files.wordpress.com/2013/11/khan-on-luhmann.pdf (14.04.2020), S. 1

rierende Bedeutung sind, so problematisch fallen sie wiederum dann aus, wenn sie feldimmanent und/oder vorrangig in oral history-Formaten realisiert werden, denen auch innerhalb der Geschichtswissenschaft die Kritik entgegengebracht wird, eben genau jene Formen der interpretativen Distanzierung und Einordnung ungenügend zu praktizieren, auf die gerade die interpretative Sozialforschung dezidiert setzt (Bourdieu und Wacquant 1996). *Zweitens* bleiben die in der Zwischenzeit im US-amerikanischen Raum geleisteten und dort breit wahrgenommenen rassismus- und geschlechterkritischen disziplinhistorischen Aufarbeitungen (Deegan 1988; Morris 2015) in der deutschsprachigen Methodenlandschaft bis dato weitgehend nichtthematisiert. *Drittens* wird der fehlende Gegenwartsbezug zu aktuellen US-Ethnografie-Debatten und ihren zentralen Akteur_innen als folgenreiche Leerstelle sichtbar. Diese ist für die europäische Seite insofern von besonderer Relevanz, als die methodologiestarke deutschsprachige interpretative Sozialforschung weiterführende Anschlüsse an US-amerikanische Methodenentwicklungen bieten könnte und darin auch das Potenzial läge, das gegenwärtig unausgeglichen-einseitige Rezeptionsverhältnis neu auszutarieren. *Viertens* zeigt sich in der bilanzierenden Retrospektive insbesondere die spezifische Selektivität, mit der in der deutschsprachigen qualitativen Methodenlandschaft auf die Chicago-School-Tradition verwiesen wurde und wird. Diese bezieht sich insbesondere auf ihr ideengeschichtliches Fundament, den Amerikanischen Pragmatismus und seine spezifischen Akzentuierungen dies- und jenseits des Atlantiks (Bethmann und Niermann 2015). Während sich der pragmatistische Geist auf US-Seite insbesondere in der hohen Nutzbarmachung erfahrungsgebundenen Wissens (ebd.) und der Identifikation mit politisch-gesellschaftsrelevanter Wissensproduktion (u. a. Winter 2011) äußert, orientiert sich die deutschsprachige qualitative Methodenlandschaft gemäß ihrer epistemologischen Methodologieausrichtung (Diaz-Bone 2010), vor allem an dem im Amerikanischen Pragmatismus von Dewey ausformulierten Zusammenspiel induktiven, deduktiven und abduktiven Schließens (Dewey 2002 [1938]).

Von dichten Beschreibungen, soziologischem Reportergeist und neuen *'tales of the field'*

Im Zuge der Beschäftigung mit dem Anderen, um die Implikationen des Eigenen zu reflektieren, wird im Folgenden aus den verschiedentlichen Leerstellen in der transatlantischen Ethnografierezeption der Gegenstand des US-amerikanischen ethnografischen Bestsellers[4] herausgegriffen. Ihm steht auf deutschsprachiger Seite kein Pendant gegenüber – das Genre der erfolgreichen Ethnografie, die für die breite Öffentlichkeit verfasst, von ihr wahrgenommen und als Ausdruck dessen bspw. auch in anderen medialen Formaten diskutiert, im Feuilleton besprochen wird und/oder auf der SPIEGEL-Bestsellerliste rangiert, ist uns hierzulande fremd. Vorgelegt werden solche öffentlichkeitswirksamen, an ethnografische Praktiken angelehnte Arbeiten im deutschsprachigen Raum, wenn überhaupt, von schillernden Protagonisten, die sich im Selbstverständnis wiederum entweder als investigativ verdeckt-ermittelnder Journalist, wie Günter Wallraff, präsentieren, oder eher als ein der wissenschaftlichen Sphäre näher stehender Volkskundler, wie Roland Girtler (1984).

Zu Beginn der folgenden Ausführungen steht die Darstellung der Entwicklung der verschiedenen ethnografischen Schreibformate in den jeweils für sie relevanten disziplinären Zusammenhängen von Anthropologie und Soziologie. Im Anschluss daran werden mit der Ausdifferenzierung der Ethnografieansätze in der US-Soziologie sowie der zunehmenden Entgrenzung von soziologischer und journalistischer Sphäre zwei zentrale Dynamiken aufgezeigt, die wiederum auch neue *tales of ethnography* und damit Erweiterungen im Spektrum des Genres der ethnografischen Erzählung hervorbringen. Für das Format des ethnografischen Bestsellers scheinen wiederum jenseits aller methodischen Differenzmarkierungen im Feld der Ethnografie grundlegende Prinzipien wirksam zu sein, die unter Punkt 4 herausgearbeitet werden. Abschließend steht die Beobachtung, dass neben einer räumlichen wohl vor allem eine zeitliche Reisebewegung für die Belebung des transatlantischen Ethnografieverhältnisses vielversprechend wäre.

[4] Wie problematisch sich die definitorische Fassung des Bestseller–Begriffs erweist und wie bedingt aussagekräftig daher teils auch quantitative Analysen hierzu ausfallen können, thematisieren sowohl Gans (1997) als auch Longhofer et al. (2010) in ihren Arbeiten zu soziologischen Bestsellern. Vor diesem Hintergrund wird für den vorliegenden Beitrag zum einen das harte Kriterium der New York Times Bestseller–Liste angeführt, das sich auf eine ausgefeilte Methodologie bzgl. der Erfassung der Absatzzahlen stützt: https://www.nytimes.com/books/best–sellers/methodology/https://www.nytimes.com/books/best–sellers/methodology/ (14.04.2020). Zum anderen wird darüber hinaus in den Ausführungen darüber hinaus Bezug auf Ethnografien genommen, die es bspw. zwar nicht auf die Bestseller–Liste geschafft haben, die jedoch in der symbolträchtigen New York Times Book Review besprochen wurden und/oder deren Autor_innen, wie im Fall von Diane Vaughan, für ihre Arbeit für den Pulitzer–Preis nominiert, wie im Fall von Diane Vaughan, oder wie im Fall von Matthew Desmond, mit dem Pulitzer–Preis ausgezeichnet wurden.

"This is a book about culture in black and white" – eröffnet John van Maanen 1988 sein bis heute breit rezipiertes Werk *Tales of the Field. On Writing Ethnography* (ebd. 1988, 2011). Was eigentlich allen sozialwissenschaftlichen Wissensproduzent_innen bewusst sein sollte, steht den Ethnograf_innen vielleicht am stärksten vor Augen: Eine Methodik, die es sich zum Ziel gemacht hat, nichts Geringeres als die „Schweigsamkeit des Sozialen" (Hirschauer 2011) zum Sprechen zu bringen, ist sich ihrer Angewiesenheit auf Fixierung (Ricoeur 1973), u. a. in Form von Verschriftlichung, aber eben auch der dabei stattfindenden Reduktion, (inzwischen) mehr als bewusst. Die in den Anfängen von Anthropologie und Soziologie entwickelte und bisweilen noch in der Gegenwart kursierende teils positivistisch, teils naiv-unschuldig anmutende Prämisse, ethnografische Textproduktion hieße "(to) just get out in the field and write what you see" (van Maanen 1995, S. 24), ist zwischenzeitlich längst zum Gegenstand verschiedentlicher reflexiver Debatten und damit auch diverser Revisionen geworden (u. a. Clifford und Marcus 1986). Wissenschaftstheoretisch gedacht handelt es sich damit bei der ethnografischen Monografie um ein Artefakt, in dem sich die Entstehungs-, Begründungs- und Verwertungszusammenhänge ethnografischer Wissensproduktion dokumentieren und damit auch das, was als disziplinär wie methodisch (il)legitim ‚schreibbar' gilt.

Die innerhalb des ethnografischen Genres durchaus sehr verschiedenen und sich verändernden Formate sind damit Ausdruck gesellschaftsstruktureller und wissenschaftlich-disziplinärer Entwicklungsprozesse. Werden von Vertreter_innen der Anthropologie zunächst Bücher im Genre des Reiseberichts (u. a. Lévi-Strauss 1955) verfasst, in denen *the west*, teils stark exotisierend, *the rest* beforscht, stellt sich das Fach in den 1970er Jahren in der „Krise der Repräsentation" selbstreflexiv dieser Problematik, um nicht länger Teil der Reproduktion hegemonialer Diskurse zu sein. Die disziplinäre Wanderschaft bzw. ihre Ausbreitung in die Soziologie tritt die Ethnografie in den Anfängen des 20. Jahrhunderts im US-amerikanischen Raum an; praktiziert wird sie allerdings nicht – wie lange Zeit rezipiert – erstmalig in der Figur des soziologischen Reporters Robert Ezra Park zur Gründungszeit der Chicago School, sondern in Gestalt von W.E.B. Du Bois. Dieser zieht nach seinem Abschluss als erster afro-amerikanischer Promovend an der Harvard University in das – ähnlich wie Chicago – von Industrialisierungs- und Ethnizitätsfragen bewegte Atlanta. Seine für die Rassismusforschung bis heute bedeutsamen Arbeiten *The Philadelphia Negro* (1899) und *The Souls of Black Folk* (1903) basieren auf umfassender Feldforschung und begründen die Tradition empirischer Stadtsoziologie bereits zur Jahrhundertwende (Morris 2015).

Hierzulande kaum wahrgenommen, wurde in den USA bereits vor einiger Zeit (Burawoy 2005, S. 14) die Eigenerzählung der disziplinären Entwicklungsgeschichte entsprechend umgeschrieben und mit ihr auch die (stadt-)soziologische Geburtsstunde der Ethnografie. In deutschsprachigen Methodenbüchern gilt es, diese Revision nicht (nur) aus Gründen wissenschaftlicher Korrektheit oder der zeitweise engen Verbundenheit von Du Bois und Max Weber (Hughey und Goss 2018) aufzugreifen. Ihre Bedeutsamkeit liegt zum einen vielmehr darin, dass sie die Konstitution eines für die US-amerikanische Soziologie bis heute maßgeblich prägenden paradigmatischem Spannungsfeldes akzentuiert, in dem sich auch gegenwärtig Soziologie Betreibende zu positionieren haben: der Balance von sozialreformerischem Impetus und akademischer Professionalität (Breidenstein et al. 2015, S. 24; Lindner 2007, S. 241). Was sich bereits in den Aufarbeitungen von Mary Deegan (1988) zur exkludierenden Wissenschaftspraxis Robert E. Parks gegenüber der von Jane Addams angeführten, aktivistischen Hull House-Bewegung abzeichnet (Offenberger 2019; Keller 2012), wird mit dem Wissen um die Rolle der Chicago School in der bewussten Ausblendung der vorangegangenen bzw. zeitgleich geleisteten Atlanta-School-Beiträge deutlich unterstrichen. Seit ihren Gründungsjahren verhandelt die Disziplin hochkontrovers Fragen der Wertigkeit identitär-erfahrungsgebundenen Wissens, ihrer davon ausgehenden soziologischen Interpretationskraft und der damit ggf. verknüpften mehr oder weniger expliziten politischen Solidarisierung (u. a. Becker 1967). Wie in kaum einer anderen Form soziologischer Wissensproduktion kulminieren diese Linien in der Ethnografie. Dabei gilt es, die naheliegende, jedoch vereinfachende Lesart, in der Park zur Gallionsfigur professionell-distanzierter Soziologie und Du Bois zum involvierten politischen Aktivisten deklariert wird, zu vermeiden – sie würde weder dem politisch durchaus engagierten Park noch dem klugen symbolischen Interaktionisten Du Bois gerecht.

Für Fragen der Disziplinierung von ethnografischen Schriftlichkeitsformaten in der Soziologie dürfte die definitionsmächtigere Rolle Parks mit seiner Betonung des Formats der berichterstattenden ethnografischen Reportage wiederum folgenreich gewesen sein. Bis heute ist Du Bois in den USA vor allem als Bürgerrechtler, aber eben auch als Poet bekannt (u. a. Bailey und Yarlow 2014; Angelou et al., 2014; Rampersad 1990) – die von ihm gewählten textlichen Zugänge bespielen ein entsprechend facettenreiches stilistisches Repertoire. Die Ethnografen auf Chicagos Straßen wiederum identifizieren sich und agieren vor allem als soziologische *superreporter* (Deegan 1988, S. 156): „Für Park war die Feldforschung eine in die Tiefe gehende Reportage. Er meinte, dass ein Soziologe nichts anderes als ein wissenschaftlicher Reporter sei, der nur genauer und verantwortlicher vorgehe als ein Journalist" (Breidenstein et al. 2015, S. 23).

Nun wird gemäß dem historischen Gestus in der transatlantischen Ethnografierezeption im deutschsprachigen Raum die Bedeutung des Formats der ethnografischen Reportage, insbesondere jedoch das damit verbundene Öffentlichkeitsverständnis, fälschlicherweise ebenfalls in der Vergangenheit platziert. Dabei ist gerade Letzteres in der gegenwärtigen US-amerikanischen soziologischen Ethnografie vielleicht lebendiger als je zuvor. Als van Maanen in der ersten Auflage seiner 1988 erschienen „Tales of the field“ seine Typisierung von drei Arten ethnografischer Erzählung vorlegt – *realist, confessional und impressionist tales* –, gründet sich diese einsichtsreiche Einordnung in umfassende Analysen einschlägiger anthropologischer wie soziologischer Ethnografien. Wer für die zweite, 2011 erschienene, Auflage ähnliches erwartet, wird enttäuscht; van Maanen kommuniziert allerdings transparent warum: Angesichts des zwischenzeitlich stattgefundenen Ethnografiebooms wäre eine vergleichbar angelegte Aktualisierung schlicht nicht mehr zu bewältigen gewesen. Die Methode der Ethnografie hat in den vergangenen Jahrzehnten weiter enorm an Wertigkeit und damit auch an Verbreitungsgrad gewonnen. Der Blick auf die in jüngerer Zeit stattgefundenen Entwicklungen wird damit für die transatlantische Rezeption umso bedeutsamer (Niermann 2020). Im Folgenden werden daher unter 4.1. und 4.2. zwei aus meiner Sicht für die soziologische US-Ethnografie prägende Entwicklungen jüngerer Zeit aufgezeigt. Sie haben wiederum neue Typen ethnografischer Erzählung hervorgebracht. Der zumindest kurzen Beschreibung dieser neuen Erzählgenres entzieht sich auch van Maanen in seinem Epilog in der 2011er Ausgabe nicht, und so werden diese neuen *tales of ethnography* später auch hier thematisiert. Zunächst jedoch zur Kontextualisierung ein Blick auf die bislang in der deutschsprachigen Methodenlandschaft weitgehend übersehenen, jedoch prägenden Entwicklungen der gegenwärtigen US-amerikanischen Ethnografielandschaft.

Der Trend zur Theorie: Die soziologische Ethnografielandschaft in Transformation

Wahrzunehmen gilt es, dass die US-amerikanische Ethnografielandschaft soziologieimmanent tiefgreifende Veränderungsprozesse durchlaufen hat und weiter vollzieht. Waren Chicago und später Los Angeles einst Prägeorte ethnografisch betriebener Soziologie, hat inzwischen eine Bedeutungsverschiebung lokaler Zentren stattgefunden. An Ost- und Westküste haben sich teils loyale, teils sich scharf voneinander abgrenzende Wissenschaftsnetzwerke etabliert, in denen ethnografische Diskurse maßgeblich geprägt werden. Exemplarisch lässt sich dies an der Gruppe der *urban ethnographers* beobachten, die sozusagen als Erben der klassisch-interaktionistischen Chicago-School-Tradition (Timmermans und Prickett 2019) ihre einst unumstrittene Vorreiterposition nun verteidigen müssen (Katz 2019). Verantwortlich hierfür ist die in den vergangenen 30 Jahren stattgefundene Ausdifferenzierung, maßgeblich vorangetrieben von den deutungsmächtigen, unterschiedlich theorieakzentuierenden Soziologen Michael Burawoy und Loïc Wacquant. Während sich der Bourdieu-Schüler Wacquant in der Vergangenheit vor allem an den impliziten Normativitäten der Chicago School-Ethnograf_innen abgearbeitet hat (Wacquant 2002), wurde von Burawoy mit seiner Programmatik der „Extended Case Method“ (Burawoy 1998, 2003a, b) ein die kritische Theorieentwicklung vorantreibender Ethnografieansatz vorgelegt, der durch seine Schülerschaft entsprechende Verbreitung erfährt (u. a. Kwan Lee 2018).

Ihren Ausgangspunkt nimmt diese Theoretisierungsentwicklung um die Jahrtausendwende. Zu dieser Zeit sehen sich insbesondere die in der Soziologie beheimateten Ethnograf_innen angesichts der thematischen Engführung der von ihnen beforschten Felder auf *urban* und *crime* zunehmend vor der Problematik, ethnografisch Erzählenswertes zu produzieren. Eine Forschungstradition, die sich in ihren Entstehungszusammenhängen dem Entdeckungsimperativ verschrieben hat, läuft angesichts der zwischenzeitlich hergestellten qualitativen Wissensbestände Gefahr, „New for newness's sake“ (Plummer 1999, S. 646) zu praktizieren. Resultat sind dann “ethnographies (that) tell dead, repetitive, or stylized stories that give little insight” (ebd.). Der hier beklagte Qualitätsverlust ist dabei nicht allein aus der Verknappungsökonomie von Forschungsfeldern aufgrund der breiten Popularität ethnografischer Zugänge zu erklären. In großer Offenheit beschreibt Lofland nach 20jähriger Erfahrung als Herausgeber des Journals of Contemporary Ethnography bereits Ende der 1980er Jahre, welche Art von Beiträgen in der Zeitschrift üblicherweise eingereicht werden: “For almost two decades, 1) ethnography that is 2) vaguely urban, 3) interactionist, 4) New Columbus, and 5) frequently focused on deviance (…)“ (Lofland 1987, S. 30). Unter die rhetorisch griffige Bezeichnung “New Columbus” fasst er dabei die sensible wie oft tabuisierte Problematik, in der interaktionistische Ethnograf_innen die anvisierte, in der Empirie gründende Theoriebildung eben nicht gelingt: „some few very talented people can productively practice New Columbus Theorizing or ‚grounded theory‘ in the doing of ethnography, but, alas, I ear most ethnographers cannot. They wind up producing studies that come from nowhere, that head nowhere, and that are dead on publication arrival” (ebd. S. 28). Ähnlich vernichtende Urteile werden in dieser Zeit auch jenseits der *urban ethnography* generalisierend für den ethnografischen Forschungszugang in Anthropologie und Soziologie gefällt: “much of the ethnography now produced is dull and irrelevant: ethnography as reduced to the steady accumulation of standard monographs on standard topics and the saying of similar things about increasingly similar groups" (D'Andrade 1986, S. 25). In Reaktion auf diese neue problematisierende Definition der Situation des state of the art der Ethnografie gehen ihre Vertreter_innen in den kommenden Jahrzehnten unterschiedliche Wege.

Viel Rückendeckung erfahren nun sich entwickelnde und an Popularität gewinnende Ethnografieansätze, die an den Grundprinzipien interaktionistischer Ethnografie rühren. Zwei ihrer Protagonisten – Loïc Wacquant und Michael Burawoy – haben zwischenzeitlich, angezogen vom Chicago School-Mythos in den 1980er und 1990er Jahren, an der University of Chicago promoviert. Die aus Wacquants Dissertation entstehende Monografie *Body & Soul* setzt mit der habitusrekonstruierenden Ethnografie einen eigenen bourdieuanischen Fokus. Michael Burawoy legt in dieser Zeit mit der marxistischen Theoretisierung der Feldbeobachtungen aus seiner achtmonatigen beobachtenden Teilnahme als Fabrikarbeiter bei einem Chicagoer Motorbauer den Grundstein seiner eigenen ethnografischen Soziologieprogrammatik. Gemeinsam ist diesen beiden zentralen Figuren, bei aller sonstiger Differenz, die Desillusionierungserfahrung, dass ausgerechnet in der Chicagoer Soziologie der *Chicago Touch* der Gründungsjahre mit dem viel gerühmten empirischen wie theoretisch aufrührerischen (Frei-)Geist nicht mehr anzutreffen ist. Anschlüsse für die Produktion und Entwicklung ihrer ethnografischen Arbeiten finden Wacquant und Burawoy im eigenen Fach kaum, dafür vielmehr in den Nachbardisziplinen Anthropologie und Politikwissenschaften (Niermann 2020). Als nun um die Jahrtausendwende in den soziologisch-ethnografieimmanenten Diskursen die oben skizzierten selbstkritischen Bilanzierungen gezogen werden, haben sowohl Wacquant als auch Burawoy bereits Soziologieprofessuren an der University of Berkeley inne. Dabei nimmt insbesondere Burawoy eine führende, deutungsmächtige Rolle ein, die Schwächen interaktionistisch betriebener Ethnografie und damit auch ihre Veränderungsbedarfe aufzuzeigen.

Das bezieht sich zum einen auf die in der urban ethnography bedeutsame Ortsverbundenheit – wie sie Mitch Duneiers *Slim's Table* (1994) oder Elijah Andersons *Place on the Corner* (1981) mit ihren eindrücklichen Lebensweltbeschreibungen aufzeigen. Jüngere Ethnografie ist multi-sited (Marcus 1995; S. 1998) oder in der extended case method intentional global (Burawoy 1998; Burawoy et al. 2000). Sie sieht sich nicht der Beschreibung von Orten, sondern vielmehr der Analyse der davon losgelösten und/oder multilokal praktizierten sozialen Phänomene verpflichtet. Einen weiteren Schritt weg von klassischer Chicago School-Ethnografie macht Matt Desmond in dem Entwurf seiner „relational ethnography" (Desmond 2014). In ihrer Logik gilt es, sich anstatt auf die aus seiner Sicht substantialisierende Beschreibung von Gruppen und Orten vielmehr auf die Untersuchung der Konstellationen zwischen ihnen zu fokussieren: „Relational methodology takes as its scientific object neither a bounded group defined by members' shared social attributes nor a location delimited by the boundaries of a particular neighborhood or the walls of an organization but rather processes involving configurations of relations among actors or institutions" (Desmond 2014, S. 547). Zum anderen setzten theorieakzentuierende Ethnografieansätze, insbesondere jedoch die *Extended Case Method* von Michael Burawoy, eine zunehmend veränderte Gewichtung der Mikro-Makro-Relation in der ethnografischen Wissensproduktion in Gange – mit einer klaren Stärkung zugunsten des Makros: „We begin with our favorite theory but seek not confirmations but refutations that inspire us to deepen that theory. Instead of discovering grounded theory we elaborate existing theory. We do not worry about the uniqueness of our case since we are not as interested in its 'representativeness' as its contribution to 'reconstructing' theory. Our theoretical point of departure can span the range from the folk theory of participants to an abstract law. We require only that the scientist consider it worth developing" (Burawoy 1998, S. 16). In Anlehnung an Kuhn (1962) und Lakatos (1978) verweist Burawoy auf die zentrale Bedeutung der Beschäftigung mit Anomalien, die jedem wissenschaftlichen Paradigma inhärent sind, sowie auf den Vergleich von Forschungsprogrammatiken als eigentlichen erkenntnisgenerierenden Motoren wissenschaftlicher Weiterentwicklung (ebd.).

Für die gegenwärtigen soziologischen Ethnograf_innen bedeutet das, in einem wissenschaftlichen Feld zu agieren, welches sich seiner methodischen Binnendifferenzierung bewusst ist. Unterschiede werden dabei, wie gezeigt, deutlicher betont und interne Debatten um Gütekriterien (u. a. Wacquant 2002; Klinenberg 2002; A. Goffman 2014) scharf geführt (Niermann i. E.). Gleichzeitig findet jenseits dieser universitär-privilegierten Dispute zwischen den verschiedentlichen Camps eine soziologische Wissensproduktion en masse statt, die das Label der Ethnografie bemüht, in ihrer forschungspraktischen Umsetzung wiederum selbst die grundlegendsten methodischen Prämissen ethnografischen Arbeitens nicht praktiziert: Da ist das Sampling, also die Wahl von *fieldsites,* von gesellschaftsstereotypen Deutungen überformt oder wie Small es treffend beschreibt: Nein, Graffitis im öffentlichen Straßenbild sind kein automatisches Indiz fürs „Ghetto" (Small 2009). Oder Aussagen einzelner Feldakteur_innen werden als Fakten behandelt anstatt in (Multi-)Perspektivität gesetzt. Am stärksten gerüttelt wird jedoch am zentralen Gütekriterium der Immersion. Anstatt selbst wirklich Teil des Feldes zu werden, betreiben Ethnograf_innen, wie van Maanen wohl etwas überpointiert formuliert, „Blitzkrieg" (ebd. 2011, S. 164). „Formal interviews, sample surveys, focus groups, brief periods of observation or, to use the currently popular but altogether murky term, „shadowing" those studied replace lengthy in situ immersion" (ebd.). Diese Verwaschung von methodischen Standards bei gleichzeitig steigender Anwendungspopularität erinnert an Diskussionen zu Gütekriterien im Praktizieren der Grounded-Theory-Methodologie.

Während diese Disparitäten im Feld der ethnografischen Wissensproduktion sicherlich zu problematisieren sind, mag mit Blick auf die sich neu gebildeten Ethnografielager die Produktivität dieser teils scharf geführten Kontroversen festzuhalten sein. Gleichzeitig ist eine Bemerkung Erving Goffmans treffend, der einmal seinen Kritikern erwiderte, die ihn für seine Detailverliebtheit, aber auch für seine teils recht unbedarfte Theoretisierungsfreude dieser Phänomene (hier „children" genannt) angriffen: "better perhaps (to have) different coats to clothe the children well then a single, splendid tent in which they all shiver" (Goffman 1961, S. xiv). Völlig unabhängig von Diskussionen theoretischer Kohärenz oder ihrem eklektizistischen Einsatz und auch abgesehen von laufenden Theorie-Empirie-Verhältnis-Debatten in der Ethnografie bietet der Weg der zunehmenden Theoretisierung ethnografischer Wissensproduktion zweifellos eine praktische Lösung, um eben keine „dull", „irrelevant" (D'Andrade 1986, S. 25), „dead" und „repetitive stories" (Plummer 1999, S. 646) zu erzählen. Und auch für die an zeitdiagnostischer Vergänglichkeit leidenden ethnografischen Monografien mag es kaum ein besseres Gegengift geben als eben: Theoretisierung.

Public Ethnography als aufmerksamkeitsökonomisch riskantes Terrain

Von großer Bedeutung ist außerdem die Frage nach Standards zur Bewertung guter Ethnografie, insbesondere jedoch die Frage nach dem genuinen Alleinstellungsmerkmal soziologischer Ethnografie angesichts immer stärkerer Überschneidungen mit dem journalistischen Feld. Die, wie zuvor gezeigt, schon immer dem Journalismus nahestehende US-amerikanische Ethnografie erfährt gegenwärtig eine so nie dagewesene breite öffentliche Wahrnehmung: „For the first time in history ethnographic fieldworkers who anticipate massive attention for their work beyond disciplinary academic boundaries will not be obviously self-delusional. We now have powerful agents working for us, whether we like it or not" (Katz 2019, S. 264). Insbesondere soziologische Ethnograf_innen wie Mitch Duneier, Eric Klinenberg, Diane Vaughan, Sudhir Venkatesh, Alice Goffman, Matt . 1, Kathryn Edin, Annette Lareau und Arlie Hochschild sind, so Katz (ebd.), über die Grenzen des wissenschaftlichen Kommunikationsfeldes hinaus gegangen – mit allen Vor- und Nachteilen, die diese Exposition gegenüber dieser größeren, nicht soziologisch, vermutlich jedoch überwiegend akademisch gebildeten Leser_innenschaft mit sich bringt.

Nun hat es in der US-amerikanischen Soziologiegeschichte durchaus bereits ethnografische Arbeiten gegeben, die auf breite öffentliche Resonanz gestoßen und innerhalb der Disziplin meist direkt zu Klassikern avanciert sind – man denke nur an Herbert Gans´ „The Levittowner" (1967) oder William Foote Whytes ikonisches Werk „Street Corner Society" (1943). Im Vergleich dazu ist das gegenwärtig große Interesse an ethnografischen Arbeiten zweifellos schon allein angesichts einer veränderten Medienlandschaft von mannigfaltiger Gestalt: Ethnograf_innen geben TED Talks, sind Interviewpartner_innen in einschlägigen Podcast-Formaten[5], schreiben für renommierte Print- und Online-Journale sogenannte *Op-Eds,* also Stellung beziehende *opinion pieces,* und verfassen Monografien, die wiederum breit in der Presse besprochen werden. Verbunden ist die Berichterstattung über ethnografische Binnenperspektiven dabei in der Regel mit Charakterporträts der Ethnograf_innen selbst. Je größer der Kontrast zwischen wissenschaftlicher und beobachteter Welt, je schillernder der Spagat, desto höher ist die Wahrscheinlichkeit, selbst zum Gegenstand journalistischer Erzählung zu werden. Besonders eindrücklich lässt sich dieses Phänomen an der medialen Kommunikation über Sudhir Venkatesh und Alice Goffman beobachten. Wer einerseits an Ivy-League-Universitäten angesiedelt Soziologie betreibt und es gleichzeitig in seiner Beforschung innerstädtischer Kriminalität zum „Gang Leader for a Day" (Venkatesh 2008) bringt, taugt einfach zur story.

Am überzeugendsten zu erklären ist dieser neue öffentlichkeitsökonomische Markt für Ethnografie jedoch über die in den vergangenen Jahren stattgefundene reziproke Entgrenzungsbewegung von Soziologie und Journalismus. Überspitzt ließe sich formulieren: So viel Journalismus war noch nie in der Soziologie und umgekehrt so viel Soziologie noch nie im Journalismus. War Park, wie oben zitiert, noch der festen Überzeugung, Ethnografie liefere die bessere, weil hintergründigere Reportage, setzen teils sozialwissenschaftlich ausgebildete Journalist_innen wie Malcom Gladwell beim New Yorker, David Brooks und Thomas Edsall bei der New York Times oder Shankar Vedantam bei National Public Radio beachtliche Standards (Katz 2019, S. 264 f.). Im wissenschaftlichen Feld zeichnet sich der Trend zur öffentlichkeitswirksamen Public Ethnography seit der Jahr-

[5]Wie Arlie Hochschild als Gast bei Krista Tippetts renommiertem Podcastformat „On being" https://onbeing.org/programs/arlie-hochschild-the-deep-stories-of-our-time-oct2018/ (12.04.2020)

tausendwende ab. Die breite Präsenz der im Vorangegangenen genannten Soziolog_innen ist dabei als Erfolgsbilanz einer Entwicklung zu interpretieren, die gut zwanzig Jahre zuvor in Anthropologie und Soziologie als Zukunftsvision entworfen und weiterentwickelt wurde (Plummer 1999; Burawoy 2005; Vaughan 2005; Scheper-Hughes 2009). In deren Zentrum steht die Wiederbelebung der u. a. im Amerikanischen Pragmatismus verwurzelten moralischen Verantwortung der Soziologie, öffentliche Diskurse und die Repräsentation gesellschaftlicher Realitäten stärker mitzugestalten: „I start to sense the need for a new role: that of the ethically skilled public ethnographer whose work should be held accountable on a number of dimensions. A public who see, hear, and read ethnographies should be increasingly tuned in to the issues that such descriptions poste, and should critically challenge those that do not meet adequate criteria" (Plummer 1999, S. 644).

Das erinnert an den Philosophen Richard Rorty, der mit seinem Ur-Vertrauen in die demokratiestärkende Erzählkraft von Romanen dem Genre des narrativ angelegten ethnografischen Bestsellers vermutlich eine ausdrückliche Empfehlung ausgesprochen hätte. Gerade in der Romangestalt liegt Rortys Verständnis zufolge das Potenzial, Konversations- und damit Begegnungsräume zu schaffen, die über reale Vermittlungswege kaum herstellbar wären. In Buchformaten wird diese (meist fiktiv stattfindende) "conversation with strangers" (Rorty 1979, S. 319) möglich gemacht und damit auch die Reflexion darüber, "how we treat people whom we think not worth understanding" (Rorty 1991, S. 203). Wie naheliegend ist es da, dass das jüngste, breit rezipierte Buch des Journalisten Gladwell, wenn auch ohne jeden Rorty-Verweis, den Titel „Talking to Strangers" (Gladwell 2019) trägt und er darin das Unterfangen, Fremde und ihre Lebenswelten angemessen verstehen zu wollen, in diversen facettenreich gelagerten Scheiternserfahrungen darlegt. Für Ethnograf_innen zweifellos ein *must-read* und gleichzeitig eine Herausforderung. Zwar wird die Auflösung bzw. Überschneidung von journalistischer und ethnografisch-soziologischer Sphäre grundsätzlich, auch im wissenschaftlichen Feld, ko-produktiv gedeutet, gleichzeitig eröffnet sie auch neue Angriffsflächen. Am stärksten hat dies sicherlich Alice Goffman mit ihrer skandalumwitterten Monografie „On the run" erfahren (Niermann 2020) oder aber, in einem anders gelagerten Fall, Shamus Khan. Dieser wird 2017 unerwartet und einige Jahre nach Abschluss seiner Ethnografie „Privilege: The Making of an Adolescent Elite at St. Paul's School" (Khan 2011) gerichtlich vorgeladen, um seine Wissensbestände und damit u. a. seine Feldnotizen über das Eliteinternat offen zu legen (ebd. 2019). Anlass war ein von Khan und seinen Erhebungszeiträumen unabhängig laufendes Verfahren wegen sexuellen Missbrauchs einer Lehrperson an einer Schülerin. Deutlich wird: Die Entgrenzung ethnografischer Verwertungszusammenhänge erfordert auch konkrete Umgangsstrategien für den Fall, dass andere Wissenssphären mit ihren teils ganz anders gelagerten Eigeninteressen auf sie zugreifen wollen. Doch auch auf methodologischer Seite wirft die journalistisch-ethnografische Vermengung bei aller Betonung ko-produktiver Kollaboration durchaus Fragen auf, insbesondere jedoch die nach dem genuinen Alleinstellungsmerkmal ethnografischer Wissensproduktion. Für Katz liegt die Antwort darauf in der von soziologischer Seite zu leistenden Denkbewegung „From How to Why" (Katz 2001). Die eigentliche Stärke ethnografischer Soziologie bestünde damit darin, nicht ‚nur' das *wie,* sondern auch das *warum* und damit die Sinnhaftigkeit aller in ihrer jeweiligen Strukturlogiken handelnden Feldakteur_innen aufzuzeigen, Multiperspektivität herzustellen und diese letztlich in die großen gesamtgesellschaftlichen Zusammenhänge zu setzen – eine Argumentation, bei der Katz und Burawoy sich nahestehen.

Neue 'tales of the field'

Wozu führen nun diese beiden im Vorausgegangenen skizzierten großen Entwicklungen? Natürlich zu „new tales of the field", also neuen ethnografischen Genres, würde van Maanen (2011, S. 166–172) antworten und gleichzeitig auch den abstrahierend-idealisierenden Charakter seiner Typisierung betonen. Genre-Überschneidungen innerhalb eines ethnografischen Textes sind hier keinesfalls unüblich und die alten tales of the field werden dabei auch nicht einfach von den *neuen* abgelöst. Vor dem Hintergrund einer veränderten Ethnografielandschaft erweitert sich jedoch auch das Spektrum ethnografischer Textproduktion gemäß der sich fortschreibenden und verändernden Konventionen, wissenschaftlichen Gütekriterien, Öffentlichkeiten, und Arten der Repräsentation. Darüber hinaus werden an die gegenwärtigen Produzent_innen ethnografischer Texte von ihrer breiteren, anspruchsvolleren Leser_innenschaft zweifellos höhere Erwartungen in Sachen stilistisch-inhaltlicher Textkomposition gestellt: „(…) serious (and strong) players in this game require a good deal more textual sophistication than in times past – readers are more diverse, topics (arguably) more complex and nuanced, and the conceptual contexts within which ethnography now operates broader and less forgiving" (2011, S. 166). Als die drei neuen Erzählgestalten benennt van Maanen *structural, post-structural* und *advocacy tales.* Gegenstand von *structural tales* ist der Fokus auf spezifische soziale Prozesse. Theoretische Präzision wiegt hier schwerer als die Beschreibung sozialer Lebenswelten, ihrer Gruppen und Orte. Zwar finden sich in den monografischen Formaten der *structural tales* durchaus ausgeprägte narrative Strategien mit entsprechend charakteristischer Porträtierung der Feldakteur_innen, den eigentlichen Erzählbogen bildet jedoch die Theoretisierung selbst. Sie entscheidet über die textliche Rahmung, ihren Fokus und das Potenzial, die beobachteten Mikroprozesse als Ausdruck makrostruktureller Zusammenhänge deuten zu können (van Maanen 2011, S. 168). Mehr noch als zur Monografie taugt diese Art ethnografischer Textform jedoch für das Format des wissenschaftlichen Fachartikels und bringt damit auch wissenschaftskarriereförderliche Vorteile (ebd. S. 181). *Post-Structural Tales* fokussieren sich in ihrer Gegenstandswahl wiederum auf Orte, Zeiten und/oder Gruppen, bei denen vormals klare Identitätsentwürfe infrage gestellt werden. In dieser Erzählform werden textliche Innovationen entwickelt, vermeintlich Widersprüchliches bewusst nebeneinandergestellt. Deutungen erfolgen meist performativ über die Textkomposition, folgen dem Ideal der Vielstimmigkeit und betonen, wenn expliziter gemacht, ihre Unabgeschlossenheit (van Maanen 2011, S. 170). *Advocacy Tales* thematisieren, ähnlich wie *structural tales*, vorrangig Fragen sozialer Ungleichheit, allerdings mit deutlich schwächerer theoretischer Gewichtung. Die Autor_innen beziehen meist dezidiert, am stärksten jedoch über die Gestaltung ihrer Textpräsentation, Position. Diese konstituiert sich in der Regel mit der uneingeschränkten Solidarisierung der dargestellten benachteiligten Gruppe: „A main theme advanced by this work follows the old sociological maxim that good work should ‚comfort the troubled and trouble the comfortable'" (van Maanen 2011, S. 171).

Insbesondere mit Blick auf die *urban ethnography* wird das Nebeneinander der verschiedenen alten und neuen *tales* deutlich. Ist von den neueren Textformen sicherlich das *structural tale* am stärksten vertreten, ist wiederum auch klar zu konstatieren, dass sich die jüngeren ethnografischen Bestseller wie „Gang leader for a day" (Venkatesh 2008) oder Alice Goffmans „On the run" (ebd. 2014) der Erzählformen und den damit verbundenen ethnografischen Wissensproduktionsformen der ‚alten' *tales* bedienen. Die Bücher enthalten, wie im *realist tale* üblich, reportagenhaft anmutende Passagen. Vor allem thematisieren die Ethnograf_innen sich und ihre Feldpositionierung, wie im klassischen Chicago School-Genre üblich, lediglich dann, wenn es für die Plausibilisierung der Gesamterzählung und die Herstellung ethnografischer Kredibilität notwendig ist. Im Vordergrund stehen die Beschreibung der sozialen Lebenswelt und die in ihr natürlicherweise agierenden Akteur_innen. Von der eigentlichen Berichterstattung abgetrennt befindet sich zum Abschluss jeder dieser Bände wiederum ein *Methodological Appendix,* der sich wohl am stärksten als Anleihe aus den Genres der *confessional* und *impressionist tales* lesen lässt. Hier erfolgt die umfassendere Narration der subjektiven Felderfahrung und wird der (vermeintliche) Einblick auf die Hinterbühne gegeben. Als Beispiel kann hier wie kein anderes William Foote Whytes methodischer Anhang genannt werden, der mit knapp 100 Seiten für heutige Verhältnisse ungewöhnlich umfassend ausfällt. Darin berichtet er nicht nur von seinem Feldzugang, der verschiedentlichen prozessualen Neuausrichtung seines methodischen Vorgehens, sondern bekennt sich auch des Wahlbetrugs schuldig, den er aufgrund der Zwänge der Feldzugehörigkeit begangen habe Dieser verschafft ihm wiederum Mitspielkompetenz im Feld und dient letztlich so der Herstellung seiner ethnografischen Kredibilität. In genau dieser spezifischen Vermischung methodisch-reflexiver Retrospektion und *confessional tales* scheint Whytes Appendix inspirierendes Drehbuchskript zahlreicher ethnografischer Bestseller-Autor_innen geworden zu sein. Das Ausmaß der Bekenntniskultur gestaltet sich dabei als besonders fragiler Balanceakt. Mal lässt sich über die praktizierte Offenheit der, im Lauf der Feldforschung, hart erarbeitete Zugehörigkeitsstatus markieren (Venkatesh 2008), mal zieht sie, wie im Fall Alice Goffmans, ungeahnte juristische und laufbahnschädigende Folgen nach sich (Goffman 2014; Lubet 2017; Niermann 2020).

So unbestritten sich die aufgezeigten Binnendifferenzierungen in der US-amerikanischen Ethnografielandschaft weiter vollziehen, so deutlich wird gerade angesichts des florierenden Genres des ethnografischen Bestsellers, wie lohnenswert es (auch) ist, den Blick nicht (nur) auf die Differenzen zwischen den Ethnografien, sondern vielmehr auf die von ihnen geteilten Gemeinsamkeiten zu lenken. Was verbindet diese alten und neuen *tales, die die ethnografischen Bestseller charakterisieren?* Worin könnten ihr Common Sense, ihre impliziten Spielregeln liegen – oder im *how-to*-Modus gefragt: Wie schreibe ich (k)einen ethnografischen Bestseller?

Wie schreibe ich (k)einen ethnografischen Bestseller?

„I find the usual account of field-research so boring", beschwert sich der Ethnologe Evans-Pritchard, "as often to be unreadable – kinship systems, political systems, ritual systems, every sort of system, structure and function, but little flesh and blood" (Evans-Pritchard 1973, S. 12). Wenn sowohl die klassischen als auch die in jüngerer Zeit verfassten ethnografischen Bestseller eines nicht sind, dann „unreadable". Ethnograf_innen wissen um die spezifische Eignung ihrer eingängigen Textformate zum Adressieren einer breiten Öffentlichkeit und sind sich ihres jeweiligen Publikums mehr als bewusst (u. a. Plummer 1999; Gans 2010; Adler und Adler 2008; Becker et al. 2004). Nicht selten bespielen Ethnograf_innen dabei im Verlauf ihrer wissenschaftlichen Karrieren in unterschiedlicher Intensität die verschiedenen, teils durchlässigen Register soziologischer Wissensproduktion (Vaughan 2004, 2005; van Maanen 2015). Abhängig, ob *professional, public, critical* oder *policy sociology* (Burawoy 2005, S. 11) betrieben wird, gilt es auch die Schriftlichkeitsformate entlang der jeweiligen Konventionen auszurichten. Die „head"- und „textwork" (van Maanen 2011, S. 155) – also die Überlegungen zur textlichen Komposition ethnografischer Monografien, die Wahl ihres erzählerischen wie theoretisierenden Rahmens, die Entscheidung über Fragen der Repräsentation von Feldakteur_innen in Relation zur Abbildung sozialstruktureller Prozesse, der Einsatz stilistischer Mittel sowie die Thematisierung des ethnografischen Selbst ist für die Schreiber_innen maßgeblich von einer Frage bestimmt: Wer ist mein Publikum? Welche Leser_innenschaft(en) möchte und kann ich adressieren? Die eigene *scientific community* fungiert dabei eher als Mitleser_innen- und Mitdenker_innenschaft auf der Hinterbühne. Ablesen lässt sich dies unter anderem an den umfassenden namentlichen Danksagungen am Ende vieler ethnografischer Monografien mit Verweis auf die verschiedentlichen Diskussionszusammenhänge im Entstehungsprozess des Buches. Adressiert werden mit ethnografischen Büchern in der Regel zwei Gruppen: die breite, nicht zwangsläufig akademische Leser_innenschaft und/oder die sich in sozialwissenschaftlicher Ausbildung befindliche Studierendenschaft. Dabei scheint zu gelten: Umso weniger Brisanz und evidente Öffentlichkeitswirksamkeit die bearbeitete Thematik mit sich bringt, desto intentionaler werden in der *head- und textwork* zentrale Elemente des gegenwärtigen soziologischen US-Theorie-Kanons wie *class, race* und *gender* eingewoben (u. a. Khan 2011). Die Monografie lässt sich dann von Verlagsseite als seminartaugliches Demonstrationsobjekt zur Diskussion von Intersektionalitätsperspektiven, beispielsweise in B.A.-Soziologie-Studiengängen, positionieren. Zur weiteren Steigerung der Aufmerksamkeitsökonomie organisieren insbesondere die noch auf ihre Stellenentfristung hinarbeitenden assistant professors eine Art Lese-Vortragsreihe an verschiedenen Universitäten des Landes für die Bewerbung ihrer Erstlingswerke.

Für den deutlich seltener eintretenden Fall, dass die Ethnografie das Potenzial zum Bestseller und damit zur Adressierung eines breiten Publikums in sich trägt, beinhaltet die Vermarktungsstrategie der Verlage das Generieren weiterer Disseminationsplattformen, bspw. mittels der unter 3.2. dargestellten typischen Verwobenheit von Charakterporträts der Autor_innen und Repräsentation des beforschten Feldes in einschlägigen journalistischen Formaten[6] (Vannini und Mosher

[6] Siehe exemplarisch die Berichterstattung zu Matthew . 1s „Evicted" im „The Guardian" https://www.theguardian.com/books/2016/mar/11/matthew-.1-the-problem-raging-in-our-cities-milwaukee (14.04.2020), der New York Times" https://www.nytimes.com/2016/02/28/books/review/matthew-.1s-evicted-poverty-and-profit-in-the-american-city.html (14.04.2020), oder im „Chicago Tribune" https://www.chicagotribune.com/entertainment/books/ct-prj-evicted-matthew-. 1-20160310-story.html (14.04.2020)

2013, S. 396). Ob großes nicht-akademisches Publikum oder kleinere studentische Leser_innenschaft, die im Folgenden dargestellten Prinzipien zur Produktion einer ethnografischen Monografie gelten gleichermaßen.

Erzähle eine gute Story: Identifikation und epistemologischer Bruch

Ethnograf_innen gelten zurecht als *die story teller* unter den qualitativ Forschenden. Direkte Redewiedergaben, episodische Szenenschilderungen, das Einführen eindrücklicher Charakterfiguren, die wiederum der Herstellung erzählerischer Kontinuität durch alle Kapitel dienen, teils nahezu romantisch anmutende bildhafte Ortsbeschreibungen, Fotografien, die Wiedergabe introspektiver (auto-)ethnografischer Tagebuchnotizen – das Repertoire an stilistischen Mitteln, derer sich die Autor_innen ethnografischer Monografien bedienen können, ist bemerkenswert facettenreich. Allerdings ist der Erwartungshorizont auch enorm. Um „*powerful writing*" (Burawoy 2017, S. 280) zu praktizieren, gilt es das Arsenal narrativer Strategien klug einzusetzen. Angesichts der performativen Kraft, die dem *story telling* in der Ethnografie zugesprochen wird, hängt die Messlatte für das Produzieren ethnografisch-literarischer (Abbott 2007) wie theoriereflexiver Texte ausgesprochen hoch. Der Goldstandard bemisst sich dabei an dem Kriterium, inwiefern es dem/der Autor_in gelingt, die Perspektive der Leser_innenschaft über die abgebildeten Prozesse, Gruppen, Orte, sozialstrukturellen Zusammenhänge zu verändern: „(…) we traffic in communications, and communication implies that we intend to alter the views of our readers. From this perspective, our task is rhetorical. We attempt to convince others that we've uncovered something of note, made unusual sense of something (…)" (van Maanen 2011, S. 147). Diese Art der Überzeugungsarbeit setzt auf das Herstellen abduktiver Erfahrungsmomente im Leseerlebnis selbst. Für die Schreiber_innen gilt es damit, rhetorisch-strategisch mehr oder weniger explizit einen epistemologischen Bruch herzustellen. Ausgehend von der korrekten Antizipation dessen, was der Großteil der Leser_innenschaft über den Gegenstand zu wissen meint – sei es in Gestalt vorherrschender Ideologien oder in Form von Stereotypen –, wird konträr zu diesen Deutungen bewusst ein eindrückliches, empirisch gestütztes Gegennarrativ formuliert. Ethnograf_innen agieren dabei aufklärerisch als „merchants of astonishment" (Shweder 1991, S. 23) gemäß dem Leitsatz „culture lies" (Katz 2019, 34. Insbesondere in der gekonnten Porträtierung von Feldakteur_innen und dem Aufzeigen der Sinnhaftigkeit ihres ansonsten aus der Ferne teils kaum nachvollziehbaren Handelns wird eine imaginative soziale Nähe geschaffen, die enorme identifikatorische Kraft besitzt.

In ihr liegt das Potenzial, gesellschaftspolitische Diskurse, insbesondere jedoch die in den USA implizit-omnipräsente Individualisierungserzählung, der zufolge mit ausreichend vorhandener Motivation jeder Mensch seines Glückes Schmieds sei, über die Sichtbarmachung der Wirkmächtigkeit sozialer Strukturen zu korrigieren. Dass die soziologischen Ethnograf_innen mit den *„underdogs"* (Becker 1967) sympathisieren, führt jedoch auch zu problematischer Einseitigkeit, die wiederum von den theorieakzentuierenden Ethnografievertretern, Wacquant (2002) und Burawoy (2017), umfassend kritisiert wird. Der Vorwurf: Klassische Chicago School-Ethnografie bricht epistemologisch nur mit dominanten gesellschaftlichen Präkonstruktionen. Mit den inhärenten Deutungen der beschriebenen Feldakteur_innen zu brechen, diese also in andere, teils konträre Deutungsrahmen zu setzen, scheint geradezu tabuisiert.

Schreibe über verschlossene, gefährliche Lebenswelten oder aber über öffentliche Katastrophen

Neben dem gekonnten Einsatz stilistischer Mittel heißt es, für das Erzählen guter, einsichtsreicher ethnografischer Geschichten vor allem eine geschickte Themenwahl zu praktizieren. Dabei gilt wie schon zu Chicago School-Zeiten: je verschlossener der Zugang zur dahinter liegenden schillernden Lebenswelt, desto vielversprechender ihre Tauglichkeit als Erzählgegenstand. Im maximalen Kontrast hierzu liegt die Besonderheit soziologisch-goffmanesquer Ethnografie darin, ausgerechnet die wenig faszinierenden, sondern vielmehr übervertrauten Alltagsphänomene präzise zu sezieren und stilistisch unaufgeregt in aufschlussreiche andere Deutungsrahmen zu setzen. Ein ethnografischer Bestseller ließe sich daraus kaum stricken – aus der Beschreibung ansonsten wenig sichtbarer, idealerweise gefährlicher Lebenswelten hingegen schon. Führte für viele Jahre David Riesmans „The lonely crowd" (1962) die Liste soziologischer US-Bestseller (Gans 1997) an, zeichnet sich in jüngerer Zeit der Trend weg von einer gesellschaftsstrukturellen Großdeutung hin zur stark orts- und/oder gruppenbezogenen Monografie (Longhofer et al. 2010, S. 23) ab. Diese Entwicklung kommt dem klassischen ethnografischen Genre entgegen und so ist es wenig verwunderlich, dass auf einer 2010 erstellten Soziologiebestseller-Liste Mitch Duneiers *Slim's Table* (1992) und *Sidewalk* (1999) sowie Elijah Andersons *Code of the Street* (1999) recht weit vorne rangieren (Longhofer et al. 2010, S. 21). In aktuelleren, jedoch leider nicht vorhandenen Analysen wären wohl die Arbeiten von Venkatesh (2008), Goffman (2014) und fraglos von dem für „Evicted“ 2017 mit dem Pulitzer-Preis ausgezeichneten . 1 auf Spitzenpositionen platziert[7]. Die Konstante aller dieser Arbeiten findet sich in der thematischen Fokussierung von *„Crime, Race and Inequality“* (Longhofer et al. 2010, S. 19). Inhaltlich zumindest der Kriminologie fern haben Erik Klinenberg und Diane Vaughan mit ihrer Themenwahl wiederum deutlich andere Akzente gesetzt, dafür jedoch ebenso viel Aufmerksamkeit erhalten. Vaughan widmet sich der Explosion der Challenger-Rakete, einer öffentlichen Katastrophe. Bei dieser musste die vor ihren Fernsehern mitfiebernde Nation anstatt eines erfolgreichen Raketenstarts das Zerbrechen der Raumfähre kurz nach ihrem Start mitansehen, bei dem auch die sieben Besatzungsmitglieder ums Leben kamen. Mittels der von Vaughan selbst entwickelten Methode der „historical ethnography“ (ebd. 58 ff.) rekonstruiert sie hochgradig detailliert die konstruktionslogischen Arbeits- und Entscheidungsprozesse der NASA im Vorfeld des Starts. Dabei kommt sie zu dem griffigen Ergebnis, dass all jenen Prozessen das Praktizieren einer „Normalization of Deviance“ (Vaughan 1996, S. 153 ff.) unterliegt und damit einer Institutionenkultur der NASA, die trotz vorhandenen Wissens um Konstruktionsmängel zur „Challenger Launch Decision“ (Vaughan 1996) geführt haben. Klinenberg beschäftigt sich in seiner Ethnografie über die Chicago Heat Wave im Jahr 1995 ebenfalls mit einer in der Vergangenheit liegenden gesellschaftlichen Katastrophe, bei der über 500 Menschen zu Tode kamen, überwiegend afro-amerikanische Bürger_innen, die, wie Klinenberg eruiert, zum Zeitpunkt ihres Versterbens meist allein leben. Auch Klinenberg arbeitet mit einer eigenen ethnografischen Programmatik, der Kombination von journalistisch-investigativer Recherche und (stadt-)soziologischer Kontextualisierung, zur Erklärung dieser Tragödie. So sehr Vaughan wie auch Klinenberg eigene innovative Wege ethnografischer Wissensproduktion gehen, so deutlich überzeugen sie in ihren Büchern gleichermaßen durch beeindruckende Erzählkunst. So schreibt Vaughan beispielsweise mit beachtlichem Spannungsbogen kapitellang in ausgeprägter Detailliertheit über das Zustandekommen der Akzeptanz einer offenkundigen wie folgenreichen Fehlkonstruktion am O-Ring, einem Dichtungselement, dessen Verbrennen letztlich beim Start zur Katastrophe führte (ebd. S. 77 f.). Angesichts dieser Schreibkunst erstaunt es wenig, dass das Buch trotz seines überdurchschnittlichen Umfangs von gut 500 Seiten 1996 für den Pulitzer-Preis nominiert wurde.

[7] Alle genannten Titel wurden als New York Times Bestseller gelistet.

Betreibe ethnografische Zeugenschaft: Weise Legitimität aus

Bei aller Ausdifferenzierung der soziologischen Ethnografielandschaft und damit einhergehenden Genreveränderungen ist als dritter weiterhin bestehender gemeinsamer Nenner das Festhalten am ethnografischen Zeugenschaftsideal anzuführen. Ethnografie kommt dabei nach wie vor, auch gegenüber anderen qualitativen Erhebungsinstrumenten, der Status als priorisierter Wissenszugang zu (Jerolmack und Khan 2014; van Maanen 2011, S. 174). Die Aussagekraft aller Arten von Feldbeschreibung sowie die insbesondere daraus abgeleiteten Generalisierungen und Abstraktionen bemessen sich dabei in erster Linie am Ausmaß der geleisteten ethnografischen Immersion. Diese wird sowohl über zeitliche Dauer, eindrücklicher jedoch über den Grad der Teilhabe an den feldinhärenten Prozessen hergestellt. Gelungene Immersion kann sich, wie vorangegangen geschildert, beispielsweise in dem begangenen Wahlbetrug ausdrücken, mit dem sich Whyte (1943) überzeugend den praktizierten Regeln des Feldes anschließt. Sie kann sich aber auch daran ablesen lassen, dass sich Feldakteur_innen – Mitglieder der orthodox jüdischen Community in L.A. im Fall des Ethnografen Iddo Tavory – besorgt mehrfach telefonisch nach seinem Wohlergehen erkundigen, als dieser sich mit Ende seiner Feldforschung zum Schreiben der Ethnografie aus der Gemeinschaft und ihren Begegnungsorten zunehmend zurückzieht (Tavory 2016). Während das ethnografische Zeugenschaftsideal zumindest rhetorisch uneingeschränkte Gültigkeit besitzt, wirft die genauere Überprüfung seiner Praxis ein anderes Bild auf die ethnografische Wissensproduktion. Mit „Interrogating Ethnography: Why Evidence Matters“ hat der Rechtswissenschaftler Steven Lubet 2017 eine detaillierte Analyse von mehr als 50 weitgehend aktuellen soziologischen Ethnografien vorgelegt und kommt zu einem vernichtenden Urteil. Systematisch zeigt er etliche fehlerhafte Schlussfolgerungen und unzulängliche empirische Fundierungen auf, um schließlich seine Forderung nach einer verlässlicheren „evidenced-based ethnography“ (Lubet 2017, S. 127) zu formulieren. Insbesondere jedoch favorisiert er die beispielsweise von Matt . 1 praktizierte Beauftragung eines „independent fact checkers“, der einschlägige Informationszusammenhänge über das Feld gegenprüft (Desmond 2016). Es gilt: “high-quality ethnography maintains an almost inescapable and die-hard focus on the ‚empirical‘” (van Maanen 2011, S. 405). Insbesondere angesichts des nun gesteigerten Problembewusstseins der Übergeneralisierung von im Feld zugetragener Hören-Sagen-Informationen und nicht selbst miterlebter Erfahrung dürfte das persönliche Zeugenschaftsideal zukünftig eher weiter an Bedeutung gewinnen als verlieren (Niermann 2020).

Ethnografisches Reisen – in Raum und Zeit

Was also zeigt der (historische) Blick auf die transatlantischen Reisebewegungen der Ethnografie und auf den – jenseits historischer Klassiker – nie realisierten Import des US-Produkts ‚ethnografischer Bestseller'? Eine Betrachtung der vorhandenen, auch aktuellen Verbindungspunkte verdeutlicht am Beispiel der Grounded Theory die zentrale Rolle menschlicher Akteur_innen. Sie haben auch im übertragenden Sinne als Übersetzungsleister_innen zwischen den (qualitativen) Methodenkulturen dies- und jenseits des Atlantiks agiert. An vergleichbaren Funktionsträger_innen auf deutscher wie auf US-amerikanischer Seite hat es für die Ethnografie in den letzten Jahrzehnten wohl aus verschiedentlichen Gründen gefehlt – vielleicht sind solche Figuren im digitalisierten Zeitalter aber auch nicht mehr von gleicher Notwendigkeit? Die transatlantische Reisedauer hat sich radikal verkürzt. Was im 20. Jahrhundert noch eine gut einwöchige Schiffsreise war, ist heute mit einem Tages- oder Nachtflug getan oder aber – für die globale Wissensdissemination entscheidender – mit einem Click zum Download des neuesten Ethnografiepapers beim entsprechenden Journal. Für die Austauschbeziehungen zwischen den qualitativen Methodenlandschaften eröffnet diese zeitliche Unmittelbarkeit und das nicht Zurücklegen physikalischer Reisedistanz unbestritten verschiedene Vorteile, die auch in den Digitalisierungsdiskursen beschworenen werden. Gerade vor dem Hintergrund dieser deutlich vereinfachten Wissenszugangs- und Kommunikationsprozesse erscheint die Beobachtung, dass die Ethnografierezeption in einer Historisierung verhaftetet ist und kaum auf gegenwärtige Debatten und Arbeiten eingeht, umso bemerkenswerter. Wie bereits dargelegt lässt sich in der deutschsprachigen Methodenlandschaft eine Nicht-Referenz auf die in den letzten gut dreißig Jahren in den USA einflussreichen ethnografischen Bestseller feststellen.

Zur Erklärung dieser weitgehenden Rezeptionsabwesenheit steigt statt sinkt die Bedeutung dessen, was in der globalisierten Wissenschaftskommunikation gerne in den Hintergrund gesetzt wird und doch so maßgeblich strukturprägende Kraft besitzt: physikalisch-räumlich gebundene Kontextualität. Gleichermaßen wie Ethnograf_innen für die Herstellung der Nachvollziehbarkeit des sinnhaften Handelns ihrer Feldakteur_innen in ihren Beschreibungen eben jene Kontexte sichtbar werden lassen, die als Interaktionsrahmen fungieren und die immer wieder auch neu hervorgebracht werden, gilt es, für diese Auslassung im transatlantischen ethnografischen Rezeptionsverhältnis entsprechend relevante Kontexte zu explizieren. Eben hierfür dient die Auseinandersetzung mit epistemologischen, methodischen und theoretischen (Weiter-)Entwicklungen und vielleicht bedarf es gerade für diese Kontextualisierungsarbeit auch reisende Übersetzer_innen. Die

Beschäftigung mit dem Genre der ethnografischen Monografie und den in ihr weiterhin gültigen Prinzipien lässt dabei sowohl paradigmatische Unterschiede als auch zukunftsweisende Anschlüsse zwischen den beiden Methodenkulturen sichtbar werden. Der ethnografische Bestseller wäre an dieser Stelle zum gemeinsamen Diskussionsgegenstand und damit als kommunikatives Brückenobjekt gut geeignet. Von deutschsprachiger Seite ließe sich die genuine Stärke einbringen, sich auch von den Sinnkonstruktionen der Feldakteur_innen zu distanzieren, und von US-amerikanischer Seite wiederum der umfassende Erfahrungsschatz im Bespielen unterschiedlicher Schriftlichkeitsformate und der hohen Wertigkeit von Leseresonanz. Letzteres wäre sicherlich nicht nur für die Vertreter_innen deutschsprachiger Public Sociology von Gewinn, sondern auch anderweitig disziplinimmanent relevant. Was, wenn das 'shelf life of our texts' (Stoller 2012) nicht ganz so ausgeprägt wäre? Was, wenn soziologisch-imaginativ gefragt, beispielsweise in Einführungsseminaren zur qualitativen Forschung neben den einschlägigen Methodologietexten eben auch gegenwärtige ethnografische Monografien auf dem Seminarplan stünden? Und was, wenn diese Monografien im Leseerlebnis ein so lebendiges Abbild nicht nur der beschriebenen Lebenswelten, Gruppen, Orte oder sozialen Phänomene generell herstellen würden, sondern in aller literarischer Performativität die methodische Spezifik der Ethnografie selbst? Und was hieße es für diese Studierenden, sich eigenes ethnografisches Schreiben hochschulcurricular (auch und gerade) über das Lesen einschlägiger Ethnografien anzueignen? Als Voraussetzung hierfür bräuchte es wohl weniger eine räumliche als eine zeitliche Reisebewegung – mit vielleicht etwas weniger Aufmerksamkeit für die unbestritten beeindruckenden Chicago School-Klassiker, dafür aber mehr Raum für die Beschäftigung mit den in jüngerer Zeit entstandenen ethnografischen Monografien der Vertreter_innen einer inzwischen deutlich multiparadigmatischeren US-amerikanischen Ethnografielandschaft.

Literatur

Abbott, Andrew. 2007. Against Narrative: A Preface to Lyrical Sociology. *Sociological Theory* 25 (1): 67–99.

Adler, Patricia, und Peter Adler. 2008. Of rhetoric and representation: the four faces of ethngraphy. *Sociological Quarterly* 49:1–30.

Amann, Klaus und Stefan Hirschauer. Hrsg. 1997. *Die Befremdung der eigenen Kultur. Zur ethnographischen Herausforderung soziologischer Empirie,* 1. Aufl. Frankfurt/Main: Suhrkamp.

Anderson, Elijah. 1999. *Code of the street: Decency, violence and the moral life of the inner city.* New York: Norton.

Angelou, Maya, Elizabeth Alexander, und Arnold Rampersad. 2014. W.E.B. Du Bois and the American Soul. In On Being with Krista Tippett. https://onbeing.org/programs/may-aangelouelizabeth-alexander-arnold-rampersad-w-e-b-du-bois-and-the-american-soul/.

Bailey, Radcliffe und Loretta Yarlow. 2014. *Ten contemporary artists explore the legacy of W.E.B. Du Bois in our time*. UMASS Amherst, University Museum of Contemporary Art, pp.

Becker, Howard. 1967. Whose Side Are We On? *Social Problems* 14:239–247.

Becker, Howard S., Herbert J. Gans, Katherine S. Newman, und Diane Vaughan. 2004. On the Value of Ethnography: Sociology and Public Policy, A Dialogue. *The ANNALS of the American Academy of Political and Social Science* 595 (1): 264–76.

Bethmann, Stephanie, und Debora Niermann. 2015. Crossing Boundaries in Qualitative Research – Entwurf einer empirischen Reflexivität der qualitativen Sozialforschung in Deutschland und den USA [42 Absätze]. Forum Qualitative Sozialforschung / Forum: Qualitative Social Research, 16(2), Art. 19. http://nbn-resolving.de/urn:nbn:de:0114.

Boll, Tobias. 2019. *Autopornografie. Eine Autoethnografie mediatisierter Körper*. Berlin: De Gruyter.

Bonz, Jochen & Eisch-Angus, Katharina. 2017. Sinn und Subjektivität. Traditionen und Perspektiven des Methodeninstruments Ethnopsychoanalytische Deutungswerkstatt/ Supervisionsgruppe für Feldforscher*innen. In *Ethnografie und Deutung. Gruppensu-per-vison als Methode reflexiven Forschens,* Hrsg. Jochen Bonz, Katharina Eisch-Angus, Marion Hamm Katharina, und Almut Sülzle, 27–58. Wiesbaden: Springer FachmedienIn.

Bourdieu, Pierre, und Loïc Wacquant. 1996. *Reflexive Anthropologie*. Frankfurt/Main: Suhrkamp.

Breidenstein, Georg, Stefan Hirschauer, Herbert Kalthoff, und Boris Nieswand. 2015. *Ethnografie. Die Praxis der Feldforschung*. Konstanz, München: UVK/UTB.

Bryant, Antony, und Kathy Charmaz. Hrsg. 2010. *The Sage Handbook of Grounded Theory*. Los Angeles: Sage.

Burawoy, Michael. 1998. The Extended Case Method. *Sociological Theory* 16 (1): 4–33.

Burawoy, Michael. 2003a. For a sociological marxism: The complementary convergence of Antonio Gramsci and Karl Polanyi. *Politics and Society* 31 (2): 193–261.

Burawoy, Michael. 2003b. Revisits: An outline of a theory of reflexive ethnography. *American Sociological Review* 68 (5): 645–679.

Burawoy, Michael. 2005. For public sociology. *American Sociological Review* 70:4–28.

Burawoy, Michael. 2017. On Desmond: the limits of spontaneous sociology. *Theory and Society* 46:261–284.

Burawoy, Michael, Joseph A. Blum, Sheba George, Zsuzsa Gille, Teresa Gowan, Lynne Haney, Maren Klawitter, Steven H. Lopez, Sean O Rian & Millie Thayer. Hrsg. 2000. *Global Ethnography*. Berkeley: University of California Press.

Chapoulie, Jean-Michel. 2001. *La tradition sociologique de Chicago, 1892–1961*. Paris: Éditions du Seuil.

Charmaz, Kathy. 2014. *Constructing Grounded Theory*. Los Angeles: Sage.

Clarke, Adele. 2012. *Situationsanalyse. Grounded Theory nach dem Postmodern Turn* (Hrsg. und mit einem Vorwort von R. Keller). Wiesbaden: VS Verlag für Sozialwissenschaften.

Clifford, James und George E. Marcus. Hrsg. 1986. *Writing culture. The poetics and politics of ethnography*. Berkeley, CA: University of California Press.

Charmaz, Kathy und Reiner Keller. 2016. *A personal journey with Grounded Theory Methodology. Kathy Charmaz in conversation with Reiner Keller. Forum Qualitative Sozialforschung*. Forum Qualitative Research.

D'Andrade, Roy. 1986. Three scientific world views and the covering law model. In *Metatheory in social science,* Hrsg. Donald W. Fiske und Richard A. Shweder, 19–40. Chcago: University of Chicago Press.

Deegan, Mary J. 1988. *Jane Addams and the Men of the Chicago School 1892–1918*. New Brunswick and Oxford: Transaction Books.

Delamont, Sara, Paul Atkinson, Amanda Coffey, Robert Burgess. 2001. *An open exploratory spirit? Ethnography at Cardiff 1974 – 2001.* [Working Paper]. School of Social Sciences Working Papers Series, 20. Cardiff: Cardiff University. http://orca.cf.ac.uk/78060/1/wrkgpaper20.pdf. Zugegriffen: 12. Okt. 2020.

Dellwing, Michael, Alessandro Tietz, und Marc-André Vreca. 2020. *Digitaler Naturalismus. Grundlagen der Ethnografie in der Onlineforschung*. Wiesbaden: Springer VS.

Desmond, Matthew. 2014. Relational Ethnography. *Theory and Society* 43:547–579.

Desmond, Matthew. 2016. *Evicted: Poverty and profit in an American city*. New York, NY: Crown.

Dewey, John. 2002 [1938]. *Logik. Die Theorie der Forschung*. Frankfurt/Main: Suhrkamp.

Diaz-Bone, Rainer. 2010. Die Performativität der Sozialforschung: Sozialforschung als Sozio-Epistemologie. (Workingpaper des Soziologischen Seminars, 04/2010). Luzern: Universität Luzern, Kultur- und Sozialwissenschaftliche Fakultät, Soziologisches Seminar. https://nbn-resolving.org/urn:nbn:de:0168-ssoar-366272. Zugegriffen: 25. Sept. 2020.

Du Bois, William E.B. 1973 [1899]. *The Philadelphia negro*. Millwood, NY: Kraus-Thomson.

Du Bois, William E.B. 2007 [1903]. *The souls of black folk (Hrsg. Henry L. Gates)*. Oxford: Oxford University Press.

Duneier, Mitchell. 1992. *Slim's table: Race, respectability, and masculinity*. Chicago, IL: University of Chicago Press.

Duneier, Mitchell, und Ovie Carter. 1999. *Sidewalk*. New York: Farrer, Straus and Giroux.

Ellis, Carolyn, und Arthur B. Bochner. 2000. Autoethnography, Personal Narrative, Reflexivity – Researcher as Subject. In *Handbook of qualitative research,* Hrsg. Norman K. Denzin und Yvonna S. Lincoln, 2. edition, 733–768. Thousand Oaks, Calif: Sage Publications.

Evans-Pritchard, Edward E. 1937. *Witchcraft, oracles and magic among the Azande*. Oxford University Press.

Evans-Pritchard, Edward E. 1973. Some Reminiscences and Reflections on Fieldwork. *Journal of the Anthropological Society of Oxford* (4):1–12.

Falzon, Marc-Anthony. 2009. *Multi-sited ethnography. Theory, Praxis and Locality in Contemporary Research*. London: Ashgate.

Faris, Robert E. L. 1967. *Chicago Sociology 1920–1932*. London: University of Chicago Press.

Fleck, Christian. 2007. *Transatlantische Bereicherungen: Zur Erfindung der empirischen Sozialforschung*. Frankfurt/Main: Suhrkamp.

Fraser, Robert. 1990. The Face Beneath the Text: Sir James Frazer in his Time. In *Sir James Frazer and the Literary Imagination,* Hrsg. Robert Fraser. London: Palgrave Macmillan.

Freeman, Derek. 1983. *Margaret Mead and Samoa. The Making and Unmaking of an Anthropological Myth*. Harmondsworth: Penguin.

Gans, Herbert J. 1967. *The Levittowners: Ways of Life and Politics in a New Suburban Community*. New York: Pantheon Books.

Gans, Herbert J. 1997. Best-Sellers by Sociologists: An Exploratory Study. *Contemporary Sociology* 26(2): 131–135.

Gans, Herbert J. 2010. Public ethnography; ethnography as public sociology. *Qualitative Sociology* 33:97–104.

Geertz, Clifford. 1987 [1973]. *Dichte Beschreibung. Beiträge zum Verstehen kultureller Systeme*. Frankfurt/Main: Suhrkamp.

Girtler, Roland. 1984. *Methoden der qualitativen Sozialforschung. Anleitung zur Feldarbeit*. Wien/Köln/Graz: Böhlau.

Girtler, Roland. 2004. *10 Gebote der Feldforschung*. Münster/Wien: LIT.

Gladwell, Malcolm. 2019. *Talking to strangers: what we should know about the people we don't know*. New York: Little, Brown and Company.

Goffman, Erving. 1961. *Asylums. Essays on the Social Situation of Mental Patient and Other Inmates*. New York: Anchor.

Goffman, Erving. 1974. *Das Individuum im öffentlichen Austausch. Mikrostudien zur öffentlichen Ordnung*. Frankfurt/Main: Suhrkamp.

Goffman, Alice. 2014. *On the run: Fugitive life in an American city*. New York: Picador.

Hine, Christine. 2007. Multi-sited ethnography as a middle range methodology for contemporary STS. *Science, Technology and Human Values* 32:652–671.

Hirschauer, Stefan. 2001. Ethnografisches Schreiben und die Schweigsamkeit des Sozialen. Zu einer Methodologie der Beschreibung. *Zeitschrift für Soziologie* 30:429–451.

Honer, Anne, und Hitzler Ronald. 2015. Life-World-Analytical Ethnography: A Phenomenology-Based Research Approach. *Journal of Contemporary Ethnography* 44:544–563. http://nbn-resolving.de/urn:nbn:de:0114-fqs1502191. Zugegriffen: 8. Okt.

Hughey, Matthew W., und Devon R Goss. 2018. "With Whom no White Scholar can Compare": Academic Interpretations of the Relationship between W.E.B. Du Bois and Max Weber. Am.

Jerolmack, Colin und Shamus Khan. 2014. Talk Is Cheap: Ethnography and the Attitudinal Fallacy. *Sociological Methods & Research* 43 (2): 178–209.

Katz, Jack. 2001. From How to Why: On Luminous Description and Causal Inference in Ethnography (Part I). *Ethnography* 2 (4): 443–473.

Katz, Jack. 2019. Armor for ethnographers. *Sociological Forum* 34:264–275.

Keller, Reiner. 2012. *Das Interpretative Paradigma. Eine Einführung*. Wiesbaden: Springer VS.

Khan, Shamus R. 2011. *Privilege: The Making of an Adolescent Elite at St. Paul's School.* Princeton, NJ: Princeton University Press.

Kirschner, Heiko. 2015. Zurück in den Lehnstuhl. Lebensweltliche Ethnographie in interaktiven Medienumgebungen. In *Ethnographische Erkundungen. Methodische Aspekte aktueller Forschungsprojekte,* Hrsg. Ronald Hitzler und Miriam Gothe, 211. Wiesbaden: Springer VS.

Klinenberg, Eric. 2002. *Heat wave: a social autopsy of disaster in Chicago*. Chicago: University of Chicago Press.

Knoblauch, Hubert. 2001. Fokussierte Ethnographie: Soziologie, Ethnologie und die neue Welle der Ethnographie. *Sozialer Sinn* 2 (1): 123–141.

Kuhn, Thomas. 1962. *The Structure of Scientific Revolutions*. Chicago: University of Chicago Press.

Kwan Lee, Ching. 2018. *The Specter of Global China*. Chicago: University of Chicago Press Economics Books.

Lakatos, Imre. 1978. *The Methodology of Scientific Research Programs*. Cambridge: Cambridge University Press.

Lévi-Strauss, Claude. 1978 [1955]. *Traurige Tropen*. Frankfurt/Main: Suhrkamp.

Lindner, Rolf. 2007. *Die Entdeckung der Stadtkultur. Soziologie aus der Erfahrung der Reportage*. Frankfurt/Main: Campus.

Lofland, John. 1987. Reflections on a Thrice-Named Journal. *Journal of Contemporary.*

Longhofer, Wesley, Shannon Golden, und Arturo Baiocchi. 2010. A Fresh Look at Sociology Bestsellers. *Contexts* 9 (2): 18–25

Lubet, Steven. 2017. *Interrogating Ethnography: Why Evidence Matters*. Oxford: Oxford University Press.

Malinowski, Bronisław. 1979. *Argonauten des westlichen Pazifik. Ein Bericht über die Unternehmungen und Abenteuer der Eingeborenen in den Inselwelten von Melanesisch-Neuguinea*. Frankfurt a. M.: Syndikat.

Marcus, George. 1995. Ethnography in/of the World System: The emergence of multi-sited ethnography. *Annual Review of Anthropology* 24:95–117.

Marcus, George. 1998. *Ethnography through Thick and Thin*. Princeton: Princeton University Press.

Mead, Margaret. 2001 [1928]. *Coming of Age in Samoa. A Psychological Study of Primitive Youth for Western Civilisation*. New York: William Morrow Paperbacks.

Mey, Günter, und Katja Mruck, Hrsg. 2011. *Grounded Theory Reader*. Wiesbaden: VS Verlag für Sozialwissenschaften

Morris, Aldon D. 2015. *The scholar denied: W.E.B. Du Bois and the birth of modern sociology*. Berkeley, CA: University of California Press.

Müller, Sophie Merit. 2016a. Wissenschaftliche Alltagsbewegungen. Die mobile Formation ethnografischer Arbeitsplätze. *Österreichische Zeitschrift für Soziologie* 41 (1): 33–50

Müller, Sophie Merit. 2016b. *Körperliche Un-Fertigkeiten. Ballett als unendliche Perfektion*. Weilerswist: Velbrück.

Niermann, Debora. 2020. „Die Chicago School ist tot, lang lebe die Chicago School!" Warum die transatlantische Ethnografierezeption einer Aktualisierung bedarf [55 Absätze]. *Forum Qualitative Sozialforschung / Forum: Qualitative Social Research* 21(3), Art. 7,

Niermann, Debora. 2021. Etablierte Außenseiter. Zur Sozialfigur des ‚homo ethnographicus' in der gegenwärtigen US-amerikanischen Soziologie. *Zeitschrift für Soziologie. Angenommenes Manuskript zur Publikation* in Band 50. (2021): Ausgabe 1 (Februar 2021).

Offenberger, Ursula. 2019. *Anselm Strauss, Adele Clarke und die feministische Gretchenfrage. Zum Verhältnis von Grounded-Theory-Methodologie und Situationsanalyse Absätze*. Forum Qualitative Sozialforschung / Forum: Qualitative Social Research.

Ploder, Andrea. 2017. *History of qualitative research in the German-speaking countries* (1945–1989). Dissertation, Philosophie, Karl Franzens-Universität Graz.

Ploder, Andrea, und Johanna Stadlbauer. 2016. Starke Reflexivität: Autoethnographie und Ethnopsychoanalyse im Gespräch. In *Ethnografische Gruppensupervision als Methode reflexiven Forschens,* Hrsg. Jochen Bonz, Marion Hamm, Katharina Eisch-Angus, und Almut Sülzle, 421–438. Wiesbaden: VS Verlag.

Plummer Ken. 1999. The ethnographic society at century's end: clarifying the role of public ethnography. *Journal of Contemporary Ethnography* 28:641–649.

Rampersad, Arnold. 1990. *The art and imagination of W.E.B. Du Bois.* New York: Schocken Books.

Reichertz, Jo. 2013. *Gemeinsam interpretieren. Die Gruppeninterpretation als kommunikativer Prozess.* Wiesbaden: Springer VS.

Riemann, Gerhard. 2005. Zur Bedeutung von Forschungswerkstätten in der Tradition von Anselm Strauss. Mittagsvorlesung, *1. Berliner Methodentreffen für Qualitative Sozialforschung.*

Ricoeur, Paul. 1973. The Model of the Text: Meaningful Action Considered as a Text. *New Literary History* 5 (1): 91–117.

Riemann, Gerhard. 2005. Zur Bedeutung von Forschungswerkstätten in der Tradition von Anselm Strauss. Mittagsvorlesung, 1. Berliner Methodentreffen Qualitative Forschung, 24.

Riesman, David. 1962. *The Lonely Crowd: A Study of the Changing American Character.* New Haven: Yale University Press.

Rorty, Richard. 1979. *Philosophy and the Mirror of Nature.* Princeton, NJ: Princeton University Press.

Rorty, Richard. 1991. *Objectivity, Relativism, and Truth: Philosophical Papers,* Bd. 1, New York: Cambridge University Press.

Scheper-Hughes, Nancy. 1992. *Death without weeping: The violence of everyday life in Brazil.* Berkeley: University of California Press.

Scheper-Hughes, Nancy. 2009. Making anthropology public. *Anthropology Today* 25:1–4.

Schütze, Fritz. 1976. Zur Hervorlockung und Analyse von Erzählungen thematisch relevanter Geschichten im Rahmen soziologischer Feldforschung – dargestellt an einem Projekt zur Erforschung von kommunalen Machtstrukturen. In *Kommunikative Sozialforschung: Alltagswissen und Alltagshandeln, Gemeindemachtforschung, Polizei, politische Erwachsenenbildung,* Hrsg. Arbeitsgruppe Bielefelder Soziologen, 159–260. München: Fink. http://nbn-resolving.de/urn:nbn:de:0168-ssoar-56350. Zugegriffen: 21. Sept.

Shweder, Richard A. 1991. *Thinking through cultures: Expeditions in cultural psychology.* Harvard University Press.

Small, Mario L. 2009. 'How many cases do I need?': On science and the logic of case selection in field based research. *Ethnography* 10 (1): 5–38.

Soeffner, Hans-Georg. 1989. *Auslegung des Alltags – Der Alltag der Auslegung. Zur wissenssoziologischen Konzeption einer sozialwissenschaftlichen Hermeneutik.* Frankfurt/Main: Suhrkamp.

Staack, Michael. 2019. *Fighting As Real As It Gets. A Micro-Sociological Encounter.* Stuttgart: J.B. Metzler.

Stoller Paul. 2012. *Keynote address at Public ethnography: connecting new media, new genres, new audiences, Victoria, BC, Canada.*

Strauss, Anselm. 1987. *Qualitative Analysis for Social Scientists.* Cambridge: Cambridge University Press.

Tavory, Iddo. 2016. *Summoned. Identification and Religious Life in a Jewish Neighborhood.* University of Chicago Press.

Timmermans, Stefan, und Pamela Prickett. 2019. Becoming the city. Teaching urban ethnography and mentoring urban ethnographers. In *Richard E. Oceo (Ed.): Urban Ethnography: Legacies and Challenges. Emerald Publishing Limited.* 16:53–68.

Van Maanen, John. 1995. An end to innocence: The ethnography of ethnography. In: Representation in ethnography. Ed. van Maanen, 1–25. London: Sage

Van Maanen, John. 2011[1988]. *Tales of the field. On writing ethnography.* Chicago, IL: University of Chicago Press.

Van Maanen, John. 2015. The present of things past: Ethnography and career studies. *Human Relations* 68 (1): 35–53.

Vannini, P., und Heather Mosher. 2013. Public ethnography: an introduction to the special issue. *Qualitative Research* 13 (4): 391–401.

Vaughan, Diane. 1996. *The Challenger launch decision: risky technology, culture, and deviance at NASA*. Chicago: University of Chicago Press.

Vaughan, Diane. 2004. *Theorizing Disaster: Analogy, historical ethnography, and the Challenger accident. Ethnography* 5 (3): 315–347.

Vaughan, Diane. 2005. On the relevance of ethnography for the production of public sociology and policy. *British Journal of Sociology* 56:411–416.

Venkatesh, Sudhir Alladi. 2008. *Gang leader for a day: a rogue sociologist takes to the streets*. New York, NY: Penguin Press.

Wacquant, Loïc. 2002. Scrutinizing the Street: Poverty, Morality, and the Pitfalls of Urban Ethnography: Sidewalk; Code of the Street: Decency, Violence, and the Moral Life of the Inner City; No Shame in My Game: The Working Poor in the Inner City. *American Journal of Sociology* 107 (6): 1468–1532.

Whyte, William Foote. 1943. *Street corner society: the social structure of an Italian slum.* Chicago: Illinois: University of Chicago Press.

Winter, Rainer. 2011. Kritik, soziale Gerechtigkeit und Intervention: Qualitative Forschung in der amerikanischen Tradition. In: ders. *Die Zukunft der Cultural Studies. Theorie, Kultur und Gesellschaft im 21. Jahrhundert*, 75–94. Bielefeld.Transript.

Reisende Konzepte in einer Multi-Sited Ethnography

Zur Konstruktion von Fremdheit und Vertrautheit bei sogenannten Autismus-Spektrum-Störungen

Pao Nowodworski und Marie Marleen Heppner

> *Wie wenig die Menschen,*
> *Schulen, Behörden doch über Autisten wissen!*
> *Autisten sind Fremde, fast überall* (Wagner 2018, S. 107).

Einleitung

Was in diesem Zitat aus dem Bestsellerroman „Der Junge, der zu viel fühlte" unmittelbar mitschwingt, ist ein Verweis darauf, dass Menschen mit Autismus nicht selten Erfahrungen von Fremdheit innerhalb des *eigenen* kulturellen Kontexts machen. Der Zusatz „fast überall" deutet dabei auf die gesamtgesellschaftliche Tragweite hin, die das Phänomen Autismus mit sich trägt. Im Zitat nur angeschnitten, werden exemplarisch unterschiedliche gesellschaftliche Teilbereiche aufgeführt, in denen Fremdheitserfahrungen aber auch Fremdheitskonstruktionen *von* und *über* Menschen mit Autismus in sozialen Situationen gemacht bzw. hergestellt

P. Nowodworski (✉)
Lehrstuhl für Allgemeine Soziologie, Dortmund/TU Dortmund, Dortmund, Deutschland
E-Mail: pao.nowodworski@tu-dortmund.de

M. M. Heppner
Fakultät für Soziologie, Universität Bielefeld, Bielefeld, Deutschland
E-Mail: marie.heppner@uni-bielefeld.de

M. Harbusch (Hrsg.), *Reisendes Wissen*,
https://doi.org/10.1007/978-3-658-45229-2_9

werden. Empirisch lassen sich aber auch Kontexte differenzieren, in denen vom Gegenteil gesprochen werden kann, wie dies besonders in intimen, d. h., familiären und freundschaftlichen Beziehungen der Fall ist. Die Annahme liegt nahe, Menschen mit Autismus nicht nur als Sozialfiguren des Fremden, die besonders durch abweichende Merkmalsausprägungen und Verhaltensauffälligkeiten (vgl. Lamnek 1994) zu Fremden ‚gemacht' werden, zu betrachten, sondern auch jene Bereiche zu untersuchen, in denen und mit denen Menschen mit Autismus-Diagnosen vertraut sind. Die Konzepte der Fremd- bzw. Vertrautheit werden im folgenden Aufsatz daher als ein sich gegenseitig bedingendes Konzept betrachtet und hinsichtlich des Ausprägungsgrades innerhalb unterschiedlicher Felder dimensionalisiert. Anders formuliert: Abhängig vom je untersuchten Forschungsfeld bekommt das Konzeptgebilde der Fremdheit und Vertrautheit eine eigene Färbung, die sich jedoch innerhalb eines gemeinsamen Farbspektrums miteinander in Beziehung setzen lässt.

Leitend hierbei war die Reise-Metapher von Mieke Bal (2002), die diese in einer interdisziplinär angelegten Kulturanalyse als eine Art Werkzeug betrachtet, mithilfe dessen Forschungsgegenstände aus einer spezifischen Perspektive bzw. Disziplin heraus betrachtet werden (vgl. ebd., S. 10–13). Da sozial- und kulturwissenschaftliche Konzepte, anders als in den Naturwissenschaften, vielschichtig sind, unterliegen sie den disziplinabhängigen Interpretationsleistungen der Forscherinnen und Forscher (vgl. Simpson et al., 2018, S. 299). Eingebettet in einer seit dem späten 20. Jahrhundert stark zunehmenden Mobilität von Informationen, Gütern und Menschen, können Konzepte nicht mehr auf einzelne geographisch lokalisierbare Denkschulen zurückgeführt werden (vgl. Frank, 2009, S. 62). Infolgedessen erfordern Globalisierungsprozesse eine zunehmende Integration und Berücksichtigung der Tatsache, dass Konzepte zwischen Disziplinen, Menschen, Orten, Zeiten usw. ‚reisen' und daher stets nur kontextabhängig betrachtet werden können (vgl. Bachmann-Medick 2012, S. 23). Frank (2009) zufolge sei die Reise-Metapher zuvorderst mit Blick auf Wissenschaftlerinnen und Wissenschaftler zu verstehen, die aus westlich geprägten Kulturen stammen und demnach auch das Privileg des sprichwörtlichen Reisens genießen können und dergestalt an der Reise von Konzepten maßgeblich beteiligt sind (vgl. ebd., S. 62). Bals (2002) Forderung gründet sich weiter darin, Untersuchungen innerhalb der Humanwissenschaften auf Basis von Konzepten und *nicht* von Methoden durchzuführen (vgl. ebd., S. 5). Größtenteils in kulturwissenschaftlichen Analysen angewendet, wird im vorliegenden Beitrag diese konzeptbasierte Methodologie und die damit einhergehende umgangene Frage der Methodenwahl aufgegriffen, um das Programm der „travelling concepts" auch für soziologische Untersuchungen fruchtbar zu machen. Nach Bal ‚wandern' Konzepte zwischen Disziplinen, Individuen, Zeitperioden oder zwischen geographisch voneinander entfernt liegenden akademischen Kreisen (vgl. ebd., S. 24). Ähnlich wie George H. Marcus (1995) zur Erkundung multipler Felder die sogenannten „follow“ Strategien vorschlägt, beschreibt Bal (2002) die Reise von Konzepten entlang analytischer „travel between“ Formulierungen (vgl. ebd., S. 24–35). Neben der ‚Reise zwischen Disziplinen’, scheint besonders die ‚Reise zwischen Wissenschaft und Gesellschaft’ für den vorliegenden Beitrag von erkenntnisversprechendem Gehalt zu sein. Forschungsprojekte, die auf eine möglichst gesamtgesellschaftliche Untersuchung eines Phänomens abzielen, lassen hierfür forschungspraktische Überlegungen nachgerade unumgänglich erscheinen. Das Forschungsprogramm der „multi-sited ethnography“[1] (Marcus 1995) setzt an ebensolchen Vorhaben an, indem Phänomenen innerhalb und zwischen Feldern nachgespürt wird (vgl. Kjeldgaard et al. 2006, S. 525). Um die theoretische Perspektive, aus der heraus das jeweilige Phänomen betrachtet wird, zu schärfen und zu erweitern, wird eine MSE angestrebt, in der theoretische und empirische Konzepte (das sogenannte ‚reisende Wissen’) während der Datenerhebung, aber auch der Analyse in den Forschungsprozess integriert werden. Mithilfe von Konzepten lässt sich untersuchen, wie diese innerhalb und zwischen Feldern zirkulieren – oder auch nicht – und mit welcher Reichweite sie dies tun (vgl. Neumann und Nünning 2012, S. 8). Mit Blick durch die ‚Travelling-Concepts-Brille’ lässt sich die im Forschungsprogramm der MSE weniger fokussierte Integration von theoretisch fundierten Konzepten umsetzen.

Kommunikative Konstruktion von Rändern der Sozialität

Zu verstehen ist der vorliegende Beitrag als Vorschlag einer am Datenmaterial verankerten Anwendung zweier miteinander in Bezug gesetzten Forschungsprogramme: „multi-sited ethnography“ und „travelling concepts“. Rekurrierend auf das DFG geförderte Forschungsprojekt „Kommunikative Konstruktion von Rändern der Sozialität: Der fragile Umgang mit Menschen mit Autismus-Spektrum-Störungen“, geht es um die Rekonstruktion kursierender Wissensbestände unterschiedlicher Akteurinnen und Akteure, die für die Konstruktion des Konzepts Fremdheit/Vertrautheit konstitutiv sind. Zur Erkundung dieser

[1] Im Folgenden mit MSE abgekürzt.

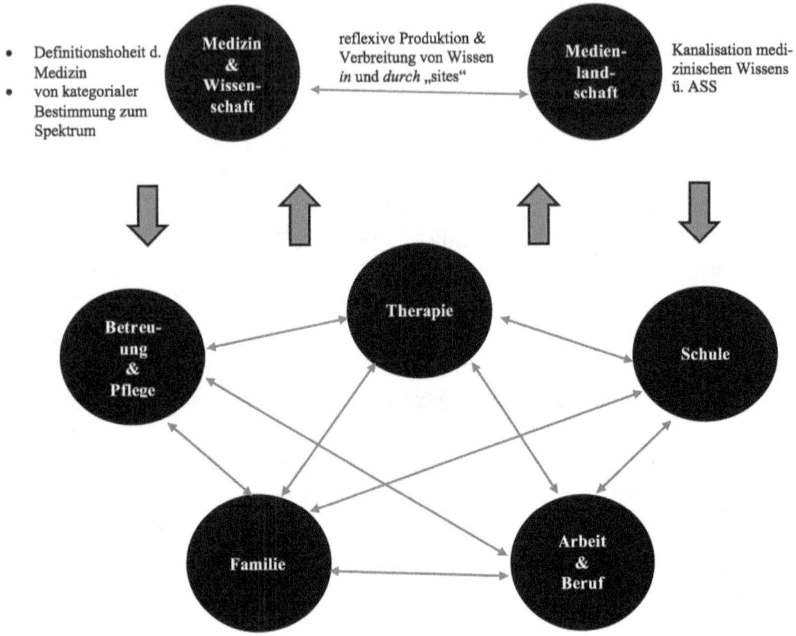

Abb. 1 Feldbeziehungen in einer MSE zur Rekonstruktion von Fremdheit/Vertrautheit bei sogenannten ASS

Wissensvorräte verfolgen wir einen explorativ-interpretativen Ansatz, der uns entlang feldinterner Relevanzen nachgerade in unterschiedlichste Felder hat ‚treiben' lassen. In Abb. 1 sind die bisherigen „sites", die sich im Laufe des Forschungsprozesses hinsichtlich des Beziehungsgeflechts untereinander (als Pfeile gekennzeichnet) als bedeutungsträchtig herauskristallisiert haben, abgebildet. Die aus diesen Feldern erhobenen Daten basieren prinzipiell auf ethnographisch ausgerichteten Erkundungen. Zwischen beobachtender Teilnahme und teilnehmender Beobachtung wechselnd, konnten einerseits Beobachtungsprotokolle, phänomenologische Beschreibungen sowie Gesprächsprotokolle dokumentiert und andererseits fokussierte Interviews aus den sich hieraus entwickelten Feldkontakten geführt werden. Für den Untersuchungsbereich der Medienlandschaften haben wir Bild- und Videoanalysen von autismusspezifischen popkulturellen Produkten (Bücher- und Filmecover) durchgeführt, um im Sinne einer visuellen Wissenssoziologie der Frage nachzugehen, welche Wissensbestände und Mechaniken herangezogen werden, die ein wie auch immer geartetes Wissen über

Autismus evozieren. Ausgangspunkt des Projekts ist die Infragestellung von Subjektivität des Gegenübers. Im Falle von Autismus-Spektrum-Störungen,[2] den sogenannten „tiefgreifenden Entwicklungsstörungen" (Kumbier et al. 2010, S. 60), erfährt Kommunikation, wie sie in der Sozialwelt vom Großteil der handelnden Akteurinnen und Akteure ‚flächendeckend' im Konsens verwendet wird, eine problematisierte Bedeutung. Menschen, die sich nicht an den gängigen kommunikativen Formen orientieren, erscheinen als Fremde in der eigenen Gesellschaft und sie werden aufgrund dieser Fremdheit an den Rand der Sozialität gedrängt. Aus handlungstheoretischer Perspektive geht es darum, die Grundvoraussetzungen von Fremdheit/Vertrautheit, die das Gegenüber im Auge des jeweiligen Akteurs bzw. der jeweiligen Akteurin zu dem erscheinen lassen, was er bzw. sie ist, zu verstehen, zu interpretieren und zu rekonstruieren. Der erkenntnisorientierte Blick richtet sich dabei auf die Herausforderungen, Handlungsstrategien und Deutungsmuster, die für die betroffenen Akteurinnen und Akteure unterschiedlicher Felder im Umgang mit Menschen mit ASS Diagnosen relevant sind. Bevor die ‚Reise' des Konzeptpaares Fremdheit/Vertrautheit exemplarisch anhand von drei ausgewählten Forschungsfeldern nachgezeichnet wird, soll das Programm der „multi-sited ethnography" vorgestellt werden.

Multi-Sited Ethnography

Ein Forschungsvorhaben, das sich zur Aufgabe macht, die Wissensbestände über ein gesellschaftlich weit verbreitetes Phänomen wie ASS zu untersuchen, lässt zwei grundlegende Problematiken aufkommen: 1. Wie können die subjektiven

[2] Im Folgenden mit ASS abgekürzt. Klassifiziert als eine Entwicklungsstörung, wird in der Medizin an den beiden Hauptsäulen „sozial kommunikative Auffälligkeiten" und „repetitive Verhaltensweisen" eine zutreffende Diagnose gerahmt (vgl. Noterdaeme 2011, S. 3). Jüngst hat sich aufgrund der höchst unterschiedlich ausfallenden Schweregrade dieser Bereiche eine Klassifizierung entwickelt, die weniger auf eine kategoriale (frühkindlicher Autismus, Asperger-Syndrom, atypischer Autismus), sondern vielmehr spektrale Einteilung abzielt (vgl. Kumbier et al. 2010, S. 60). Dass sich durch eine derartige definitorische Öffnung zum einen auch die Anzahl an erteilten Diagnosen erhöht, wird in der Literatur mitunter als ‚Modeerscheinung' bezeichnet (vgl. Tebartz van Elst et al. 2014, S. 51). Zum anderen hat sich aufgrund der erhöhten Anzahl von Menschen mit ASS Diagnosen ein breites gesellschaftliches ‚Bewusstsein' dieser Entwicklungsstörung entwickelt, das sich in den unterschiedlichsten gesellschaftlichen Teilbereichen, Institutionen und Organisationen als Wissen sedimentiert. Gerade eine wissenssoziologische Untersuchung, in der diese Wissensbestände rekonstruiert werden, scheint besonders aufschlussreich über eine Rekonstruktion des gesellschaftlichen Autismusverständnisses zu sein.

Relevanzsetzungen einzelner Akteurinnen und Akteure im Umgang mit Menschen mit ASS Diagnosen aus zahlreichen thematischen Feldern hinreichend rekonstruiert werden? 2. Wie ist mit diesen Relevanzsetzungen umzugehen, wenn sich die Wissensordnungen über das Phänomen in diversen anderen und thematisch voneinander abzugrenzenden Feldern wiederfinden lassen?

Dass sich das Forschungsdesign innerhalb ethnographischer Ansätze verorten lässt, scheint naheliegend: Die Rekonstruktion von subjektiven Deutungsmustern, Handlungsstrategien und Sinnrelevanzen erfordert ein dezidiert feldnahes Vorgehen, bei dem nicht zuletzt auch erkenntnisreiches Erfahrungswissen der Forscherinnen und Forscher mittels Beobachtung und Teilnahme etwaiger Handlungspraktiken, z. B. in autismusspezifischen Pflegekontexten, Teil der Datenerhebung wird (vgl. z. B. Hitzler und Eisewicht 2020; Honer 1993). Bezogen auf ein einzelnes, mehr oder weniger klar definiertes Feld, scheint diese Form der empirischen Sozialforschung besonders erkenntnisversprechend zu sein. Hinsichtlich zunehmender Globalisierungsprozesse erfordert die empirische Sozialforschung eine Öffnung hin zur Untersuchung multipler Forschungsfelder (vgl. Wittel 2000, S. 1). Die Forderung lautet demnach, dass sich Ethnographien parallel zu den zu untersuchenden Objekten – etwa zunehmend mobiler werdende Dinge und Menschen –, dynamisch anpassen (vgl. ebd., S. 3). Erweitert sich die Untersuchung des Phänomens ASS bei gleichbleibendem Erkenntnisinteresse auf mehrere divergente Forschungsfelder, so können, schon allein aufgrund zeitökonomischer Ressourcen (vgl. Berg 2008, S. 15), die Vorzüge ‚klassischer' Ethnographien – also „dichte Beschreibungen" (Geertz 1973) – nur eingeschränkt zum Tragen kommen. Der von Marcus (1995) entwickelte Ansatz der Multi-Sited Ethnography antwortet auf diese Problematik: Bei der Erkundung multipler Felder (den sogenannten „sites") misst sich die Qualität vielmehr an der Aufdeckung und Rekonstruktion von Verbindungen *zwischen* und *innerhalb* dieser (vgl. Fortun 2009, S. 82). Dies scheint mitunter Antworten auf die „Krise der Repräsentation", in welcher der ethnographischen Forschung innerhalb der Anthropologie vorgeworfen wurde, den Fokus auf kleinere, mehr oder weniger klar definierte Sozialgruppen zu legen (vgl. Nadai und Maeder 2009, S. 233), zu liefern. Auch wenn Forschungsprogramme der MSE zunehmend Einzug in soziologische Arbeiten finden, so befinden sich methodologische Reflexionen noch im Wandel (vgl. ebd., S. 234). Marcus (1995) formuliert die sogenannten „follow" Strategien, die sich forschungspraktisch durch das Nachspüren sechs unterschiedlicher Modi umsetzen lassen.[3] Sie sind als unterstützende Werkzeuge zu verstehen, die

[3] Dabei handelt es sich um Menschen, Dinge, Konflikte, Biographien, Geschichten und Metaphern (vgl. Marcus 1995, S. 105 ff.).

nicht rezeptartig angewendet werden sollten. Das erfordert eine gewisse Kompetenz der Forscherinnen und Forscher, diese Modi entsprechend der feldeigenen Dynamiken wirksam werden zu lassen (vgl. Hannerz 2003, S. 213; zum Kompetenzerwerb in der interpretativen Sozialforschung siehe Eisewicht 2021). Dass die Durchführung einer MSE die Forscherinnen und Forscher vor methodologische Herausforderungen stellt, drückt Fairhead (2011) wie folgt aus: „There are simply too many promising paths to follow, all of which may be relevant and all of which are capable, recursively, of shaping the unfolding study" (ebd., S. 143). Diese Herausforderung scheint wenig zu überraschen, da Ethnographie per se immer nur Teile bzw. Einblicke aus der Wirklichkeit rekonstruieren kann (vgl. Thomas 2019, S. 35). Die Stärke der MSE liegt hingegen in der Beschreibung von Netzwerken, Beziehungen, Dingen, Handlungen und Sinnrelevanzen, die *zwischen* den Feldern wirken (vgl. Horst 2009, S. 126). Eine pragmatische Lösung diesen Vorsatz umzusetzen besteht darin, möglichst viele „sites" zu erkunden und gleichzeitig die Dauer, in der dies geschieht, auszudehnen (vgl. Falzon 2009, S. 8). Ausgelegt wird die Anwendung der MSE vielfach im wörtlichen Sinne, sodass sich Untersuchungen häufig auf die physischen – und zumeist geographisch voneinander weit entfernten –, Lokalitäten beziehen (vgl. z. B. Horst 2009; Leonard 2009; Hage 2005). Marcus (1999) zufolge ist die Durchführung der MSE nicht zwangsläufig im wörtlichen Sinne zu verstehen, vielmehr liegt das Potenzial darin, Fähigkeiten der Imagination zu entwickeln, also innovative Wege zu finden, um Verbindungen zwischen den Feldern herzustellen: „The fieldwork in the second site is often different in nature to the first site. It is perhaps less intensive than work at the first site, interested in probing a way of life as well as an imaginary, but always with the first site in mind" (ebd., S. 8). Unter Berücksichtigung der bisher aufgeführten Überlegungen, stellt sich die Frage, inwiefern sich eine MSE zur Erkundung der Konstruktion von Fremdheit/Vertrautheit bei Menschen mit ASS Diagnosen umsetzen lässt. Der Verweis darauf, dass ASS und die Wissensbestände, die damit einhergehen, gesamtgesellschaftlich relevant sind, lässt sich nicht nur in den anfangs dargelegten theoretischen Überlegungen zum Anstieg der Diagnosen usw. wiederfinden, sondern auch im Datenmaterial selbst. Eine Professorin für Kinder- und Jugendpsychiatrie berichtet beispielhaft über ihre Vernetzung mit Menschen unterschiedlicher Berufsgruppen:

> Wir sind immer miteinander vernetzt, nicht nur mit Psychiatern, also mit unseren Kollegen im engeren Sinne, sind wir natürlich vernetzt. Allein deshalb, weil ja ein Kind mit Autismus wird irgendwie mal erwachsen und da brauchst auch einen Arzt, der sich ja kümmert um den erwachsenen Menschen. Wir stehen aber auch in Kon-

> takt mit Hausärzten, Zahnärzten, die diese Menschen somatisch versorgen. Wir stehen in Kontakt mit Lehrern, Pädagogen, mit äh Logopäden und Ergotherapeuten, die diese Menschen auch mit behandeln. Also wir haben da eigentlich immer ein ganz breites Netzwerk von verschiedenen Helfern und Institutionen, die ja mit an der Versorgung von Menschen mit Autismus beteiligt sind (I01, S. 371-380).

In Gesprächen mit Menschen, die aus unterschiedlichen Positionen entweder beruflich oder privat mit ASS in Beziehung stehen, finden sich vermehrt Verweise auf die von Marcus protegierte Forderung, den Fokus auf die Vernetzung von Feldern zu legen. Entsprechend des Modus „follow the people“ (Marcus 1995, S. 106), wird aus diesem Gesprächsausschnitt deutlich, dass die Professorin nicht nur innerhalb ihres eigenen medizinischen Fachkreises, sondern auch mit anderen ‚großen' Forschungssettings – pädagogische, therapeutische oder familiäre – vernetzt ist. Im Sinne Bals (vgl. 2002, S. 5) verweist dieser Gesprächsausschnitt implizit darauf, dass das zwischen den Disziplinen reisende Konzeptpaar Fremdheit/Vertrautheit innerhalb einer interdisziplinären Untersuchung anzulegen ist. Diese „sites“ stehen nicht unbedingt in gleicher Weise mit den medizinischen Settings in Verbindung, was folgendes Zitat einer alleinerziehenden Mutter mit einem autistisch diagnostizierten Kind, die ihre Unzufriedenheit bezüglich der in sich geschlossenen Felder ausdrückt, zeigt: „Weil eben die Bereiche so furchtbar separat gesehen werden und es da so wenige Überschneidungen gibt, was oft hilfreich wäre“ (I05, S. 25–26). Anders als die Professorin versichert, Teil eines miteinander kommunizierenden Autismus-Netzwerkes zu sein, bemängelt die Mutter, dass genau dies nicht der Fall sei – zumindest aus ihrer Position einer Erziehungsberechtigten, die die unterstützende Hilfe anderer Felder beansprucht, diese aber nicht zufriedenstellend erhält. Um das entwickelte Netzwerk der autismusspezifischen Felder zu illustrieren, sei auf das in Abb. 1 dargestellte Beziehungsgeflecht der erkundeten „sites“ verwiesen.

Wie in den einleitenden Worten bereits erwähnt wurde, steht das wissenschaftliche Forschungsfeld – und hier dezidiert die Medizin –, in einer definitionssetzenden Position, sodass sich nunmehr aufgrund steigender Diagnosen ein erhöhtes gesamtgesellschaftliches Bewusstsein von und über Autismus resp. von und über Menschen mit ASS Diagnosen entwickelt hat. Die „site“ der Medienlandschaften ist als ein eigenes breit gefächertes Feld zu verstehen,[4] innerhalb dessen

[4] Autismusspezifische Themen, Informationen und Nachrichten finden sich in diversen Medienformaten, wie z. B. Büchern, (Fach-)Zeitschriften, Magazinen, Tageszeitungen, Filmen, Filmserien, Videokanälen, Internetforen, Blogs usw.

bestimmte autismusspezifische Vorstellungen, Einstellungen und Bilder kursieren und in einem reflexiven Prozess, d. h., in Beziehung zu anderen „sites“, einem ständigen Wandlungsprozess unterliegen. Bei den in der Abbildung aufgezeigten Forschungsfeldern handelt es sich um die Feldbeziehungen, die aus dem bisherigen Datenmaterial abgeleitet sind. Gewiss ist damit kein vollständiges Beziehungsnetzwerk nachgezeichnet und es ist davon auszugehen, dass sich diese Kartographie potenziell erkundbarer „sites“ im Laufe des Forschungsprojekts noch erweitern wird.

Das Programm der MSE wurde ursprünglich als interdisziplinär ausgerichteter Forschungsansatz entwickelt (vgl. Marcus 1995, S. 95), bei dem die Feldarbeit an jenen Feldern, die für das Erkenntnisinteresse relevant sind, stattfindet. Bei den „sites“ handelt es sich nicht ausschließlich um tatsächliche Orte, sondern auch um Perspektiven, Ideen und Gedankenwelten (vgl. Falzon 2009, S. 2) oder – und hiermit wird der Bezug zu den „travelling concepts“ relevant –, Konzepten. Der Vorschlag, reisende Konzepte mit dem Forschungsprogramm der MSE zu verbinden, gründet auf der Annahme, dass schwer zu definierende Konzepte mittels des empirischen Datenmaterials theoretisch erweitert werden können. Im Folgenden liegt daher den „follow“ Strategien sozusagen als Basiskonzept oder wie Kroeber und Kluckhohn (1952) es ausdrücken, als „Master Konzept“ (ebd., S. 357), Fremdheit und Vertrautheit zugrunde. Aufgrund des limitierten Umfangs des Beitrags und der besseren Übersicht, wollen wir im nächsten Abschnitt anhand empirischen Datenmaterials aus drei ausgewählten Feldern – Medizin, Familie und Schule – die ‚Reise' des Konzeptpaares Fremdheit/Vertrautheit im kommunikativen Umgang bei Menschen mit ASS Diagnosen nachzeichnen.

Das Konzept der Fremdheit/Vertrautheit in und zwischen „sites"

Dass Familien mit Menschen mit ASS Diagnosen, seien dies Elternteile, Kinder, Geschwister oder andere Familienangehörige, allein aufgrund der in den meisten Fällen üblichen ärztlichen Untersuchungen auf irgendeine Weise in Kontakt mit medizinischen Bereichen stehen, scheint offensichtlich. Weniger offensichtlich ist die Intensität, d. h., Häufigkeit und Dauer des Kontakts sowie die subjektiv empfundene Qualität dieser Besuche, Untersuchungen, Diagnosen usw. Auch stehen Familien mit betroffenen Kindern allein schon aufgrund der allgemeinen Schulpflicht in einem mehr oder weniger intensiven Kontakt zur Schule und deren

Lehrkräften. Der bisherigen Feldarbeit entsprechend,[5] verweisen die Feldteilnehmerinnen und Feldteilnehmer familiärer, medizinischer und schulischer Settings auf gegenseitige Berührungspunkte. Diese expliziten Verweise waren und sind Anlass für die im Folgenden aufgeführte Analyse eines ‚reisenden' Konzepts. Dabei spielen die je kursierenden Wissensbestände[6] der Feldteilnehmerinnen und Feldteilnehmer im Umgang mit Menschen mit ASS Diagnosen eine entscheidende Rolle für die empirisch verankerte Theoriebildung von Fremdheit und Vertrautheit.[7] Wenn davon ausgegangen wird, dass themenbezogenes lokales Wissen in unterschiedlichen „sites" konstruiert wird (vgl. Kurotani 2004, S. 203) und dort Sinn stiftet, dann liegt die Annahme nahe, dass sich dieses Wissen voneinander unterscheidet. Um genau diese Unterschiede, aber auch Gemeinsamkeiten, soll es im Folgenden gehen.

Aus einer wissenssoziologischen Perspektive wird davon ausgegangen, dass Menschen mit ASS Diagnosen als ‚Fremde' aber auch ‚Vertraute' aufgrund ihrer spezifischen Merkmale an den Rand des Sozialen – „den Grenzen unserer Sozialwelt" (Hitzler und Grewe 2013, S. 243) –, gedrängt werden. Fremdheit, verstanden als etwas nicht Vertrautes, Irritierendes bzw. Unbekanntes, ist nicht objektiv vorgegeben und wird vielmehr vom Einzelnen subjektiv zugeschrieben (vgl. Hahn 1994, S. 140). Auch die eigene Kultur kann als etwas Fremdes wahrgenommen werden (vgl. Soeffner 2000). Im Umkehrschluss bedeutet dies auch, dass Fremdheit eine gesellschaftliche Konstruktion ist, in der einzelne Menschen und

[5] Dabei handelt es sich um Gesprächsdaten aus offen durchgeführten Interviews, Gesprächen sowie Beobachtungs- und Erfahrungsdaten im Sinne lebensweltanalytischer Ethnographie (vgl. Hitzler und Eisewicht 2020).

[6] Im Sinne des „Pluriversums" (Hitzler 1999, S. 473) bilden sich aufgrund der Diversität an Sinnrelevanzen in modernen Gesellschaften eigene Formen und Regeln des Wissens. Einhergehend hiermit sind auch Sonderwissensvorräte der Wissenschaften, die in einem wechselseitigen Prozess mit, zwischen und in der Gesellschaft zu faktischem, d. h., objektivierten Wissensbeständen werden (vgl. Knorr-Cetina 2002, S. 22). Im Kontext der ASS Forschung ist hier besonders an die Medizin zu denken, da hier Wissen über Definitionen, Merkmalsausprägungen und Kategorisierungen ‚hergestellt' und gesellschaftlich anerkannt wird.

[7] ‚Reisende' Konzepte werden demnach als Miniaturtheorien verstanden, die bei der Datenanalyse herangezogen werden und das theoretische Konzept im Umkehrschluss wiederum erweitern (Frank 2009, S. 62). Anlehnend an der induktiven Vorgehensweise in gegenstandsverankerten Untersuchungen, leiten die theoretischen Konstrukte im Sinne der theoretischen Sensibilität die Datenauswahl und -erhebung an (Strauss und Corbin 1996, S. 25 ff.).

Gruppen als Fremde bezeichnet werden. Klassischerweise wird die Fremdheit an der Tatsache des tatsächlich ‚aus der Fremde kommenden' verhandelt (vgl. Simmel 1992; Park 1928). Oder aber der oder die Fremde bzw. die wahrgenommene Fremdheit, löst eine maßgebliche Erschütterung des alltäglichen Denkens und der Erwartungshaltungen – also des ‚Denkens-wie-üblich' (vgl. Schütz 1971) – aus, sodass Verstehen zum zentralen Handlungsproblem wird. Die Soziologie des Fremden teilt sich in zwei Hauptströmungen: 1. Fremdheit wird als alltägliches und vertrautes Phänomen innerhalb moderner Gesellschaften verstanden (vgl. Hirschauer 1999), was bedeutet, dass Fremde innerhalb der eigenen Gesellschaft zwar Unbekannte, aber nicht radikal Fremde sind. 2. Der oder die Fremde als sozialer Typus bzw. Sozialfigur wird besonders innerhalb der Migrationsforschung sowie in ungleichheitstheoretischen Studien in den Fokus gerückt (vgl. Girtler 2006).[8] Dem Sozialtypus des Fremden ähnlich sind die sogenannten Entfremdungsprozesse (vgl. Kalekin-Fishman 2000). Soziale Entfremdung wird innerhalb der Psychologie und Psychiatrie als ein Prozess verstanden, innerhalb dessen Betroffene Erfahrungen der Depersonalisierung machen und aufgrund gestörter Selbstwahrnehmung sich der eigenen Person entfremden (vgl. Lysaker und Lysaker 2010). Bei den hier behandelten Störungsbildern handelt es sich jedoch um jene, bei denen die Betroffenen kommunikativ in der Lage sind, durch Selbstreflexionen zu dieser Erfahrung von Entfremdung zu kommen. Da gerade bei ‚tiefgreifenden' Formen von ASS die Diagnostizierten teilweise nur eingeschränkte kommunikative Fähigkeiten entwickeln, bleibt die Frage bislang ungeklärt, ob und inwiefern in diesen Fällen überhaupt von einer subjektiv empfundenen Entfremdung gesprochen werden kann. Dies soll nicht Gegenstand der Untersuchung sein, da es im Besonderen die Fremdzuschreibungen des sozialen Umfeldes sind, die Menschen mit ASS Diagnosen zu einer „gesellschaftlich konstruierten Wirklichkeit" (vgl. Berger und Luckmann 1992) von Fremdheit erscheinen lassen. Umgekehrt bedeutet dies für das Konzept der Vertrautheit, dass es sich beim Gegenüber um ‚jemanden so wie ich' handelt. Die alltägliche Begegnung mit dem oder der sozialen Anderen bedeutet zunächst einmal, *dass* es sich um eine mit Bewusstsein ausgestattete Person handelt, die nicht ich, aber zumindest ein mir ähnliches und daher vertrautes Gegenüber ist (vgl. Hitzler und Eisewicht 2020,

[8] Beispielsweise gilt der Typus ‚Ausländer' als prototypischer Fremder (vgl. Hahn 1994), der allein durch kulturelle Differenzen an den Rand der Sozialität gedrängt wird. Andere Sozialtypen des Fremden beziehen sich zuvorderst auf Menschen, deren Handlungen als abweichend und aus diesem Grund als fremd konnotiert werden (vgl. Girtler 1995).

S. 16). Dabei gehen wir davon aus, dass dieses Gegenüber die Welt ähnlich sieht und deutet wie ich und dass wir mit diesem Gegenüber in Kontakt treten und eine kommunikative Basis finden können (vgl. ebd., S. 16). Vertrautheit füllt sich zudem mit dem Wissen um Gewissheiten über die individuellen Präferenzen, Gefühlslagen, Einstellungen und zu erwartenden Handlungen des Gegenübers auf. Es sind gerade die letztgenannten Aspekte, die sich in der Interpretation des Datenmaterials als grundlegende Marker von Vertrautheit herausschälen lassen und die die zukunftsorientierte Gewissheit des „und so weiter" (Fuchs 2015, S. 102) markieren. Vertrautheit ist nicht objektiv vorgegeben, sondern wird *in* und *durch* soziale Handlungen sowie Begegnungen entwickelt (vgl. ebd., S. 102).

Medizinische Settings

Medizinische Kontexte, die sich mit dem Phänomen ASS befassen, sind breit gefächert. Wandert der Blick auf rein wissenschaftliche Bereiche, so sind die Neurowissenschaften und die Genforschung zu nennen. Dem bisherigen Erkenntnisstand dieser Wissenschaften zufolge, läge eine der Hauptursachen für ASS in einer gestörten Verschaltung zwischen Hirnarealen und in den Erbanlagen der Gene (vgl. Miyake et al. 2012). Besonders die beeinträchtigte Qualität sozial-kommunikativer Fähigkeiten wird auf diese Störungen und die Anlagen der Geninformationen zurückgeführt (vgl. Badcock 2009). Die Überzeugung, ASS seien unmittelbar mit Störungen innerhalb des Gehirns verbunden, geht so weit, dass von einem „imprinted brain" (ebd.) die Rede ist. Die Psychologie wiederum beschreibt einen weiteren Bereich der Autismusforschung, der eng mit den neurowissenschaftlichen und genforschungsbezogenen Erkenntnissen verknüpft ist. In neueren Ansätzen werden Konzepte der „sozialen Kognition […] mittels experimenteller psychopathologischer Methoden detailliert untersucht […] und mit der funktionellen Bildgebung auch in seinen neuronalen Grundlagen verstanden" (Kumbier et al. 2010, S. 62). In Bezug auf die „tiefgreifenden Entwicklungsstörungen" (ASS), ist die Diagnostik eine der tragenden Forschungsbereiche psychologischer Untersuchungen.[9] Beim Diagnostizieren handelt es sich um eine

[9] Die Leitlinien der deutschen Gesellschaft für Kinder- und Jugendpsychiatrie (DGFKJP) fassen die zentralen Erkenntnisse über die unterschiedlichen diagnostischen Verfahren und deren Durchführungen zusammen (vgl. 2007).

aus medizinischen Wissensbeständen abgeleitete Handlungspraktik,[10] bei der im Einzelnen die zuvor genannten Hauptberührungspunkte zwischen familiären, medizinischen und schulischen Settings liegen. Um auf diese Verbindungen näher einzugehen, werden zuerst feldinterne, d. h., medizinische Fremdheits- und Vertrautheitsperspektiven rekonstruiert. Dazu wird exemplarisch auf zwei leitfadengestützte Interviews zurückgegriffen. Bei der ersten Person handelt es sich um eine Professorin für Kinder- und Jugendpsychologie, die neben Forschungstätigkeiten auch praktizierende Ärztin einer Kinder- und Jugendpsychiatrie ist, und dort regelmäßigen Kontakt mit Menschen mit ASS pflegt. Bei der anderen Gesprächspartnerin handelt es sich um eine berufstätige Psychologin, die sich nach Abschluss ihres Studiums auf das Diagnostizieren und Therapieren von Menschen mit ASS spezialisiert hat.

Vertrautheit durch Expertenwissen

Auf die offen gestellte Frage, was Autismus für sie bedeute, ziehen beide Gesprächspartnerinnen einen breit angelegten Wissensvorrat heran, der sich inhaltlich kaum voneinander unterscheidet. Für beide ist Autismus eine kommunikative Entwicklungsstörung, die häufig zusammen mit repetitiven und stereotypen Verhaltensweisen auftritt. Auf meine [P.N.] lapidare Bemerkung, dass es „ja mehrere Autismus Definitionen gibt", korrigiert mich die Professorin dahingehend, dass es im Grunde nur eine Definition gäbe, und die stehe in den Klassifikationssystemen (ICD-11 und DSM-V). Die Frageitems innerhalb der Beobachtungs- und Fragebögen sowie in den Elterngesprächen, mithilfe derer das Verhalten der Kinder eingeschätzt wird, beruhen nach Aussagen beider Expertinnen auf diesen Manualen. Die Sicherheit und Überzeugung, mit der beide Gesprächspartnerinnen über ASS sprechen, interpretieren wir [P.N. und M.M.H.] als einen Marker dafür, dass sie vertraut mit den unterschiedlichen Merkmalsausprägungen und letztendlich auch den Menschen mit diagnostizierten ASS sind.[11] Die Vertrautheit mit ASS im

[10] Eine Autismus-Diagnose gründet sich auf die aus den Klassifikationssystemen ICD-11 (2020) und DSM-V (vgl. Falkal und Wittchen 2018) definierten Merkmalsausprägungen. Diese werden von den Expertinnen und Experten typischerweise in Form von Fragebögen, Beobachtungsbögen und Gesprächen mit betroffenen Eltern angewendet.

[11] Zwar ist das medizinische Erscheinungsbild bekannt, wissenschaftlich fundierte Aussagen über die genauen Ursachen sind bisher ungeklärt (vgl. Noterdaeme 2011, S. 11). Diese fehlende Gewissheit gibt dem Phänomen ASS sozusagen einen fremden – aus dem ‚Unbekannten' stammenden – Charakter. Hierzu die Psychologin: „Man weiß ja nicht genau, wo es herkommt, aber man geht aktuell davon aus, das ist eine neurologische Störung."

medizinisch-psychologischen Kontext basiert ferner auf der Kernaktivität der Expertinnen – dem Diagnostizieren. Der Grad an Vertrautheit hängt hier stark von den durch die Messinstrumente (standardisierte Beobachtungsbögen, Fragebögen sowie Elterngespräche) eingeholten Interpretationen der Medizinerinnen ab. Diese Messinstrumente und die durch dessen Anwendung resultierenden Interpretationen, orientieren sich an vordefinierten Merkmalsausprägungen. Gewissermaßen als Gütekriterium – abgesicherte Diagnosen stellen zu können –, zählt neben dem allgemeinen Fachwissen und der zur Verfügung stehenden Zeit die persönliche Berufserfahrung der Expertin (siehe auch Lord et al. 1997, S. 506). Auf die Frage, wie sicher sich die Professorin dabei sein kann, eine „richtige" Diagnose zu stellen bzw. gestellt zu haben, antwortet diese wie folgt:

> Wenn man Erfahrung hat ja,[12] [...] je jünger das Kind ist, desto eher würde man auch noch mal eine Verdachtsdiagnose stellen. Wenn das Kind bisschen weiter in seiner Entwicklung ist, also zwischen ja ich sage mal bis vierte, fünfte, sechste Lebensjahr, dann kann man eigentlich mit ja, wenn man Erfahrung hat, mit relativ großer Gewissheit sagen, wie man diese Auffälligkeit sortiert. Also wie man sie diagnostisch am besten einordnet. Schwieriger wird es dann auch wieder bei Erwachsenen (I01, S. 172–186).

Die Sicherheit, es im entsprechenden Fall mit einem Menschen mit ASS Diagnose zu tun zu haben, hängt vom Entwicklungsstand und anderen Eigenschaften, wie dem Alter der Betroffenen ab. Erfahrungswissen und Intuition gelten beim Diagnostizieren als wichtigste Voraussetzung, um empirisch fundierte Aussagen über das Störungsbild machen zu können. Ein Laie, so erklärt die Professorin, könne mit einer bloßen rezeptartigen Anwendung der Beobachtungs- und Fragebögen keine Diagnosen stellen, da es in diesem Fall schlicht an Erfahrung – und was gleichviel wichtiger sei –, an Vertrautheit fehle. Die Psychologin beschreibt dieses als ein intuitives und nicht in Worte zu fassendes Einschätzen-Können, *dass* bei einem untersuchten Menschen autismusspezifische Merkmale vorliegen. Die Einschätzung, eine zutreffende Diagnose gestellt zu haben, basiert auf der routinierten Handlungspraktik des standardisierten Diagnostizierens: „In etwa", so die Professorin, „arbeiten alle nach dem gleichen Prinzip, natürlich ist jeder Arzt individuell noch unterschiedlich, aber diese Diagnose ist nicht neu. Sie be-

[12] An anderer Stelle sagt sie ganz deutlich: „Aber in der Regel, wenn man Erfahrung hat, kann man die Diagnose relativ leicht stellen. Das ist aufwändig, aber man kann sie stellen."

steht eigentlich schon seit, seit längerer Zeit und das heißt, wir haben doch die letzten Jahre sehr viele Erkenntnisse darüber gewonnen“ (I01, S. 250–253). Die Expertin spricht hier aus der Perspektive einer gesamten Berufsgruppe, zu der sie selbst zählt, und aus der heraus sie eine generalisierende Aussage macht: Psychologinnen und Psychologen arbeiteten entsprechend einheitlicher Prinzipien, wenn es um die basalen Handlungspraktiken beim Diagnostizieren von ASS geht. Diese standardisierten Verfahren beruhten auf einem wissenschaftlich fundierten Erkenntnisstand, der das Phänomen, zumindest in der hier behandelten Berufsgruppe, zu einem vertrauten mache.

Fremdheit als gesellschaftlicher Ursprung

Aufgrund des spezifischen Expertenwissens beider Gesprächsteilnehmerinnen, wird in den Interviews an mehreren Stellen deutlich, dass aus der Position der Expertinnen heraus ein reflektierter Gedankengang offengelegt wird, der die Kausalzusammenhänge von ASS als vertrautes bzw. fremdes Phänomen darlegt. Dass sich Vertrauen anhand der Nähe und Qualität zum Menschen mit ASS aufbaut, und somit Kommunikation möglich ist, und dass es vielmehr die gesellschaftlichen Kontexte sind, in denen diese Nähe zwangsläufig nicht entstehen kann, beschreibt die Professorin an folgender Stelle:

> Ja ja, so ist es, also wenn man sich kennt, sage ich mal so, wenn man miteinander vertraut ist und sich kennt, dann ist das in der Regel, findet man einen Weg. Aber das ist ja dann schon eine sehr angepasste Kommunikation oder Interaktion, die auf Vertrautheit beruht und dann ist es in Ordnung. Aber wenn Sie ja dann in den sozialen Kontext schauen, außen, dann ist dieser individuelle Zugang in der Regel gar nicht möglich, weil ja zunächst mal so eine allgemeine Struktur herrscht (I01, S. 323–328).

Laut Professorin bleibt der Alltagswelt die Fremdheit autistischer Menschen körperlich verborgen und manifestiert sich erst in sozialen Kontexten. Diese sozialen Kontexte beschreibt sie als „generelle Kontexte“, die irritierend auf autismusspezifische Verhaltensweisen reagieren. Gewissermaßen als feldinterner Brückenschlag sehen beide Expertinnen ihre Aufgabe darin, in Form von Elternberatungsgesprächen und Therapiesitzungen dafür zu sorgen, die betroffenen Menschen mithilfe von Handlungspraktiken auf diese psychiatrisch konstruierten und gesellschaftlich verfestigten Fremdheitsbilder und Fremdheitszuschreibungen vorzubereiten. Diese Praktik fasst die Professorin mit „Kommunikationsfähige etablieren“ (I01, S. 34) zusammen, wobei die Psychologin auch der Gesellschaft die Aufgabe zuschreibt, sich Menschen mit ASS Diagnosen kommunikativ anzupassen: „Wir wollen, dass unsere Welten sich mehr und mehr überschneiden, dass ihr euch auch darin wohl fühlt und euern Platz auch finden könnt" (I03, S. 310–312). Gleichzeitig ist es Ziel ihrer Arbeit, wie auch der der Professorin, die kommunikativen Kompetenzen von Menschen mit ASS zu schulen, „also die Kommunikation irgendwie [zu] trainieren" (I03, S. 318).

Ähnlich wie in diversen kulturellen Produkten, so löst Autismus auch bei den hier vorgestellten Feldteilnehmerinnen eine gewisse Faszination aus.[13] Die Arbeit mit „spannenden Schrägheiten" (I03, S. 186–187) ist nicht zuletzt eine der zentralen Motivationsgrundlagen für die Psychologin. Eine Fremdheit also, die nicht irritiert oder gar beängstigt, sondern Staunen verursacht. Fremdheit wird demnach zu einer positiv konnotierten Eigenschaft, die sich auch in diversen nicht-medizinischen „sites" – jedoch eher weniger in familiären Settings – wiederfindet.

Familiäre Settings

Kommunikative Begegnungen von Menschen mit ASS Diagnosen sind unmittelbar in das nähere familiäre soziale Umfeld eingebettet.[14] Das zur Hand liegende Datenmaterial setzt sich aus Interviews, Gesprächen und Feldteilnahmen, die mit Familienangehörigen und Menschen mit ASS Diagnosen entstanden sind, zusammen. Biographisch gesehen, ist allen vier Familien gleich, dass bereits in frühen Jahren Verhaltensauffälligkeiten des betroffenen Kindes von den Familienangehörigen – das sind meist die Eltern –, registriert wurden. Das hieran anschließende Aufsuchen einer medizinischen Untersuchung leitete in den hier beschriebenen Fällen eine ganze Reihe weiterer Untersuchungen ein, die meist mit feldübergreifenden Problematiken und familiären Konflikten[15] einhergingen. Diese biographische Wegbeschreibung eines in einer Familie aufwachsenden Menschen mit ASS,

[13] Erfolgreiche Filmproduktionen wie beispielsweise *The Accountant*, *Das Mercury Puzzle*, *Extrem Laut und Unglaublich Nah* oder *Rain Man*, stellen die autistischen Protagonisten als nahezu übermenschliche Akteure dar, die durch besonders herausragende kognitive Leistungen die intendierten Zuschauerinnen und Zuschauer zum ‚Staunen' bringen (sollen).

[14] In der vorliegenden Analyse zwar nicht behandelt, aber von nicht weniger Relevanz, sind in diesem Feld intime Beziehungen innerhalb Freundschaften, Partnerschaften oder Peer Groups.

[15] Hier sei die empfundene Stigmatisierung von Familien mit Menschen mit ASS Diagnosen genannt.

Tab. 1 Randdaten der Feldteilnehmerinnen und Feldteilnehmer

Frau B	*Frau Z*	*Tim*	*Moderatorin*
Frau B ist Mitte fünfzig, ihr Sohn ist in den mittleren Zwanzigern und ihm wurde in den frühen Jahren die Diagnose „frühkindlicher Autismus" gestellt. Frau B ist geschieden, lebt mit ihrem neuen Partner zusammen und besucht ihren Sohn regelmäßig in einem betreuten Wohnheim.	Frau Z ist in den mittleren Vierzigern und alleinerziehende Mutter von drei Kindern. Ihre jüngste Tochter besucht eine Grundschule und ihr wurde vor kurzem die Diagnose „Asperger-Syndrom" gestellt.	Tim ist vierundsechzig Jahre alt und hat in seinen frühen Jahren eine Autismus-Diagnose gestellt bekommen. Seine verbalsprachlichen Fähigkeiten sind stark eingeschränkt und er wohnt in einem betreuten Wohnheim für Menschen mit geistiger Entwicklungsstörung. Sein Bruder Heiko und dessen Frau Sabine beherbergen ihn einmal pro Monat an einem Wochenende in ihrem Zuhause, und übernehmen in dieser Zeit pflegerische und betreuerische Tätigkeiten.	Beim Besuch einer Kinovorstellung mit ASS Thematik wurde gegen Ende eine moderierte Diskussionsrunde mit den Zuschauerinnen und Zuschauern geführt. Die Moderatorin selbst ist Mutter eines Sohnes mit der Diagnose „frühkindlicher Autismus".

ist ein Charakteristikum.[16] Bei den Familienmitgliedern handelt es sich entsprechend Tab. 1 um Folgende:[17]

Vertrautheit durch familienspezifische Intimität

„Ich hätte damals dieses Label schon gern gehabt, aber sie haben es mir nicht gegeben" (I05, S. 218–219), so der geäußerte Wunsch von Frau Z, eine Autismus-Diagnose für ihre Tochter zu erhalten. Was an dieser Stelle auffällt, ist die Involviertheit am Diagnoseprozess des Elternteils: Nicht nur ihre Tochter

[16] Der Weg hin zu einer tatsächlich gestellten Autismus-Diagnose ist häufig ein mühseliger und langwieriger Prozess, dessen Beginn eine der hier aufgeführten Gesprächsteilnehmerinnen (Frau Z) pointiert als „Diagnose Odyssee" (I05, S. 77) beschreibt.

[17] Die Namen der Feldteilnehmerinnen und Feldteilnehmer sind vollständig anonymisiert.

bekommt das durch die Diagnose verursachte Label, sondern auch sie selbst als betroffene Mutter. In den Gesprächen mit anderen Müttern wird diese Verschmelzung der eigenen Person mit der Diagnose ebenfalls deutlich. Gewissermaßen übernehmen die Gesprächsteilnehmerinnen eine Stellvertreterrolle für ihre Kinder, durch die sie verdeutlichen, dass auch sie selbst es sind, die eine Diagnose bekommen – und dies mitunter auch erhoffen. Das Aufwachsen in einer Familie und der damit einhergehende Familienalltag basieren auf einen Zeit in Anspruch nehmenden Prozess, in dem eine familienspezifische Normalität und Vertrautheit untereinander entsteht. Grundmann und Wernberger (2015) fassen diesbezüglich neben der Existenzabsicherung, Pflege, Betreuung, Solidarität und zugehörigkeitsstiftenden Gefühlen der emotionalen Verbundenheit, auch Vertrauen und gegenseitige Verlässlichkeit als zentrale Merkmale zusammen, die ein Familienleben allgemein ausmachen (vgl., S. 430).

Das Wissen über die anderen Familienmitglieder, deren Vorlieben, Einstellungen und zu erwartenden Handlungen, legt den Grundstein für diese Vertrautheit. Dass dies bei Familienmitgliedern mit ASS nicht anders ist, zeigt sich bspw. anhand der Feldbeobachtungen beim Besuch von Tim, seinem Bruder Heiko und dessen Frau Sabine. Es kam zu einer Situation, in der wir alle am Esstisch saßen und Heiko über die Essensvorlieben seines Bruders berichtete. Aufgrund des langjährigen und regelmäßigen Zusammenlebens mit Tim, wisse dieser genau um seine Vorlieben und Abneigungen – und dies nicht nur in Bezug auf die Nahrungsaufnahme. Heiko und Sabine verstehen sich kompetent darin, die spezifischen Handlungsabläufe von Tim vorherzusehen.[18] P.N.: „Können Tim ja gleich fragen, ob er Obst möchte." Sabine: „Dann sagt er: Obst nicht." Heiko: „Genau. Und dann Kaffee. Aber wenn dann Obst da liegt, dann nimmt er das" (GE01, S. 111–113). Während des gesamten Nachmittags, den ich im Hause der Familie verbringe, bekomme ich zunehmend ein Gefühl davon, was Normalität im Umgang mit Tim für Heiko und Sabine bedeutet. Es ist im Besonderen das Wissen um die Bedürfnisse und Handlungsabläufe von Tim, das eine vertraute Stimmung erweckt. Da Tim in seinem Handlungsspektrum stark eingeschränkt ist, übernehmen Heiko und Sabine – und wie sie mir mitteilen, auch die Betreuerinnen und

[18] Heiko weiß über die Vorlieben, Bedürfnisse und Handlungsroutinen seines Bruders Tim; sie sind ihm vertraut. *Dass* er mit diesen vertraut ist, bedeutet nicht zwangsläufig, dass diese für ihn Sinn ergeben, d. h., Heiko deutet teilweise die ihm vertrauten Handlungsmuster von Tim als sonderbar und merkwürdig: P.N.: „Und Fernsehen gucken?" Tim: „Fernsehen gucken nicht. Fußball." Heiko: „Komisch was er macht. Also graphische Sachen irgendwie verfolgen guckt er auch nicht hin, auch beim Fernsehen" (GE01, S. 95–98).

Betreuer des Wohnheims –, einen überwiegenden Teil der Handlungsschritte, die für die Bedürfnisbefriedigung von Tim erforderlich sind. Hierzu zählt insbesondere das Kochen und Servieren von Kaffee. Das Trinken des Kaffees übernimmt Tim selbst.[19] Das Zubereiten des Kaffees stellt in den Augen von Sabine und Heiko eine Aktivität dar, die den kognitiven und körperlichen Anforderungen von Tim durchaus entspricht. Sabine unterstellt ihm, dass er den Kaffee zubereiten könnte, dies aber nicht will. Sie teilt mir daraufhin mit, dass sie das darin deute, dass Tim, wenn er mal wieder nach Kaffee verlange, unerbittlich und ohne Gnade das Wort „Kaffee" wiederhole.

Je mehr Zeit also mit den Betroffenen verbracht wird, desto mehr sind die beteiligten Personen davon überzeugt, die Einstellungen, Perspektiven, Wünsche, Deutungsmuster usw. des Anderen richtig deuten zu können. Auch die individuellen Abneigungen der betroffenen Kinder zählen hierzu. Demnach beschreiben Frau Z und Frau B gleichermaßen ihren spezifischen Handlungsspielraum, der sich aus den Vorlieben und Abneigungen ihres Kindes ergibt. Frau Z weiß daher, dass sie größere Menschenmengen vermeiden muss, um das Wohlergehen ihrer Tochter nicht zu gefährden. Sie ist in der Lage, die Gefühlslage ihrer Tochter genau einzuschätzen: „weiß ich, dass innerhalb von ihr es ganz schön arbeitet" (I05, S. 374). Ebenso stellte sich Frau B während des Interviews als eine kompetente Mutter dar, die über jegliche leiblichen Vorlieben und Abneigungen ihres nichtsprechenden Sohnes genauestens Auskunft geben konnte.

Die Welt ‚da draußen' als fremde Bedrohung

Auch wenn die autismusspezifischen Verhaltensauffälligkeiten besonders in den frühen Jahren der Betroffenen von allen (!) Gesprächsteilnehmerinnen als „anders" beschrieben werden,[20] so transformiert sich diese Andersartigkeit nach und nach in eine familiäre Vertrautheit, wie sie weiter oben beschrieben wurde. Fremdheit in familiären Forschungssettings gründet in der sozialen Umwelt, in

---

[19] Laut Heiko könnte Tim, wenn ihm die Gelegenheit dazu gegeben würde, unendlich viel Kaffee trinken. Da Heiko sich jedoch für eine Dosierung des Kaffees verantwortlich fühlt, trinkt Tim ‚nur' bis zu sechs Tassen am Tag. Dieser Verweis erweckte ein gewisses Staunen in mir, ein Staunen darüber, dass ein Mensch ohne äußerlich bemerkbare Auffälligkeiten derart viel Koffein verträgt. Dieses Fasziniert-Sein deute ich als ein Phänomen, das auf meinen Mangel an Vertrautheit mit den Gewohnheiten von Tim zurückzuführen ist.

[20] Eine kleine Auswahl dieser Formulierungen verdeutlicht dies: „Sie war schon immer ein bisschen anders" (I05, S. 35), „dass mein Leben ein anderes ist als deren" (I06, S. 277–278) und „viele Kinder mit Autismus verschwinden im Alter von drei Jahren" (I02, S. 4–5).

welcher die Familienmitglieder mit ASS Diagnosen wie Fremde erscheinen und zu diesen gemacht werden. Das bedeutet auch, dass es aus Sicht der Betroffenen die gesellschaftlichen Kontexte sind, die Fremdheit erzeugen. Es stoßen gewissermaßen zwei Fremdheiten aufeinander: das für das Kind unbekannte soziale Umfeld und das für das soziale Umfeld fremde Kind. Die Fremde des Kindes ist mit der Fremde des sozialen Umfeldes kaum vereinbar, da für das Umfeld irritierende Situation entstehen und daraus Verurteilungen und Stigmatisierungsprozesse des Umfelds in Gang gesetzt werden. Dies erzeugt bei den Gesprächsteilnehmerinnen Unzufriedenheit, die so weit geht, dass sich aus sozialen Situationen vollständig entzogen wird. Beispielhaft hierzu Frau B: „Wir wurden dann immer weniger eingeladen und sind auch von alleine immer weniger irgendwo hingegangen" (I06, S. 892–893). Sozusagen als Schutzschild gegen diese als Bedrohung wahrgenommene Außenwelt verstehen die Gesprächsteilnehmerinnen die gestellten Autismus-Diagnosen. Die Medizin als definitionsmächtige Institution „objektiviert" (Knorr-Cetina 2002, S. 22) autismusspezifisches Wissen. Dieses externalisierte Wissen wird vergegenständlicht und gesellschaftlich internalisiert und somit zu verinnerlichtem Wissen (vgl. Berger und Luckmann 1992, S. 65). Frau Z schildert an einer entsprechenden Stelle die Bedeutung des Behindertenausweises ihrer Tochter: „Dann zeige ich auch ihren Ausweis und ähm, die weiß das und für sie passt das auch. Also weil sie weiß, sie ist komplett anders als die anderen Kinder. Sie hat das auch von sich gesagt, ich bin vom anderen Stern. Das sagen ja viele, ich bin anders ähm, die Leute verstehen mich nicht und für sie war es eine Erlösung auch das zu wissen" (I05, S. 229–233). Anhand des objektivierten Wissens im Sinne von ‚hier ist mein Behindertenausweis, da steht meine Andersartigkeit schwarz auf weiß', wird die Fremdheit des Kindes legitimiert und falls nötig, sogar offengelegt.[21]

Schulische Settings

Spätestens nach der Vollendung des sechsten Lebensjahres des Kindes und mit dem Beginn der Schulpflicht, wird das Thema Schule innerhalb familiärer Verhältnisse relevant. Abhängig vom Zeitpunkt der Diagnosestellung, ist dies ein

[21] Voysey Paun (2006) berichtet, dass Eltern von Kindern mit Beeinträchtigungen im Laufe der Jahre gewisse Umgangsstrategien, wie sie hier beschrieben wurden, anwenden, um mit den von der sozialen Umwelt erzeugten Irritationen, Peinlichkeiten und Ärgernissen umzugehen (vgl., S. 149).

ausschlaggebender Faktor für die Wahl einer bestimmten Schulform. Mithilfe von Einschätzungen von Lehrkräften und Empfehlungen von Medizinerinnen und Medizinern wird somit die schulische Laufbahn von autistisch diagnostizierten Kindern beeinflusst. Da in dem Bereich der Medizin ASS zu den tiefgreifenden Entwicklungsstörungen zählen, werden in den meisten Fällen eine sonderpädagogische Förderung sowie an die Bedürfnisse angepasste Lern- und Unterstützungsangebote empfohlen. Das kann bedeuten, dass an einer allgemeinen Regelschule neben dem gemeinsamen Unterricht integrative Lerngruppen erstellt, und neben den Lehrkräften auch Sonderpädagoginnen und Sonderpädagogen bzw. Schulbegleitpersonen eingesetzt werden. Es kann auch bedeuten, dass Kinder ihre schulische Laufbahn auf einer Förderschule entsprechend ihres diagnostizierten sonderpädagogischen Förderbedarfs antreten.

Im Folgenden werden Daten aus Feldbeobachtungen im Rahmen von Unterrichtssituationen an Förderschulen sowie Gesprächen mit einer Sonderpädagogin und einem Sonderpädagogen vorgestellt. Wichtig anzumerken ist, dass einige Schülerinnen und Schüler von den Lehrkräften als „autistisch" bezeichnet werden, ohne dass eine medizinische Diagnose vorliegt. Im Gegensatz zum medizinischen Bereich, in dem die Vertrautheit autistisch konnotierter Merkmale auf Experten- und Erfahrungswissen ruht, basieren die Kategorisierungen der Lehrkräfte ausschließlich auf erfahrungsbasierten Vergleichswerten, die sich auf die Verhaltensweisen von Kindern mit einer gestellten Autismus-Diagnose beziehen.[22]

Vertrautheit durch zu erwartende Andersheit

Zu einem gewissen Grad vergleichbar mit dem familiären Bereich, entwickelt sich auch im schulischen Rahmen innerhalb der Klassenstruktur unter den Lehrkräften und Schülerinnen und Schülern eine Vertrautheit, die sich durch die alltägliche Regelmäßigkeit des Wiedersehens und Miteinander-Arbeitens entwickelt. Auf einer Förderschule, welche bisher das zentrale Untersuchungsfeld im Bereich schulischer Settings ausmachte, erhalten die Schülerinnen und Schüler sonderpädagogische Förderung. Betroffene Förderschulkinder erhalten eine

[22] Wenn eine Vermutung seitens der Lehrkräfte vorliegt, werden in den meisten Fällen die Eltern kontaktiert und ein Arztbesuch empfohlen. Es liegt nicht im Aufgabenbereich von sonderpädagogischen Lehrkräften, Schülerinnen und Schülern zu diagnostizieren, jedoch ist es ihre Pflicht, im ständigen Austausch mit den Eltern über den Entwicklungsstand – und damit einhergehend –, den sonderpädagogischen Förderbedarf des Kindes Auskunft zu geben. Auf die Frage hin, wodurch diese Vermutungen entstehen, antwortet ein Interviewpartner damit, dass es eine Frage der „Gefühlssache" (I08, S. 294) sei.

Einschätzung zu ihrer jeweiligen Lern- und/oder Entwicklungsstörung – der sogenannte Förderschwerpunkt. Seitens der ausgebildeten Sonderpädagoginnen und Sonderpädagogen besteht dadurch eine Erwartbarkeit bezüglich „Verhaltensauffälligkeiten" (I08, S. 192). Kollektiv im Förderschwerpunkt vereint, spricht der Sonderpädagoge von einer Homogenität der Schulklasse – jedes Kind ist wie auch immer diagnostiziert –, wodurch Verhaltensweisen erwartet werden, die aber nicht Fremdheit stiften. Die in anderen Umfeldern als fremdartig konnotierten Eigenschaften erscheinen in der vertrauten Umgebung der alltäglich begegneten Schulklasse somit als individuelle Andersheit.

Neben der Offenheit gegenüber dem Erwartbaren ist der zeitliche Faktor der Gewöhnung relevant. Wie bei jedem Kind, müssen Lehrkräfte die Charaktereigenschaften und persönlichen Verhaltensweisen kennenlernen, um im nächsten Schritt die gesammelten Informationen an ihr eigenes Lehrverhalten anzupassen. Sonderpädagogin A erzählt von einem Schüler, der beginnt, unruhig zu werden, wenn der geregelte Unterrichtszeitplan nicht eingehalten wird. Auf die Frage, ob es nicht schwierig sei, immer im Zeitplan zu bleiben, erwidert sie: „Ja total, aber man gewöhnt sich da ja dran und man weiß dann so über die Besonderheiten der einzelnen Schüler Bescheid und handelt dann danach" (FP10). Hinzukommend – neben der sonderpädagogischen Einschätzung –, ist auch eine detaillierte medizinische Diagnose für die Arbeit mit den Schülerinnen und Schülern hilfreich. Dazu äußert sich Sonderpädagoge B wie folgt: „Je besser jemand diagnostiziert ist, desto besser kannst du halt auch drauf eingehen" (I08, S. 278 f.). Für ihn zeigt sich Autismus als eine „stabile Beeinträchtigung" (ebd., S. 865), bei der ein bestimmtes unveränderliches „Grundsetting" (ebd., S. 874) vorgegeben ist, mit dem die Lehrkraft arbeiten muss und auf Basis dessen sie die Entwicklung des Kindes individuell fördern kann. Bezogen auf spezielle Verhaltensweisen, die nach Aussage des Sonderpädagogen B nur *ein* Schüler mit Autismus-Diagnose in seiner Klasse aufzeigt, wird diesem erneut nicht mit Fremdheit, sondern Andersheit begegnet. Es wird eine Situation beschrieben, in der dieser Schüler sich mit Aussagen auf ein Geschehnis bezieht, welches zeitlich schon vergangen ist, sich jedoch in seiner Aussage noch in der Gegenwart befindet. Dies wird vom Sonderpädagogen B auf ein häufig mit ASS verbundenes Merkmal der sprachlichen Einschränkung zurückgeführt, wodurch in diesem speziellen Fall Aussagen in zeitlicher, aber auch räumlicher, personenspezifischer, handlungs- und objektbezogener Ebene verschoben werden. Diese Verhaltensauffälligkeiten entsprechen dem Deutungsmuster und der Legitimierung des Lehrers, dass sie zum einen nur dadurch auffallen, dass die anderen Schülerinnen und Schüler in einigen Situationen „einheitlicher" (ebd., S. 669) reagieren und zum anderen, dass es keinen „unmittelbaren Sachgrund" (ebd., S. 673) gäbe, nicht so zu handeln, wie es der autistisch diagnostizierte Schüler tut. Ebendiese Perspektive zur Erwartbarkeit der Andersheit scheint der Sonderpädagoge B auch bei den Schülerinnen und Schülern seiner Klasse wiederzuerkennen:[23]

> Ich glaube, dass die [Schülerinnen und Schüler – Anmerkung P.N. und M.M.H.] schon halt irgendwie so diese Verhaltensweisen bei anderen so halt das irgendwie wissen, dass es hier der so und so und der wirft sich halt von Zeit zu Zeit mal auf den Boden so. Aber ich glaube, dass die das eher so sehen, dass die eher so ein größeres Spektrum haben, das halt was normal ist (ebd., S. 467-472).

Insbesondere der Verweis auf ein „größeres Spektrum“ (ebd., S. 471) verdeutlicht den erweiterten Erwartungsrahmen, der keine weiteren Irritationen auslöst, sondern erwartet und anerkannt wird.

Fremdheit aufgrund von Emotions- und Verständnisbarrieren

Im Unterrichtsgeschehen treten Irritationen aufgrund bestimmter Verhaltensweisen auf, wenn sie von den Lehrkräften nicht gewünscht sind, aber auch, wenn bestimmte Verhaltensweisen *nicht* auftreten, *wenn* sie gewünscht sind. So wird in dem ersten Fall von den Gesprächsteilnehmerinnen und Gesprächsteilnehmern geschildert, dass die autistisch diagnostizierten Kinder[24] „in der Lage [sind], den Unterricht komplett lahm zu legen“ (FP10). Speziell in solchen Situationen verfügen Schulbegleiterinnen und Schulbegleiter aus der Sicht der Lehrkräfte über eine Entlastungsfunktion, denn sie können, wenn die Lehrkraft den Überblick über die Klassendynamik beibehalten muss, in einer Eins-zu-Eins-Betreuung auf das Kind eingehen und vermitteln. Vermitteln bedeutet, dass der Ursache, die in den meisten Fällen zu einer Reizüberflutung beim Kind führt, nachgegangen wird. Vermitteln bedeutet außerdem, dass dies der Lehrkraft sprachlich zu verstehen gegeben wird, da die Kinder aufgrund von Reizüberflutungen ihren empfundenen Stress nur mit Mühen verbalisieren können. Mit dem Wissen über die individuellen Bedürfnisse des Kindes kann diesem der Unterricht mit zusätzlicher Hilfestellung

---

[23] Nach Ansicht des Sonderpädagogen B werden die Kinder mit einer Autismus-Diagnose ‚noch‘ im Spektrum des Erwartbaren innerhalb der Klassendynamik miteinbezogen, da sie die Handlungen ausführen, die die anderen Kinder *sehen* können wie bspw. Essen, sich Anziehen und Spielen. Interaktionsschwierigkeiten treten erst dann vermehrt auf, wenn es um sprachliche und emotionale Kommunikation geht (vgl. I08, S. 205–211).

[24] Im Gespräch stand das Phänomen ASS im Fokus, sodass über die Kinder ohne Autismus-Diagnose keine Aussage getätigt wurde.

einer Lehrkraft – und mittels persönlicher Strukturierung –,[25] erleichtert werden. Demnach sind den Lehrkräften die Bedürfnisse resp. die Ursachen der Unterrichtsstörungen zunächst fremd. Dies verflüchtigt sich aber mit der Zeit, wenn individuelle Ursachen bekannt sind und entweder der Unterricht angepasst wird oder situative Bewältigungsstrategien entwickelt werden. Schulbegleiterinnen und Schulbegleiter unterstreichen zudem die Fremdheitserfahrung Außenstehender, indem sie ein sichtbares Zeichen für die sich unterscheidenden Förderungen darstellen. Mit anderen Worten: Die bloße Anwesenheit eines erwachsenen Menschen, der/die *keine* Lehrkraft ist und sich gezielt *einem* Kind zuwendet, unterstreicht das genannte differenzierende Fremdheitsbild.

Im anderen Fall wird Fremdheit erfahren, indem bestimmte Verhaltensweisen *nicht* auftreten, *wenn* sie gewünscht sind. Sonderpädagoge B schildert Barrieren in der Interaktion bzw. in der Deutung von Emotionen. Hierbei stellt er Differenzierungen zwischen Kindern mit Autismus-Diagnose und Kindern ohne Autismus-Diagnose auf: „weil gerade bei den autistischen Kindern hat man das auch manchmal, dass da gar nicht so viel so an so einem persönlichen emotionalen Feedback zurückkommt, was man irgendwie sehen kann ne. Also weiß ich nicht, wie bei den anderen Kindern so, die lachen dann mal, die freuen sich offensichtlicher" (I08, S. 598–602). Die Zuwendung der Lehrkraft trifft selten auf eine emotionale Rückmeldung der genannten Kinder, sodass eine Unsicherheit bezüglich des Erfolges des eigenen Handelns entsteht. Die Reflexion über das eigene Handeln als Lehrkraft wird folglich erschwert. Wiederum werden Situationen geschildert, in denen Kinder mit Autismus-Diagnose Emotionen zeigen, die jedoch ‚unpassend' bzw. nicht nach den ‚konventionellen' Erwartungen interpretiert werden können. So zeige ein Kind ein „Lachen aus Unsicherheit" (I08, S. 628). Die ‚konventionelle' Reaktion des Lachens auf eine erheiternde Situation tritt nicht – wie erwartet – ein. Der Sonderpädagoge interpretiert dieses Verhalten als ein antrainiertes, wodurch es sich ebenso vom gewohnheitsmäßig unsicheren Lachen zum Überspielen unangenehmer Situationen unterscheidet. Nur mithilfe einer aufgebauten Vertrautheit zum Kind und dem persönlichen Umgang miteinander, kann das Lachen als Reaktion auf Unsicherheit gedeutet werden.

[25] Häufig wird bezüglich strukturbringender Maßnahmen von der TEACCH Methode (vgl. Eyal 2013, S. 886) gesprochen, die Sonderpädagoge B für seine gesamte Klasse anwendet, und bei all seinen Schülerinnen und Schülern Anklang findet.

Eine ‚Reise' von der Medizin zur Familie, in die Schule und wieder zurück

Das bis hierher aufgezeigte Verfolgen eines Konzepts entlang einer ‚Reiseroute' ermöglichte uns, vom Startpunkt des Projekts aus betrachtet, eine grundsätzliche Erweiterung von Fremdheitskonstruktionen im Umgang mit Menschen mit ASS Diagnosen zu tätigen. Da Konzepte abhängig von der Deutungshoheit der Autorinnen und Autoren anerkannt werden – und weniger die ‚leiseren' Stimmen (vgl. Frank 2009, S. 71) –, schauten wir anfangs ausschließlich mit der theoretischen Perspektive der Fremdheit auf das zu untersuchende Phänomen. Menschen mit ASS Diagnosen schienen daher in all den untersuchten Feldern als Fremde, die besonders durch Verhaltensauffälligkeiten und sozial-kommunikative Einschränkungen unser Konzept von Fremdheit bestätigten und in diese Richtung auch erweiterten. Demnach begannen die Untersuchungen zunächst innerhalb medizinischer Kontexte – hier besonders in Bezug auf die Definitionen der Klassifikationssysteme tiefgreifender Entwicklungsstörungen – in denen Fremdheit durch eine pathologisierende Perspektive bestimmt wird. Dies scheint im Hinblick auf die Berufsstände innerhalb der Medizin notwendig, da das professionelle Handeln legitimiert werden muss (etwa beim Diagnostizieren). Aus Sicht der Psychologie wird besonders bei psychischen Entwicklungsstörungen, wie der Schizophrenie, ein Entfremdungsprozess in Gang gesetzt, der einer brüchigen Vertrautheit von Subjektivität des Gegenübers zugrunde liegt (vgl. Fuchs 2015, S. 111). Auch wenn unsere bis zu diesem Zeitpunkt erhobenen Daten aus medizinischen Feldern bereits Verweise enthielten, die auf das Gegenteil dieser Pathologisierung hinwiesen, so war es erst das Forschungsfeld familiärer und intimer Settings, das uns das Konzept der Fremdheit im Lichte einer dimensionalen Ausprägung sehen ließ. In Gesprächen mit Familienangehörigen von Menschen mit ASS Diagnosen fiel zunehmend auf, dass deren Deutungsmuster und Handlungsstrategien im kommunikativen Umgang mit den Betroffenen vom Konzept der Vertrautheit und Bekanntheit geprägt waren. Das von Fuchs (2015) beschriebene „zwischenleibliche Gedächtnis" ist für diese familieninternen Qualitäten besonders aufschlussreich, da dieses in intimen Beziehungen den Umgang miteinander als etwas Vertrautes werden lässt: „Es ist ein zeitlich organisiertes, gewissermaßen ‚musikalisches' Gedächtnis für die Rhythmik, die Dynamik und auch die Emotionen, die in der Interaktion mit anderen mitschwingen" (ebd., S. 108). Besonders der Hinweis darauf, dass Vertrautheit zeitlich bedingt ist und sich qualitativ entlang von Emotionen beschreiben lässt, findet sich in den Gesprächen mit Eltern und Geschwistern an unzähligen Stellen wieder. Die Angehörigen präsentieren sich kompetent darin, Aussagen über Befindlichkeiten, Gedankenlagen, Einstellungen, Wünsche, Sorgen usw. zu tätigen. Nicht weniger entwickeln sich Gewissheiten über spezifische Verhaltensweisen und zu erwartende Handlungen der Familienmitglieder mit ASS Diagnosen. Wie auch im Forschungsfeld Familie, erschien uns im Bereich schulischer Settings die Annahme, Schülerinnen und Schüler mit diagnostizierten ASS würden wie ‚Fremdkörper' behandelt, als unzulänglich. Wie im vorangegangen Abschnitt erörtert wurde, ist der Aspekt der zeitlich bedingten Erfahrung, die im Umgang mit Schülerinnen und Schülern mit ASS gemacht wird, entscheidend für den Verweis auf das genaue Gegenteil: Im schulischen Alltagshandeln entwickelt sich mit der Zeit eine gewisse Vertrautheit im je individuell auszudifferenzierenden Umgang.[26] Der sich mit der Zeit eingewöhnende Umgang im schulischen Alltagshandeln der Lehrkräfte, verleiht ihnen dabei eine gewisse Kompetenz, das zu erwartende Handeln der Schülerinnen und Schüler sinnadäquat einschätzen zu können.

Über das Konzept der Fremdheit, nun tiefgreifend um die Dimension der Vertrautheit erweitert, erschlossen sich uns bei der ‚Rückkehr' zu den medizinischen Forschungssettings jene Verweise, die auf einen vertrauten Umgang mit ASS hinweisen. Basierend auf einen langwierigen Prozess, in dem berufliche Erfahrungen mit Menschen mit ASS gemacht werden, entwickeln Medizinerinnen und Mediziner, ähnlich wie die Familienmitglieder, ein Gefühl dafür, ASS anhand medizinischer Klassifikationen intuitiv zu diagnostizieren. Dies lässt ASS zu einem berufsbedingt vertrauten Erscheinungsbild werden.[27]

Dass sich das empirisch fundierte Nachzeichnen eines ‚reisenden' Konzepts innerhalb und zwischen verschiedenen „sites" auf die Entwicklung und Erweiterung miniaturähnlicher Theorien (vgl. Bal 2002, S. 22) erkenntnisversprechend auswirkt, haben wir im vorliegenden Beitrag zu zeigen versucht. Die MSE ist ein stark empirisch ausgerichtetes Forschungsprogramm, das sich dadurch auszeichnet, die Sinnrelevanzen unterschiedlicher Felder miteinander in Beziehung zu set-

[26] Die Sonderpädagoginnen und Sonderpädagogen berichteten zudem, dass sie ihr Handeln per se an jede Schülerin und jeden Schüler anpassen und dass dies keine dem Autismus exklusive Besonderheit sei. Diese Tatsache unterstreicht noch einmal den Fehlschluss, ASS sei ein fremdheitsevozierendes Phänomen, das sich kaum in das Klassengeschehen eingliedern lasse.

[27] Basierend auf diesem Vertrautheitswissen, formulieren die Feldteilnehmerinnen und Feldteilnehmer aller hier vorgestellten Felder, Handlungsempfehlungen im Umgang mit Betroffenen, die aus Platzgründen jedoch nur ansatzweise behandelt werden konnten.

zen (vgl. Candea 2009, S. 27). Dieses Aufdecken – im späteren Analyseprozess dann auch Rekonstruieren – von Interrelationen, ermöglicht es, eine empirisch fundierte Kartographie des vom im Erkenntnissinteresse stehenden Phänomens zu erstellen (vgl. ebd., S. 27). Wie in anderen ethnographischen Ansätzen auch, wird hierzu ein methodenplurales Vorgehen verfolgt (vgl. Hitzler und Eisewicht 2020, S. 42), dass je nach Felddynamik relevante Daten berücksichtigt. Neben den Methoden sind auch die Auswertungsverfahren der erhobenen Daten vielfältig und ergeben sich aus der theoretischen Sensibilität (vgl. Kelle und Kluge 2010, S. 28). Es geht darum, dass Forschende diejenigen Auswertungsverfahren, die zur sukzessiven Beantwortung einer Forschungsfrage beitragen, anwenden. Bspw. erschien uns die Sequenzanalyse (vgl. Sammet und Erhard 2018, S. 20 ff.) zur Untersuchung von Schlüsselstellen geführter Interviews als besonders erkenntnisversprechend, da aus diesen gewonnenen Erkenntnissen wiederum Verbindungen zu anderen „sites“ hergestellt werden konnten. Auch wenn eine MSE in einem offen angelegten Forschungsprozess im Sinne induktiven Vorgehens darauf ausgerichtet ist, empirisch verankerte Theorien zu erstellen, so werden zu Anfang des Forschungsprozesses Erkenntnisfragen gestellt, die sich auf theoretische Konzepte stützen (vgl. Fortun 2009, S. 82). Ähnlich der Grounded Theory (vgl. Strauss und Corbin 1996), werden diese dann im Laufe der Forschung gegenstandsbezogen erweitert und in eine Theorie übersetzt. Die Zuhilfenahme theoretischer Konzepte und deren sich interdisziplinär stark voneinander unterscheidenden Varianzen, werden dabei in der Regel weniger beachtet. ‚Reisendes Wissen', wie es im vorliegenden Band behandelt wird, lässt sich gerade in breit angelegte Untersuchungen der qualitativen Sozialforschung gewinnbringend integrieren. Der für ethnographische Arbeiten typische zirkuläre Forschungsprozess findet sich auch bei den „travelling concepts“ wieder, bei denen es darum geht, Konzepten und deren Bedeutungen in ihrer Mobilität zwischen Disziplinen und Feldern nachzuspüren, um dann mit den neu erworbenen Erkenntnissen zu bereits untersuchten Feldern zurückzukehren (vgl. Neumann und Nünning 2012, S. 3; vgl. Bal 2002, S. 39; vgl. Said 1983, S. 227 ff.). Einerseits wird dadurch der theoretische Gehalt des jeweiligen Konzepts erweitert – dergestalt kamen wir vom Konzept der Fremdheit zum Konzept der Vertrautheit. Andererseits wird auch die theoretische Perspektive, mittels derer „sites“ untersucht werden, verändert bzw. verschärft. Forschungsvorhaben, die eine MSE verfolgen, erkunden multiple Felder und die darin kursierenden Wissensbestände. Diese sind eingebettet in ein Beziehungsgeflecht zwischen und innerhalb von „sites“. Die Rekonstruktion dieser Beziehungsgeflechte gilt als besondere Stärke der MSE. Inwiefern sich jedoch die aus dem Datenmaterial ableitenden Erkenntnisse theoretisch fassen lassen, ist eine bisweilen noch offene Frage. Mit dem Ansatz der „travelling concepts“

haben wir ein Verfahren herangezogen, um diesen Fokus auszuweiten. Nicht nur konnte sich durch diese Erweiterung ein Konzept aus dem Datenmaterial ableiten lassen (Fremdheit), sondern diese Ableitungen auch in Relation zu anderen „sites" setzen lassen. Während des Forschungsprozesses – besonders während der Datenauswertung –, wurde deutlich, dass ein theoretisches Konzept flexibel zu handhaben ist. Das Konzept der Fremdheit ließ sich dergestalt mit demjenigen der Vertrautheit erweitern. Wir versprechen uns weiterhin durch das Nachspüren der Mobilität in andere Felder wie Therapie, Pflege, Betreuung und Medienlandschaft, eine konzeptuelle und theoretische Erweiterung.

Literatur

Bachmann-Medick, Doris. 2012. Translation – A Concept and Model for the Study of Culture. In *Travelling Concepts for the Study of Culture,* Hrsg. Birgit Neumann und Ansgar Nünning, 23–43. Berlin und Boston: De Gruyter.

Badcock, Christopher. 2009. *The Imprinted Brain. How Genes Set the Balance between Autism and Psychosis*. London und Philadelphia: Jessica Kingsley Publishers.

Bal, Mieke. 2002. *Travelling Concepts in the Humanities. A Rough Guide*. Toronto, Buffalo und London: University of Toronto Press.

Berg, Ulla D. 2008. Practical Challenges of Multi-Sited Ethnography. *Anthropology News*. https://anthrosource.onlinelibrary.wiley.com/doi/epdf/10.1525/an.2008.49.5.15.2. Zugegriffen: 13. Aug. 2019.

Berger, Peter L., und Thomas Luckmann. 1992. *Die gesellschaftliche Konstruktion der Wirklichkeit. Eine Theorie der Wissenssoziologie*. Übern. der unv. 5. Aufl. (1977) der erstmals 1969 ersch. deutsch. Erstfassung. Frankfurt a. M.: Fischer Taschenbuch.

Candea, Matei. 2009. Arbitrary Locations. In Defence of the Bounded Field-site. In *Multi-Sited Ethnography – Theory, Praxis and Locality in Contemporary Research,* Hrsg. Mark-Anthony. Falzon, 25–45. Farnham: Ashgate.

Deutsche Gesellschaft für Kinder- und Jugendpsychiatrie. 2007. Tief greifende Entwicklungsstörungen (F84). In *Leitlinien zur Diagnostik und Therapie von psychischen Störungen im Säuglings-, Kindes- und Jugendalter,* Hrsg. Deutsche Gesellschaft für Kinder- und Jugendpsychiatrie. 2007. Tief greifende Entwicklungsstörungen (F84), 3., überarbeitete Auflage, 225–237. Köln: Deutscher Ärzte Verlag.

Eisewicht, Paul. 2021. Das 'gewisse Etwas' wissenschaftlichen Kunsthandwerks. Der Kompetenzerwerb in der explorativ-interpretativen Sozialforschung. In *Qualitativ Forschen als Schlüsselqualifikation,* Hrsg. Alexa M Kunz, Günter Mey, Felix Albrecht, und Jürgen Raab, 220–244. Weinheim und Basel: Beltz Juventa.

Eyal, Gil. 2013. For a Sociology of Expertise: The Social Origins of the Autism Epidemic. *American Journal of Sociology* 118 (4): 863–907.

Fairhead, James. 2011. Multiple Pathways and the Price of Liberation. Part C Introduction. In *Multi-Sited Ethnography – Problems and Possibilities in the Translocation of Research Methods,* Hrsg. Simon Coleman und Pauline von Hellermann, 143–145. New York: Routledge.

Falkal, Peter, und Hans-Ulrich. Wittchen. 2018. *Diagnostisches und Statistisches Manual Psychischer Störungen DSM-5®* 2. Korrigierte. Göttingen: Hogrefe.

Falzon, Mark-Anthony. 2009. Introduction: Multi-Sited Ethnography – Theory, Praxis and Locality in Contemporary Research. In *Multi-Sited Ethnography – Theory, Praxis and Locality in Contemporary Research,* Hrsg. Mark-Anthony Falzon, 1–23. Farnham: Ashgate.

Fortun, Kim. 2009. Scaling and Visualizing Multi-sited Ethnography. In *Multi-Sited Ethnography – Theory, Praxis and Locality in Contemporary Research,* Hrsg. Mark-Anthony. Falzon, 73–85. Farnham: Ashgate.

Frank, Michael C. 2009. Imaginative Geography as a Travelling Concept. Foucault, Said and the spatial turn. In: *European Journal of English Studies* 13 (1): 61–77.

Fuchs, Thomas. 2015. Vertrautheit und Vertrauen als Grundlagen der Lebenswelt. In *Phänomenologische Forschungen,* Hrsg. Karl-Heinz. Lembeck, Karl Mertens, und Ernst Wolfgang Orth, 101–117. Hamburg: Felix Meiner Verlag.

Geertz, Clifford. 1973. *The Interpretation of Cultures: Selected Essays.* New York: Basic Books.

Girtler, Roland. 1995. *Randkulturen: Theorie der Unanständigkeit.* Wien: Böhlau.

Girtler, Roland. 2006. *Abenteuer Grenze. Von Schmugglern und Schmugglerinnen, Ritualen und "heiligen" Räumen.* Wien: LIT.

Grundmann, Matthias, und Angela Wernberger. 2015. Familie und Sozialisation. In *Handbuch Familiensoziologie,* Hrsg. Paul B. Hill und Johannes Kopp, 413–435. Wiesbaden: Springer VS.

Hage, Ghassan. 2005. A not so multi-sited ethnography of a not so imagined community. *Anthropological Theory* 5 (4): 463–475.

Hahn, Alois. 1994. Die soziale Konstruktion des Fremden. In *Die Objektivität der Ordnungen und ihre kommunikative Konstruktion. Für Thomas Luckmann,* Hrsg. Walter M. Sprondel, 140–166.Frankfurt a. M.: Suhrkamp.

Hannerz, Ulf. 2003. Being there…and there…and there! *Reflections on multi-site ethnography. In: Ethnography* 4 (2): 201–216.

Hirschauer, Stefan. 1999. Die Praxis der Fremdheit und die Minimierung von Anwesenheit. *Eine Fahrstuhlfahrt. In: Soziale Welt.* 50 (3): 221–247.

Hitzler, Ronald. 1999. Welten erkunden: Soziologie als (eine Art) Ethnologie der eigenen Gesellschaft. *Soziale Welt.* 4:473–482.

Hitzler, Ronald, und Paul Eisewicht. 2020. *Lebensweltanalytische Ethnographie – im Anschluss an Anne Honer*, 2. Aufl. Weinheim Basel: Beltz Juventa.

Hitzler, Ronald und Henny Annette Grewe. 2013. Wie das Bewusstsein (der einen) das Sein (der anderen) bestimmt. Über ungleiche Lebensbedingungen im Zustand „Wachkoma". In *Wissen und soziale Ungleichheit,* Hrsg. Oliver Berli und Martin Endreß, 240–259. Weinheim und Basel: Beltz Juventa.

Honer, Anne. 1993. *Lebensweltliche Ethnographie. Ein explorativ-interpretativer Forschungsansatz am Beispiel von Heimwerker-Wissen.* Wiesbaden: Deutscher Universitäts-Verlag.

Horst, Cindy. 2009. Expanding Sites: The Question of 'Depth' Explored. In *Multi-Sited Ethnography – Theory, Praxis and Locality in Contemporary Research,* Hrsg. Mark-Anthony. Falzon, 119–133. Farnham: Ashgate.

International Statistical Classification of Diseases and Related Health Problems. 2020. ICD-11.

Kalekin-Fishman, Devorah. 2000. Unraveling Alienation. In *International Handbook of Sociology,* Hrsg. Stella Quah und Arnaud Sales, 387–419. London: Sage.

Kelle, Udo, und Susann Kluge. 2010. *Vom Einzelfall zum Typus – Fallvergleich und Fall-Kontrastierung in der qualitativen Sozialforschung* 2., überarbeitete Aufl. Wiesbaden: Springer VS.

Kjeldgaard, Dannie, Fabian Faurholt Csaba, und Güliz Ger. 2006. Grasping the global: Multi-sited ethnographic market studies. In *Handbook of Qualitative Research Methods in Marketing,* Hrsg. Russell W. Belk, 521–533. Cheltenham und Northampton: Elgar.

Knorr Cetina, Karin. 2002. *Die Fabrikation von Erkenntnis. Zur Anthropologie der Naturwissenschaft.* Frankfurt a. M.: Suhrkamp Verlag.

Kroeber, A. L., und Clyde Kluckhohn. 1952. *Culture. A Critical Review of Concepts and Definitions*. New York: Vintage Books.

Kumbier, Ekkehardt, Gregor Domes, Beate Herpertz-Dahlmann, und Sabine C Herpertz. 2010. Autismus und autistische Störungen. Historische Entwicklung und aktuelle Aspekte. *Nervenarzt* 1 (81): 55–65.

Kurotani, Sawa. 2004. Multi-sited Transnational Ethnography and the Shifting Construction of Fieldwork. In *Anthropologists in the Field,* Hrsg. Lynne Hume und Jane Mulcock, 201–215. New York: Columbia University Press.

Lamnek, Siegfried. 1994. *Neue Theorien abweichenden Verhaltens*. München: UTB.

Leonard, Karen Isaksen. 2009. Changing Places: The Advantages of Multi-sited Ethnography. In *Multi-Sited Ethnography – Theory, Praxis and Locality in Contemporary Research,* Hrsg. Mark-Anthony. Falzon, 165–179. Farnham: Ashgate.

Lord, Catherine, Andrew Pickles, John McLennan, Michael Rutter, Joel Bregman, Susan Folstein, Eric Fombonne, Marion Leboyer, und Nancy Minshew. 1997. Diagnosing Autism: Analyses of Data from the Autism Diagnostic Interview. *Journal of Autism and Developmental Disorders* 27 (5): 501–517.

Lysaker, Paul H. und John T. Lysaker. 2010. Schizophrenia and Alterations in Self-experience: A Comparison of 6 Perspectives. In: *Schizophrenia Bulletin* 36 (2): 331–340.

Marcus, George E. 1995. Ethnography in/of the World System: The Emergence of Multi-Sited Ethnography. *Annual Review of Anthropology* 24:95–117.

Marcus, George E. 1999. What is at Stake – and is not – in the Idea and Practice of Multi-Sited Ethnography. In: *Canberra Anthropology* 22 (2): 6–14.

Miyake, Kunio, Takae Hirasawa, Tsuyoshi Koide, und Takeo Kubota. 2012. Epigenetics in Autism and Other Neurodevelopmental Diseases. *Advances in Experimental Medicine and Biology.* 724:91–98.

Nadai, Eva, und Christoph Maeder. 2009. Contours of the Field(s): Multi-sited Ethnography as a Theory-driven Research Strategy for Sociology. In *Multi-Sited Ethnography – Theory, Praxis and Locality in Contemporary Research,* Hrsg. Mark-Anthony. Falzon, 233–250. Farnham: Ashgate.

Neumann, Birgit, und Ansgar Nünning. 2012. Travelling Concepts as a Model for the Study of Culture. In *Travelling Concepts for the Study of Culture,* Hrsg. Birgit Neumann und Ansgar Nünning, 1–22. Berlin und Boston: De Gruyter.

Noterdaeme, Michele. 2011. Autismus-Spektrum-Störungen – ein Überblick zum aktuellen Forschungsstand. *Klinische Pädiatrie* 223 (1): 1–15.

Park, Robert Ezra. 1928. Human Migration and the Marginal Man. *American Journal of Sociology.* 33:881–893.

Said, Edward W. 1983. *The World, the Text, and the Critic.* Cambridge, Massachusetts: Harvard University Press.

Sammet, Kornelia, und Franz Erhard. Hrsg. 2018. Methodologische Grundlagen und praktische Verfahren der Sequenzanalyse. Eine didaktische Einführung. In *Sequenzanalyse praktisch,* Hrsg. Kornelia Sammet und Franz Erhard, 15–72. Weinheim Basel: Beltz Juventa.

Schütz, Alfred. 1971. Symbol, Wirklichkeit und Gesellschaft. In *Gesammelte Aufsätze. Band 1. Das Problem der sozialen Wirklichkeit,* Hrsg. Alfred Schütz, 331–411. Den Haag: M. Nijhoff.

Simmel, Georg. 1992. Exkurs über den Fremden. In *Georg Simmel Gesamtausgabe. Band 11: Soziologie,* Hrsg. Otthein Rammstedt, 764–771. Frankfurt a. M.: Suhrkamp.

Simpson, Barbara, Rory Tracey, und Alia Weston. 2018. Traveling concepts: Performative movements in learning/playing. In: *Management Learning* 49 (3): 295–310.

Soeffner, Hans-Georg. 2000. Kulturmythos und kulturelle Realität(en). In *Gesellschaft ohne Baldachin. Über die Labilität von Ordnungskonstruktionen,* Hrsg. Hans-Georg, 153–179. Velbrück: Weilerswist.

Strauss, Anselm, und Juliet Corbin. 1996. *Grounded Theory: Grundlagen Qualitativer Sozialforschung. Aus dem Amerikanischen von Solveigh Niewiarra und Heiner Legewie.* Weinheim: Beltz.

Tebartz van Elst, L., Monica Biscaldi, und Andreas Riedel. 2014. Autismus-Spektrum-Störungen im DSM-5. *Neurologie & Psychiatrie* 16 (4): 50–59.

Thomas, Stefan. 2019. *Ethnografie – Eine Einführung*. Springer VS.

Voysey Paun, M. 2006. *A Constant Burden. The Reconstitution of Family Life*. Hampshire und Burlington: Ashgate.

Wagner, Lorenz. 2018. *Der Junge, der zu viel fühlte*. München: Europa.

Wittel, Andreas. 2000. Ethnography on the Move: From Field to Net to Internet. *Forum: Qualitative Sozialforschung* 1/1, Art. 21.

Teil III: Bleiben

Flanieren als Methode

Drei Wissensformen begegnen sich auf Augenhöhe

Stephanie Kernich

In diesem Beitrag möchte ich den Begriff der Reisenden und ihr Wissen (Traveling Concepts) um den Begriff der Flanierenden erweitern. Denn wenn zwischen den Reisenden (wie TouristInnen, WissenschaftlerInnen etc.) und den Flanierenden differenziert wird, kann eine Konzeptualisierung als soziologische Kategorie des *reisenden Wissens* bereichert werden, indem die Besonderheiten der Flanierenden mit ihren Orientierungsrahmen und den ‚kleinen' Reisen in ihrer konkreten Alltagswirklichkeit berücksichtigt werden. Aus der kultur- bzw. wissenssoziologischen Perspektive handelt es sich bei den Traveling Concepts weniger um Reisekonzepte als vielmehr um *wissende Reisende*, die als Wissensträger, -verarbeiter und -weiterentwickler ihr Wissen mitnehmen und/oder einsetzen, dieses mit weiteren „Reisenden" in der spezifischen sozialen Situation bestätigen und neu aushandeln und/oder entlang vorgefundener struktureller (architektonischer) Kontexte und Wissensordnungen transformieren. Dies lässt sich besonders gut anhand der Flanierenden und deren langsame Art des Reisens in ihrer Alltagswirklichkeit veranschaulichen.

Nach einer theoretischen Beschäftigung mit der Figur des Flanierenden wird darauf aufbauend mit dem „Begehungsinterview" eine methodische Umsetzung vorgeschlagen, um drei unterschiedlichen Wissensformen miteinander empirisch erfassen und analysieren zu können: auf einem Spaziergang durch ein Stadtquartier begegnen sich zum einen die beiden unterschiedlichen Wissensformen der

S. Kernich (✉)
Universität Zürich, Zürich, Schweiz
E-Mail: stephanie.kernich@uzh.ch

M. Harbusch (Hrsg.), *Reisendes Wissen*,
https://doi.org/10.1007/978-3-658-45229-2_10

flanierenden Teilnehmenden – die der interviewten Person *und* die der sie begleitenden SozialwissenschafterIn – und zum anderen treffen sie auf die dritte Wissensform – die Stadt selbst als materialisiert gespeicherte Wissensform.

Personale AkteurInnen und ihre Alltagswirklichkeit

Den personalen AkteurInnen – hier den Flanierenden – ist ein eigenständiger Nennwert zuzugestehen, denn Sinn-Herstellung bzw. -Zuschreibung ist als biographische Relevanzstruktur und in Um-zu- und Weil-Motive eingebettete Handlungslogik (Schütz und Luckmann 2003, S. 286 ff.) immer auch mit einer Person verbunden. Ferner bewegen sich Flanierende in ihrer jeweiligen Alltagswirklichkeit, die deren Basis der gesellschaftlichen Interaktionen und Kommunikation darstellt. Diese Alltagswirklichkeit gilt für jedes Individuum und wird gleichzeitig immer auch mit anderen Mitgliedern einer Gesellschaft geteilt. Die intersubjektiv geteilte Welt basiert auf der Alltagswirklichkeit – in der die Individuen miteinander ihre gesellschaftliche Wirklichkeit „aushandeln, aufbauen, und fortlaufend bestätigend aufrechterhalten oder verändern" (Schnettler 2006, S. 171). Kurz: die Alltagswirklichkeit ist pragmatisch, kommunikativ und sozial (ebd.). Es handelt sich um genau die Alltagswirklichkeit, die im Kleinen, in den Details beginnt und durch die man sich bewegt – quasi als die langsamste Art des Reisens.

Die (Wissens-)Soziologische Perspektive mit personalen AkteurInnen als begründete Ausgangsbasis

Wenn Birgit Neumann und Ansgar Nünning die „soziale Situierung von Akteuren" als „ebenso wichtig wie die akademischen Kontexte" betrachten, stellen sie die personale Ebene ins Zentrum: „The engagement with the theory and practice of cultural studies inevitably calls for self-reflexive research agendas, which can draw attention to the epistemological, cultural and political implications of the theories and concepts we endorse" (Neumann und Nünning 2012, S. 3). Damit weisen sie auf die Bedeutung der Entwicklung eines solchen selbstreflexiven Ansatzes zur Erforschung der Kultur hin, die nur auf eben jener subjektiven Ebene basiert und anschließend als intersubjektiv geteilte Wissensanreicherung bewerkstelligt und gesellschaftlich gefestigt werden kann.

Wie damit bereits angesprochen, kann Kulturbedeutung nicht allein von einem einzelnen Individuum bzw. Subjekt konstruiert werden, sondern das intersubjektiv geteilte Wissen der Mitglieder einer Gesellschaft ist immer mitzudenken. Dahinter stehen nichts weniger als die kulturellen Regeln einer sozialen Gruppe, die bei einer Erforschung in kulturellen Kontexten zu berücksichtigen sind und „die den längerfristigen Bestand einer bestimmten Kultur garantieren. Dies sind die stillschweigenden Hintergrundannahmen für die dominanten Rechtfertigungs- oder Problematisierungsstrategien einer Kultur" (Bude 1995, S. 101 f.). In diesem Zusammenhang nennt Bude als eine der Voraussetzungen „universelle(n) Regeln der Produktion, Kommunikation, Signifikation und Subjektivation, die auf gezielte Nachfragen hin von den Subjekten nicht spontan expliziert, sondern nur theoretisch rekonstruiert werden können" (ebd.). Mit der Überlegung, dass die Wahrnehmung und Erfahrung dieser kulturellen Regeln anschlussfähig sind zu anderen Gesellschaftsmitgliedern, beginnt der soziologisch relevante Aspekt – die Wechselwirkung zwischen Individuum und Gesellschaft – ihre eigentliche Bedeutung zu entfalten: „Die Realität der ‚kollektiven Vorstellungen' ist weder als Generalisierung individueller Erfahrungen noch als Widerspiegelung objektiver Gegebenheiten zu begreifen. Es ist eine Realität eigener Art, die kollektiv und praktisch ist, und die Bedingungen setzt für individuelle Erfahrungen und mentale Repräsentationen. (…) Unter kulturellen Regeln kann man die Kohärenzregeln verstehen, an denen sich die Mitglieder einer Kulturgemeinschaft bei ihren Versuchen orientieren, einen befriedigenden Konsens darüber herzustellen, inwiefern ihren Aussagen über die Wirklichkeit etwas in der Wirklichkeit entspricht" (ebd.).

Nachdem die große Bedeutung von personalen AkteurInnen als subjektive Wissensträgerschaft aufgezeigt und damit gleichzeitig auch die unweigerliche Wechselwirkung ihres Handelns als ein Mitglied einer Gesellschaft aufgezeigt wurde, soll nun die Aufmerksamkeit konsequent auf das Subjekt gerichtet und James Cliffords Begriff des *Traveling Theorist* aufgegriffen (Clifford 1989) und weiterentwickelt werden. Clifford veröffentlichte seine Gedankensammlung rund um das Reisen und die Theorie auf seiner Website und ist dabei kritischen Auseinandersetzungen und möglichen Theoriezusammenhängen auf der Spur. Diesen anfänglich essayistisch anmutenden Umgang wird durch folgende einleitende Worte deutlich: „Travel: a figure for different modes of dwelling and displacement, for trajectories and identities, for storytelling and theorizing in a postcolonial world of global contacts. Travel: a range of practices for situating the self in a space or spaces grown too large, a form both of exploration and discipline" (ebd.). Doch schon bald stellt er mit seinen grundsätzlich gestellten Fragen gleichzeitig die Unterscheidung klar: „How does theory travel and how do theorists travel? Complex, unresolved questions" (ebd.). Clifford verdeutlicht, dass Theorien weder unabhängig von einem Ort entwickelt werden, noch unabhängig von einer Person entstehen: „These include the migration of third world intellectuals into the metropolitan universities, to pass through or to remain, changed by their travel but marked by places of origin, by peculiar allegiances and alienations“ (ebd.). Auch Neumann und Nünning sprechen diesen entscheidenden Kontext selbst an: „Concepts rarely travel by themselves; rather, travel processes are multidimensional, social processes, encompassing interactions of various forms, such as institutions, organisations, agents, their epistemological norms, and so on“ (Neumann und Nünning 2012, S. 8) – vor allem diese entscheidenden *Agents* in ihrer Alltagswirklichkeit sollen im Folgenden ins Zentrum gerückt werden.

Die Alltagswirklichkeit der AkteurInnen

Um die subjektive Wahrnehmung und Erfahrung der soeben beschriebenen AkteurInnen zu vermitteln, wird über das Wahrgenommene und das Erfahrene gesprochen, d. h., erst die Kommunikation ermöglicht eine Anschlussfähigkeit zur intersubjektiven gegenseitigen Verständigung in der Alltagswirklichkeit. „Da jedoch die Lebenswelt des Alltags die ausgezeichnete Wirklichkeit ist – und vor allem, weil das wichtigste Mittel der Wissensobjektivierung, die Sprache, in ihr beheimatet ist –, können wir das Wissen, das sich auf sie bezieht, als den Kernbereich des lebensweltlichen Wissensvorrats auffassen“ (Schütz und Luckmann 2003, S. 178). Auch Neumann und Nünning sind sich mit Mieke Bal einig, dass (kulturwissenschaftliche) Konzepte „the tools of intersubjectivity“ sind und dass sie die „discussion on the basis of a common language“ (Bal 2002, S. 22) vereinfachen bzw. als Voraussetzung gelten (Neumann und Nünning 2012, S. 3). Dies erst recht, wenn in Erinnerung gerufen wird, dass das Alltagswissen in bestimmten Merkmalen dem Wissenschaftswissen gleicht: Es beruht auf dem gleichen Prinzip der Aneignung. Dabei kann unterschieden werden zwischen dem expliziten und dem impliziten Kommunizieren: Die Beweislast wiegt in der Alltagswirklichkeit in der Regel nicht so schwer, hingegen hängt viel von der Glaubwürdigkeit einer Person und deren Aussage und den situativen Ausgangsbedingungen ab (vgl. Luckmann 2017, S. 55–57). Doch um welche Alltagswirklichkeit handelt es sich bei den Reisenden genau? Und inwiefern wird das Wissen in dem jeweiligen Kontext vermittelt? Um diese Frage zu beantworten, lohnt es sich, die Reisenden in das Umfeld und unter den Bedingungen ihrer Reise ein Stück weit zu begleiten.

Die Alltagswirklichkeit von Reisenden

Wissende Reisende: TouristInnen und WissenschaftlerInnen

Je nach Alltagswirklichkeit der Reisenden unterscheidet sich auch das Wissen, das auf Reisen entsteht oder/und weiterentwickelt wird. Zur Rolle von Reisenden als TouristInnen bzw. dem „Reisen als soziales Handeln“ gibt es bereits einige soziologische Konzepte und Theorien (vgl. Heuwinkel 2019; Bachleitner und Schimany 1999; Bachleitner und Penz 2000; Hennig 1999 u. v. a.).

Menschen waren schon immer auf Reisen, früher allerdings in der Regel, weil sie mussten: als Boten, Pilger, Soldaten, Staatsmänner, Kaufleute etc., aber auch als Vertriebene wegen kriegerischer Auseinandersetzungen oder Missernten. „Die Reise als Abenteuer, als Selbstzweck, war bis tief ins 18. Jahrhundert hinein unbekannt. (…) Die Ferne ist Verbannung, Reisen ist Irren“ (Enzensberger 1962, S. 152 f.). Diese „strenge Zweckhaftigkeit des Reisens“ wurde laut Enzensberger vor allem durch ein „Freiheitsbewusstsein“ abgelöst, das mit der bürgerlichen Revolution einherging und sich zu einem Bedürfnis entwickelte, „sich von der eigenen Zivilisation in der Ferne zu befreien“ (ebd.: 153 ff.). Doch sind diese ‚Sorte‘ Reisenden „in aller Regel auch nicht auf der Suche nach sozialer Realität“ (Müller 2012, S. 18), denn: „Schon immer ging es nur begrenzt um die Erkenntnis der Fremde. Vielmehr suchen Touristen die sinnliche Erfahrung imaginärer Welten, die Realität der Fiktion. Die Reiseerlebnisse werden zu diesem Zweck inszeniert und konstruiert, die Elemente der Wirklichkeit in neuen Verbindungen angeordnet. Das gilt für die bürgerlichen Reisenden früherer Jahrhunderte wie für heutige Kulturtouristen, für die Badereisenden des 19. Jahrhunderts und für die heutigen Mallorca-Urlauber“ (Hennig 1999, S. 42). Wenn es demnach nicht (oder nur wenig) um den Erkenntnisgewinn des Fremden geht, entspricht diese Wissensform auf touristischen Reisen dem normalen Alltagswissen in dem Sinne, dass „das Alltagswissen eine Eigenschaft [hat], die weder schulisches noch wissenschaftliches Wissen haben: Es ist völlig zweifelsfrei. (…) Das Alltagswissen muss (…) gerade fraglos gültig sein, wir müssen es schlicht voraussetzen, um überhaupt handeln zu können“ (Hirschauer 2010, S. 216). Er geht sogar noch weiter, indem er ergänzt, dass das Alltagswissen (…) zu einem großen Teil kein theoretisches, kognitives oder auch nur sprachlich verfasstes Wissen“ sei (Hirschauer 2010, S. 219). Aber diese Wissensform ist in der Regel auch völlig ausreichend, um solche Reisen gefahrenlos und sogar entspannt unternehmen können.

Auch WissenschaftlerInnen sind selbstredend auf Reisen. Sie reisen in der Regel an Kongresse, Workshops und Summerschools, aber auch für längere Zeit als GastwissenschaftlerInnen. Sie nehmen ihren angeeigneten Wissensvorrat mit; sie teilen ihr Wissen, entwickeln es durch Anregungen weiter und transportieren ihr dergestalt bereichertes Wissen wieder zurück – in ihre Community zuhause, wo es wiederum aufgegriffen wird, Anregungen übernommen oder verworfen werden etc. „Indeed, the performative perspective of *travelling* suggests that concepts [– sprich das Wissen –] only stay alive as long as scholars consider it worthwhile to argue about their meaning and to apply them in their analysis of cultural phenomena (see Rigney, 348)" (Neumann und Nünning 2012, S. 4, Ergänzung S.K.). Auch WissenschaftlerInnen passen ihr Wissen an und abstrahieren es, um zu erkennen und einzuordnen, wenn sie heutzutage als „privileged travellers themselves" (Frank 2009, S. 62) unterwegs sind: „At a time in which our understanding of the world is pervasively shaped by the topoi of global mobility and the continuous transfer of information, goods and people, it is not difficult to see why the travel metaphor should prove so attractive to members of Western academia" (Neumann und Nünning 2012, S. 5). Sie sind reisende Theoretiker, die immer ihre Orientierungsrahmen und ihr Theoriewissen als Wissensfundus mittragen. Dabei ist insbesondere auf deren Alltagswirklichkeit zu achten, in der ihr Wissen verankert ist. Denn wie Clifford zurecht auf die notwendige Beachtung der unterschiedlichen Kontexte hinweist: „Such traveling theorists [eben z. B. die postkolonialen Intellektuellen, die Clifford im Text namentlich nannte] see their productions as inescapably political, written against and for, in concrete situations of indentification, opposition, alliance." (Clifford 1989, Ergänzung S.K.): Es muss genau hingeschaut werden, in welcher Alltagswirklichkeit der Reisenden Wissen entsteht, verarbeitet, weiterentwickelt oder auch wieder vergessen wird.

Gerade mit dem sozialwissenschaftlichen Hintergrundwissen bei Reisen – vor allem zu Forschungszwecken in der Alltagswirklichkeit – kommt eine andere, zusätzliche Wissensform hinzu, denn: „Die Soziologie des Alltäglichen (…) fängt vielmehr ‚zuhause' an, erarbeitet sich aber einen ethnologischen Blick auf das Vertraute, sie wird zur Ethnologie der eigenen Gesellschaft. Dafür gilt es nicht eine Fremdheit des Gegenstands zu überwinden, sondern eine Fremdheit des Beobachters herzustellen" (Hirschauer 2010, S. 221). Hirschauer bezieht seine Überlegungen zur notwendigen wissenschaftlichen Distanzierungsmethode – er nennt dies „methodisch verfremdet" (Hirschauer und Amann 1997, S. 12) – auf Simmels bekannte Figur des *Fremden*. Simmel attestiert dem Fremden u. a. die „besondere Attitüde[n] des Objektiven" und bezeichnet dies weiter als „besonderes Gebilde aus Ferne und Nähe, Gleichgültigkeit und Engagiertheit" (Simmel 1992, S. 766–767, Ergänzung S.K.). Und wenn Simmel in diesem Zusammenhang gleich anschließend betont: „Objektivität ist keineswegs Nicht-Teilnahme, (…) sondern eine positiv-besondere Art der Teilnahme – wie Objektivität einer theoretischen Beobachtung durchaus nicht bedeutet, dass der Geist eine passive tabula rasa wäre" (ebd.: 767), leuchtet auch sofort der Vergleich mit den SozialwissenschaftlerInnen ein. Diese zweite Wissensform, die von WissenschaftlerInnen, basiert einerseits auf Fachwissen (Fachliteratur wurde gelesen, Konzepte, Forschungsmethoden und Theorien angeeignet und Forschungserfahrung gesammelt) sowie andererseits auf einer Forschungsperspektive, die Schütz so treffend zusammenfasst mit: „Wie jedes Phänomen der sozialen Welt stellt sich dem Soziologen ein (…) kulturelles Muster in einer anderen Perspektive dar als dem Menschen der in ihm handelt und denkt. (…) Als Wissenschaftler ist er bestrebt, die soziale Welt zu beobachten, zu beschreiben und sie in wohlgeordneten Begriffen in Übereinstimmung mit den wissenschaftlichen Idealen der Kohärenz, der Konsistenz und der analytischen Konsequenz so klar wie möglich zu kategorisieren" (Schütz 2011a, S. 60).

Dennoch spiegeln sich die Aneignungsprozesse von WissenschaftlerInnen nicht *nur* ihr wissenschaftliches Handeln wider, sondern dies findet selbstredend ganz konkret in deren Alltagswirklichkeit statt: „The implications for the way in which scholars in this increasingly international academic arena conduct their study, research, teaching, and collaborative ventures are therefore not only theoretical, but concrete" (Cooke 2009, S. 27), d. h. praktisches Handeln in deren Alltagswirklichkeit als WissenschaftlerInnen. Auch ihre Alltagswirklichkeit dient in diesem Kontext als kleinster gemeinsamer Nenner, was auch Neumann und Nünning ansprechen: „The social situatedness of agents is therefore just as important as the more general academic contexts in which concepts are developed and disseminated" (Neumann und Nünning 2012, S. 9). Das bedeutet, dass die beiden beschriebenen Wissensformen immer abhängig von der Alltagswirklichkeit der Reisenden sind.

Dies gilt für alle AkteurInnen, die in der einen oder anderen Art und Weise auf Reisen sind. Die jeweilige Alltagswirklichkeit dient sowohl als Basis des „graduellen Wissens [als Alltagswissensform]" (Schütz 2011a, S. 61, Ergänzung S.K.) als auch des theoretischen Wissens (als Wissenschaftswissensform). Hier wird alles Wissen geschult, gebildet und ist grundsätzlich immer prozesshaft: dem Grundprinzip von Bewegung und Mobilität von Wissen und Wissensformen folgend. Infolgedessen ist Wissen ausbau- und anschlussfähig, bleibt aber in der Alltagswirklichkeit verankert. So lernen die Reisenden sich in einem bisher unbekannten Umfeld zu orientieren, neue Gepflogenheiten und andere Sprachen kennen u.v.m., die sie in ihren Wissensvorrat einfügen. Demzufolge sind nie die Konzepte selbst und als solche auf Reisen, sondern es werden Konzepte in der Form von Wissen von den AkteurInnen auf Reisen mitgenommen. Dies sei an dieser Stelle betont, da sich in den aktuellen Texten zu Traveling Concepts z. T. leicht missverständliche Hinweise finden lassen, die den Konzepten ein gewisses Eigenleben als Aktanden zuweisen, beispielsweise bei Aussagen wie: „It is in the ongoing process of travel, exchange and transfer that concepts become invested with new meanings and gain a new lease of life" (Neumann und Nünning 2012, S. 3) oder „the performative perspective of 'travelling' suggests that concepts only stay alive" (ebd.: 4) oder auf unterschwellige aktive Handlungen formuliert werden wie: „They [the concepts] construct and change the very objects they analyse (…)" (ebd.: 3, Ergänzung S.K.). Konzepten diesen aktiven Part zuzuschreiben, ist an und für sich nicht abwegig, wenn man an die Akteur-Netzwerk-Theorie denkt oder sich im Umfeld der Konzepte des Material Turns bewegt. Hier spielen also nicht die Konzepte als Akteure/Aktanden eine Rolle, jedoch umso mehr die zahllosen Artefakte in der gebauten Umwelt, die den beiden Flanierenden auf ihrer gemeinsamen Begehung begegnen, was später (3.1) noch weiter ausgeführt wird.

Die Bedeutung der Geschwindigkeit des Reisens in der Alltagswirklichkeit

Die Geschwindigkeitserfahrung ist ein bekanntes und prominentes kultursoziologisches Themenfeld (vgl. Simmel 1995; Lübbe 1997; Rosa 2005 u. v. a.) und von großer kulturhistorischer Bedeutung. Die unterschiedlichen Geschwindigkeiten und Raumerfahrungen ziehen sich wie ein roter Faden durch die zahlreichen gesellschaftlichen Veränderungen in der Industrialisierung, was sich beispielsweise in der Scheu vor dem hohen Tempo der ersten Eisenbahnfahrten zeigt, auch wenn man heutzutage eher schmunzelt über die damals vielfach geäußerten Bedenken, dass eine Geschwindigkeit über 20–30 Meilen pro Stunde äußerst schädliche Auswirkungen auf den menschlichen Körper und Geist haben könnte (vgl. Schivelbusch 2000, S. 35 u. 106 f.). Doch auch schon in vorindustriellen Reisebeschreibungen wurde die Geschwindigkeit angesprochen in den Reiseempfehlungen für die kultivierten und kulturinteressierten Reisenden: Adolf Freiherr von Knigge plädierte dafür, „lieber kleine Reisen aufmerksam (…) [zu] unternehmen, als grosse, auf denen man bis in die Hauptstädte hinein nur Postmeister und Postknechte kennenlernt. Auch mische man sich (…) unter Personen von allerlei Ständen. Die Leute von gutem Tone sehen einander in allen europäischen Staaten und Residenzen ähnlich, aber das eigentliche Volk, oder noch mehr der Mittelstand trägt das Gepräge der Sitten des Landes. Nach ihnen muß man den Grad der Cultur und Aufklärung beurteilen" (Knigge 1788, S. 274 f., Ergänzung S.K.).

Doch je mehr die Industrialisierung voranschritt und je umfassender die Zunahme der Geschwindigkeit in fast allen Bereichen in die Gesellschaft hineinwirkte, desto mehr wurde die Langsamkeit kultiviert: Walter Benjamin zufolge war es im Paris des Jahres 1839 eine Mode, „elegant, beim Promenieren eine Schildkröte mit sich zu führen. Das gibt einen Begriff vom Tempo des Flanierens in den Passagen" (Benjamin 1983, S. 532). Nach Schivelbusch sei dies jedoch eher „als Zeichen der Entfremdung vom langsamen Tempo" (Schivelbusch 2000, S. 174) denn als ein „Ausdruck der selbstsicheren Bestätigung der Flaneurexistenz zu werten" (ebd.). Wenn man von dem vielleicht *zu* idealisierten Charakter von Benjamins Plädoyer für eine Verlangsamung der rasenden gesellschaftlichen Fortbewegung einmal absieht, hat die Gedankenfortsetzung, dass damit gleichzeitig eine andere Art der Aufnahmefähigkeit wiederentdeckt und entwickelt werden kann, durchaus ihren Reiz: Flanierende richten ihre Aufmerksamkeit auf eher (vermeintlich) unspektakuläre An- und Aussichten. Sie lassen sich treiben in ihrer alltäglichen Umgebung, nehmen jedoch aufmerksam ihre eigenen Wahrnehmungen (vor allem auch atmosphärisch) auf und spüren ihnen nach. So weist Benjamin doch recht lebensnah darauf hin, dass Flanierende sich von ihren jeweiligen lebensweltlichen Logiken leiten lassen: „Der Masse – und mit ihr lebt der Flaneur – sind die glänzenden, emaillierten Firmenschilder so gut und besser ein Wandschmuck wie im Salon dem Bürger ein Ölgemälde, Brandmauern ihr Schreibpult, Zeitungskioske ihre Bibliotheken" (Benjamin 1978, S. 185). Aber: Flanieren im Alltag war beispielsweise bereits im damals ‚neuen' Berlin der späten zwanziger Jahre des letzten Jahrhunderts gar nicht mehr so einfach: „Hunderttausende von Angestellten bevölkern täglich die Straßen Berlins, und doch ist ihr Leben unbekannter als das der primitiven Völkerstämme, deren Sitten die Angestellten in den Filmen bewundern (…) vielleicht abenteuerlicher als eine Filmreise nach Afrika" (Krakauer 1971, S. 11). Es gab viel zu viele neue Eindrücke und Erlebnisse, die die Wahrnehmung und Einordnung des Wahrgenommenen schlicht überforderten (vgl. Simmel 1995, S. 116 ff.). Ähnlich erging es Franz Hessel: „Um richtig zu flanieren, darf man nichts allzu Bestimmtes vorhaben" (Hessel 1979, S. 130). Doch bald wurde auch dem Flanierenden klar: Es ist Vorsicht geboten: „Ich bekomme immer misstrauische Blicke ab, wenn ich versuche, zwischen den Geschäftigen zu flanieren: Ich glaube, man hält mich für einen Taschendieb" (ebd.: 7) und: „Hierzulande muss man müssen, sonst darf man nicht. Hier geht man nicht wo, sondern wohin. Es ist nicht leicht für unsereinen" (ebd.: 9).

Diese Erfahrung gilt nach wie vor und ist sogar aktueller denn je, was sich bei der empirischen Erforschung der gebauten Umgebung jüngst wieder herausgestellt hat. Flanierende legen mit ihrem Tun ein geradezu sozial auffälliges Verhalten an den Tag, denn auch auf wissenschaftlichen Begehungen bliebt man immer

Teil der gesellschaftlichen Öffentlichkeit und teilt die Alltagswirklichkeit mit anderen – die ebenfalls beobachten und zum Teil auch prompt reagieren. Dennoch birgt dieses Fortbewegungstempo für die empirische Forschung großes Potenzial. Denn die Wahrnehmung und die Erfahrung von Flanierenden fangen im Kleinen an – beim Reisen in der Alltagswirklichkeit, wobei durch die Verlangsamung gute Bedingungen geschaffen werden: Die Umgebung ist schlicht einfacher zu erkennen, denn man hat die Zeit dazu. Und das Gesehene/Wahrgenommene sucht Anschlusspunkte, die einer Verknüpfung oder Assoziation – wenn auch noch so vage – Raum bieten und diese herstellen können. Auch erst durch den verlangsamten Blick von Flanierenden lässt sich feststellen, dass nicht die Konzepte – hier im Sinne von Wissensvorrat des Individuums – reisen, sondern die flanierenden Personen unterwegs sind und sich die Wahrnehmung und Erfahrung der Alltagswirklichkeit prozesshaft, deutend und kommunikativ entwickeln. Denn mit der Kommunikation kommt die andere Reisende – die interviewte Person – mit ihrer Perspektive und ihren anderen Deutungen ins Spiel. Somit wird die Deutung dann immer auch zu einer Aushandlung vor dem Hintergrund und im Kontext der gebauten Umwelt, die man gemeinsam langsam – flanierend – bereist.

Flanieren in der gebauten Umwelt

Beim Flanieren in der gebauten Umwelt treffen nun unterschiedliche Wissensformen aufeinander: einerseits – wie gerade erwähnt – die beiden Wissensformen der Teilnehmenden (die zusammen im Rahmen einer Feldforschung als eine interviewte Person mit einer sie begleitenden SozialwissenschaftlerIn unterwegs sind). Andererseits werden diese ergänzt durch die materialisierte Umgebung – die gebaute Umwelt – als dritte Wissensform, der den beiden Flanierenden auf ihrem gemeinsamen Spaziergang begegnet. In Anbetracht der bereits oben betonten Wichtigkeit der jeweiligen Alltagswirklichkeit, liegt es auf der Hand, dass auch deren materialisierte Kultur einbezogen werden muss (Kap. 3.1.). Die gebaute Umwelt mit seinem gespeicherten Wissen übt einen zusätzlichen Einfluss auf die Deutungszuschreibungen und Handlungsstrategien der Flanierenden aus – ebenso wie die beiden anderen Wissensformen der AkteurInnen.

Um nun diese unterschiedlichen Wissensformen der Reisenden einerseits und dem Ort, wo dieses Reisen konkret stattfindet andererseits, auch methodologisch gerecht zu werden, eignen sich besonders Begehungsinterviews, die im anschließenden Kap. 3.2. näher vorgestellt werden.

Die gebaute Umwelt als dritte Wissensform

Die neuere Kultursoziologie thematisiert „zunehmend auch (…) Gegenstandsbereiche außerhalb der ‚hohen' Kultur (…) Als ihre systematische Frage kann die nach der Wechselwirkung und der Spannung zwischen kulturellen Objektivationen und Überlieferungen und der gesellschaftlichen Struktur gelten" (Fuchs-Heinritz et al. 2011, S. 390). Damit kann auch eine ansonsten eher unauffällige gebaute Umwelt als Alltagswirklichkeit aufmerksamer in den Blick genommen werden, denn auffällige Solitärbauten wie Museen, Kongress-Gebäude oder Firmensitze von Großunternehmen erhalten in der Regel genug Aufmerksamkeit, sind jedoch im Vergleich zur gesamten gebauten Umwelt gesetzt, verhältnismäßig gering verbreitet in einer Stadt (Kernich 2017, S. 16). Architektur generell als Teil der gebauten Umwelt „betrifft in ihrer permanenten Wahrnehmbarkeit das alltägliche Leben, umgibt die Akteure bei ihren Aktionen und Interaktionen. Unter den kulturellen Medien oder ‚symbolischen Formen' ist die Architektur in ihrer Dauerpräsenz und sinnlichen Dominanz allen anderen Medien voraus. Sie ist die durchdringende baukörperliche ‚Gestalt' der Gesellschaft, die diese in ihren Generationen, Schichten, Milieus und Funktionssystemen erst sicht- und greifbar macht" (Fischer und Delitz 2009, S. 9). Und die gebaute Umwelt als größere Einheit umfasst „eine komplexe Collage aus unterschiedlichsten Baustilen und -epochen, samt deren baulichen Veränderungen durch Um- und Ergänzungsbauten, Änderungen der Fassadengestaltung und vielem mehr. In *dieser* Form tritt uns die *Architektur* entgegen, so steht sie da. Um dieses vielschichtige Durcheinander nicht von vornherein auszuschließen, wird der Begriff ‚gebaute Umwelt' verwendet und nicht nur von ‚Architektur' oder ‚dem Gebauten' gesprochen" (Kernich 2017, S. 19). Diese gebaute Umwelt gehört zur „Welt in aktueller Reichweite" (Schütz und Luckmann 2003). Der Umgang mit der „mittelbaren Erfahrungen der Sozialwelt" (ebd.: 116) umfasst auch das Kommunizieren darüber. „Meine Erfahrungen von Dingen (…) in der Lebenswelt, von Geräten und Artefakten im breitesten Sinn, enthalten Verweise auf die Sozialwelt – auf die Welt meiner Zeitgenossen und meiner Vorfahren" (ebd.: 117). Die gebaute Umwelt besteht aus Bauten aus der „Vorwelt" (ebd.), die ihre damals zugeschriebenen Be- Deutungen zwar äußerlich bewahrt haben, die jedoch heutzutage nicht mehr ohne weiteres nachvollziehbar oder selbstverständlich sind. „Die gebauten Überlieferungen von historischen Gebäuden sind heute in den seltensten Fällen noch in ursprünglicher Form vorhanden. Wohl aber sind die historischen bedeutungszugewiesenen Gebäude durch die jeweiligen Überlieferungen der nachfolgenden Epochen vorhanden, wenn auch gefiltert oder verändert. Ähnlich wie ein

Palimpsest werden Bedeutungszuschreibungen überschrieben, können aber noch durchschimmern“ (Kernich 2017, S. 55 f.). Dadurch können ursprüngliche Ausdrucksgehalte durch Rekonstruktionen und Rezeptionen mitgetragen werden. Dementsprechend übt dieses baulich gespeicherte Wissen ebenfalls Einfluss aus.

Im Hinblick auf Flanierende, die sich in der gebauten Umwelt bewegen, ist das Konzept „Sozialität mit Objekten“ von Karin Knorr-Cetina (2006) ausbau- und anschlussfähig: vor allem die genauere Betrachtung der anthropologischen Tendenz der Subjektivierung, d. h. dass Menschen Beziehungen zu Objekten eingehen (Kernich 2017, S. 45). Gemäß Knorr-Cetina sind Objekte nicht einfach nur sachlich und haben für die Individuen nur einen eher entfremdenden Charakter. Sie betont, dass durchaus starke soziale Bindungen von Subjekten zu Objekten möglich sind und dass Objekte einen regelrecht stabilisierenden Charakter haben können (Knorr-Cetina 2006). Wie stark solche Stabilisierungen durch Objekte wirken können, lässt sich sogar anhand von Schütz' Aufsatz „The Homecomer“ von 1945 darstellen, wenn Schütz als Beispiele Objekte aufzählt, die belegen, wie Heimatverbundenheit ausgedrückt wird von Menschen, die fern von ihr leben (müssen): „(…) vertraute Dinge des täglichen Gebrauchs, Gebräuche und persönliche Gewohnheiten – kurz: ‚Heimat' bezeichnet eine eigene liebgewonnene Lebensweise mit ihren kleinen, aber wichtigen Besonderheiten. Eine Zeitung des Marinecorps, *Chevron*, hat untersucht, was US-Soldaten im Südpazifik, abgesehen von ihren Familien und geliebten Menschen, am meisten vermissen. (…) ‚Frische Milch und die Morgenzeitung an der Haustüre','Der Geruch einer Drogerie' (…)“ (Schütz 2011b, S. 95). Selbst Objekte der gebauten Umwelt – als materialisierte Kultur – kommen dort zur Sprache, wenn ein „Zug und das Pfeifen der Lokomotive“ (ebd.) aufgelistet wird. Diese Tendenz zur Subjektivierung spiegelt sich auch darin wider, wenn Menschen Häusern eine ‚Seele' zuschreiben oder auch einen ‚Charakter' bzw. das Fehlen eines solchen bemängeln (Kernich 2017).

„Die gebaute Umwelt als Alltagswirklichkeit aus der Perspektive von handelnden Subjekten „stellt sich zeitweise dem Routinesehen im Alltag in den Weg, weil gebaute Umwelt einfach *da* steht und manifest bzw. immobil ist“ (Kernich 2017, S. 52) – meist unauffällig und vor allem unspektakulär.

Die Alltagsumgebung besteht eben nicht aus Event-Räumen, die wie ein Abenteuerspielplatz angeeignet werden können. Sie ist weder ein historisiertes Freilichtmuseum, das zum Flanieren und ästhetischen Genuss durch Einheitlichkeit einladen soll, noch hat sie allzu viel Ähnlichkeit hat mit dem, was im Rahmen von touristischen Städtereisen konsumiert wird (ebd.).

Beim Flanieren mit einer/m ForscherIn in der Alltagswirklichkeit durch ein Stadtquartier wird vieles beachtet, was im Alltag keine besondere Aufmerksamkeit auf sich zieht. Denn beim langsameren Gehen wird der Blick geschärft und auf Details gerichtet, die plötzlich mehr auffallen oder ins Bewusstsein dringen. Solche Wahrnehmungen sind jedoch nicht zu unterschätzen, wenn eine wahrgenommene Atmosphäre zur Sprache kommt. Alltagswirklichkeit in einem Stadtquartier ist nicht nur das ‚künstlich' oder ‚künstlerisch' durchdachte und geplante Bauen. Vieles in der gebauten Umwelt hat sich in einem gewissen Sinne absichtslos ergeben und wurde und wird erst nachträglich weiter geformt und verändert, wie z. B. Verkehrs- und Gehwege, alle halböffentlichen Bereiche, darunter Balkone, Sicht auf Eingangsbereiche oder das öffentliche Mobiliar (Litfasssäulen, Hydranten, (begrünte) Straßenränder, oder auch Mülltonnen u.v.m.). Ein Stadtbild ist im Laufe der Zeit zustande gekommen, das so ‚ursprünglich' niemals geplant wurde. Und es verändert sich weiter. Dass die Vermittlung des Wahrgenommenen und Erlebten über die Sprache läuft, wurde bereits dargestellt. Das heißt, erst die Kommunikation ermöglicht eine Anschlussfähigkeit zur intersubjektiven gegenseitigen Verständigung in der Wirklichkeit der Alltagswelt, die zuerst als subjektive Wahrnehmung sprachlich vermittelt wurde (vgl. Kernich 2017, S. 22 ff.). Die Grundlagen der sprachlichen Verständigung beruhen auf der „Generalthese der wechselseitigen Perspektiven" (Schütz und Luckmann 2003, S. 99 f.). Das gemeinsame Erlebnis der Begehung wird zu einer geteilten Interaktionsgeschichte, auf die schon während der Begehung rekurriert wird. Diese Begehung als die zentrale Methode, die im Forschungsstil der Grounded Theory Methodologie mit weiteren, ergänzenden Erhebungsmethoden kombiniert wird, ist geradezu ideal, um die drei Wissensformen auch empirisch zu erforschen.

Mit der Methode der Begehungsinterviews den unterschiedlichen Formen der Reisenden gerecht werden: Methodologisches und Methodisches

Während eines sozialwissenschaftlich konzipierten Begehungsinterviews treffen sich – im Moment der Sozialforschung – WissenschaftlerIn, interviewte Person und die Stadt bzw. das Stadtquartier zusammen. Grundsätzlich beruhen „sozialwissenschaftliche Konstruktionen auf alltäglichen Konstruktionen" (Przyborski und Wohlrab-Sahr 2009, S. 27). Jedoch müssen zwei Analyse-Ansätze unterschieden werden, die auch als ‚Sinnebenen' bezeichnet werden, weil das Alltagswissen nicht immer einfach abzufragen ist und sehr viele und spannende (kultur-)soziologische Phänomene meist nicht aus einem bewussten und stets präsenten Wissensvorrat spontan abgerufen werden können.

Die eine Sinnebene als Analyseansatz erfasst systematisch subjektive Bedeutungszuschreibungen und Einstellungen und rekonstruiert die Theorien des

Alltags (auch Common Sense genannt). Bei der anderen Sinnebene steht die Rekonstruktion der Sinnstruktur im Zentrum der Aufmerksamkeit und es wird die Frage nach den dahinter liegenden Prozessstrukturen der Herstellung von Sinn nachgegangen (vgl. Przyborski und Wohlrab-Sahr 2009, S. 32 f.). Bezogen auf die langsamen Reisen in der Alltagswirklichkeit, handelt es sich einerseits um intersubjektiv geteilte Orientierungsrahmen mit Common Sense-Aussagen und andererseits um erkennbare Prozesse des Sich-Erklärens von Erlebten und Wahrgenommenen, um sich dieses sinngebend zu erschließen und kongruent in einen subjektiven Wissensvorrat einzufügen. Beide Analyse-Ansätze werden vor allem im Kontext von wissenden Reisenden interessant, wenn man nach gesellschaftlichen Einordnungssystemen forscht, nach Ordnungen und Gewohnheiten, die subjektiv sinngebend sind und intersubjektiv wirksam werden. So sprechen die HauptautorInnen des Sammelbandes *Travelling Concepts* die personalen AkteurInnen indirekt selbst an, indem sie darauf hinweisen, dass diese Reisekonzepte bestimmt sind durch „selective appropriations, productive misunderstandings and discontinuous translations according to historical and local circumstances" (Neumann und Nünning 2012, S. 5). Die Betonung von „selektiv" stellt jedoch kein Hindernis dar und macht auch nicht eine wissenschaftliche Behandlung und Analyse unmöglich. Im Gegenteil, denn genau darin liegt das Potenzial der Qualitativen Sozialforschung: „selektiv" bedeutet einfach eine individuelle Aneignung, die das Wissen/Wahrgenommene nach einem bestimmten Deutungs- und Orientierungsrahmen behandelt und in den je individuellen Wissensvorrat einer Person einordnet. Damit ist erst die Grundlage gelegt für eine weitere Analyse-Ebene, um einen Teil dieser daraus abgeleiteten, vorläufigen Konzepte intersubjektiv nachvollziehbar und wissenschaftlich weiter zu analysieren.

Die systematische Erfassung der Aneignungsprozesse entspricht dem ersten, anfänglichen Forschungsvorgehen im Stil der Grounded-Theory-Methodologie (GTM). Mit der für die GTM so wichtigen und zentralen Offenheit und Flexibilität während des Forschungsverlaufs ist dieser Forschungsstil den kulturwissenschaftlichen Ansätzen von Mieke Bal nicht unähnlich. Laut Neumann und Nünning interessiert sich Bal nicht mehr für „the travel of full-blown theories, but shifts the focus to concepts, which she defines as *shorthand theories*" (Neumann und Nünning 2012, S. 6). Die vorläufigen *shorthand theories* von Bal haben viel Ähnlichkeit mit diesen ersten Arbeitsschritten des offenen Kodierens der GTM. Die ebenfalls vorläufigen Ergebnisse des ersten Kodierens werden in nachfolgenden Auswertungsschritten noch weiter differenziert und verglichen, um erst anschließend als wichtig genug erachtet/bewertet zu werden, um in eine höhere, abstraktere Kategorie einzufließen. Der GTM-typische Forschungsprozess ist grundsätzlich ein „interaktiver Prozess (…), der durch ein Wechselspiel zwischen

Erhebung, Auswertung und Theoriebildung charakterisiert ist (…) also der sukzessiven Auswahl von für die weitere Theorieentwicklung relevanten Fällen“ (Mey und Mruck 2009, S. 147). Dabei hat sich die Forschungspraxis in der Alltagswirklichkeit sowohl nach den „Orientierungsmaximen von Kommunikation und Offenheit“ auszurichten als auch „an der Fragestellung und der Lebenswelt der Beforschten, insbesondere seiner interaktiven und kommunikativen Praktiken“ (Detka und Reim 2016, S. 3).

Dieses Forschungsvorgehen eignet sich insbesondere für die Erforschung der Alltagswirklichkeit: beginnend beim kleinsten gemeinsamen Nenner – in der Alltagswirklichkeit – und basierend auf den Sinnsetzungsprozessen der Individuen mit dem Ziel, intersubjektiv verankert durch den zu Ende geführten Forschungsprozess bis zur theoretischen Sättigung einen Ausschnitt der sozialen Wirklichkeit abzubilden und letztendlich zum Verstehen und Vermitteln der sozialen Wirklichkeit führen zu können. Dieser kleinste gemeinsame Nenner entspricht der „Welt in aktueller Reichweite“, die sich von einer „Welt in potentieller Reichweite“ (Schütz und Luckmann 2003, S. 71 ff.) unterscheidet. Die aktuelle Reichweite beinhaltet die körperliche, sinnliche Wahrnehmungsreichweite, allen voran die visuelle Wahrnehmung, aber auch die hörbare, riechbare und ertastbare Wahrnehmung der Umwelt, die „alltägliche Lebenswelt“ (ebd.: 53), geprägt durch das Erleben von an sich alltäglichen Routine-Situationen (ebd.: 168).

Um diese Wahrnehmungsreichweite zu erforschen, d. h. zu analysieren, welches Erleben und Wahrnehmen im flanierenden Bewegen durch eine Alltagswirklichkeit stattfindet, wurde im Rahmen einer Forschung zur Architektursoziologie entwickelt: es handelt sich um eine Kombination verschiedener Erhebungsmethoden, die aufeinander abgestimmt, sich nach den besonderen Umständen des Erhebungsfeldes richten: die Begehungsinterviews mit Audioaufzeichnung, sowie ergänzende Bildanalysen und Leitfaden-Interviews nach den Begehungen, wobei hier ausschließlich auf die Begehungsinterviews eingegangen wird (vgl. Kernich 2017).

Der wichtigste Unterschied zu herkömmlichen Interviews in der Tradition von qualitativen Interviews (Fokusinterview, narratives Interview etc.) besteht darin, dass die Begehungsinterviews nicht in geschlossenen Räumen stattfinden. So sind die Teilnehmenden nicht statisch fixiert. Ein Begehungsinterview nimmt die Geschwindigkeit des Flanierens auf und ähnelt stark einem Gespräch beim Spazierengehen an frischer Luft und in Bewegung.

Mit den Begehungsinterviews – angelehnt an das „episodische Interview“ (Flick 1999, S. 124) – werden zwei verschiedene Formen von Wissen erhoben: einerseits das narrativ-episodische Wissen, um das Unmittelbare zu erfassen und um eine Widerspiegelung der konkreten Situation mit zu erfassen (vor allem spontane Reaktionen sind hier abrufbar), und andererseits das semantische Wissen, das vom individuellen Wissensvorrat geleitet wird und das abgeleitete Wissen sowie Einordnungen und Generalisierungen abbildet. Dies wird mit an die Begehung anschließenden Leitfadeninterviews durchgeführt, wobei die auf der Begehung hergestellten Fotografien eingesetzt werden (vgl. Kernich 2017).

Für diesen Beitrag sind die Begehungsinterviews besonders relevant. Es können in diesem Zusammenhang exemplarisch zwei ähnliche, verwandte Formen zur Differenzierung genannt werden: die sogenannte *Spaziergangswissenschaft*, die von Lucius Burckhardt durchgeführt wurde (vgl. Burckhardt 2011), und das *Mitgehen als Methode* von Margarethe Kusenbach (vgl. Kusenbach 2003). Die Herangehensweise der *Spaziergangswissenschaft* (auch als *Promenadologie* bezeichnet) teilt das Unterwegssein in der gebauten Umwelt, ist jedoch keine eigentlich sozialwissenschaftliche Methode. Nach Burckhardt setzt sich die *Promenadologie* intellektuell mit Themen der Wahrnehmung während Spaziergängen auseinander – als (Kunst)Projekt mit hochkulturgeschultem Blick auf das Landschaftliche und das Architektonische. Diese Herangehensweise mündet auch nicht in einer eigentlichen Theorie, denn es wurde keinerlei Referenz zur umfangreichen theoretischen Auseinandersetzung (z. B. im deutschsprachigen Raum mit Simmel, Weber, Tenbruck, Soeffner, Kracauer u. v. a.) vollzogen. Ferner wurden auch keine Gütekriterien beachtet oder Wert gelegt auf eine wissenschaftliche Systematik – vor oder nach den (Kunst)Aktionen. Es wurde eher spielerisch mit Wahrnehmungsdeterminanten umgegangen, jedoch wurden diese im gesellschaftlichen Kontext nicht weiter hinterfragt, sondern nur aufgezeigt und festgestellt (und im kleinen Kreis diskutierend verglichen). Eine durchgeführte *Spaziergangswissenschaft* ist dennoch vergleichbar mit einer phänomenologischen Herangehensweise, wenngleich ohne deren wissenschaftliche Fundierung, was jedoch nach meiner Auffassung auch nie die Intention des Erfinders war. Hingegen ist die Methode des *Going Along* wirklich in der phänomenologischen Forschungspraxis angelegt und sehr geeignet zur Untersuchung von Wahrnehmungsprozessen und Biografien. Auf der Basis einer gelebten Alltagserfahrung werden die Beachtung der „Koordinaten unseres Leibes (lived body)“ (Kusenbach 2003) mit einbezogen in die untersuchten (Alltags)Praktiken. Dieses *Going Along* (mit Aufzeichnungen der Forscherin) wird jedoch nur ergänzend zu narrativen Interviews durchgeführt.

So lassen sich abschließend und gleichzeitig ausblickend folgende empirisch erprobte Vorzüge von Begehungsinterviews zusammenfassen: Das gemeinsame Gehen während des Interviews bietet zusätzliche Gesprächsanregungen durch mögliche flüchtige Wahrnehmungen beim Vorbeigehen und zugleich die sinnliche Aufnahme des in der gebauten Umwelt gespeicherten Wissens. Dabei ‚verschwinden' bestimmte Anblicke beim Vorbeigehen wieder, was ein Vorteil sein kann wegen der Flüchtigkeit des Wahrgenommenen: Spontane Aussagen dazu scheinen unverbindlicher zu sein. Der Plauderton lässt auch unverbindlichere Äußerungen zu. Beim Bewegen und dabei Reden kann neu entstehenden Eindrücken nachgespürt werden, wobei auch Richtungswechsel der Gedanken Raum bekommen. Es ist eine alltagstaugliche Gesprächsform über persönliche Einstellungen und Meinungen, und das Gespräch erhält eine ganz andere Atmosphäre als in herkömmlichen, Face-to-Face-Interviewsituationen am Tisch sitzend. Wobei gerade die Wahrnehmung von Atmosphäre(n) erst richtig in einer bestimmten Langsamkeit des Reisens entfaltet werden kann. Daher eignen sich diese Begehungsinterviews besonders gut zur Erforschung von den oben beschriebenen, unterschiedlichen Wissensformen der Reisenden – als gemeinsamen Flanierende durch ein Stadtquartier.

Fazit

Wenn man sich die Ausführungen von Neumann und Nünning in Erinnerung ruft, dass Reisetheorien maßgeblich gekennzeichnet sind durch selektive Aneignungen und produktive Missverständnisse und dass dabei diese Theorien ständig in und aus diskrepanten Kontexten bewegt werden und neue Bedeutungen erhalten können (vgl. Neumann und Nünning 2012, S. 5), macht es durchaus Sinn, mit deren Erforschung im kleinsten Bereich – in der Alltagswirklichkeit – zu beginnen. Basierend auf dieser werden von den Partizipierenden einer Begehung Alltagskonzepte bzw. -theorien entwickelt, die wechselwirkend untereinander und mit der gebauten Umwelt in Beziehung stehen. Insbesondere durch die Beachtung der unterschiedlichen Geschwindigkeiten, mit denen man auf Reisen sein kann, wird in diesem Beitrag für die langsamste Form des Reisens plädiert, dem Flanieren in der Alltagswirklichkeit als Gelegenheit der entschleunigten, kreativen Aufnahme- und Interaktionsfähigkeit.

Des Weiteren bewegen sich die Partizipierenden der Begehungsinterviews nie in einem kontextlosen Bereich, sondern begegnen beim Flanieren der gebauten Umwelt als einer dritten Wissensform im wahrsten Sinne des Wortes auf Augenhöhe. Während der Interaktion zwischen der SozialwissenschaftlerIn und den Teilnehmenden auf einer Begehung treffen nicht nur die beiden AkteurInnen mit ihren unterschiedlichen Wissensvorräten aufeinander, sondern dieser Interaktion findet in einem Umfeld statt, das sich als eigenständige Wissensform entpuppt: verstärkt und konzentrierter wird durch das verlangsamte Reisen zusätzlich die materialisierte Kultur in der Form der gebauten Umwelt eines Stadtquartiers als weiterer Wissensträger mit einbezogen, was sich vor allem auch stark beeinflussend auswirkt auf die Aufnahme und Berücksichtigung eher flüchtiger und atmosphärischer Gedanken und Wahrnehmungen während einer empirischen Datenerhebung. Somit ist bei dieser Forschung mit Reisekonzepten ein wechselwirkender, ständiger Austausch zwischen Theorie und Kulturpraxis gewährleistet, insbesondere unter Berücksichtigung der hier präsentierten dritten Wissensform, der gebauten Umwelt als eine weitere Form des kulturellen Gedächtnisses bzw. materialisierte Erinnerungskulturen.

Bei Traveling Concepts handelt es sich aus kultur- bzw. wissenssoziologischer Perspektive betrachtet um *wissende Reisende*, die ihr Wissen *bei sich* haben, immer wieder ergänzen, weiterverarbeiten und erneut in anderen Kontexten einsetzen. Es wurde deutlich gemacht, dass sich besonders die Begehungsinterviews dazu eignen, die Zusammenhänge zu erforschen, wenn WissenschaftlerInnen (als Vertretung des akademischen Diskurses) mit Laien (als Vertretung für die kulturellen Praktiken) flanierend durch die gebaute Umwelt als eine weitere Form der kulturellen Praktiken bewegen (vgl. ebd.: 11). So kann der Begriff der Flanierenden und deren langsame Art des Reisens in ihrer Alltagswirklichkeit für die soziologische Kategorie der Traveling Concepts den Begriff des Reisenden erweitern und dementsprechend kann diese soziologische Perspektive die Kulturwissenschaften bereichernd differenzieren.

Literatur

Bachleitner, Reinhard, und Otto Penz. 2000. *Massentourismus und sozialer Wandel.* München: Profil.

Bachleitner, Reinhard, und Peter Schimany, Hrsg. 1999. *Grenzenlose Gesellschaft – grenzenloser Tourismus?* München: Profil.

Bal, Mieke. 2002. *Travelling Concepts in the Humanities: A Rough Guide*. Toronto: U of Toronto P.

Benjamin, Walter. [1927] 1978. Beroliniana. Die Wiederkehr des Flaneurs, 183–189. Berlin: Union.

Benjamin, Walter. 1983. *Passagen-Werk*, Bd. 1. Frankfurt a. M.: Suhrkamp.

Bude, Heinz. 1995. Die Rekonstruktion kultureller Sinnsysteme. In *Handbuch Qualitative Sozialforschung, Grundlagen, Konzepte, Methoden und Anwendungen*, Hrsg. Uwe Flick et al., 101–112. Weinheim und Basel: Beltz Juventa.

Burckhardt, Lucius. [1980] 2011. *Warum ist Landschaft schön? Die Spaziergangswissenschaft*. Berlin: Martin Schmitz.

Clifford, James. 1989. Notes on Travel and Theory. Inscriptions 5. 19 July 2008. http://culturalstudies.ucsc.edu/PUBS/Inscriptions/vol_5/clifford.html. letzter Zugriff am: 22. April 2020.

Cooke, Simon. 2009. English as a Foreign Literature: Travelling Concepts in English Studies. *EJES: European Journal of English Studies* 13 (1): 25–41.

Detka, Carsten, und Thomas Reim. 2016. *Schütze, Fritz: Sozialwissenschaftliche Prozessanalyse: Grundlagen der qualitativen Sozialforschung*. Opladen: Verlag Barbara Budrich.

Enzensberger, Hans Magnus. 1962. Einzelheiten. Eine Theorie des Tourismus. 147–168. Frankfurt a. M.: Suhrkamp.

Fischer, Joachim, und Heike Delitz, Hrsg. 2009. *Die Architektur der Gesellschaft. Theorien für die Architektursoziologie*. Bielefeld: Transcript.

Flick, Uwe. 1999. *Qualitative Forschung: Theorie, Methoden, Anwendung in Psychologie und Sozialwissenschaften*. Reinbek bei Hamburg: Rowohlt.

Frank, Michael C. 2009. Imaginative Geography as a Travelling Concept. Travelling Concepts in English Studies. *EJES: European Journal of English Studies* 13 (1): 61–78.

Fuchs-Heinritz, Werner, Daniela Klimke, Rüdiger. Lautmann, et al. (Hrsg.). 2011. *Lexikon zur Soziologie*, 5. Aufl. Wiesbaden: VS Verlag.

Hennig, Christoph. 1999. *Reiselust. Touristen, Tourismus und Urlaubskultur*. Frankfurt a. M.: Suhrkamp.

Hessel, Franz. 1979. *Spazieren in Berlin. Beobachtungen im Jahr 1929*. Berlin: Der Morgen.

Heuwinkel, Kerstin. 2019. *Tourismussoziologie*. Konstanz und München: UVK.

Hirschauer, Stefan, und Klaus Amann. 1997. Die Befremdung der eigenen Kultur. In *Die Befremdung der eigenen Kultur. Zur ethnographischen Herausforderung soziologischer Empirie*, Hrsg. Stefan Hirschauer und Klaus Amann, 7–52. Frankfurt a. M.: Suhrkamp.

Hirschauer, Stefan. 2010. Die Exotisierung des Eigenen. In *Kultursoziologie. Paradigmen – Methoden – Fragestellungen*, Hrsg. Monika Wohlrab-Sahr, 207–225. Wiesbaden: VS Verlag für Sozialwissenschaften.

Kernich, Stephanie. 2017. *Alltägliche Architektur? Die gebaute Umwelt in der Alltagswirklichkeit*. Konstanz und München: UVK.

Knigge, Adolf Freiherr von. [2009] 1788. *Über den Umgang mit Menschen*. Hamburg: Nikol.

Knorr-Cetina, Karin. 2006. Sozialität mit Objekten. In *Zur Kritik der Wissensgesellschaft*, Hrsg. Dirk Tänzler, Hubert Knoblauch, Hans-Georg Soeffner, 101–138. Konstanz: UVK.

Krakauer, Siegfried. [1929] 1971. *Die Angestellten. Aus dem neuesten Deutschland*. Frankfurt a. M.: Suhrkamp.

Kusenbach, Margarethe. 2003. Street Phenomenology. The Go-Along as Ethnographic Research Tool. *Ethnography* 4 (3): 449–479.

Luckmann, Thomas. 2017. *Wissen und Gesellschaft. Ausgewählte Aufsätze 1981–2002*. Köln: Herbert von Halem.

Lübbe, Hermann. 1997. Gegenwartsschrumpfung. In *Die Beschleunigungsfalle oder Der Triumph der Schildkröte*, Hrsg. Klaus Backhaus und Holger Bonus, 2. erw. Aufl., 129–164. Stuttgart: Schäffer-Poeschel.

Mey, Günter, und Katja Mruck. 2009. Methodologie und Methodik der Grounded Theory. In *Forschungsmethoden der Psychologie. Zwischen naturwissenschaftlichem Experiment und sozialwissenschaftlicher Hermeneutik*, Hrsg. Wilhelm Kempf und Marcus Kiefer, Bd. 3, 100–152. Berlin: Regener.

Müller, Susanne. 2012. *Die Welt des Baedeker. Eine Medienkulturgeschichte des Reiseführers 1830–1945*. Frankfurt a. M.: Campus.

Neumann, Birgit, und Ansgar Nünning. 2012. Travelling Concepts as a Model for the Study of Culture. In *Travelling Concepts for the Study of Culture*, Hrsg. Birgit Neumann und Ansgar Nünning, 3–20. Berlin und Boston: Walter de Gruyter GmbH & Co. KG.

Przyborski, Aglaja, und Monika Wohlrab-Sahr. 2009. *Qualitative Sozialforschung. Ein Arbeitsbuch*. München: Oldenbourg.

Rosa, Hartmut. 2005. *Beschleunigung: Die Veränderung der Zeitstrukturen in der Moderne*. Frankfurt a. M.: Suhrkamp.

Schivelbusch, Wolfgang. 2000. *Geschichte der Eisenbahnreise. Zur Industrialisierung von Raum und Zeit im 19. Jahrhundert*. Frankfurt a. M.: S. Fischer.

Schnettler, Bernd. 2006. Thomas Luckmann: Kultur zwischen Konstitution, Konstruktion und Kommunikation. In *Kultur. Theorien der Gegenwart*, Hrsg. Stephan Moebius und Dirk Quadflieg, 170–184. Wiesbaden: VS Verlag für Sozialwissenschaften.

Schütz, Alfred. 2011a. Der Fremde. In *Relevanz und Handeln 2. Gesellschaftliches Wissen und politisches Handeln*, Alfred Schütz Werkausgabe Bd. VI.2, Hrsg. Gerd Sebald, Andreas Göttlich, und Jan Weyand, 59–90. Konstanz und München: UVK.

Schütz, Alfred. 2011b. Der Heimkehrer. In *Relevanz und Handeln 2. Gesellschaftliches Wissen und politisches Handeln*, Alfred Schütz Werkausgabe Bd. VI.2, Hrsg. Gerd Sebald, Andreas Göttlich, und Jan Weyand, 93–106. Konstanz und München: UVK.

Schütz, Alfred, und Thomas Luckmann. 2003. *Strukturen der Lebenswelt*. Konstanz und München: UVK.

Simmel, Georg. 1995. Die Grossstadt und ihr Geistesleben. In *Aufsätze und Abhandlungen 1901–1908*, Bd. I, Gesamtausgabe Bd. 7, Hrsg. Georg Simmel, 116–131. Frankfurt a. M.: Suhrkamp.

Simmel, Georg. 1992. Exkurs über dem Fremden. In *Soziologie*, Hrsg. Georg Simmel, Gesamtausgabe Bd. 11, 764–771. Frankfurt a. M.: Suhrkamp.

Knowledge Cultures and Traveling Concepts

How psychological concepts journeyed across the Berlin Wall

Christine Leuenberger

Knowledge Cultures and Traveling Concepts

The rise of nation-states in the 17th century become a historically unique form of social organization. It is the bedrock of the international political system (OECD 2009) and it is central to the ways we think about politics and economics, but also about culture and knowledge. The nation-state system and its conceptual paradigm has become taken for granted. Yet states are "socio-technical systems" that have to be "engineered" (Carroll-Burke 2002, p. 104). Governments draw on a range of scientific and engineering knowledges and practices to transform a land into state territory and build a nation. At the same time, Benedict Anderson (1983) contends that the construction of nation-states went hand in hand with the social construction of national identities and their corresponding "imagined communities". For Eric Hobsbawn (1992) therefore, there were no "French" until there was "France"; only after the establishment of the French state and its borders did its population become more homogeneous and culturally uniform. There were also no "Indians" until the British mapped "India"; it was the map that connected different regions and populations and thus constructed a unified geobody (Day 2008; see also Agnew 2007).

C. Leuenberger (✉)
Department of Science & Technology Studies, Cornell University, Ithaca, USA
E-Mail: cal22@cornell.edu

M. Harbusch (Hrsg.), *Reisendes Wissen*,
https://doi.org/10.1007/978-3-658-45229-2_11

Yet while scholars have ascertained that states have to be "engineered" and national identities are socially constructed, the myth that nations arise due to some intrinsic similarity and homogeneity of a people that are seemingly inherently different from "others" (who are subject to other state regimes) prevails. Assumptions about the possibility of a nation as representative of a particular culture go hand in hand with the notion that knowledge production is culture, bound by a particular nation/culture conglomerate. Historical developments in the late 20th century, however, increasingly question such assumptions of seemingly tight interlinkages between nation, culture and knowledge. Arjun Appadurai (1991, p. 192) contends that globalization brought about an unprecedented level of transnational interchange of goods, services and ideas which went hand in hand with the process of "deterritorialization" (the loss of the relation between society, culture and a territory). At the same time, localized worlds became inevitably inflected with cosmopolitan scripts. As a result, the notions of bounded nationhood and its seemingly inherent cultural scripts do not capture the complexity of cross-cultural interchange and the transnational journey of ideas. In other words, the "loosening of the bonds between people…and territories fundamentally alters the basis of cultural reproduction" (Appadurai 1991, p. 193).

Instead of attempting to understand societies through the lens of what are considered to be territorialized and bounded group identities, imaginations and knowledge practices, there now is a need to focus on the analysis of "ethnoscapes" (Appadurai 1991, p. 191) that are interactive, interweaving local and global imaginations, and made up by a host of transnational and journeying ideas and practices. Whilst now more than ever, notions of fixed cultures that are bound to a people and their identities, practices, and territories have become obsolete, past social arrangements are often assumed to have been less socially and culturally multi-layered. As Appadurai (1991) contends, we therefore have to, "be careful not to suppose that as we work backwards in these imagined lives, we will hit some local, cultural bedrock, constituted of a closed set of reproductive practices, untouched by rumors of the world at large" (p. 208).

Yet when it comes to knowledge practices and the generation of ideas, "culturalist" explanations (that assume that individuals and ideas are determined by a particular organically enclosed culture) continue to provide a predominant analytical lens (Huntington 1996). Indeed, culturalist assumptions have become political tools to enforce nationalist agendas as well as to presume some core differences between people and their respective "life-worlds", imaginations, and ideas. The notion of bounded territories linked to a people with distinct national identities and "knowledge cultures" (Knorr Cetina 2007, p. 361; McCarthy 1996; Keller and Angelika 2018) who seemingly produce ideas rooted in an essentialist ethnoculture have also informed analyses of socialist knowledge practices before the transition from state socialism in 1989.

In the seemingly binary pre-1989 world, the borders between the former communist bloc (including the Soviet Union and its satellite Eastern Bloc states) and the democratic-capitalist West seemed to also divide divergent knowledge practices on either side. After the post-1989 demise of communism, the sciences in the former socialist states came under scrutiny. Questions were raised concerning the extent to which the socialist sciences have succumbed to politics and Marxist-Leninist ideology, and whether scientists collaborated or were victimized by the regimes at the time; such concerns provided the tools to largely discredit the socialist sciences. The psychological sciences in particular were scrutinized as to whether health care professionals collaborated, resisted, or were victimized under socialism. As Greg Eghigian (2002) put it, "Both Western critics and Soviet ideologues believed that party dogma and politics shaped the form and substance of psychiatry in the Eastern Bloc – in short, that there was something essentially 'communist' about Eastern European psychiatry" (p. 364).

Even in this pre-1989 ideologically and politically bifurcated world, however, there were cross-border and transnational networks through which ideas and knowledge could travel across the seemingly stark East–West divide; ideas travelled through exchanges, conferences, workshop and literatures. Such cross border networks and "travelling concepts" (Bal 2002; Lammert and Katja 2010; Neumann and Nünning 2012) impacted knowledge production and practices. Indeed, East German knowledge cultures revealed diverse assumptions that made knowledge practices on both sides of the Iron Wall different, yet similar.

Sociologists of knowledge and Science Studies scholars have pointed out that knowledge, including scientific knowledge, rather than being transcultural and universal, are always locally embedded in particular "epistemic cultures" (see also McCarthy 1996). How then does culture become embedded in knowledge production and practices? Moreover, is knowledge production bounded or distributed across different networks of knowledge generation? For Knorr Cetina (2007) the notion of,

> *"epistemic culture is designed to capture these interiorized processes of knowledge creation. It refers to those sets of practices, arrangements and mechanisms bound together by necessity, affinity and historical confidence which, in a given area of professional expertise, make up how we know what we know. Epistemic cultures are cultures of creating and warranting knowledge" (p. 363).*

Accordingly, knowledge production is embedded within a "lifeworld" whilst its associated practices, networks, and arrangements are shaped by cultural specificities. The metaphor of the "lifeworld" draws attention to the world-like features of the epistemic setting that shapes knowledge production; it includes cultural, political, and institutional contingencies through which knowledge is produced.

Knowledge is, however, also embedded in wider transnational epistemic cultures. In the case of the psy sciences[1] in the 20th century, such epistemic cultures spanned the East–West divide and impacted professional developments on both sides. For instance, both the psychologization of human subjectivity in the 20th century as well as the resurgence of psychological ideas in postwar states, powered professional developments in both East and West Germany (Herman 1995). Indeed, the "turn to culture" (Degler 1991) as a way of understanding human nature in the social and behavioral sciences was a transnational trend that had been underway since the 1920s. Post-WWII, the cultural paradigm provided for the possibility of social change and human improvement for morally bankrupt and war-torn societies. Psychological concepts in both West and East Germany thus increasing reframed and understood human nature in terms of society and culture, rather than in terms of biology and genetics (that assumed human nature to be largely fixed and unchangeable). Consequently, the cultural paradigm increasingly shaped professional developments in either side of the Berlin Wall.

Historians as well as psychological practitioners have also attested to the intellectual interchange of East and West German psychological professionals at conferences and through publications in international journals (Eghigian 2004; Leuenberger 2001). Professional developments confirm that practitioners from both East and West Germany increasingly used psychosocial approaches to mental illnesses and started to rely ever more on outpatient (rather than institutionalized) care in the late 1960s and early 1970s. With the East–West rapprochement in the early 1970 s, intellectual interchange intensified as evidenced in citation practices of East German experts, who increasingly cited West German and American, alongside Russian, sources. By 1980, the East German city of Leipzig was chosen to host the 22nd World Congress of Psychology, a forum that would further enforce transnational networks and enable the convergence over psychological approaches. As sociologist Mark Granovetter (1973) has pointed out, such professional meetings are particularly effective vectors for information and ideas to

[1] I use the term psy sciences as an umbrella term to refer to psychology, psychiatry and psychotherapy.

travel as such "weak" professional ties diffuse ideas and information more effectively over greater social distances than "strong ties".

Besides the convergence over certain psychological approaches in both East and West Germany, the context of the Cold War also provided for an uneasy interlinkage between science and politics on both sides of the Berlin Wall. Indeed, in the era of "Cold War Science" (Solovey 2001) the boundaries between science and politics were blurred, putting into question epistemological commitments to objectivity, value-neutrality and professional autonomy across the East–West divide. The rivalry between the Soviet Union and the United States brought about unprecedented funding opportunities for scientific research, which according to Slava Gerovitch (2002), was to enable scientific communities to "keep up" with or "ahead of the enemy". Scientists, on both sides of the Iron Curtain, thus often attempted to resist political precepts by strengthening professional autonomy. Nevertheless, Cold War science was often shaped by political patronage and priorities. As a result, "political struggles on both sides of the Iron Curtain helped to shape what did and did not count as legitimate science" (Solovey 2001, p. 168).

Neurosis – a Socialist Concept?

The story of the diagnostic concept of "neurosis" in East German socialist psychology reveals how theoretical interventions more generally are "made up" within a particular "epistemic culture"[2], at the intersection of science, politics, and knowledge cultures. In the following I trace some of the developments in the East German psychological sciences before 1989 and how concepts of neuroses were redefined as part of a socialist vision[3]. Subsequently, these socialist concepts of

[2] Ian Hacking (1998) uses an alternate biological metaphor of the "ecological niche" (p. 55) in order to describe a combination of conditions that enable the rise of certain concepts to occur.

[3] The data presented here is based upon a longitudinal sociological study of the East German psychotherapeutic community between 1990–2003. The study consists of forty-six in-depth interviews (cited interview extracts are differentiated by letter code and year of interview). The interviews provide an oral history that is set against published sources that espouse and enforce socialist psychology. The data corpus also includes ethnographic as well as archival material on professional developments in East – and West German psychology and psychotherapy.

neuroses are juxtaposed with interviewees' accounts that speak to how such concepts were adapted or contested in practice and embedded in varied knowledge cultures (see also Leuenberger 2002; 2007).

After World War II (WWII), the Federal Republic of Germany (FRG) and the German Democratic Republic (GDR) were to be ideological experiments of two kinds. The FRG was to become a parliamentary democracy based on Anglo-American principles and the GDR was to be turned into a socialist society. The allied powers "made strenuous efforts to 're-educate' the Germans, and…to transform the German 'personality' into a new mould" (Fulbrook 1992, p. 63). While West Germans were to become "good" democratic citizens, East Germans were to be transformed into "good" socialist personalities. How then did this vision of, what Talcott Parsons (1996) called, a "good" society inform East German psychological theories and practices?

Marxist-Leninists aimed to use science as a tool to solve social and economic problems and to establish "scientific socialism" – a socialism that is based on scientific principles (Fulbrook 1992). Psychology was also to be harnessed to the socialist project and was to help remake a people and their society. Soviet theories of human behavior, particularly the theory of conditioned reflexes put forth by Soviet psychiatrist Ivan Pavlov, were promoted by the Ministry of Health as part of a new research paradigm in the psychological sciences (Bundesarchiv DQ-1/6636, p. 2–4; Höck 1979). While the Pavlovian approach provided the rationale for biologically based treatment methods and behavioral therapy, Marxism-Leninism was used to explicate the social determinants of human behavior.

Marxist psychology was to be materialist, dialectical and historical (Busse 1993, 2000). Its aim was to illuminate the dialectical relationship between human beings and their environment. Human beings were understood as malleable 'bio-social units' (Kossakowski 1980; Schmidt 1977) who could be reformed under socialism and turned into a new human type: the 'socialist personality' (Eschke 1974; Kossakowski 1976). Consequently, socialist critics argued that traditional psychodiagnostics, that had been based on physiological categories were bourgeois, politically suspect, and predetermined individual characteristics. Psychodiagnostics had to therefore be reformulated in line with a new socialist understanding of human nature.

In the 1960 s East German psychiatrist Christa Kohler called for a new interdisciplinary research program that would reconceptualize human nature in line with Marxist-Leninist theory (Kohler 1968). Human beings were to be understood as the product of the dialectics between society, the environment, personality, and genetics; they were socially determined, but social factors were ameliorated by people's genetic make-up. She argued that the development of a socialist understanding of human nature was crucial, as neurotic illnesses that might thrive under capitalism (such as egocentrism) would be eradicated in a socialist society. Consequently, a new research program was needed that focused on the causes of neurotic pathologies under socialism, and redefined neuroses from a Marxist perspective.

Subsequently, Kurt Höck put forth a new comprehensive theory of neurosis that accounted for "the specific features of personality under ... socialism" (Höck et al. 1973, p. 31). He proposed that Marxist-socialist concepts such as dialectical and historical materialism as well as the research of Ivan Pavlov's on conditioning reflexes could map out the social and biological aspects of personality and reframe categories of neuroses. He classified neuroses into milder "neurotic reactions" and severe "neurotic developments". Both types of neuroses were thought to have external, environmental, or social causes, but severe neuroses could also be biologically determined and (in line with Pavlov's findings on conditioning reflexes) could therefore become conditioned/fixated into behavioral patterns. The aim of treatment was to reestablish a healthy "dialectic" in the "person-environment" relationship (Höck and Werner 1979).

Interviewees attest that Kurt Höck's classification of neurotic disorders become standard practice and influenced how practitioners "diagnosed...in practice"[4]. They were used in patients' medical files, referral letters, and in publications. However, practitioners that maintained contacts with international colleagues and professional organizations and attended international conferences were aware of international classificatory systems of mental disorders as well as alternative therapeutic approaches. Both formal as well as informal national and international channels and contacts enabled scientific exchange and the circulation of unpublished manuscripts that deviated from the standard East German therapeutic approaches (Bundesarchiv Q-1/DQ1/1836; Eghigian 2002; Woodward and Clark 1996). Some practitioners encountered unofficial scientific approaches during their training or in practice. Certain work-settings, such as church-affiliated institutions (which interviewees described as "a protected institutional niche"), enabled the circulation of international scientific literature. Consequently, by the onset of the 1970s therapeutic and methodological approaches become more diverse, and the gap between "official" theory and unofficial practice widened. By the 1980s, international classificatory systems such as the Diagnostic and Statistical Manuel of Mental Disorders (DSM) as well as the Internati-

[4] Interview St 2003.

onal Classification of Disease (ICD) were adopted in some East German clinical settings. While practitioners might have used DSM classificatory categories or other unofficial approaches in practice, they continued to write Kurt Höck's nosology and terminology into official documents.

To what extent such unofficial practices permeated clinical practices was determined by national and international professional networks, institutional hierarchies, and knowledge cultures (including local classificatory preferences and consensus within a particular clinical setting). Heads of a unit could crucially enforce party lines or shield others from political intervention, impacting the extent practitioners conformed or diverged from official practices. Moreover, status, seniority, and type of institutional setting could also provide a protected "niche" in which clinicians could enact a set of informal practices lying outside the formal command structure (Macrakis and Hoffmann 1999).

Developments in East German clinical psychological practice were thus determined by various local, national, and international factors. Scholars disagree over whether East German psychology was in line with international development or had become a uniquely socialist science, yet it is clear that some scientific networks transcended the East–West divide (Sprung and Sprung 1995; Busse 1993). At the same time, local cultural, material, and social resources also co-determined scientific developments as scientists need to "mobilize material and financial as well as conceptual, rhetorical, and ideological support" (Ash 1999). Kurt Höck's remaking of neurotic categories in line with the conceptual tools and terminology of Soviet psychiatry exemplifies how scientific developments could bow toward the political discourse; at the same time, the translation of his classificatory system into clinical practice was more about improvisation and reconfiguration than application and implementation.

Conclusion

Before 1989, Marxist psychology and psychodiagnostics were reconceptualized in line with scientific socialism. Psychodiagnostic categories such as "neuroses" became redefined in line with developments in Soviet psychology at the time. Homogenous understandings of the causes and definitions of neuroses were, however, undercut by institutional variations and national and international professional networks that ensured the diffusion of alternate therapeutic and classificatory approaches. Nikolas Rose (1999) points out that under socialism the state tended to structure "from above" and people frequently enacted "an anti-logic" from below. In fact, clinical practice could frequently become a "protected niche" in which alternative bodies of therapeutic knowledge were sustained. Clinical practices were thus at times commensurable with but also divergent from top-down regulation and theoretical precepts (see also Espeland and Mitchell 1998; Scott 1998).

Practitioners' accounts of knowledge production in East German psychology point to an amalgam of "social, party-political, institutional, and international developments" (Eghigian 2004, p. 205) that shaped the uptake of particular concepts. Institutions, hierarchies, networks, knowledge brokers and knowledge cultures as well as the ability to mobilize institutional, cultural and political resources and alliances mattered in the "politics of translation" (Neumann and Nünning 2012, p. 9) and the likelihood of the dissemination and uptake of certain psychological concepts and categories. The stories of "travelling concepts" in the Cold War psy sciences thus speak to the importance of formal and informal networks and channels that enabled ideas to propagate, change and adapt to new institutional circumstances and theoretical paradigms. The mutability of concepts assured their travel across the seemingly hard East–West divide and enabled their survival across different political regimes. The interchange of ideas and concepts in the East German psychological sciences during the Cold War reveal that "travelling concepts" not only characterized the 21st century and its globalized and porous transnational "ethnoscapes", but they also marked knowledge practices in the polarized world of the 20th century.

Literatur

Agnew, John. 2007. No Borders, No Nations: Making Greece in Macedonia. *Annals of the Association of American Geographers* 97 (2): 398–422.

Anderson, Benedict. 1983. *Imagined Communities: Reflections on the Origin and Spread of nationalism*. London: Verso.

Ash, Mitchell G. 1999. Kurt Gottschaldt and Psychological Research in Nazi and Socialist German. In *Science under Socialism: East Germany in Comparative Perspective*, Eds. Kristie Macrakis and Hoffmann Dieter, 286–301. Cambridge Mass: Harvard University Press.

Appadurai, Arjun. 1991. "Global Ethnoscapes: Notes and Queries for a Transnational Anthropology". In *Interventions: Anthropologies of the Present*, Ed. R. G. Fox, 191–210. Santa Fe: School of American Research.

Bal, Mieke. 2002. *Travelling Concepts in the Humanities: A Rough Guide*. Toronto: University of Toronto Press.

Bundesarchiv Q-1/DQ1/1836. Bundesarchiv Berlin-Lichterfelde: Abteilung Deutsches Reich und DDR sowie Stiftung der Parteien und Massenorganisationen der DDR. Ministerium für Gesundheitswesen. Ausgewählte Ergebnisse der Entwicklung des sozialistischen Gesundheitswesen. September 1963. Referentenmaterial.

Bundesarchiv DQ-1/6636. "Dr. Hans-Günther Giessmann: Über die Anwendung der Lehre Pawlows in der DDR". Presseartikel 1956–57, 2–4, Abteilung Deutsches Reich und DDR, BAB-L.

Busse, Stefan. 1993. Gab es eine DDR-Psychologie? *Psychologie und Geschichte* 5:40–62.

Busse, Stefan. 2000. "Von der Sowjetwissenschaft lernen: Pawlow – der Stein des Anstosses". *Psychologie und Geschichte* 8 (3, 4): 200–229.

Carroll-Burke, Patrick. 2002. Material Designs: Engineering Cultures and Engineering States – Ireland 1650–1900. *Theory and Society* 31 (1): 75–114.

Day, David. 2008. *Conquest: How Societies Overwhelm Others*. Oxford: Oxford University Press.

Degler, Carl N. 1991. *In Search of Human Nature*. Oxford: Oxford University Press.

Eghigian, Greg. 2002. Was There a Communist Psychiatry? Politics and East German Psychiatric Care, 1945–1989. *Harvard Rev Psychiatry* 10:364–368.

Eghigian, Greg. 2004. The Psychologization of the Socialist Self: East German Forensic Psychology and its Deviants, 1945–1975. *German History* 22 (2): 181–205.

Eschke, Hans-Günther. 1974. "Zur Entwicklung der sozialistischen Persönlichkeit beim Aufbau der entwickelten sozialistischen Gesellschaft". In *Wissenschaftliche Zeitschrift: Gesellschafts – und Sprachwissenschaftliche Reihe*, Bd. 23, Nr. 4, 441–449. Jena: Friedrich-Schiller Universität.

Espeland, Wendy N., and L. Stevens Mitchell. 1998. Commensuration as a social process. *Annual Review of Sociology* 24:13–343.

Fulbrook, Mary. 1992. *The two Germanies, 1945–1990*. London: Palgrave.

Gerovitch, Slava. 2002. *From Newspeak to Cyberspeak: A History of Soviet Cybernetics*. Cambridge, Mass: MIT Press.

Granovetter, Mark S. 1973. The Strength of Weak Ties. *American Journal of Sociology* 78 (6): 1360–1380.

Hacking, Ian. 1998. *Mad Travelers*. Charlottesville, VA: University Press of Virginia.

Herman, Ellen. 1995. *The Romance of American Psychology*. Berkeley: University of California Press.

Huntington, Samuel. 1996. *Clash of Civilizations*. New York: Simon & Schuster.

Hobsbawn, Eric J. 1992. *Nations and Nationalism since 1780: Programme, Myth, Reality*. Cambridge: Cambridge University Press.

Höck, Kurt. 1979. *Psychotherapie in der DDR: eine Dokumentation zum 30. Jahrestag der Republik*. Berlin: VEB Deutscher Verlag der Wissenschaften.

Höck, Kurt, and Werner König. 1979. *Neurosenlehre und Psychotherapie*. Jena: VEB Gustav Fischer Verlag.

Höck, Kurt, Hans Szewczyk, and Harro Wendt, Eds. 1973. *Neurosen. Ätiopathogenese. Diagnostik und Therapie*. Berlin: VEB Deutscher Verlag der Wissenschaft.

Keller, Reiner, and Angelika Poferl. 2018. *Wissenskulturen der Soziologie*. Weinheim Basel: Beltz Juventa.

Knorr Cetina, Karin. 2007. Culture in global knowledge societies: Knowledge cultures and epistemic cultures. *Interdisciplinary Science Reviews* 32 (4): 361–373.

Kossakowski, Adolf. 1980. Psychology in the German Democratic Republic. *American Psychologist* 35:450–460.

Kossakowski, Adolf. 1976. Gesellschaftliche Anforderung und Weiterentwicklung der Psychologie in der DDR. *Zeitschrift für Psychologie* 184:1–16.

Kohler, Christa. 1968. Der Einfluss des Menschenbildes auf die Neurosentheorie. In *Beiträge zu einer allgemeinen Theorie der Psychiatrie*, Eds. Lothar Pickenhain and Achim Thom, 153–179. Jena: VEB Gustav Fischer Verlag.

Lammert, Christian, and Katja Sarkowsky. 2010. Travelling Concepts: Negotiating Diversity in Canada and Europe. In *Travelling Concepts*, Eds. Christian Lammert and Sarkowsky Katja, 13–23. Wiesbaden: VS Verlag für Sozialwissenschaften.

Leuenberger, Christine. 2007. "Cultures of Categories: Psychological Diagnoses as Institutional and Political Projects before and after the transition from State Socialism in 1989 in East Germany". In *Osiris*, Bd 22, 180–204. Chicago: Chicago University Press.

Leuenberger, Christine. 2002. The End of Socialism and the Reinvention of the Self: A Study of the East German Psychotherapeutic Community in Transition. *Theory & Society* 31 (2): 257–282.

Leuenberger, Christine. 2001. Socialist Psychotherapy and its Dissidents. *Journal of the History of the Behavioral Sciences* 37 (3): 261–273.

McCarthy, Doyle E. 1996. *Knowledge as Culture*. London: Routledge.

Macrakis, Kristie, und Dieter Hoffmann. 1999. *Science under Socialism: East Germany in Comparative Perspective*. Cambridge Mass: Harvard University Press.

Neumann, Brigit, and Ansgar Nünning. 2012. *Travelling Concepts as a Model for the Study of Culture*. Berlin, Boston: De Gruyter.

OECD. 2009. Concepts and Dilemmas of State Building in Fragile Situations: From Fragility to Resilience. *OECD Journal on Development* 9 (3): 61–148.

Parsons, Talcott. 1996. The Symbolic Environment of Modern Economies. In *Economic Sociology*, Eds. Richard Swedberg, 218–235. Cheltenham: UK.

Rose, Nikolas. 1999. *Powers of Freedom*. Cambridge: Cambridge University Press.

Schmidt, Hans-Dieter. 1977. Einige Bemerkungen zum Problem der biologischen Grundlagen der Persönlichkeit. *Zeitschrift für Psychologie* 185:214–224.

Scott, James C. 1988. *Seeing like a state. How certain schemes to improve the human condition have failed*. New Haven CT: Yale University Press.

Sprung, Lothar, and Helga Sprung. 1995. Geschichte der Psychodiagnostik in der Deutschen Demokratischen Republik – Ausbildung, Weiterbildung, Forschung, Praxis. *Psychologie und Geschichte* 7 (2): 115–140.

Solovey, M. 2001. Introduction: Science and the State during the Cold War: Blurred Boundaries and a Contested Legacy. *Social Studies of Science* 31 (2): 165–170.

Woodward, William, and S. C. Clark. 1996. "The reflection of Soviet psychology in East German psychological practice". In *Post-Soviet perspectives on Russian psychology*, Eds. V. Koltsova, Y. N. Oleinik, A. R. Gilgen, and C. K. Gilgen, 236–250. Westport CT: Greenwood, Harcourt.

Denken und Deuten in Metaphern

Reisendes Wissen und interpretative Sozialforschung

Max Kaufmann

Gerade im Umgang mit und der Beschreibung von Krisen, wie etwa der Covid-19-Pandemie, konnte der Gebrauch von Metaphern beinahe allgegenwärtig beobachtet werden. Hier wurde unter anderem *gekämpft,* gelegentlich *gehamstert* und es wurde fortlaufend versucht, *Wellen aufzuhalten, abzuflachen* oder zu *brechen.* Manche, etwa der französische Staatspräsident Emmanuel Macron, fassten die Pandemie zu Beginn sogar als *Krieg* gegen einen *Gegner*, der unsichtbar, schwer fassbar und auf dem Vormarsch ist („Nous sommes en guerre […] l'ennemi est là, invisible, insaisissable, et qui progresse"). Unbegreifliches, komplexe Zusammenhänge oder schwer Sagbares durch Metaphern erfahr- und behandelbar zu machen, ist jedoch kein Phänomen, das sich ausschließlich in krisenhaften Zeiten beobachten lässt. Auch sonst kommt es bisweilen vor, dass Volkswirtschaften *lahmen*, *stocken* oder wahlweise *boomen*, sich bestimmte Medieninhalte *viral* verbreiten oder Zeit wie *Geld* behandelt wird und Geld wiederum etwas ist, das *liegen* oder sich *vermehren* kann.

Metaphern durchdringen, wie Lakoff und Johnson (2011) bemerken, alle Bereiche unseres alltäglichen Lebens. Dabei sind sie mehr als sprachliche Stilmittel, also bloße Substitutionen im Sinne poetischer Ausschmückungen; sie bilden komplexe und kohärente metaphorische Konzepte, die als solche unser Denken und Handeln strukturieren. Löst man Metaphern aus dem engen sprachwissenschaftlichen *Korsett*, besteht aus einer wissenssoziologischen Perspektive ihre zentrale Funktion darin, dass sie bestimmte Wissenselemente eines Konzepts auf ein anderes applizieren bzw. *transportieren* (hierzu v. a. Schmitt 2004) können.

M. Kaufmann (✉)
FernUniversität in Hagen, Institut für Soziologie, Hagen, Deutschland
E-Mail: Max.Kaufmann@fernuni-hagen.de

M. Harbusch (Hrsg.), *Reisendes Wissen,*
https://doi.org/10.1007/978-3-658-45229-2_12

Mit Blick auf das Konzept der *traveling concepts* kann diese Sichtweise dahingehend verlängert werden, dass Metaphern sowohl ver-*reistes* Wissen indizieren als auch gleichzeitig ein Medium oder *Vehikel*, sind in dem Wissen und damit auch Bedeutung(en) reisen kann. Metaphern sind so verstanden *Mechanismen* einer interpretativen Welterschließung und „Praktiken der kreativen Aufnahme, Übersetzung und Transformation des Wissens" (vgl. Harbusch in diesem Band). Indem Metaphern Wissen und Bedeutungen übertragen, ermöglichen sie nicht nur Neues zu erschließen und Unbegreifliches zu begreifen; sie helfen auch dabei Unbekanntes zu ordnen und Bekanntes anders und neu zu denken. Dieses interpretative Potenzial von Metaphern und reisendem Wissen stellt der Beitrag in seinen Fokus und diskutiert den Gebrauch von Metaphern als interpretative „Alltagspraxis und wissenschaftliches Programm" (Hitzler 1993).

Hierfür werden Metaphern zunächst als *traveling concepts* und als alltägliche (d. h. auch konstitutive) Mechanismen einer interpretativen Welterschließung thematisiert. Durch den Rückgriff auf die Idee des reisenden Wissens und die Fokussierung auf (eher) alltagsweltliche Verwendungszusammenhänge möchte der Beitrag in einem ersten Schritt zu einer Weiterentwicklung und Fortführung eines wissenssoziologisch-informierten, interpretativen Metaphernbegriffs beitragen. Darauf aufbauend wird anschließend kurz auf paradigmatische Annahmen einer interpretativen Sozialforschung eingegangen, um abschließend an einem empirischen Beispiel die Erkenntnispotenziale eines reflektierten Metapherngebrauchs im Kontext der interpretativen Sozial- und Organisationsforschung zu diskutieren. Der Beitrag möchte so zeigen, dass der Gebrauch von Metaphern untrennbar mit Praktiken, Prämissen und (Erkenntnis-)Zielen einer interpretativen Sozialforschung – hermeneutischer Prägung – verbunden ist. Es soll dargelegt werden, dass Metaphern – verstanden als traveling concepts – besondere Erkenntnismöglichkeiten bieten und ein zentraler Aspekt einer interpretativen Wissenskultur und -praxis sind und sein können.

Metaphern als Mechanismen einer interpretativen Welterschließung

In einer alltagsweltlichen Perspektive gelten Metaphern weithin als rhetorische oder poetische Stilmittel, denen vorrangig (und meist ausschließlich) ein ästhetischer Mehrwert zugeschrieben wird. Als sprachliche Ausschmückung ist die Metapher letztlich nur ein „Substitut für einen anderen, wörtlichen Ausdruck" (Black 1954, S. 61) und kann daher prinzipiell immer, in nicht-metaphorische Sprache (rück-)übersetzt und *ausgedrückt* werden. *Auf der Suche* nach Phänomenen, deren Beschreibung *ausdrücklich* metaphorisch erfolgt, *stößt* man jedoch meist auf Konzepte, die sich einer Erschließung auf Basis alltäglicher Deutungsroutinen *verweigern* und die mit ‚eigentlicher' Sprache nur *schwer* oder mitunter gar nicht *erfass*- und beschreibbar sind. Etwa dann, wenn Menschen „Totalhorizonten"

(Mende 2009, S. 9) – zum Beispiel der eigenen Endlichkeit – *gegenüberstehen* (und diese irgendwie bearbeiten müssen), bemühen sie im besonderen Maße besonders *blumige* und *augenfällige* Metaphern. Hier unternehmen Menschen unter anderem ihre *letzten großen Reisen*, *führen Kriege* (etwa gegen Viren und letale Krankheiten) und *besiegen* Ängste oder sogar den Tod. Diese wenigen Beispiele metaphorischer Konzepte zeigen, dass Metaphern immer mehr und etwas anderes sind als bloße Substitute, die sich umstandslos nicht-metaphorisch ausdrücken lassen. Vielmehr scheint ihr Gebrauch mit Phänomenen und Konzepten verbunden zu sein, über die man nichts oder nur sehr wenig weiß, bei denen vorhandene Wissensbestände nicht als gewiss und gesichert angenommen werden können oder bei denen schlichtweg die Sprache (zum Erfassen und Beschreiben) fehlt. Zwar stehen sie immer in gewisser Relation oder semantischen *Verwandtschaft* zu jenen Konzepten auf das sie angewandt werden, sind aber dennoch eigent- und wesentlich etwas grundsätzlich anderes. Diese „Uneigentlichkeit" (Adorno 1964) und die damit korrespondierende Mehrdeutigkeit metaphorischer Sprache legt den Schluss nahe, dass Metaphern keine wirklichen, sondern nur sehr vage, mehrdeutige und unscharfe Antworten auf die „prinzipiell unbeantwortbaren Fragen" (Blumenberg 1960, S. 19) wie die eigene Endlichkeit bieten können. Im selben Maße wie Metaphern Ungewissheiten bearbeiten und bisweilen auch absorbieren, erzeugen sie gleichzeitig neue Uneindeutigkeiten und Unschärfen.

Trotz und gerade aufgrund dieser Mehrdeutigkeit ermöglichen Metaphern allerdings auch, dass wir durch sie „eine Sache oder einen Vorgang in Begriffen einer anderen Sache bzw. eines anderen Vorgangs verstehen und erfahren [können]" (Lakoff und Johnson 2011, S. 13). Bewusstseinstheoretisch formuliert heißt das, dass sich „die Bedeutung eines Objekts [...] durch die Zuwendung zu einem anderen Objekt konstituiert" (Junge 2010, S. 2699. Ein (zu verstehendes) Konzept wird in „Wissenselementen eines anderen" (Schmitt 2004, S. 12) wahrgenommen, strukturiert und beschrieben oder – alltagsweltlich gesprochen – aus einer anderen Perspektive als üblich verstanden. Indem Metaphern Wissen und damit auch Bedeutungen übertragen, breiten sie mögliche Deutungen aus und erlauben so, „das zu begreifen, was man nicht hinreichend ausdrücken kann" (Leibniz 1686, S. 431). Das können seelische Zustände sein, die durch das (mechanische) Konzept der Depression, also einen Druckverlust bzw. Niederdruck, konzeptualisiert werden oder aber auch volkswirtschaftliche Perioden, die wiederum durch das psychiatrische Konzept der Depression strukturiert und erfahren werden. Metaphern bieten jedoch auch bei alltäglichen Begebenheiten Orientierungs-, Deutungs- und Handlungsmöglichkeiten an – etwa dann, wenn sich zwei Menschen *näherkommen*, ihre Gefühle füreinander *ausdrücken* oder als *Paar zusammen*-sind. Solche Beispiele metaphorischer Konzepte unterstreichen einen Aspekt, dem in den Analysen von Lakoff und Johnson zentrale Bedeutung zukommt: Metaphern sind keine „Ausnahmeerscheinung" (Kruse et al. 2012, S. 65), sondern ein fester Bestandteil des alltäglichen Lebens. Ihr Gebrauch ist allgegenwärtig und selbstverständlich mit der kommunikativen Praxis des Alltags *verwoben* (vgl. Pielenz 1993, S. 11). Dass es sich in bestimmten Fällen, beispielsweise dem mehrfach angeführten *Ausdrücken* von Gefühlen, ‚eigentlich' um metaphorische Konzepte handelt, wird nicht (mehr) *reflektiert.*

Demgegenüber stehen Metaphern, die explizit als solche eingesetzt und auch registriert werden, z. B. die titelgebende Metaphorik dieses Bandes. Durch und in der Metaphorik des *reisenden Wissens* wird hier die Aufnahme, Übersetzung, Weitergabe und Transformation von Wissen durch das alltagsweltliche Konzept der *Reise* strukturiert, beschrieben und erfahren. Die Reisemetapher konstituiert sich dabei wiederum auf einem kohärenten System korrespondierender Metaphern (vgl. Lakoff und Johnson 2011, S. 16 f.). Im Zentrum steht dabei unter anderem die Idee, dass es sich bei einer Reise um eine *Bewegung* auf einem *Weg* und damit um ein raumzeitlich ausgedehntes, prozesshaftes Geschehen handelt. Der Weg wiederum konstituiert sich auf der Vorstellung, dass es ein *Reiseziel* und selbstverständlich auch einen Ausgangspunkt gibt, also unterschiedliche Orte, (Wissens)Gebiete oder Positionen zwischen denen sich – über bestehende oder noch zu entdeckende Verbindungen – ein Ortswechsel vollzieht. Die Reise – verstanden als *Be-Wegung* – beleuchtet allerdings nicht ausschließlich die Positionierung unterschiedlicher Orte zueinander, sie thematisiert insbesondere die Art und Weise der Wegnutzung oder – metaphorisch gedacht – die Frage nach den *Reise-* beziehungsweise *Verkehrsmitteln.* Metaphern (und ihre Analyse) eröffnen nicht nur mögliche und relevante Bedeutungsdimensionen des zu erklärenden Phänomens, sondern fungieren gleichzeitig auch immer als Selektionsmechanismen. Bestimmte Aspekte, hier vor allem der Moment des *Verreisens,* also die Konzeption eines prozesshaften Ortswechsels, werden akzentuiert und andere – z. B. die Reiserückkehr, das Ende einer Reise gerade im Vergleich zur Migration – negiert und *abgedimmt.* Weitere Implikationen des Reisekonzepts, beispielsweise die Auswirkung von Reisen auf den Klimawandel, sind irrelevant für den metaphorischen Ausdruck und werden nicht auf das zu verstehende Konzept appliziert. Vor diesem Hintergrund ist nochmals festzuhalten, dass metaphorische Konzeptualisierungen im besonderen Maße vage, nicht festgelegt und mehrdeutig sind und so einerseits zwar Bedeutungen erschließen, andererseits jedoch, neue und weitere Kontingenzen produzieren. So kann eine Reise – auch wenn das Bild einer Urlaubsreise naheliegend erscheint – ebenfalls eine Pilger-, Geschäfts- oder Zeitreise sein, was grundsätzliche andere Wissensbestände, weitere Bedeutungen und damit neue sowie andere Anschluss- und Thematisierungsmöglichkeiten eröffnet.

So verstanden werden durch metaphorische Konzepte nicht nur Aspekte der Wirklichkeit (be)*greifbar*, Ungewissheiten bearbeitet und Orientierungskorridore *erschlossen*, innerhalb derer (anschließende) Deutungen und Handlungen entworfen werden können. Aus ihrem Gebrauch resultiert auch immer eine Erweiterung und Veränderungen der eigentlichen Bedeutung, da sie einerseits bestimmte Aspekte des Phänomens beleuchten, filtern und/oder verbergen und da sie andererseits nur bestimmte Wissenselemente der Metapher – nicht aber alle Implikationen – auf das zu erklärende Phänomen übertragen. Für die Kategorie *traveling concepts* heißt das, dass metaphorische Konzepte als *Vehikel*, also als *Reisemittel* fungieren, in denen und durch die bestimmte Wissenselemente eines Konzepts auf ein anderes Konzept und damit auch in einen anderen Kontext (als üblich) übertragen werden. Diese Übertragung von Wissenselementen bedeutet gleichzeitig auch eine Bedeutungsübertragung und mitunter -veränderung. Durch Metaphern können – metaphorisch gesprochen – *Reiseziele,* das heißt bekannte und unbekannte Wissensbestände, -bereiche und -kulturen erfahren und *zugänglich* gemacht werden. Metaphorische Konzeptualisierungen stellen somit grundsätzlich interpretative Vorgänge dar, durch die potenzielle Bedeutungen entdeckt, ausgebreitet und selektiert werden. Als solche sind sie für eine interpretative Welterschließung unverzichtbar und das nicht nur an den *Grenzbereichen* des Alltags, sondern allgegenwärtig. Überall dort, wo Menschen mit Uneindeutigkeiten konfrontiert sind, wo Handlungen, Phänomene und Situationen mehr als eine offensichtliche Bedeutung haben – und das haben sie immer –, sind Menschen zur Auslegung und damit zur Interpretation genötigt (vgl. auch Hitzler 2015, S. 14). Begreift man die grundlegende Operation jeglicher Interpretation als eine metaphorische und zwar als jenen elementaren Vorgang, die Bedeutung von etwas durch etwas anderes zu erschließen, kann zusammenfassend formuliert werden, dass soziales Handeln immer auch interpretatives und interpretatives Handeln wiederum immer auch metaphorisches Handeln ist (vgl. v. a. Junge 2014, S. 276).

Metaphern und interpretative Sozialforschung

Sozialwissenschaftliches Interpretieren unterscheidet sich in diesem Zusammenhang vor allem in einem zentralen Punkt von ‚alltäglichen' Interpretationsleistungen: Es verfolgt (primär und idealerweise) nicht das Ziel, Alltagsprobleme zu lösen oder den Alltag praktisch zu bewältigen, sondern es ist darauf ausgerichtet, die soziale Bedeutung von Interaktionen und Interaktionsprodukten zu rekonstruieren und zu verstehen (Reichertz 2018, S. 171). Sozialwissenschaftliche Interpretationen setzen analytisch bei den beobachtbaren „*Produkte*[n]" (Soeffner 1989, S. 144) alltäglicher Interaktionen an und versuchen davon ausgehend zu verstehen, „welches Problem […] aus der Sicht der Akteure wahrgenommen und durch die daran anschließende gesellschaftliche Konstruktion bewältigt [wurde]“ (Reichertz und Soeffner 2004, Abs. 40). Diese künstlich erzeugte, analytische Distanz gegenüber der Alltagswirklichkeit bearbeitet zwar, löst jedoch nicht ein grundlegendes (Erkenntnis)Problem interpretativer Sozialforschung: „Denn praktisch ist auch der pragmatisch desinteressierte Soziologe nicht nur Soziologe, sondern auch Alltagsmensch.“ (Hitzler 1993, S. 229). Dies zum einen mit Blick auf den jeweils spezifischen habituellen Standpunkt der Forschenden, von dem aus wahrgenommen, gefühlt und gedeutet wird und zum anderen mit Blick auf die grundlegenden Mechanismen jeglicher interpretativer Praxis.

Geht man davon aus, dass sich sozialwissenschaftliches Verstehen auf denselben Mechanismen konstituiert, wie alltägliche Verstehensleistungen, folgt daraus auch, dass sozialwissenschaftliches Interpretieren im Kern gleichermaßen metaphorisch organisiert ist und operiert wie das Deuten im Alltag. Begreift man interpretative Sozialforschung zudem als eine hermeneutische Forschungspraxis (v. a. in Anlehnung an Soeffner 1984, 1989; Hitzler et al. 1999; Kurt und Herbrik 2014; Reichertz 2016) erwächst hieraus eine (Selbst)Verpflichtung, im besonderen Maße und explizit metaphorisch zu verfahren. Tiefergehendes und hermeneutisch ausgerichtetes Verstehen, das alltägliche Bedeutungen durchdringen, reflektieren und überwinden soll, muss grundsätzlich mehr und etwas anderes sein, als eine „stumpfe“ (Oevermann 2001, S. 66) Verdopplung der Wirklichkeit. Es fordert von Interpret*innen ein, Dinge anders als üblich, das heißt aus nicht alltäglichen oder unorthodoxen Perspektiven zu betrachten. „[A]ls methodisch eingesetzte Skepsis gegenüber positivem Wissen“ (Hitzler et al. 1999, S. 11) ist die Beschreibung und Analyse des Vorfindlichen, also auch von offensichtlichen und vordergründigen Bedeutungen, demnach stets nur ein Zwischenschritt auf dem Weg zum Verstehen *tiefergehender* Bedeutungen, die ‚vor‘, ‚hinter‘, ‚unter‘ oder ‚neben‘ dem offensichtlich Beobacht- und Wahrnehmbaren liegen. Diese analytische Differenzierung in Eigentlich- und Uneigentlichkeiten, zwischen Oberfläche und Hintergrund (vgl. hierzu Reichertz und Wilz 2016; Kaufmann und Wilz 2019), die habitualisierte Skepsis (vgl. Hitzler und Soeffner 1994, S. 33) gegenüber positivem Wissen als auch das Bestreben Phänomene (beinahe mutwillig) anders als üblich (und insbesondere nicht auf Basis alltäglicher Deutungsroutinen) zu verstehen, sind nicht nur zutiefst hermeneutisch und damit interpretativ, sondern im Kern eine metaphorische Haltung gegenüber der sozialen Wirklichkeit.

Persönliche Ansprache oder „Ein Angebot, das er nicht ablehnen kann“

Wie Metaphern im Interpretationsprozess Verwendung finden können und welche (Erkenntnis)Potenziale sie bieten, soll nun an einem empirischen Beispiel illustriert werden. Das Datum stammt aus dem DFG-Projekt „Machen und Jagen?

Praktiken der Personalauswahl in Organisationen", das Verfahren der Personalrekrutierung und Prozesse der Personalauswahl von Führungskräften untersucht. Im Rahmen einer Intensivfallstudie im Großunternehmen *Brumlop* (Name wurde pseudonymisiert) wurden zu verschiedenen Zeitpunkten unterschiedliche Geschäftsbereiche und verschiedene Verfahren der Personalauswahl begleitet. In diesem Rahmen wurden sowohl Interviews und teilnehmende Beobachtungen durchgeführt als auch Dokumente gesammelt. Die Auswertung der Daten erfolgte – wenn möglich – in Gruppen unter kombiniertem Einsatz von Grounded Theory und hermeneutischer Wissenssoziologie (Strauss 1998; Hitzler et al. 1999; Kaufmann und Wilz 2019). Die Analyse erfolgt dabei als zweischrittiges Vorgehen, das sowohl inhaltsanalytisch als auch interpretativ ausgestaltet ist: Im ersten Schritt erfolgt ein angeleitetes, systematisierendes Kodieren, im zweiten ein interpretatives Ausdeuten. Wie und zu welchem Zweck Metaphern im interpretativen Vorgehen genutzt werden können, soll an einem Interviewausschnitt mit dem Personalchef eines Geschäftsbereichs diskutiert werden.

Auf die Frage der Interviewerin: *(…) wie Sie eigentlich genau in diese Stelle gekommen sind, die Sie jetzt haben. Genau, wie sind Sie eigentlich rekrutiert worden, wie sind Sie hierhin gekommen?* antwortet und bilanziert der Befragte:

> *[…] Wir können das auch so resümieren, in all meinen Aufgaben bei Brumlop habe ich bisher mich noch niemals selbst beworben für eine Aufgabe. […] es gab immer jemand, der mich angesprochen hat auf die jeweils konkrete nächste Aufgabe und mich darum gebeten hat, mir zu überlegen, ob ich diese Aufgabe übernehmen möchte oder nicht übernehmen möchte, oder zum Teil ist es auch, ich sage es jetzt mal auf eine positive Art und Weise, mit einem sanften Ziehen oder Drängen auch erfolgt, dass man mir das in Anführungszeichen nahe gelegt hat, aber positiv konnotiert, was für die eigene berufliche Entwicklung gut ist, aber auch dem Unternehmen entsprechend dient […]*

Der Befragte beschreibt im ersten Teil dieser Passage seinen beruflichen Werdegang im Unternehmen *Brumlop* und erläutert, wie er für bestimmte „Aufgaben" ausgewählt wurde. Diesbezüglich führt er aus, dass er sich nie aktiv beworben und einen formalen Bewerbungsprozess durchlaufen hat, sondern immer von anderen Personen angesprochen und um die Übernahme von Aufgaben gebeten wurde. In dieser Ausführung thematisiert der Befragte ein übliches, eher informelles Verfahren der Personalauswahl – die persönliche Ansprache. Im zweiten Teil des Ausschnitts ändert sich die Darstellungsform und die Beschreibung wandelt sich zu einer Argumentation und Bilanzierung. Der Befragte gibt an, dass diese beruflichen Entwicklungsschritte und die damit verbundenen Entscheidungen, die nächsten Aufgaben zu übernehmen, gelegentlich unter *Druck* erfolgt sind. Dieses Moment der Forcierung wird von ihm allerdings nicht problematisiert, sondern dahingehend relativiert, dass er eine positive persönliche Entwicklung in Organisationen mit einer erfolgreichen Unternehmensentwicklung parallelisiert.

Eine solche Darstellung eines Karrierewegs innerhalb eines Großunternehmens als auch die anschließende Bilanzierung scheinen zwar zunächst etwas verwunderlich und stellenweise überzeichnet („noch niemals selbst beworben"), sind aber dennoch insgesamt nicht ungewöhnlich im untersuchten Kontext. Dass Personen auf Basis persönlicher Beziehungen und/oder innerhalb von Netzwerken bewertet, ausgewählt und angesprochen werden, ist weithin organisationaler Alltag. Dass es sich bei Bitten von Vorgesetzen mitunter um eine Form ritualisierter Höflichkeit handelt und diese Bitten eigentlich den *Charakter* einer Aufforderung oder Anweisung tragen, ist Arbeitsalltag. Interpret*innen, die solche Textpassagen tiefergehend verstehen und ausdeuten möchten, stehen mitunter vor der Herausforderung, dass sie von der (vordergründigen) Profanität und Alltäglichkeit des Textes *erschlagen* werden und sich das Datum unweigerlich, unmittelbar sowie selbstverständlich auf Basis alltäglicher Deutungsroutinen und -muster erschließt. Man kennt solche ‚Geschichten' und ‚Typen' – mitunter aus eigener Erfahrung, manchmal aus Berichten von Freund*innen und Kolleg*innen oder auch aus Filmen, Fernsehen und Belletristik. Nichts verwundert, schockiert oder befremdet (wirklich), nichts *springt* direkt *ins Auge,* sodass sich naheliegende und vordergründige ad-hoc Deutungen, etwa, dass es sich hier um Seilschaften, Klüngel oder eine sogenannte *Kaminkarriere* handelt, geradezu *aufdrängen.* Eine solche Deutung mag zwar unter Umständen zutreffend sein, sie verlässt jedoch nicht die Ebene manifester Inhalte und subjektiver Sinngebungen. Das Postulat, dass sich Sozialwissenschaftler*innen beim Interpretieren in einer „Attitüde der künstlichen Dummheit" (Hitzler 1991, S. 297) üben sollen, wirkt dann vielmehr wie ein guter Ratschlag, der, wenn man es mit (vermeintlichen) Alltäglichkeiten ‚zu tun' hat, oft nicht (wirklich) umsetzbar ist. Eine mögliche ‚Strategie', wie Interpret*innen diesem Problem begegnen können, ist die explizite Verwendung von Metaphern bei der Produktion von Lesarten[1]. Speziell im Gebrauch (vermeintlich) abwegiger und auch provokanter Metaphoriken besteht die Chance, übliche, habitualisierte Deutungsmuster aufzubrechen, Dinge grundsätzlich anders zu

[1] Hierzu muss angemerkt werden, dass das Entwickeln von Lesarten, also von unterschiedlichen Deutungsmöglichkeiten und -kontexten, immer eine metaphorische Praxis darstellt, da Sinneinheiten in uneigentliche Kontexte gerückt und aus dieser Perspektive betrachtet, verstanden sowie expliziert werden.

denken sowie neue und vor allen Dingen ungeahnte Bedeutungen zu entdecken und zu verbinden. Eine solche, metaphorische Lesart könnte im Bezug auf die Interviewpassage etwa sein, dass es sich bei dem Unternehmen *Brumlop* nicht um eine privatwirtschaftliche Organisation, sondern eigentlich um die Mafia oder die Fremdenlegion handelt.

Anders als bei naheliegenden und vertrauten Kontextualisierungen, etwa einer Parallelisierung mit der Personalrekrutierung und -auswahl an Hochschulen, beinhaltet die Deutung durch die Mafiametaphorik ein subversives, provokantes und partiell absurdes Moment: Selbstverständlich und offenkundig handelt es sich im untersuchten Fall eigentlich und faktisch nicht um die Mafia oder ein Unternehmen, das von der Mafia infiltriert wurde. Darüber hinaus ist es nur wenig rühmlich, in seinen Praktiken und Vorgehensweisen mit einer kriminellen Organisation verglichen zu werden, deren Macht sich maßgeblich auf der Anwendung oder Androhung von (illegitimer) Gewalt gründet. Die Deutung ist also zunächst provokant und als solche im besonderen Maße erklärungsbedürftig. Sie produziert (Anschluss)Fragen und fordert zur expliziten und kritischen Thematisierung der „eigenen Akte der Deutung" (Soeffner 1989, S. 52) auf. Auch wenn das Konzept der Mafia zumindest in Teilen bekannt ist und unmittelbare Assoziationen aufruft, muss die Metapher im Kontext der zu analysierenden Textstellen expliziert und die Deutung als eine gültige – im Rahmen der Interpretationsgruppe – etabliert werden. Einerseits, indem sich die Interpret*innen auf den Text berufen und explizieren, was dieses Bild in ihnen evoziert hat und andererseits, indem sie sich als Erkenntnissubjekt selbst thematisieren und dabei ausbreiten, auf Basis welcher Wissensbestände sie die Deutung entworfen haben. Im konkreten Fall könnte beispielsweise vorgebracht werden, dass die Deutung und Neu-Kontextualisierung als mafiöse und kriminelle Organisation unter anderem aus der Beschreibung des „sanften Ziehen und Drängens" emergiert, mit dem – überspritzt formuliert – erpresserisch Einfluss auf die Entscheidung des Befragten ausgeübt wurde. Auch dass es sich nicht um eine (aktive) Bewerbungen, sondern vielmehr um einen fortlaufenden Prozess der Auserwählung handelt, erinnert an Rekrutierungsstrategien krimineller Organisationen. Weiterhin ist ein Moment einer gewissen Devotion („was dem Unternehmen dient") als auch eine generelle Vagheit der Ausführung in Bezug auf Namen und Orte (i.S. von „man redet nicht mit Außenstehenden") zu bemerken. Vor allem aber der Aspekt, dass ihm „nahegelegt" wurde, dass diese Entscheidungen „gut" für ihn seien, erweckt – wenn man Francis Ford Coppolas popkulturelle Mafiadarstellung aus „Der Pate" bemüht – den Eindruck eines „Angebot[s], das er nicht ablehnen kann".

Ein so praktizierter, kontrollierter und reflexiver Gebrauch metaphorischer Deutungen begünstigt zweierlei: Er kann zum einen die Kommunikation in

Interpretationsgruppen – auch in verfahrenen Situationen – (wieder)*beleben* und Anschlussmöglichkeiten eröffnen. Zum anderen kann der Gebrauch von Metaphern – auch wenn durch sie neue Uneindeutigkeiten produziert werden – dem Anspruch einer „kontrollierte[n] Auslegung“ (Soeffner 1989, S. 46) Sorge tragen. Vor allen Dingen ermöglichen metaphorische Deutungen aber die Übernahme einer „Attitüde der künstlichen Dummheit“ (a.a.O.) und erlauben auf diese Weise, den eigentlichen Kontext und die damit korrespondierenden (alltäglichen) Wissensbestände und Deutungen „absichtsvoll aus[zu]klammer[n]“ (ebd.). Dieses absichtsvolle Ausklammern üblicher Deutungsroutinen kann einen (interpretativen) Raum etablieren, in dem es zulässig ist so zu tun (und auch so zu denken), ‚als ob' es sich bei dem untersuchten Fall nicht um eine rechtsschaffende, privatwirtschaftliche Organisation, sondern um die Mafia handelt. Durch die Einnahme dieser Als-ob-Perspektive kann das zu erklärende Konzept – die Personalauswahl in privatwirtschaftlichen Organisationen – aus einem uneigentlichen Kontext und unter Rückgriff auf Wissenselementen eines anderen Konzepts – etwa Praktiken und Vorgehensweisen mafiöser Organisationen – betrachtet und gedeutet werden. Diese metaphorische Betrachtung erweitert nicht nur das Repertoire möglicher Wissensbestände, die für (anschließende) Deutungen bemüht werden können (und auch dürfen), sie erschließt und eröffnet zudem Aspekte, Dimensionen und Anschlussthematisierungen, die unter Umständen unentdeckt geblieben oder nicht vorgebracht worden wären. Dass im untersuchten Fall beispielsweise keine aktive Bewerbung stattgefunden und der Befragte auf Basis nicht erkennbarer (Leistungs-)Kriterien auserwählt und angesprochen wurden, kann unter anderem als fortlaufende Kooption thematisiert werden, was eine übliche Rekrutierungsstrategie der sizilianischen Cosa Nostra ist. Begreift man den Prozess aus dieser Perspektive steht dennoch weiterhin die Frage im Raum, was ihn zur ursprünglichen Aufnahme qualifiziert hat und wie er sich sowohl im *Vorfeld* als auch im weiteren Fortgang seiner Zugehörigkeit als loyal bewährt und behauptet hat. Gibt es Hinweise auf eine Bewährungsphase oder sogar einen Initiationsritus, in dessen Verlauf sich Mitarbeiter*innen als vertrauenswürdig etablieren? Kann vor diesem Hintergrund vermutet werden, dass Leistung als Einstellungs- und Beförderungskriterium eher dezentriert wird und der Aufbau persönlicher Beziehungen respektive vertrauensschaffende Beziehungsarbeit ein relevanteres Kriterium für eine Karriere im untersuchten Unternehmen ist? Zwar mögen Loyalität und Vertrauenswürdigkeit zunächst positiv konnotierte Qualitäten einer Person sein, die sicher auch im Kontext privatwirtschaftlicher Organisationen gern *gesehen* sind – im Zusammenhang der Mafia-Kontextualisierung haben sie allerdings den *faden Beigeschmack* von Verschwiegenheit, *Kadavergehorsam* und befremdlicher Intimität (ganz abgesehen von der Frage, wie mit Vertrauensbrüchen oder sogenannten *Ratten* umgegangen wird). Aus dieser Perspektive entsteht der Eindruck einer hochgradig geschlossenen und klandestinen Organisation, deren Prozesse und Praktiken der Personalauswahl für Außenstehende intransparent wirken, für Eingeweihte hingegen, wie z. B. den Befragten, plausibel und selbstverständlich sind. An diese Differenz anschließend könnte nun weitergefragt werden, wie diese Intransparenz reproduziert wird und worauf sich der Eindruck konstituiert. Gibt es im untersuchten Unternehmen, wie bei bestimmten kriminellen Organisationen, eine Geheimsprache und/oder bestimmte (sprachliche oder nichtsprachliche) Erkennungszeichen, mit denen und durch die sich die Ansprechenden wechselseitig als (eingeweihte) Organisationszugehörige identifizieren – oder nochmal verdichtender: wird Erkennen und Anerkennung (von Identität) in und durch Kommunikation (re)produziert? Eine weitere Dimension, die durch die Mafia-Metaphorik in den Fokus der Analyse rücken könnte, wäre der Aspekt der Machtstrukturen. Worauf gründet sich Macht einerseits in der Mafia und anderseits im untersuchten Fall, wie sind jeweils Hierarchie oder Befehlsketten ausgestaltet? Wie ist die Ansprache organisiert, wer darf wen überhaupt ansprechen; gibt es dabei Formen der Ehrerbietung und darf man auch widersprechen? Ist das Machtzentrum anonym und uneinsichtig, wie bei der kalabrischen Mafia, oder doch transparent und nach einem Patenprinzip organisiert?

Diese kurze Aus- bzw. Andeutung möglicher Anschlussthematisierungen zeigt, dass Metaphern im Kontext sozialwissenschaftlicher Interpretationen zunächst mehr Fragen als Antworten produzieren. Metaphern kommt somit eine Kontingenz erweiternde Funktion zu, was kein Manko ist. Sie erhöhen die Komplexität von Deutungen und ermöglichen so Dimensionalisierungen vorzunehmen, durch die sowohl mehr als auch andere Deutungskorridore eröffnet werden. Auf diese Weise erlauben sie, ein Datum tiefergehend zu verstehen, Bekanntes anders zu betrachten, Vertrautes (kreativ) neu zu ordnen, verfahrene Deutungen aufzubrechen und mitunter auch vollständig neue Interpretationen zu entwickeln (zum abduktiven Potenzial von Metaphern nur Reichertz 2016, S. 152). Sie erlauben aber auch, den Fall analytisch zu verlassen, zu abstrahieren und übergeordnete organisationssoziologische Topoi in den Blick zu nehmen und besser zu verstehen. Welche Unterschiede und Schnittmengen tun sich etwa dann auf, wenn man nicht das Bild der italienischen, sondern das der japanischen oder russischen Mafia bemüht? Welche alternativen metaphorischen Deutungen (z. B. Militär, Geheimdienst, Geheimbund o.ä.) können in Stellung gebracht werden? Bestehen vereinende Elemente zwischen diesen (metaphorisch entworfenen) Organisationen und wie können diese als „Bilder der Organisation" (Morgan 1986) verdichtet werden – etwa als Netzwerk oder Organismus? Was lässt sich aus der Metapher für das zu verstehende Phänomen (und darüber hinaus) ableiten, z. B. mit

Blick auf die Bedeutung von Geschlecht, Praktiken der Intransparenzproduktion, die Interaktion von organisationsinternen und organisationsexternen Akteuren, Mitgliedschaft und Zugehörigkeit? Indem sie auf diese Weise Thematisierungsmöglichkeiten und Deutungskorridore eröffnen, tragen Metaphern sowohl inhaltlich wie auch unter pragmatischen Gesichtspunkten zur extensiven Sinndeutung bei – Metaphern können Interpretationen (v. a. in Gruppen) *am Laufen halten* und *be-* bzw. *anreichern*. Das mag gelegentlich auch dazu führen, dass man sich *verrennt* und sich nicht mehr aus der Gefangenschaft des Bildes (Wittgenstein 1984, § 115) lösen kann. Nicht selten scheitern Interpretationsgruppen an der Verhandlung treffender Metaphern – dann allerdings meist „informationsreich" (Oevermann et al. 1979, S. 393).

Denken, Deuten und Handeln in Metaphern – Reisendes Wissen als eine soziologische Kategorie
Wenn Wissen und Bedeutung in und durch Metaphern verreist, hat dies sowohl im Alltag als auch im Kontext sozialwissenschaftlicher Interpretationen immer eine epistemische Funktion: durch Metaphern wird Wirklichkeit erfahr- und verstehbar. Metaphern ermöglichen allerdings nicht nur, „das zu begreifen, was man nicht hinreichend ausdrücken kann" (aaO), sie bieten ebenfalls die Gelegenheit, allzu Vertrautes anders und mitunter auch ‚besser' zu verstehen. Als Mechanismen einer interpretativen Welterschließung dienen sie nicht ausschließlich der Perzeption, sondern entfalten auch praktische Relevanz. Durch Metaphern wird Wirklichkeit behandelbar, sie eröffnen Deutungskorridore innerhalb derer konkrete Handlungen entworfen werden (können) und Wirklichkeit in Interaktion mit anderen verhandelt wird.

Was heißt das für die Idee des *Reisenden Wissens*? Der Beitrag hat argumentiert, dass jegliche interpretative Praxis im Kern eine metaphorische Operation ist und Metaphern vor allen Dingen als Mechanismen der Wissens- und Bedeutungsübertragung zu verstehen sind. Wissen in und durch Metaphern reisen zu lassen, ist somit ein Aspekt einer alltäglichen interpretativen Welterschließung. Reisendes Wissen und traveling concepts können vor diesem Hintergrund als Kategorien verstanden werden, die auf die metaphorische Struktur der sozialen Welt verweisen. Als solche zeigen und betonen sie (einmal mehr) die rekonstruktiven Potenziale, die eine systematische Analyse von Metaphern (hierzu v. a. Schmitt 2011, 2012, 2017; Kruse et al. 2012) für eine wissenssoziologisch-ausgerichtete, interpretative Sozial- und Organisationsforschung bieten kann – zum Beispiel mit Blick auf die Entstehung und den Transfer von Wissensbeständen, die kontextuelle und situative Emergenz bestimmter Wissens- und Deutungsmuster oder die Transformation von Wissen und Bedeutung. Die vorgeschlagene Parallelisierung von Metaphern und reisendem Wissen kann dabei die Gelegenheit eröffnen, sprachwissenschaftliche Engführungen des Metaphernbegriffs zu überwinden und Metaphern als eine wissenssoziologische Kategorie in der Analyse nutzbar zu machen.

Neben der Bedeutung die Metaphern für die alltägliche Welterschließung haben, hat der Beitrag vor allen Dingen aber die Bedeutung von Metaphern und reisendem Wissen im Kontext einer interpretativen Forschungspraxis thematisiert. Während Metaphern im Alltag insbesondere dem Umgang mit und der Bearbeitung von Kontingenz dienen, kommt ihnen beim wissenschaftlichen Interpretieren vornehmlich eine Kontingenz erweiternde Funktion zu. Wissen im Kontext einer interpretativen Sozialforschung reisen zu lassen, heißt dann, ‚Dinge' absichtsvoll (also reflexiv, strategisch und kontrolliert) anders als üblich zu betrachten, (Welt-)Wissen in die Interpretation miteinzubeziehen, die Komplexität von Deutungen zu erhöhen und so den engen Kontext eines Datums systematisch zu überwinden. Es heißt auch, Daten und Bedeutung *aufzubrechen*, also eine vordergründige Bedeutung nicht als gegebene Bedeutung anzunehmen, sondern ein „Davor", ein „Dahinter" und ein „Daneben" an Bedeutung zu entdecken. Das bedeutet, mehr und anderes zu verstehen als das Offensichtliche, und es bedeutet, mehr als eine Bedeutung zu generieren (und auch anzunehmen). Als Praktiken und Techniken der kreativen Aufnahme, Übersetzung und Transformation von Wissen sind Metaphern und das mit ihnen verreisende Wissen konstitutiv für und unterstützend bei der Einnahme einer interpretativen, hermeneutischen Haltung und der Befremdung alltäglicher Deutungsmuster und -routinen.

Literatur

Adorno, Theodor W. 1964. *Jargon der Uneigentlichkeit.* Zu deutschen Ideologie. Suhrkamp: Frankfurt a. M.

Black, Max. 1954. Die Metapher. In *Theorie der Metapher*, Hrsg. Anselm Haverkamp, 1983. Darmstadt: Wissenschaftliche Buchgesellschaft.

Blumenberg, Hans. 1960. Paradigmen zu einer Metaphorologie. In *Archiv für Begriffsgeschichte* 6:7–142.

Hitzler, Ronald. 1991. Dummheit als Methode. Eine dramatologische Textinterpretation. In *Qualitativ-empirische Sozialforschung. Konzepte, Methoden, Analysen*, Hrsg. Detlef Garz und Klaus Kraimer, 295–318. Opladen: Westdeutscher Verlag.

Hitzler, Ronald. 1993. Verstehen. Alltagspraxis und wissenschaftliches Programm. In *„Wirklichkeit" im Deutungsprozess*, Hrsg. Thomas Jung und Stefan Müller-Dohm, 223–240. Frankfurt a. M.: Suhrkamp.

Hitzler, Ronald, Jo Reichertz, und Norbert Schröer, Hrsg. 1999. *Hermeneutische Wissenssoziologie*. Konstanz: Universitätsverl.

Hitzler, Ronald. 2015. Einleitung. Vorbemerkung zu Hans-Georg Soeffners Vorschlag. In *Hermeneutik als Lebenspraxis*. Hrsg. Ronald Hitzler, 13–20. Weinheim und Basel: Beltz Juventa.

Junge, Matthias. 2010. Der soziale Gebrauch der Metapher. In *Metaphern in Wissenskulturen*, Aufl., 265–280. Wiesbaden: VS Verlag.

Junge, Matthias. 2014. Metaphorisches Handel. Ein konzeptioneller Vorschlag. In *Methoden der Metaphernforschung und –analyse*, Aufl., 271–281. Wiesbaden: VS Verlag.

Kaufmann, Max und Sylvia M. Wilz. 2019. Die Interpretation von Daten. Hermeneutische Wissenssoziologie und Grounded Theory als Methoden der Organisationsforschung. In *Kritik der hermeneutischen Wissenssoziologie*, Hrsg. Ronald Hitzler, Jo Reichertz, und Norbert Schröer, 147–162. Weinheim und Basel: Beltz Juventa.

Kruse, Jan, Kay Biesel, und Christian Schmieder. 2011. *Metaphernanalyse: Ein rekonstruktiver Ansatz*. Wiesbaden: VS Verlag.

Kurt, Ronald, und Regine Herbrik. 2014. Sozialwissenschaftliche Hermeneutik und hermeneutische Wissenssoziologie. In *Handbuch der empirischen Sozial-forschung*, Hrsg. Nina Baur und Jörg. Blasius, 473–491. Wiesbaden: Springer VS.

Lakoff, George, und Mark Johnson [1980]. 2011. *Leben in Metaphern: Konstruktion und Gebrauch von Sprachbildern*. Heidelberg: Carl-Auer.

Leibniz, Gottfried Wilhelm. 1686. *Philosophische Schriften*. Berlin: Akademie Verlag GmbH.

Mende, Dirk. 2009. Vorwort: Begriffsgeschichte, Metaphorologie, Unbegreiflichkeit. In *Metaphorologie*, Hrsg. Anselm Haverkamp und Dirk Mende, 7–32. Frankfurt a. M.: Suhrkamp.

Morgan, Gareth. 1986. *Images of Organization*. Sage: Newbury Park

Oevermann, Ulrich, Tilman Allert, Elisabeth Konau, Jürgen Krambeck. 1979. Die Methodologie einer „objektiven Hermeneutik" und ihre allgemeine Bedeutung in den Sozialwissenschaften. In *Interpretative Verfahren in den Sozial- und Textwissenschaften*, Hrsg. Hans-Georg Soeffner, 352–434, Stuttgart: J.B. Metzler.

Oevermann, Ulrich. 2001. Die Struktur sozialer Deutungsmuster – Versuch einer Aktualisierung. Sozialer Sinn. Heft 1, 35–81.

Pielenz, Michael. 1993. *Argumentation und Metapher*. Tübingen: Gunter Narr Verlag.

Reichertz, Jo, und Hans-Georg Soeffner. 2004. Das Handlungsrepertoire von Gesellschaften erweitern. Hans-Georg Soeffner im Gespräch mit Jo Reichertz [65 Absätze]. *Forum: Qualitative Sozialforschung und Forum: Qualitative Social Research* 5 (3): Art. 29.

Reichertz, Jo. 2009. *Kommunikationsmacht*. Was ist Kommunikation und was vermag sie? Und weshalb vermag sie das? Wiesbaden: VS Verlag.

Reichertz, Jo. 2016. *Qualitative und interpretative Sozialforschung*. Wiesbaden: VS Verlag.

Reichertz, Jo, und Sylvia Wilz. 2016. Welche Erkenntnistheorie liegt der GT zugrunde? In *Handbuch Grounded Theory*, Hrsg. Claudia Equit und Christoph Hohage, 2016. 48–65. Weinheim: Beltz Juventa.

Reichertz, Jo. 2018. Hermeneutische Wissenssoziologie. In *Handbuch Wissenssoziologie und Wissensforschung*, Hrsg. Rainer Schützeichel, 171–179. Köln: Halem.

Schmitt, Rudolf. 2004. Review Essay: Die, Liebe ist eine Reise, und die qualitative Forschung braucht eine Brille. *Forum: Qualitative Sozialforschung* 5 (2).

Schmitt, Rudolf. 2011. Systematische Metaphernanalyse als qualitative sozialwissenschaftliche Forschungsmethode. In *metaphorik.de 21/2011*, 47–82.

Schmitt, Rudolf. 2012. Methoden der sozialwissenschaftlichen Metaphernforschung. In *Metaphern und Gesellschaft. Die Bedeutung der Orientierung durch Metaphern*, Hrsg. Matthias Junge, 167–184. Wiesbaden: VS Verlag.

Schmitt, Rudolf. 2017. *Systematische Metaphernanalyse als Methode der qualitativen Sozialforschung*. Wiesbaden: VS Verlag.

Soeffner, Hans-Georg. 1984. *Prämissen einer sozialwissenschaftlichen Hermeneutik*. Hagen: FernUniversität.

Soeffner, Hans-Georg. 1989. *Auslegung des Alltags – Der Alltag der Auslegung*. Zur wissenschaftlichen Konzeption einer sozialwissenschaftlichen Hermeneutik. Frankfurt a. M.: Suhrkamp.

Soeffner, Hans-Georg, und Ronald Hitzler. 1994. Hermeneutik als Haltung und Handlung. In *Interpretative Sozialforschung*, Hrsg. Norbert Schröer, 28–54. Opladen: Westdeutscher Verl.

Strauss, Anselm L. 1998. *Grundlagen qualitativer Sozialforschung: Datenanalyse und Theoriebildung in der empirischen soziologischen Forschung*, 2. Aufl. München: Fink.

Wittgenstein, Ludwig. 1984. Philosophische Untersuchungen. In *Wittgenstein Werkausgabe*, Hrsg. Joachim Schulte, Bd 1. Frankfurt a. M.: Suhrkamp.

FSC
www.fsc.org
MIX
Papier | Fördert gute Waldnutzung
FSC® C083411

Kolibri 360 GmbH
Ferdinand-Jühlke-Straße 7
99095 Erfurt, Deutschland
produktsicherheit@kolibri360.de